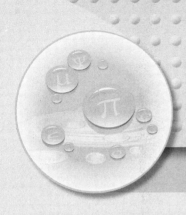

Math Fundamentals

21世纪数学基础课系列教材

概率论与数理统计

黄龙生　主编

U0322396

中国人民大学出版社
·北京·

内容提要

本书内容包括随机事件及其概率、随机变量及其分布、多维随机变量及其分布、随机变量的数字特征、常见分布、大数定律及中心极限定理、数理统计基础、参数估计、假设检验、方差分析和回归分析，并在相关的章节安排了基于EXCEL 的实验。

本书可作为普通高等院校非数学专业"概率论与数理统计"课程的教材或参考书，也可作为工程技术人员和科技工作者的参考书。

前　言

　　《概率论与数理统计》是研究随机现象及其统计规律性的一门学科。本书分为两大部分：第一章至第六章为概率论，第七章至第十一章为数理统计，并在相关的章节安排了基于 EXCEL 的实验。本书可作为高校非数学专业的教材或参考书，也可供相关科技工作者参考。

　　全书力求突出概率论与数理统计的基本思想和方法。本书用"引例（日常生产生活中的问题）"的方式导入新的概念、概率论与数理统计的思想和方法，力求通俗易懂；对专业术语给出了相应的英语译文，为学生阅读外文资料提供便利；在内容的讲述中，借助图形的直观性，帮助学生理解概率论与数理统计的基本思想和方法，提高学生的解题能力；在例题和习题的选取上注重应用性和趣味性，以达到提高学生分析解决实际问题的能力。在教材的编写中，主要概念以定义的形式给出，主要结论以定理的形式给出，帮助学生抓住重点。常用的分布集中在第五章，有利于学生对常用的分布的掌握，同时，学习常用分布的过程，也是对概率论的基本概念和方法的复习过程，起到巩固和深化前面的基础知识的作用。本书基于 EXCEL 环境安排了多个实验，每个实验安排在概率论与数理统计相关基本内容之后，目的是提高学生的动手能力。

　　本书第一章随机事件及其概率由邱峰编写，第二章随机变量及其分布由王进编写，第三章多维随机变量及其分布由许芳忠编写，第四章随机变量的数字特征由夏慧珠编写，第五章常用分布由管宇编写，第六章大数定律及中心极限定理由顾庆凤编写，第七章数理统计基础由吴志松编写，第八章参数估计由顾光同编写，第九章假设检验由黄龙生编写，第十章方差分析由宋红凤编写，第十一章回归分析由黄敏编写，全书由黄龙生统稿。

由于编者水平有限，书中不妥之处在所难免，恳请读者批评指正。

编者

2012 年 4 月

目 录

第一章

随机事件及其概率

概率论与数理统计是研究和揭示随机现象统计规律性的一门数学学科. 概率论与数理统计的理论和方法，在工业、农业、军事、天文、医学、金融、保险、试验设计等人类活动的各个领域，发挥着越来越重要的作用. 在理论联系实际方面，可以说概率论与数理统计是当今世界上发展最为迅速也是最为活跃的数学分支之一. 概率论是研究随机现象中数量规律的数学分支，是数理统计的理论基础.

§1.1　随机事件

§1.1.1　随机现象

在自然界和人类社会活动中，人们所观察到的现象大致可分为必然现象和随机现象两类.

定义 1　在一定条件下，必然出现的现象，即只有一个结果，因而可以事先准确预知的现象，称为**必然现象**或**确定性现象**.

例如：

- 每天早晨太阳从东方升起；
- 同性电荷相互排斥，异性电荷相互吸引；
- 在自然状态下，水从高处流向低处等.

定义 2　在一定条件下，人们不能事先准确预知其结果的现象，即在一定条件下可能出现也可能不出现的现象，称为**随机现象**（random phenomenon）.

随机现象在日常生活中也是广泛存在的. 例如：

● 向上抛一枚硬币，落地后可能正面朝上也可能反面朝上，也就是说，"正面朝上"这个结果可能出现也可能不出现；

● 掷一枚骰子，可能出现 1，2，3，4，5，6 点，至于将掷出哪一点，也是不能事先准确预知的；

● 在股市交易中，某只股票的价格受到国家金融政策、上市公司业绩、股民的炒作行为及其他国家股市的涨跌等许多不确定因素的影响，下一个交易日该股票的股价可能上升也可能下跌，而且这只股票的最高价和最低价也不能事先确定；

● 在射击比赛中，运动员用同一只步枪向一个靶子射击，打出的环数可能不同；

● 在某一条生产线上，使用相同的工艺生产出来的产品寿命也可能会有较大差异等.

虽然随机现象在相同的条件下可能的结果不止一个，且不能事先准确预知将会出现什么样的结果，但是经过长期的、反复的观察和试验，人们逐渐发现了所谓结果"不能事先准确预知"只是对一次或几次观察或试验而言，在相同条件下进行大量重复观察或试验时，试验的结果就会呈现出某种规律性，这就是所谓的统计规律性.

在概率论与数理统计中蕴涵着一种不同于以往研究确定性数学中经常运用的思想方法和世界观. 在随机现象的研究中，我们不能将复杂的随机现象简化为确定性的现象，而是承认在所研究的系统中确实存在一些我们不能掌握或根本不知道的因素，因而系统中会有随机现象发生. 面对这样的客观现实，从概率论与数理统计的观点出发，我们的态度是：既不无视随机性的存在，简单地就已经掌握的片面情况，乱作决定；也不盲目地惧怕不确定性，因而踌躇不前；而是找出实际情况中随机现象的规律，并基于对它们的认识，做出尽可能好的决策. 然而，面对互相矛盾的各种可能结果，根本不存在一个万全之策，这时我们就以可以忍受的小概率失败的风险来换取能以大概率得到成功的效果.

§1.1.2 随机试验

为了研究随机现象的数量规律，需要对随机现象进行一些重复观察或试验. 在这里，我们把试验作为一个含义广泛的术语，它可以是各种各样的科学实验，也可以是对自然现象或社会现象进行的观察. 例如：

- 在一批笔记本电脑中任意抽取一台，检测它的寿命；
- 向上抛一枚硬币三次，观察其落地后出现正面的次数；
- 记录某市火车站售票处一天内售出的车票数等.

定义 3　具有下述三个特点的试验称为**随机试验**（random experiment），简称为试验，用大写英文字母 E 表示.

随机试验有如下特性：

（1）可重复性：试验可以在相同的条件下重复进行；

（2）可观察性：每次试验的可能结果不止一个，但事先可以明确知道试验的所有可能结果；

（3）不确定性：进行一次试验之前不能确定哪一个结果会出现.

以后本书中所提到的试验均指随机试验.

§1.1.3　样本空间

由于随机试验具有可观察性，因此，虽然事先不能确定试验将会出现哪一个结果，但试验的所有可能的基本结果所构成的集合却是已知的.

定义 4　将随机试验 E 的每个可能的基本结果称为一个**样本点**（sampling point），全体样本点组成的集合称为 E 的**样本空间**（sampling space），记为 $\Omega = \{\omega\}$，其中 ω 表示试验的样本点.

例 1—1　设 E_1：向上抛掷一枚硬币，观察其落地后正面朝上还是反面朝上，则 $\Omega_1 = \{正面，反面\}$；

E_2：将一枚硬币连续向上抛掷两次，依次观察其落地后正面朝上还是反面朝上，则 $\Omega_2 = \{正正，正反，反正，反反\}$；

E_3：将一枚硬币连续向上抛掷两次，观察其反面朝上的次数，则 $\Omega_3 = \{0, 1, 2\}$；

E_4：记录某市火车站售票处一天内售出的车票数，则 $\Omega_4 = \{0, 1, 2, \cdots\}$；

E_5：在某型号电脑中任取一台检测其使用寿命，则 $\Omega_5 = \{t \mid t \geqslant 0\}$；

E_6：记录证券交易所内某只股票一天内的最低价 x（元）和最高价 y（元），则 $\Omega_6 = \{(x, y) \mid 0 < x \leqslant y < 1\,000\}$.

从上述例子中不难看出，样本空间可以是有限集、可列集、不可列集，甚至还可以是二维空间中的某一平面区域.

写出试验的样本空间，是描述随机现象的基础. 值得注意的是：即使是相同的试验，由于研究目的不同，其样本空间也可能不同. 如 Ω_2 和 Ω_3. 也就是说，样本空间的样本点取决于随机试验和它的研究目的.

§1.1.4　随机事件

定义 5　随机试验 E 的样本空间 Ω 的子集称为 E 的 **随机事件** (random event)，简称事件 (event). 常用大写英文字母 A、B、C 等表示事件.

- 随机现象中的某些基本结果组成的集合就是随机事件.
- 任何一个样本点 ω 构成的单点集 $\{\omega\}$ 也都是随机事件，称为 **基本事件** (basic event).
- 任何事件都可看成是由基本事件复合而成.
- 在一次随机试验中，事件 A 发生，是指当且仅当 A 所包含的某一样本点出现.

例如在掷一枚骰子的试验中，"出现偶数点"是一个事件，这个事件就是样本空间 $\Omega = \{1, 2, 3, 4, 5, 6\}$ 的一个子集 $A = \{2, 4, 6\}$，它也可看成是由基本事件 {出现 2 点}，{出现 4 点}，{出现 6 点} 复合而成，而且一旦出现这三个基本事件中的一个，我们就可以说"出现偶数点"这个事件发生了.

- 样本空间 Ω，称为 **必然事件** (certain event). 因为 Ω 本身也是 Ω 的一个子集，故也是事件，在每次试验中必然会出现 Ω 中的某一样本点，所以在任何一次试验中 Ω 必然会发生，故称其为必然事件.
- 空集 $\varnothing$，称为 **不可能事件** (impossible event). 空集 $\varnothing$ 也是 Ω 的子集，故也是事件. 因为空集不包含任何样本点，所以在任何一次试验中 $\varnothing$ 都不可能发生，所以称其为不可能事件.

必然事件和不可能事件已经失去了"不确定性"，本已不属于随机事件，但是为了讨论问题时方便，我们还是将它们作为两个极端情形的随机事件理解，与其他事件统一进行处理.

§1.2　随机事件间的关系与运算

因为样本空间 Ω 就是全体样本点（基本事件）所组成的集合，随机事件是 Ω 的子集，所以事件间的关系和运算也可按集合间的关系和运算来处理. 为了简化以后的概率计算，后面的讨论总是假定在同一个样本空间 Ω（即同一个随机现象）中进行. 下面我们来了解事件间关系和运算所代表的概率意义.

§1.2.1 包含关系

定义 6 若事件 A 发生必然导致事件 B 发生，则称事件 B **包含**（inclusion relation）事件 A，或事件 A 包含于事件 B，记为 $B \supset A$ 或 $A \subset B$.

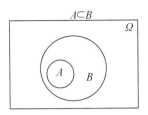

图 1—1 包含关系维恩（Venn）图

- $A \subset B$，也就是事件 A 中的每一个样本点都是事件 B 的样本点.
- 对于任意事件 A，必有：$\varnothing \subset A \subset \Omega$.

例如，掷一枚骰子，$A = \{$ 出现 6 点 $\}$，$B = \{$ 出现偶数点 $\}$，则 $A \subset B$.

§1.2.2 相等关系

定义 7 若事件 A 发生必然导致事件 B 发生，同时事件 B 发生必然导致事件 A 发生，则称事件 A 与 B **相等**（equivalent relation），记为 $A = B$.

- $A = B$，也就是事件 A 中的样本点与事件 B 的样本点完全相同，即 $A \subset B$ 和 $B \subset A$ 同时成立.

§1.2.3 互不相容（互斥）事件

定义 8 若事件 A 与 B 不可能同时发生，则称事件 A 与事件 B **互不相容**（或**互斥**）（incompatible events）.

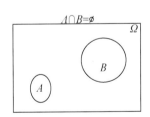

图 1—2 互斥关系维恩（Venn）图

- 事件 A 与事件 B 互斥，即 $A \cap B = \varnothing$，事件 A 与 B 没有相同的样本点.
- 任意两个不同的基本事件是互不相容的.
- 若事件 A_1，A_2，$\cdots$，A_n，$\cdots$，满足当 $i \neq j (i, j = 1, 2, \cdots)$ 时，$A_i A_j = \varnothing$，即事件组中任意两个不同事件都互不相容，则称事件 A_1，A_2，$\cdots$，A_n，$\cdots$**两两互不相容**.

§1.2.4 事件的并（和）

定义 9 若"事件 A 与 B 中至少有一个发生"，则称这一事件为事件 A 与事

件 B 的**并**（或**和**）（union of events），记为 $A \cup B$.

● $A \cup B$ 就是由事件 A 和 B 的所有样本点（相同的只计入一次）所组成的新事件，即 $A \cup B = \{\omega | \omega \in A$ 或 $\omega \in B\}$.

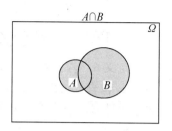

图 1—3 并运算维恩 (Venn) 图

● 称"事件 A_1，A_2，…，A_n 中至少有一个发生"这一事件为事件 A_1，A_2，…，A_n 的并（和），记为 $A_1 \cup A_2 \cup \cdots \cup A_n$，也可简记为 $\bigcup\limits_{i=1}^{n} A_i$.

● 称"可列个事件 A_1，A_2，…，A_n，…中至少有一个发生"这一事件为事件 A_1，A_2，…，A_n，…的可列并（和），记为 $\bigcup\limits_{i=1}^{\infty} A_i$.

例如，掷一枚骰子，$A = \{$出现偶数点$\}$，$B = \{$出现点数不超过 $4\}$，则 $A \cup B = \{1, 2, 3, 4, 6\}$.

§1.2.5 事件的交（积）

定义 10 称"事件 A 与 B 同时发生"这一事件为事件 A 与事件 B 的**交**（或**积**）（product of events），记为 $A \cap B$，或简记为 AB.

● $A \cap B$ 就是由事件 A 与 B 中公共的样本点组成的新事件，这与集合的交集定义完全相同，即 $A \cap B = \{\omega | \omega \in A$ 且 $\omega \in B\}$.

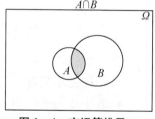

图 1—4 交运算维恩 (Venn) 图

● 称"事件 A_1，A_2，…，A_n 同时发生"这一事件为事件 A_1，A_2，…，A_n 的交（积），记为 $A_1 \cap A_2 \cap \cdots \cap A_n$，或 $A_1 A_2 \cdots A_n$，也可简记为 $\bigcap\limits_{i=1}^{n} A_i$.

● 称"可列个事件 A_1，A_2，…，A_n，…同时发生"这一事件为事件 A_1，A_2，…，A_n，…的可列交（积），记为 $\bigcap\limits_{i=1}^{\infty} A_i$.

例如，掷一枚骰子，$A = \{$出现偶数点$\}$，$B = \{$出现点数不超过 $4\}$，则 $A \cap B = \{2, 4\}$.

§1.2.6 差事件

定义 11 称"事件 A 发生但 B 不发生"这一事件为事件 A 与事件 B 的**差事件**（difference of events），记为 $A - B$.

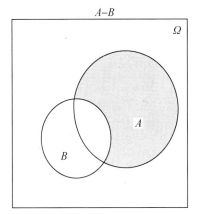
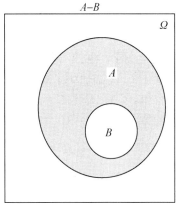

图 1—5 差运算维恩（Venn）图

● $A-B$ 就是由事件 A 中不属于 B 的样本点组成的新事件，即

$$A-B=\{\omega\,|\,\omega\in A \text{ 且 } \omega\notin B\}.$$

例如，掷一枚骰子，$A=\{$出现偶数点$\}$，$B=\{$出现点数不超过 $4\}$，则 $A-B=\{6\}$.

§1.2.7 对立事件

定义 12 称"事件 A 不发生"这一事件为事件 A 的**对立事件**（opposite event），记为 $\overline{A}$.

● $\overline{A}$ 就是由所有 Ω 中不属于事件 A 的样本点组成的新事件.

对立事件也可采用如下定义：若事件 A 与 B 满足：

$$A\cap B=\varnothing,\ A\cup B=\Omega,$$

则称事件 A 与事件 B 互为对立事件，记为 $\overline{A}=B$，$\overline{B}=A$.

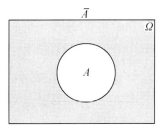

图 1—6 对立事件维恩（Venn）图

● $\overline{A}=\Omega-A$，$\overline{\Omega}=\varnothing$，$\overline{\varnothing}=\Omega$.
● $A\cap\overline{A}=\varnothing$，$A\cup\overline{A}=\Omega$，$\overline{\overline{A}}=A$.

§1.2.8 事件的运算律

与集合运算一样，事件的运算也满足下列运算规律：

(1) 交换律：$A\cup B=B\cup A$，$A\cap B=B\cap A$.

(2) 结合律：$(A\cup B)\cup C=A\cup(B\cup C)$，$(A\cap B)\cap C=A\cap(B\cap C)$.

(3) 分配律：$(A\cup B)\cap C=(A\cap C)\cup(B\cap C)$，

$$(A\cap B)\cup C=(A\cup C)\cap(B\cup C).$$

(4) 对偶律（De Morgan 公式）：

$$\overline{A\cup B}=\bar{A}\cap\bar{B}, \qquad \overline{A\cap B}=\bar{A}\cup\bar{B}.$$

(5) 若 $A\subset B$，则 $A\cup B=B$，$A\cap B=A$.

(6) 事件 A 与 B 的差：$A-B=A\cap\bar{B}$.

上述运算律对有限个或可列个事件的情况也同样成立.

例 1—2 若 A，B，C 为某试验中的三个事件，则

(1) 事件"A 发生而 B 与 C 都不发生"可表示为：$A\bar{B}\bar{C}$ 或 $A-B-C$ 或 $A-(B\cup C)$；

(2) 事件"A 与 B 发生而 C 不发生"可表示为：$AB\bar{C}$ 或 $AB-C$ 或 $AB-ABC$；

(3) 三个事件都发生，可表示为：ABC；

(4) 三个事件都不发生，可表示为：$\bar{A}\bar{B}\bar{C}$ 或 $\overline{A\cup B\cup C}$ 或 $\Omega-(A\cup B\cup C)$；

(5) 三个事件中恰好有一个发生，可表示为：$A\bar{B}\bar{C}\cup\bar{A}B\bar{C}\cup\bar{A}\bar{B}C$；

(6) 三个事件中恰好有两个发生，可表示为：$AB\bar{C}\cup A\bar{B}C\cup\bar{A}BC$；

(7) 三个事件中至少有一个发生，可表示为：

$$A\cup B\cup C \text{ 或 } A\bar{B}\bar{C}\cup\bar{A}B\bar{C}\cup\bar{A}\bar{B}C\cup AB\bar{C}\cup A\bar{B}C\cup\bar{A}BC\cup ABC;$$

(8) 三个事件中至少有一个不发生，可表示为：$\bar{A}\cup\bar{B}\cup\bar{C}$ 或 $\overline{ABC}$.

§1.3 随机事件的概率

§1.3.1 概率的统计定义

在同一个试验中不同随机事件发生的可能性也可能不同. 例如，在前一节所

举的掷骰子的例子中，显然"出现 6 点"发生的可能性小于"出现偶数点". 为了度量事件在一次试验中发生的可能性大小，我们引入了频率，它描述了事件发生的频繁程度.

定义 13 在相同条件下重复进行 n 次试验，这 n 次试验中，事件 A 出现的次数 n_A 称为事件 A 发生的**频数**，比值 $\frac{n_A}{n}$ 称为事件 A 发生的**频率**（frequency），记为 $f_n(A)$，即

$$f_n(A) = \frac{n_A}{n}.$$

容易证明频率具有下述基本性质：
（1）非负性：$0 \leqslant f_n(A) \leqslant 1$；
（2）规范性：$f_n(\Omega) = 1$；
（3）有限可加性：若 A_1，A_2，$\cdots$，A_n 是两两互不相容的事件，则

$$f_n(\bigcup_{i=1}^{n} A_i) = \sum_{i=1}^{n} f_n(A_i).$$

由频率的定义易知，当事件 A 的频率较大时，就意味着事件 A 在一次试验中发生的可能性较大. 因而，直观的想法是用频率来表示事件 A 在一次试验中发生的可能性的大小，然而这样是否可行，还需要用实践来检验.

历史上有不少人做过大量试验. 例如抛掷一枚均匀的硬币，有过如下的记录（见表 1—1）.

表 1—1　　　　　　　抛掷一枚硬币，出现正面的频率

试验者	抛掷次数	出现正面次数	频率
德摩根	2 048	1 061	0.518 1
蒲丰	4 040	2 048	0.506 9
K. 皮尔逊	12 000	6 019	0.501 6
K. 皮尔逊	24 000	12 012	0.500 5
罗曼诺夫斯基	80 640	39 699	0.492 3

从表 1—1 中可以看出，随着试验次数的增大，频率呈现出一定的稳定性. 即出现正面的频率随着试验次数的增大，总是在 0.5 附近摆动，而逐渐稳定于 0.5.

又如，统计了大量不同类型英文文献中的字母使用情况，发现字母 E 使用

的频率稳定在 0.126 8 附近,远超过其他字母,而使用最少的英文字母 Z 的频率则稳定在 0.000 6 附近. 在进行更深入的研究之后,人们还发现各个字母被使用的频率相当稳定.

人们通过大量的实验发现,事件发生的频率具有稳定性. 即当重复试验的次数 n 很大时,每个事件 A 发生的频率 $f_n(A)$ 都会稳定到某一常数附近. 由频率的这个性质我们有如下的概率的统计定义.

定义 14 在相同条件下重复进行 n 次试验,若事件 A 发生的频率随着试验次数 n 的增大而稳定到某个常数 $p(0 \leqslant p \leqslant 1)$,则称数值 p 为事件 A 的**概率** (probability),记作 $P(A) = p$.

§1.3.2 概率的公理化定义

根据概率的统计定义,可以用试验次数很大时的频率来估计事件的概率. 但是,在现实生活中某些试验由于成本太高或具有破坏性等原因而不能大量重复进行,这时我们便不能利用频率来估计概率. 又由于概率的统计定义只是一个模糊定义,不能作为严格的数学定义,因而存在严重不足之处.

历史上还出现过概率的古典定义、概率的几何定义及概率的主观定义,这些定义只能适应某一类随机现象,因而不能作为概率的一般定义.

人们一直对概率论中的事件与集合及概率与测度之间的联系进行研究,并且上 19 世纪末以来,数学的各个分支广泛流行着一股公理化潮流,即把最基本的事实假定为公理,其他结论均由公理经过演绎导出. 在这种背景下,1933 年,苏联数学家柯尔莫哥洛夫(Kolmogorov)提出了概率论公理化定义. 这个定义概括了前人所定义的各种概率的共同特征,又避免了各自的局限性和含糊不清之处,使概率论成为一门严谨的数学分支,对概率论的迅速发展起到了积极的作用. 下面给出了建立在严密的逻辑基础上的概率公理化定义.

定义 15 设 Ω 是随机试验 E 的样本空间,对于 E 的每一个事件 A,将其对应于一个实数 $P(A)$,如果 $P(A)$ 满足下列三个条件,则称 $P(A)$ 为事件 A 的**概率** (probability).

(1) 非负性:对任意事件 A,有 $P(A) \geqslant 0$;

(2) 规范性:$P(\Omega) = 1$;

(3) 可列可加性:若 $A_1, A_2, \cdots, A_n, \cdots$ 是两两互不相容的事件,则

$$P\left(\bigcup_{n=1}^{\infty} A_n\right) = \sum_{n=1}^{\infty} P(A_n).$$

§1.3.3　概率的性质

利用概率定义的三条公理，我们可以推出概率的另外一些重要性质：

性质 1　$P(\varnothing)=0$.

证明　因 $\varnothing=\varnothing\cup\varnothing\cup\cdots\cup\varnothing\cup\cdots$，由概率的可列可加性得

$$P(\varnothing)=P(\varnothing)+P(\varnothing)+\cdots+P(\varnothing)+\cdots.$$

由概率的非负性得 $P(\varnothing)=0$.

性质 2　（有限可加性）若 A_1，A_2，$\cdots$，A_n 是两两互不相容的事件，则

$$P(\bigcup_{k=1}^{n}A_k)=\sum_{k=1}^{n}P(A_k).$$

证明　因为

$$\bigcup_{k=1}^{n}A_k=A_1\cup A_2\cup\cdots\cup A_n\cup\varnothing\cup\varnothing\cup\cdots.$$

再利用概率的可列可加性和性质 1 有：

$$P(\bigcup_{k=1}^{n}A_k)=P(A_1)+\cdots+P(A_n)+P(\varnothing)+\cdots$$
$$=P(A_1)+\cdots+P(A_n)=\sum_{k=1}^{n}P(A_k).$$

性质 3　对任意事件 A，有 $P(\overline{A})=1-P(A)$.

证明　因为 $A\cup\overline{A}=\Omega$，$A\overline{A}=\varnothing$，所以由规范性及有限可加性有：

$$1=P(\Omega)=P(A\cup\overline{A})=P(A)+P(\overline{A}),$$

故

$$P(\overline{A})=1-P(A).$$

性质 4　对任意两个事件 A，B 有，$P(A-B)=P(A)-P(AB)$.

● 若 $A\supset B$，则 $P(A-B)=P(A)-P(B)$，$P(A)\geqslant P(B)$.

证明　因为 $A=(A-B)\cup AB$，且 $(A-B)AB=\varnothing$，由有限可加性有

$$P(A)=P(A-B)+P(AB),$$

移项即得：

$$P(A-B)=P(A)-P(AB).$$

若 $A \supset B$，则 $AB=B$，于是有

$$P(A-B)=P(A)-P(AB)=P(A)-P(B).$$

再由非负性知 $P(A-B) \geqslant 0$，即 $P(A) \geqslant P(B)$.

性质 5 对任意事件 A，有 $0 \leqslant P(A) \leqslant 1$.

证明 因对任意事件 A 有，$\varnothing \subset A \subset \Omega$，利用性质 4、性质 1 和规范性即证.

性质 6 （加法公式）对任意两个事件 A，B 有

$$P(A \cup B)=P(A)+P(B)-P(AB).$$

证明 因为 $A \cup B=A \cup (B-AB)$ 且 $A(B-AB)=\varnothing$，$AB \subset B$，所以由有限可加性和性质 4 有：

$$P(A \cup B)=P(A)+P(B-AB)=P(A)+P(B)-P(AB).$$

此式可推广到多个事件的并的情况：

- $P(A \cup B \cup C)=P(A)+P(B)+P(C)-P(AB)-P(AC)-P(BC)$
  $+P(ABC).$

事实上，

$$\begin{aligned}
P(A \cup B \cup C)&=P[(A \cup B) \cup C]=P(A \cup B)+P(C)-P[(A \cup B)C]\\
&=P(A)+P(B)-P(AB)+P(C)-[P(AC)\\
&\quad +P(BC)-P(ABC)]\\
&=P(A)+P(B)+P(C)-P(AB)-P(AC)\\
&\quad -P(BC)+P(ABC).
\end{aligned}$$

- 对任意 n 个事件 A_1，A_2，$\cdots$，A_n，用数学归纳法可以证明如下公式：

$$P(\bigcup_{i=1}^{n} A_i)=\sum_{i=1}^{n} P(A_i)-\sum_{1 \leqslant j < i \leqslant n} P(A_i A_j)+\cdots+(-1)^{n-1}P(A_1 A_2 \cdots A_n).$$

例 1—3 设 $P(A)=P(B)=\dfrac{1}{2}$，证明 $P(AB)=P(\overline{A}\,\overline{B})$.

证明 因为 $\overline{A}\,\overline{B}=\overline{A \cup B}$，故利用性质 3 和加法公式有：

$$\begin{aligned}
P(\overline{A}\,\overline{B})&=P(\overline{A \cup B})=1-P(A \cup B)=1-[P(A)+P(B)-P(AB)]\\
&=1-P(A)-P(B)+P(AB)=P(AB).
\end{aligned}$$

例 1—4 设 $P(A)=\dfrac{1}{4}$，$P(B)=\dfrac{1}{2}$，就下列三种情况求 $P(B-A)$：

（1）A 与 B 互不相容；

（2）$A \subset B$；

（3）$P(AB) = \dfrac{1}{8}$.

解 （1）由于 A 与 B 互不相容，即 $AB = \varnothing$，所以 $P(B-A) = P(B) - P(AB) = P(B) = \dfrac{1}{2}$.

（2）$A \subset B$，则有 $P(B-A) = P(B) - P(A) = \dfrac{1}{4}$.

（3）$P(B-A) = P(B) - P(AB) = \dfrac{3}{8}$.

§1.4 古典概型

§1.4.1 古典概率的概念

概率论起源于赌博游戏，因此最先涉及的求概率问题都满足"各个可能结果具有等可能性"这一假设. 例如，在游戏中使用的硬币是均匀的，以保证出现正面和反面的可能性相同；游戏中使用的骰子是均匀的正方体，这样可使得掷出 1～6 各个点数的可能性相同，从而保证游戏的公平性. 又如一副扑克牌中每一张的形状、大小和背面的图案都完全相同，而且在发牌前还要充分地将牌洗匀，使拿到其中每张牌的可能性都相同.

定义 16 具有以下两条性质的随机试验的概率模型称为**古典概型**：

（1）有限性：样本空间只含有有限多个基本事件（即样本点）；

（2）等可能性：每个基本事件出现的可能性相同.

由于古典概型在产品质量抽样检查等实际问题中有着重要的应用，还由于它是一类最简单的随机试验，对它的讨论和研究有助于直观地理解许多概率论中的基本概念，因此在概率论中古典概型占有相当重要的地位.

定理 1 如果古典概型的样本空间 Ω 包含 n_Ω 个基本事件，当某个随机事件 A 中所包含的基本事件个数为 n_A 时，则事件 A 发生的概率就是

$$P(A) = \frac{n_A}{n_\Omega} = \frac{A\text{ 包含的基本事件数}}{\Omega\text{ 中的基本事件总数}}.$$

证明 设 $\Omega = \{\omega_i \mid i = 1, 2, \cdots, n_\Omega\}$，又记每个基本事件 $A_i = \{\omega_i\}$，$i = 1$,

$2, \cdots, n_\Omega$，由古典概型的等可能性易知：$P(A_i) = \dfrac{1}{n_\Omega}$；又设 $A = \bigcup\limits_{i=1}^{n_A} A_i$，则

$$P(A) = P(\bigcup\limits_{i=1}^{n_A} A_i) = \sum\limits_{i=1}^{n_A} P(A_i) = \dfrac{n_A}{n_\Omega}.$$

以上确定事件概率的方法称为**古典方法**，这种确定事件概率的方法曾是概率论发展初期的主要方法，故所求的概率又称为**古典概率**（classical probability）.

例 1—5 同时抛掷 2 枚均匀的骰子，求掷出的 2 个数字之和为奇数的概率.

解 用一对数字 (x, y) 来表示样本空间的每个基本事件，其中 x 和 y 分别表示第一个和第二个骰子掷出的点数. 因而有

$$\Omega = \{(x, y) \mid 1 \leqslant x \leqslant 6, 1 \leqslant y \leqslant 6\}, \text{故 } n = 36.$$

令 $A = \{2 \text{ 个数字的和为奇数}\}$，则

$$A = \{x+y=3\} \bigcup \{x+y=5\} \bigcup \{x+y=7\} \bigcup \{x+y=9\} \bigcup \{x+y=11\}$$

即 $k = 2+4+6+4+2 = 18$，由古典概率定义有

$$P(A) = \dfrac{18}{36} = \dfrac{1}{2}.$$

由古典概率的计算公式知：求某一事件的概率，只要数一数样本空间中基本事件总数和该事件中包含的基本事件个数即可，这样概率的计算就转化为计数问题. 但计数过程有时也相当复杂，为此有必要简述一下加法原理、乘法原理和排列组合的相关内容.

例 1—6 在 $1 \sim 2\,000$ 的整数中随机地取一个数，问取到的整数既不能被 6 整除，又不能被 8 整除的概率是多少？

解 设 $A = \{\text{取到的数能被 6 整除}\}$，$B = \{\text{取到的数能被 8 整除}\}$. 由于 $333 < \dfrac{2\,000}{6} < 334$，$\dfrac{2\,000}{8} = 250$，故得

$$P(A) = \dfrac{333}{2\,000}, P(B) = \dfrac{250}{2\,000}.$$

又由于一个数同时能被 6 与 8 整除，就相当于能被 24 整除，因此由 $83 < \dfrac{2\,000}{24} < 84$ 得

$$P(AB) = \dfrac{83}{2\,000}.$$

因而所求的概率为

$$P(\overline{AB})=P(\overline{A\bigcup B})=1-P(A\bigcup B)=1-P(A)-P(B)+P(AB)$$
$$=1-\frac{333}{2\,000}-\frac{250}{2\,000}+\frac{83}{2\,000}=\frac{3}{4}.$$

§1.4.2 计数原理

（1）加法原理：若完成某件事有 m 类不同方式，第一类方式有 n_1 种完成方法，第二类方式有 n_2 种完成方法，…，第 m 类方式有 n_m 种完成方法，则完成这件事共有 $n_1+n_2+\cdots+n_m$ 种方法.

（2）乘法原理：若完成某件事必须经过 m 个不同步骤，第一个步骤有 n_1 种完成方法，第二个步骤有 n_2 种完成方法，…，第 m 个步骤有 n_m 种完成方法，则完成这件事共有 $n_1\times n_2\times\cdots\times n_m$ 种方法.

（3）排列：从 n 个不同元素中任意取出 $r(1\leqslant r\leqslant n)$ 个元素，按照一定的顺序排成一列，叫做从 n 个不同元素中取 r 个元素的排列. 这时既要考虑到取出的元素，还要顾及其取出的顺序.

排列数：从 n 个不同元素中取 $r(1\leqslant r\leqslant n)$ 个元素的所有排列的个数，叫做从 n 个不同元素中取 r 个元素的排列数，记为 A_n^r.

排列数 A_n^r 的计算方法如下：

①有放回选取：每次选取都有 n 种可能，由乘法原理知 $A_n^r=n^r$.

②不放回选取：第一次选取有 n 种可能，第二次有 $n-1$ 种可能，…，第 r 次有 $n-r+1$ 种可能，由乘法原理知 $A_n^r=n(n-1)(n-2)\cdots(n-r+1)$.

特别地，当 $r=n$ 时，称为全排列，此时 $A_n^n=n!$.

（4）组合：从 n 个不同元素中任意取出 $r(1\leqslant r\leqslant n)$ 个元素并成一组，叫做从 n 个不同元素中取 r 个元素的组合. 这时只考虑取出的元素，不管取出元素的先后次序.

组合数：从 n 个不同元素中取 $r(1\leqslant r\leqslant n)$ 个元素的所有组合的个数，叫做从 n 个不同元素中取 r 个元素的组合数，记为 C_n^r.

由乘法原理知，排列数与组合数的关系为 $A_n^r=C_n^r\cdot r!$. 于是，有

$$C_n^r=\frac{A_n^r}{r!}=\frac{n(n-1)\cdots(n-r+1)}{r!}=\frac{n!}{r!\,(n-r)!}.$$

组合数的性质

$$C_n^r=C_n^{n-r};\qquad C_n^{r-1}+C_n^r=C_{n+1}^r.$$

§1.4.3　利用排列和组合计算古典概率

例1—7　从52张扑克牌（没有大小王）中任意抽取5张，求：

(1) 拿到"四条"（即其中4张牌的点数相同）的概率；

(2) 拿到"同花顺"（即同花色的5张牌点数按自然数顺序排列）的概率；

(3) 拿到"同花"（即同花色的5张牌点数不按自然数顺序排列）的概率；

(4) 拿到"三条加一对"（即5张牌中有3张点数相同，另2张的点数也相同）的概率.

解　从52张牌中任取5张，有C_{52}^5种不同取法，故基本事件总数为C_{52}^5.

(1) 记$A=\{$拿到"四条"$\}$，它可分两个步骤进行，首先从13张同花牌中取出一张，以该张牌的点数作为"四条"的点数，有13种取法. 此时已取走了4张同一牌点的扑克，余下的一张从剩下的48张牌中任取一张，有48种取法，由乘法原理知A中包含的基本事件数为13×48；因此$P(A)=\dfrac{13\times48}{C_{52}^5}$.

(2) 记$B=\{$拿到"同花顺"$\}$，分两个步骤进行. 首先选定一种花色，有4种取法. 然后在同一花色的13张牌中选取顺子，有$\{A，2，3，4，5\}$、$\{2，3，4，5，6\}$、…、$\{9，10，J，Q，K\}$，这9种取法. 故$P(B)=\dfrac{4\times9}{C_{52}^5}$.

(3) 记$C=\{$拿到一般"同花"$\}$，首先选定一种花色，共有4种取法，然后从同一花色的13张牌中任选5张有C_{13}^5种取法，排除同花顺的9种取法，得到

$$P(C)=\frac{4(C_{13}^5-9)}{C_{52}^5}.$$

(4) 记$D=\{$拿到"三条加一对"$\}$，选"三条"分两个步骤进行，首先从13种牌点中任取1种作"三条"的点数，有13种取法，再从该点数的4张牌中任取3张，有C_4^3种取法，这样由乘法原理知：选"三条"共有$13\times C_4^3$种取法. 同理，选"一对"共有$12\times C_4^2$种取法. 因此，

$$P(D)=\frac{13\times12C_4^3C_4^2}{C_{52}^5}.$$

例1—8　某机构发售1万张即开型福利彩票，其中有5张是一等奖，假如你买了10张奖券，问你能中一等奖的概率有多大？

解　记$A=\{$能中一等奖$\}$，$A_i=\{$能中$i(1\leqslant i\leqslant5)$个一等奖$\}$，显然，$A=A_1\cup A_2\cup\cdots\cup A_5$. 直接计算$P(A)$比较麻烦，但$\overline{A}=\{$没有中一等奖$\}$，$P(\overline{A})$

的计算则比较简单. 由古典概率计算公式有 $P(\overline{A})=\dfrac{C_{9\,995}^{10}}{C_{10\,000}^{10}}$，于是

$$P(A)=1-P(\overline{A})=1-\dfrac{C_{9\,995}^{10}}{C_{10\,000}^{10}}\approx0.004\,99.$$

例 1—9 用 0，1，2，3，4，5 这六个数字排成三位数，求

(1) 没有相同数字的三位数的概率；

(2) 没有相同数字的三位偶数的概率.

解 设 $A=\{$没有相同数字的三位数$\}$，$B=\{$没有相同数字的三位偶数$\}$，则基本事件总数 $n_\Omega=5\times6\times6=180$.

(1) 事件 A 包含的基本事件数为 $n_A=5\times5\times4$，所以

$$P(A)=\dfrac{5\times5\times4}{5\times6\times6}=\dfrac{5}{9}.$$

(2) 事件 B 包含的基本事件数为 $n_B=4\times4\times2+5\times4-52$，则

$$P(B)=\dfrac{52}{5\times6\times6}=\dfrac{13}{45}.$$

例 1—10 （分房问题）设有 n 个人，每个人都等可能地被分配到 N 个房间中的任一间（$n\leqslant N$），求下列事件的概率：

(1) $A_1=\{$某指定的 n 间房中各住 1 个人$\}$；

(2) $A_2=\{$每个人住不同房间$\}$；

(3) $A_3=\{$某指定的房间中住 k 个人$\}$.

解 因为每一个人都有 N 个房间可供选择，所以由乘法原理知：安排 n 个人住 N 个房间一共有 N^n 种方法.

(1) 安排某指定的 n 间房中各住 1 个人的方法数，就相当于对这 n 个人来进行全排列，共有 $n!$ 种. 于是，有 $P(A_1)=\dfrac{n!}{N^n}$.

(2) 事件 A_2 分两个步骤进行，首先从 N 间房中指定 n 间房，有 C_N^n 种方法，再将 n 个人安排到已经选定的这 n 个房间，由（1）知有 $n!$ 种方法，根据乘法原理 A_2 中包含的基本事件总数为 $n!\,C_N^n$，即

$$P(A_2)=\dfrac{n!\,C_N^n}{N^n}=\dfrac{A_N^n}{N^n}.$$

(3) 事件 A_3 可分两个步骤进行，首先从 n 个人中选 k 个人住入指定的房间，

有 C_n^k 种方法，再将剩下的 $n-k$ 个人安排到余下的 $N-1$ 个房间中的任意一间，有 $(N-1)^{n-k}$ 种方法，于是 A_3 中包含的基本事件总数为 $C_n^k (N-1)^{n-k}$，即

$$P(A_3)=\frac{C_n^k (N-1)^{n-k}}{N^n}=C_n^k \left(\frac{1}{N}\right)^k \left(1-\frac{1}{N}\right)^{n-k}.$$

例 1—11 （生日问题）求任意 $n(n\leqslant 365)$ 个人中至少有两人同一天生日的概率.

解 令 $A=\{n$ 个人中至少有两人同一天生日$\}$，直接计算 $P(A)$ 非常麻烦，我们先计算 $P(\overline{A})$. 因 $\overline{A}=\{n$ 个人中没有人同一天生日$\}$，若把一年 365 天中的每一天看成一个房间，某人在某一天生日看成是将某人分进某一房间，这样 $\overline{A}$ 可理解为将 n 个人分配到不同的房间. 这样

$$P(\overline{A})=\frac{n!\ C_{365}^n}{365^n}=\frac{A_{365}^n}{365^n}.$$

于是，

$$P(A)=1-P(\overline{A})=1-\frac{A_{365}^n}{365^n}.$$

具体地计算可得下面的结果：

n	15	20	25	30	40	50	55
P	0.25	0.41	0.57	0.71	0.89	0.97	0.99

从表中知，只要人数 $n\geqslant 55$，则有 2 人生日相同的概率已相当接近 1 了.

例 1—12 （抽签的公平性）口袋中有 a 只黑球，b 只白球. 从袋中不放回地一只一只取球，直到取完袋中的球为止，求第 k 次（$1\leqslant k\leqslant a+b$）取到黑球的概率.

解法 1 设 $A_k=\{$第 k 次取到黑球$\}$. 将球编上了不同的号码，是可分辨的. 从袋中依次取出 $a+b$ 个不同的球的试验结果可以看成是对 $a+b$ 个不同的球的一个排列，因而基本事件总数为 $(a+b)!$.

A_k 可分两个步骤实现，首先从袋中 a 个黑球里任取一个放在第 k 个位置上，有 a 种取法. 再将剩下的 $a+b-1$ 个球放在其余的位置上任意排列，有 $(a+b-1)!$ 种方法，因此，由乘法原理知 A_k 中包含的基本事件数为 $a(a+b-1)!$. 于是

$$P(A_k)=\frac{a(a+b-1)!}{(a+b)!}=\frac{a}{a+b}.$$

解法 2　若同色球是不可分辨的. 这时基本事件取决于在 $a+b$ 个位置中哪 a 个位置是放黑球的，显然，基本事件总数为 C_{a+b}^a. 要实现事件 A_k，第 k 个位置上必须要放上一个黑球，于是，只要在余下的 $a+b-1$ 个位置中选 $a-1$ 个位置来放剩下的黑球即可，即 A_k 中包含的基本事件数为 C_{a+b-1}^{a-1}. 于是

$$P(A_k)=\frac{C_{a+b-1}^{a-1}}{C_{a+b}^a}=\frac{a}{a+b}.$$

上述两种解法说明取到黑球的概率与取球的先后顺序没有关系，这也证明了抽签的公平性.

§1.5　几何概型与主观概率

§1.5.1　几何概型

在前面计算概率的例题中，我们利用了古典概型的有限性和等可能性. 然而客观世界是非常复杂和多变的，还有许多随机现象具有等可能性，但试验结果却有无穷多种可能性. 这无穷多个等可能发生的结果可以用直线上的一条线段、平面上的一个区域或是空间中的一个立体来表示. 这类试验，一般可以通过计算线段的长度、平面图形的面积或空间立体的体积来求出事件发生的概率. 我们将具有这样性质的试验模型称为**几何概型**（geometric probability）.

设随机试验的所有可能结果可以表示为 R^n 中的某一区域 Ω，基本事件就是区域 Ω 中的一个点，并且在这个区域内等可能出现. 设事件 A 可以用 Ω 中的子区域 A 来表示，用 S_A 和 S_Ω 分别表示区域 A 和 Ω 的度量（即线段的长度、平面的面积、立体的体积等），则事件 A 发生的概率

$$P(A)=\frac{A\text{ 的度量}}{\Omega\text{ 的度量}}=\frac{S_A}{S_\Omega}.$$

下面我们利用这个公式来计算日常生活中一些事件发生的概率.

例 1—13　某城市的某地铁站每隔 10 分钟有一列车通过，一位外地乘客对列车通过该站的时刻完全不知情，求他等待列车的时间不超过 3 分钟的概率.

解　令 $A=\{$等待的时间不超过 3 分钟$\}$，可以认为这位外地乘客到某地铁站的时间处于两辆列车到达时刻之间，而且处在这 10 分钟之间的任意时刻，即在这 10 分钟内的每一时刻到站的几率都是相等的. 因而这个问题可看成是几何概

型，可以用数轴上区间 [0，10] 来表示样本空间. 要使等车的时间不超过 3 分钟，只有当他到站的时间正好处于区间 [7，10] 之间才有可能. 于是，利用几何概型的概率计算公式有

$$P(A)=\frac{3}{10}=0.3.$$

例 1—14 （会面问题）甲、乙二人都要在明日上午 6 点到 7 点之间到达某处，每人都只在该处停留 10 分钟，试求他们能够在该处会面的概率.

解 设 6 点为计算时刻的 0 时，x，y 分别表示甲、乙两人到达某处的时刻（以分钟为单位），则可设样本空间

$$\Omega=\{(x,y)\,|\,0\leqslant x\leqslant60,0\leqslant y\leqslant60\}.$$

而两人会面的充要条件是

$$|x-y|\leqslant10.$$

若 $A=\{$两人能在该处会面$\}$，则有

$$A=\{(x,y)\,|\,(x,y)\in\Omega,|x-y|\leqslant10\}.$$

$$P(A)=\frac{A\ 的面积}{\Omega\ 的面积}=\frac{60^2-(60-10)^2}{60^2}=1-\left(\frac{5}{6}\right)^2=\frac{11}{36}.$$

图 1—7 会面问题示意图

§1.5.2 蒙特卡罗（Monte-Carlo）法

例 1—15 （Buffon 投针问题）1777 年法国科学家蒲丰（Buffon）提出了下列著名问题：平面上画着一些平行线，它们之间的距离都等于 a，向此平面任投一长度为 $l(l<a)$ 的针，试求此针与任一平行线相交的概率，并由此估计圆周率 π 的值.

解 以 x 表示针的中点与距离最近的一条平行线间的距离，又以 φ 表示针与此直线间的交角.

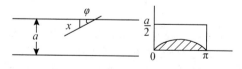

图 1—8 蒲丰投针问题示意图

（1）易知样本空间满足：

$$0\leqslant x\leqslant\frac{a}{2},0\leqslant\varphi\leqslant\pi,$$

它是平面上的一个矩形.

（2）针与平行线相交的充要条件是：

$$x \leqslant \frac{l}{2}\sin\varphi,$$

满足这个不等式的区域为图 1—8 中右侧示意图的阴影部分.

（3）故所求的概率为：

$$p = \frac{\dfrac{1}{2}\displaystyle\int_0^\pi l\sin\varphi \mathrm{d}\varphi}{\dfrac{1}{2}a\pi} = \frac{2l}{\pi a}.$$

（4）设共向此平面投针 N 次，其中有 n 次针与平行线相交，由概率的统计定义可知，当试验的次数 N 很大时，则有

$$p = \frac{2l}{a\pi} \approx \frac{n}{N}.$$

由此得到圆周率 π 的估计值为：

$$\pi \approx \frac{2lN}{an}.$$

定义 17　在某个随机试验中，事件 A 的概率 $P(A)$ 是关于某个未知数 θ 的函数，即 $P(A) = f(\theta)$. 若在 N 次试验中（N 很大），事件 A 发生了 n_A 次，则可由 $f(\theta) = \dfrac{n_A}{N}$ 得到 θ 的估计值. 这种得到未知数 θ 估计值的方法，称为**蒙特卡罗（Monte-Carlo）法**.

§1.5.3　主观概率

定义 18　人们根据经验对某个事件发生的可能性大小所给出的个人信念，常称作**主观概率**.

如一位高三班主任认为某学生考上大学的概率为 0.96，这里的 0.96 就是他根据多年的教学经验以及该学生高中 3 年的学习情况、几次高考模拟考试成绩和在全年级中的排名等综合而成的个人信念，是主观概率.

一位脑外科大夫认为下一个脑外科手术成功的概率为 0.6，这是他根据多年的手术经验和该手术的难易程度等因素综合而成的个人信念，也是主观概率.

§1.6 条件概率与乘法公式

§1.6.1 条件概率的概念

在实际问题中，我们常常会遇到这样的问题：在得到某个信息 A 以后（即在已知事件 A 发生的条件下），求事件 B 发生的概率. 这时，因为求 B 的概率是在已知 A 发生的条件下，所以称为在事件 A 发生的条件下事件 B 发生的条件概率. 记为 $P(B|A)$. 条件概率是概率论中一个非常重要的概念，同时条件概率又具有广泛的实际应用.

引例 1 若某厂生产的 50 件产品中有一等品 20 件、二等品 20 件，剩下的 10 件为不合格品. 现从这批产品中随机抽取一件，求：

(1) 抽到一等品的概率；

(2) 若已知抽到的产品是合格品，求该产品是一等品的概率.

解 记 $A=\{$抽到合格品$\}$；$B=\{$抽到一等品$\}$.

(1) 由于 50 件产品中有一等品 20 件，利用古典概率计算公式有：

$$P(B)=\frac{20}{50}=0.4.$$

(2) 现在我们计算：已知事件 A 发生的条件下，事件 B 发生的概率.

事件 A 发生以后，给人们带来新的信息：因为抽出的产品是合格品，所以这些产品不可能是从 10 件不合格品中抽出来的，于是可能的基本结果仅限于合格品中的 40 个. 这意味着事件 A 的发生改变了样本空间，从含有 50 个样本点的原样本空间 Ω 缩减为含有 40 个样本点的新样本空间 $\Omega_A=A$. 这时在事件 A 发生的条件下，事件 B 发生的概率为

$$P(B|A)=\frac{20}{40}=0.5.$$

我们再来继续分析引例 1，条件概率 $P(B|A)=\dfrac{20}{40}$ 中的分母 40 是事件 A 中所含样本点数 k_A，分子则是交事件 AB 中所含样本点数 k_{AB}，若分母与分子同时除以原样本空间 Ω 中的样本点总数 $n(n=50)$，则有

$$P(B|A) = \frac{20}{40} = \frac{\frac{20}{50}}{\frac{40}{50}} = \frac{\frac{k_{AB}}{n}}{\frac{k_A}{n}} = \frac{P(AB)}{P(A)}.$$

这表明：条件概率可用无条件概率之商来表示. 下面我们给出条件概率的定义.

定义 19 设 A，B 为随机试验 E 的两个事件，且 $P(A) > 0$，则

$$P(B|A) = \frac{P(AB)}{P(A)}$$

称为在事件 A 发生的条件下事件 B 发生的**条件概率**（conditional probability）.

- 条件概率 $P(B|A)$ 是指在事件 A 发生的条件下，另一事件 B 发生的概率.

- $P(A|\Omega) = \frac{P(A\Omega)}{P(\Omega)} = P(A)$，即无条件概率可看成条件概率.

例 1—16 某厂有甲，乙两个车间生产同一种型号的产品，结果如表：

	合格品数	次品数	总数
甲车间产品数	54	6	60
乙车间产品数	32	8	40
总数	86	14	100

从这 100 件产品中任取一件，设 A 表示取到合格品，B 表示取到甲车间产品，求 $P(A)$，$P(B)$，$P(AB)$，$P(A|B)$.

解 由定义得

$$P(A) = \frac{86}{100} = 0.86, \ P(B) = \frac{60}{100} = 0.6, \ P(AB) = \frac{54}{100} = 0.54.$$

而求 $P(A|B)$ 实质上是求在事件 B 发生的条件下 A 发生的概率（即甲车间生产的合格品率），由于甲车间产品有 60 件，而其中合格品有 54 件，所以 $P(A|B) = \frac{54}{60} = 0.9.$

例 1—17 设 100 件产品中有 5 件次品，从中任取两次，每次取一件，作不放回抽样. 设 $A = \{$第一次抽到合格品$\}$，$B = \{$第二次抽到次品$\}$，求 $P(B|A)$.

解法 1 在 A 已发生的条件下，产品数变为 99 件，其中次品数仍为 5 件，所以

$$P(B|A) = \frac{5}{99}.$$

解法 2 易知 $P(A) = \dfrac{95}{100}$. 从 100 件产品中连续抽取 2 件（抽后不放回），其样本空间 Ω 有样本点 100×99 个，使 AB 发生的样本点基本事件数为 95×5. 于是

$$P(AB) = \frac{95 \times 5}{100 \times 99}.$$

故有

$$P(B|A) = \frac{P(AB)}{P(A)} = \frac{5}{99}.$$

例 1—18 n 个人排成一排，已知甲排在乙的前面，求甲乙相邻的概率.

解法 1 设 $A = \{$甲排在乙前面$\}$，$B = \{$甲乙二人相邻$\}$. 由于 n 个人排成一排共有 $n!$ 种排法，其中不是甲排在乙前，就是乙排在甲前，利用对称性易知，这两种排法的情况数相等，于是，甲排在乙前的排法有 $\dfrac{n!}{2}$ 种. 甲乙相邻且甲排在乙前时可将甲乙看成 1 个人，与其余 $n-2$ 个人再来进行排列，共有 $(n-1)!$ 种排法. 利用古典概率的计算公式有：

$$P(A) = \frac{\dfrac{n!}{2}}{n!} = \frac{1}{2}, \quad P(AB) = \frac{(n-1)!}{n!} = \frac{1}{n}.$$

再用条件概率的定义得

$$P(B|A) = \frac{P(AB)}{P(A)} = \frac{2}{n}.$$

解法 2 设 $A = \{$甲排在乙前面$\}$，$B = \{$甲乙二人相邻$\}$. 事件 A 发生后，样本空间 Ω_A 的样本点减少了，由前面解法知，甲排在乙前面的排法一共有 $\dfrac{n!}{2}$ 种，即新的样本空间中基本事件总数为 $\dfrac{n!}{2}$. 又甲乙相邻且甲排在乙前的排法有 $(n-1)!$ 种，于是，利用古典概率的计算公式有：

$$P(B|A) = \frac{(n-1)!}{\dfrac{n!}{2}} = \frac{2}{n}.$$

从上面例子中可以看出，在条件概率的计算中，如果涉及的试验是古典概

型，有时根据所给的前提条件，直接在被限制了的新样本空间中，根据古典概率计算公式计算，会更简便.

例 1—19 设某家庭中有 3 个小孩，在已知至少有一个女孩的条件下，求这个家庭中至少有一个男孩的概率（假定一个小孩是男还是女是等可能的）.

解 设事件 $A=\{3$ 个小孩中至少有一个女孩$\}$，$B=\{3$ 个小孩中至少有一个男孩$\}$，则所求概率为条件概率 $P(B|A)$.

因为在 3 个小孩中至少有一个女孩的条件下，新的样本空间为：

$$\Omega_A=\{(女，男，男)，(男，女，男)，(男，男，女)，(女，女，男)，$$
$$(女，男，女)，(男，女，女)(女，女，女)\},$$

所以易知 $n=7$，$k=6$. 故由古典概率计算公式可得

$$P(B|A)=\frac{6}{7}.$$

§1.6.2 条件概率的性质

由概率的公理化定义和条件概率的定义，容易证明：条件概率也满足概率的三条基本性质，即

(1) 非负性：$P(B|A)\geqslant 0$；

(2) 规范性：$P(\Omega|A)=1$；

(3) 可列可加性：若事件 B_1，B_2，$\cdots$，B_n，$\cdots$两两互不相容，则有

$$P(\bigcup_{n=1}^{\infty} B_n|A)=\sum_{n=1}^{\infty}P(B_n|A).$$

与概率的性质类似，条件概率还具有下列性质：

(4) $P(\varnothing|A)=0$；

(5) 有限可加性：若事件 B_1，B_2，$\cdots$，B_n 两两互不相容，则有

$$P(\bigcup_{k=1}^{n} B_k|A)=\sum_{k=1}^{n}P(B_k|A);$$

(6) $P(\bar{B}|A)=1-P(B|A)$；

(7) 若 B_1，B_2 是两个事件，且 $B_1\subset B_2$，则 $P((B_2-B_1)|A)=P(B_2|A)-P(B_1|A)$；

(8) 若 B_1，B_2 是两个事件，则 $P(B_1\bigcup B_2|A)=P(B_1|A)+P(B_2|A)-P(B_1B_2|A).$

§1.6.3 乘法公式

由条件概率的定义有 $P(B|A)=\dfrac{P(AB)}{P(A)}$，上式两边同乘 $P(A)(P(A)>0)$ 可得：

$$P(AB)=P(A)P(B|A).$$

同理，当 $P(B)>0$ 时，有

$$P(AB)=P(B)P(A|B).$$

上面的两个等式被称为乘法公式，利用它们可简便地计算出两个事件同时发生的概率. 乘法公式可以推广到有限个事件的情形.

乘法定理 设 $A_k(k=1,2,\cdots,n)$ 是 $n(n\geqslant2)$ 个事件，若 $P(\bigcap\limits_{k=1}^{n-1}A_k)>0$，则有

$$P(\bigcap_{k=1}^{n}A_k)=P(A_1)P(A_2|A_1)P(A_3|A_1A_2)\cdots P(A_n|A_1A_2\cdots A_{n-1}).$$

此式称为**乘法公式**（multiplication formula）.

证明 因为 $P(A_1)\geqslant P(A_1A_2)\geqslant\cdots\geqslant P(A_1A_2\cdots A_{n-1})>0$，所以等式右边定义的条件概率都有意义. 反复利用两个事件的乘法公式有：

$$\begin{aligned}P(\bigcap_{k=1}^{n}A_k)&=P(A_1A_2\cdots A_n)=P(A_1A_2\cdots A_{n-1})P(A_n|A_1A_2\cdots A_{n-1})\\&=P(A_1A_2\cdots A_{n-2})P(A_{n-1}|A_1A_2\cdots A_{n-2})P(A_n|A_1A_2\cdots A_{n-1})\\&=\cdots=P(A_1)P(A_2|A_1)P(A_3|A_1A_2)\cdots P(A_n|A_1A_2\cdots A_{n-1}).\end{aligned}$$

例 1—20 一个盒子中有 6 只白球，4 只黑球，从中不放回地每次任取 1 只，连取 3 次，求第三次才取得白球的概率.

解 设事件 $A_i=\{第\ i\ 次取得白球\}$，$i=1,2,3$，则所求的第三次才取得白球的概率为

$$P(\overline{A}_1\overline{A}_2A_3)=P(\overline{A}_1)P(\overline{A}_2|\overline{A}_1)P(A_3|\overline{A}_1\overline{A}_2)=\frac{4}{10}\times\frac{3}{9}\times\frac{6}{8}=\frac{1}{10}.$$

例 1—21 将 6 个球（3 个红，3 个白）随机地放入 3 个盒子，每个盒放 2 个. 求每盒正好放入一个红球、一个白球的概率.

解 设 $A_i=\{第\ i\ 个盒子中有一个红球、一个白球\}$，$i=1,2,3$，则

$$P(A_1A_2A_3)=P(A_1)P(A_2\,|\,A_1)P(A_3\,|\,A_1A_2)=\frac{C_3^1C_3^1}{C_6^2}\frac{C_2^1C_2^1}{C_4^2}\frac{1}{C_2^2}=\frac{2}{5}.$$

例 1—22　（波利亚罐模型）设罐中有 b 个黑球和 r 个红球，每次随机取出一个球，将原球放回，并加进与抽出球同色的球 c 个，再取第二个球，这样重复进行，求 n 次取球中有 k 次取出红球，$n-k$ 次取出黑球的概率.

解　设 $B=\{$前 k 次取出红球，后面 $n-k$ 次取出黑球$\}$，$A_i=\{$第 i 次取出的是红球$\}$，则 $\overline{A}_i=\{$第 i 次取出的是黑球$\}$，$B=A_1A_2\cdots A_k\overline{A}_{k+1}\cdots\overline{A}_n$，而

$$P(A_1)=\frac{r}{b+r},$$

$$P(A_2\,|\,A_1)=\frac{r+c}{b+r+c},$$

$$P(A_3\,|\,A_1A_2)=\frac{r+2c}{b+r+2c},$$

$$\cdots$$

$$P(A_k\,|\,A_1A_2\cdots A_{k-1})=\frac{r+(k-1)c}{b+r+(k-1)c},$$

$$P(\overline{A}_{k+1}\,|\,A_1A_2\cdots A_k)=\frac{b}{b+r+kc},$$

$$P(\overline{A}_{k+2}\,|\,A_1A_2\cdots A_k\overline{A}_{k+1})=\frac{b+c}{b+r+(k+1)c},$$

$$\cdots$$

$$P(\overline{A}_n\,|\,A_1A_2\cdots A_k\overline{A}_{k+1}\cdots\overline{A}_{n-1})=\frac{b+(n-k-1)c}{b+r+(n-1)c},$$

所以，利用乘法公式有

$$\begin{aligned}
P(B)=&P(A_1)P(A_2\,|\,A_1)\cdots P(A_k\,|\,A_1A_2\cdots A_{k-1})P(\overline{A}_{k+1}\,|\,A_1A_2\cdots A_k)\cdots\\
&P(\overline{A}_n\,|\,A_1A_2\cdots A_k\overline{A}_{k+1}\cdots\overline{A}_{n-1})\\
=&\frac{r}{b+r}\cdots\frac{r+(k-1)c}{b+r+(k-1)c}\,\frac{b}{b+r+kc}\cdots\frac{b+(n-k-1)c}{b+r+(n-1)c}.
\end{aligned}$$

注意到上面答案只与红球和黑球出现的次数有关，而与球出现的顺序无关，故所求事件的概率为 $C_n^kP(B)$.

波利亚罐模型常被用来作为描述传染病的数学模型，是一个应用范围非常广的摸球模型. 当 $c=0$ 时，是有放回摸球，当 $c=-1$ 时，则是不放回摸球. 因函数

$$f(x)=\frac{x}{b+x}=1-\frac{b}{b+x}(x>0,b>0).$$

为增函数，故

$$P(A_1)<P(A_2\,|\,A_1)<P(A_3\,|\,A_1A_2)<\cdots<P(A_k\,|\,A_1A_2\cdots A_{k-1}).$$

上式说明当红球越来越多时，红球被抽到的可能性也就越来越大，这就像某种传染病流行时的情况，如果不及时控制，则波及的范围也会越来越大.

§1.7　全概率公式和贝叶斯公式

将复杂问题适当地分解为若干个简单问题而逐一解决，是人们常用的工作方法. 对于复杂事件概率的计算我们也是这样，将复杂事件划分成若干个互不相容的简单事件，然后利用条件概率和乘法公式将这些简单事件的概率分别算出，最后利用加法公式把这些简单事件的概率相加，即可求出复杂事件的概率. 下面我们来看一个例子：

引例 2　袋中有 5 个红球，4 个白球. 每次从中任取 2 个球（取后不放回），问第二次取到一个红球一个白球的概率.

分析　题中对第一次取的球没有任何要求. 如果知道第一次取了哪些球，则第二次取到一个红球一个白球的概率就容易计算了. 为此，我们要考虑第一次取球的所有可能情形.

解　设 $A_i=\{$第一次取到 i 个红球$\}$，$i=0,1,2.$ 显然 A_i 两两互斥，且 $A_0\bigcup A_1\bigcup A_2=\Omega.$ 令 $B=\{$第二次取到一个红球一个白球$\}$，于是我们有：

$$
\begin{aligned}
P(B)&=P(B\Omega)=P[B(A_0\bigcup A_1\bigcup A_2)]\\
&=P(BA_0)+P(BA_1)+P(BA_2)\\
&=P(A_0)P(B\,|\,A_0)+P(A_1)P(B\,|\,A_1)+P(A_2)P(B\,|\,A_2)\\
&=\frac{C_4^2}{C_9^2}\cdot\frac{C_5^1C_2^1}{C_7^2}+\frac{C_4^1C_5^1}{C_9^2}\cdot\frac{C_4^1C_3^1}{C_7^2}+\frac{C_5^2}{C_9^2}\cdot\frac{C_3^1C_4^1}{C_7^2}=\frac{5}{9}.
\end{aligned}
$$

我们把上述计算方法总结成一个公式，即全概率公式.

§1.7.1　全概率公式

全概率公式是概率论中的一个非常重要且实用的公式. 为了给出全概率公式，我们先介绍样本空间划分的概念.

首先，我们给出样本空间的划分的定义.

定义 20 设 Ω 为随机试验 E 的样本空间，A_1，A_2，$\cdots$，A_n 为 E 的一组事件. 如果

(1) $A_iA_j=\varnothing$，$i\neq j$，i，$j=1$，2，$\cdots$，n，

(2) $\bigcup\limits_{i=1}^{n}A_i=\Omega$，

则称事件组 A_1，A_2，$\cdots$，A_n 为样本空间 Ω 的一个**划分**.

定理 2 设 Ω 为随机试验 E 的样本空间，A_1，A_2，$\cdots$，A_n 为 Ω 的一个划分，且 $P(A_i)>0(i=1$，2，$\cdots$，$n)$，则对任一事件 B，有

$$P(B) = \sum_{i=1}^{n} P(A_i)P(B|A_i).$$

此式称为**全概率公式**（complete probability formula）.

证明 因为

$$B=B\Omega=B(A_1\bigcup A_2\bigcup\cdots\bigcup A_n)=BA_1\bigcup BA_2\bigcup\cdots\bigcup BA_n,$$

由假设 $(BA_i)(BA_j)\subset A_iA_j=\varnothing(i\neq j)$，利用加法公式和乘法公式得

$$P(B) = \sum_{i=1}^{n} P(BA_i) = \sum_{i=1}^{n} P(A_i)P(B|A_i).$$

例 1—23 某工厂的 1、2、3 车间生产同一种产品，产量依次占总产量的 30%，30%，40%，而产品合格率分别为 85%，90%，95%. 现从该厂产品中随机抽取一件，试求该产品是合格品的概率.

解 设 $A_i=\{$取到 i 车间的产品$\}$，$i=1$，2，3，$B=\{$取到合格品$\}$，则样本空间 $\Omega=\{$取到 1 车间、取到 2 车间、取到 3 车间的产品$\}$，即 A_1，A_2，A_3 为 Ω 的一个划分. 由题意知 $P(A_1)=0.3$，$P(A_2)=0.3$，$P(A_3)=0.4$，$P(B|A_1)=0.85$，$P(B|A_2)=0.9$，$P(B|A_3)=0.95$，于是，由全概率公式有

$$P(B) = \sum_{i=1}^{3} P(A_i)P(B|A_i) = 0.3\times0.85+0.3\times0.9+0.4\times0.95$$
$$= 0.905.$$

例 1—24 某工厂生产的产品以 100 个为一批，进行抽样检查时，只从每批中抽取 10 个来检查，如果发现其中有次品，则认为这批产品是不合格的. 假定每一批产品中的次品数最多不超过 4 个，并且其中恰有 i（$i=0$，1，2，3，4）个次品的概率如下：

一批产品中的次品数	0	1	2	3	4
概率	0.1	0.2	0.4	0.2	0.1

求各批产品通过检查的概率.

解 设事件 $B_i=\{$一批产品中有 i 个次品$\}$，$i=0$，1，2，3，4，$A=\{$这批产品通过检查$\}$，即抽样检查的 10 个产品都是合格品，则

$$P(B_0)=0.1, P(B_1)=0.2, P(B_2)=0.4, P(B_3)\doteq0.2, P(B_4)=0.1,$$

$$P(A|B_0)=1, P(A|B_1)=\frac{C_{99}^{10}}{C_{100}^{10}}=0.900, P(A|B_2)=\frac{C_{98}^{10}}{C_{100}^{10}}\approx0.809,$$

$$P(A|B_3)=\frac{C_{97}^{10}}{C_{100}^{10}}\approx0.727, P(A|B_4)=\frac{C_{96}^{10}}{C_{100}^{10}}\approx0.652,$$

依全概率公式，即得所求的概率为

$$P(A) = \sum_{i=0}^{4} P(B_i)P(A \mid B_i) = 0.814\ 2.$$

例 1—25 （敏感性问题调查）对敏感性问题的调查方案，关键是要使被调查者愿意作出真实回答，又能保守个人秘密. 有一个调查方案如下：在没有旁观者的情况下，请你从口袋中摸出一球，若取得红色球，则请你回答问题 A；若取得白色球，则请你回答问题 B.

问题 A：你的生日是否在 7 月 1 日之前？

问题 B：你是否看过黄色书刊或黄色影像？

你对问题的回答是：□是；　□否.

现有 n 张有效答卷，其中 k 张回答"是"，且已知口袋中红色球的比例为 π，求学生中看过黄色书刊或黄色影像的比例 p.

解 设 $Y=\{$回答"是"$\}$，$R=\{$取到红色球$\}$，则 $P(R)=\pi$，$P(Y)=\dfrac{k}{n}$，$p=P(Y \mid \bar{R})$，且由实际可假设 $P(Y \mid R)=0.5$，因此由 $P(Y)=P(R)P(Y \mid R)+P(\bar{R})P(Y \mid \bar{R})$ 可得：

$$\frac{k}{n}=\pi \cdot 0.5+(1-\pi)p,$$

$$p=\frac{k/n-0.5\pi}{1-\pi}.$$

如口袋中有红色球 20，白色球 30 个，有效答卷 1 583 张，其中 389 张回答

"是"，则算得

$$p = \frac{k/n - 0.5\pi}{1 - \pi} = \frac{389/1\,583 - 0.5 \times 0.4}{0.6} \approx 0.076\,2.$$

§1.7.2 贝叶斯（Bayes）公式

引例 3 有三个形状相同的箱子，在第一个箱子中有两个正品，一个次品；在第二个箱子中有三个正品，一个次品；在第三个箱子中有两个正品，两个次品. 现从任意一个箱子中，任取一件产品.

（1）求取得正品的概率；

（2）若已知取得一个正品，求这个正品是从第一个箱子中取出的概率.

解 设 $A_i = \{$第 i 个箱子中的产品$\}$，$i = 1, 2, 3$，$B = \{$取得正品$\}$.

（1）由全概率公式可知，取得正品的概率为

$$P(B) = P(A_1)P(B|A_1) + P(A_2)P(B|A_2) + P(A_3)P(B|A_3)$$

$$= \frac{1}{3} \times \frac{2}{3} + \frac{1}{3} \times \frac{3}{4} + \frac{1}{3} \times \frac{2}{4} = \frac{23}{36}.$$

（2）若已知取得一个正品，则这个正品是从第一个箱子中取出的概率为

$$P(A_1|B) = \frac{P(A_1 B)}{P(B)} = \frac{P(A_1)P(B|A_1)}{P(B)} = \frac{\frac{1}{3} \times \frac{2}{3}}{\frac{23}{36}} = \frac{8}{23}.$$

利用全概率公式，可通过综合分析某事件发生的不同原因及其可能性，而求得该事件发生的概率. 贝叶斯公式则是考虑与之相反的问题，即某事件已经发生，要考察引发该事件的各种原因的可能性的大小，是决策中具有重要作用的公式.

定理 3 （贝叶斯公式）设 Ω 为随机试验 E 的样本空间，A_1，A_2，$\cdots$，A_n 为 Ω 的一个划分，B 为 E 的事件，且 $P(A_i) > 0(i = 1, 2, \cdots, n)$，$P(B) > 0$，则

$$P(A_i|B) = \frac{P(A_i)P(B|A_i)}{\sum\limits_{i=1}^{n} P(A_i)P(B|A_i)}, \ i = 1, 2, \cdots, n.$$

此式称为**贝叶斯公式**（Bayesian formula）.

证明 由条件概率的定义、乘法公式和全概率公式可得

$$P(A_i|B) = \frac{P(A_iB)}{P(B)} = \frac{P(A_i)P(B|A_i)}{\sum\limits_{i=1}^{n} P(A_i)P(B|A_i)}, i=1,2,\cdots,n.$$

在公式中，如果把 A_i 看成是造成结果 B 发生的各种原因（或条件），则贝叶斯公式的实际含义是：要找出各个原因（或条件）A_i 出现后导致结果 B 发生的可能性的大小. $P(A_i)$ 和 $P(A_i|B)$ 分别称为原因的先验概率和后验概率. $P(A_i)$ 是在没有进一步信息（不知道事件 B 是否发生）的情况下各事件发生的概率. 当获得新的信息（知道 B 发生）后，人们对各事件发生的概率 $P(A_i|B)$ 有了新的估计. 贝叶斯公式从数量上刻画了这种变化.

贝叶斯公式以及由此发展起来的一整套理论与方法，在概率统计中被称为"贝叶斯"学派，在自然科学及国民经济等许多领域中有着广泛应用.

例 1—26 根据对以往考试结果的统计分析，努力学习的学生中有 98％的人考试及格，不努力学习的学生中有 98％的人考试不及格. 据调查了解，学生中有 90％的人是努力学习的，求考试及格的学生有多大可能是不努力学习的人.

解 设 $A=\{$被调查的学生努力学习$\}$，$B=\{$被调查的学生考试及格$\}$，则 $\overline{A}=\{$被调查的学生不努力学习$\}$，$\overline{B}=\{$被调查的学生考试不及格$\}$. 由题意有

$$P(A)=0.9, P(B|A)=0.98, P(\overline{B}|\overline{A})=0.98,$$

于是，

$$P(\overline{A})=1-P(A)=0.1, P(B|\overline{A})=1-P(\overline{B}|\overline{A})=0.02,$$

因 A 和 $\overline{A}$ 为样本空间 Ω 的一个划分，故由贝叶斯公式有

$$P(\overline{A}|B)=\frac{P(\overline{A})P(B|\overline{A})}{P(A)P(B|A)+P(\overline{A})P(B|\overline{A})}=\frac{0.1\times0.02}{0.9\times0.98+0.1\times0.02}$$
$$\approx0.002\ 3.$$

下面我们就以疾病诊断为例，介绍贝叶斯决策的基本思想. 由病历统计可得到某地区在指定时间内患感冒（A_1）、患结核（A_2）及患风湿（A_3）等疾病的概率，这就是先验概率 $P(A_i)$，$i=1$，2，3，$\cdots$，n. 再根据病理学及病历资料，可以确定患有上述疾病的患者出现"发烧"（B）这一症状的概率 $P(B|A_i)$（$i=1$，2，$\cdots$，n）. 于是，利用贝叶斯公式，可很快地算出各种病因 A_i 的后验概率 $P(A_i|B)$.

这样，当医生面对一个有症状 B（发烧）的病人时，他就可以根据已经算出的 $P(A_i|B)$，$1\leqslant i\leqslant n$，选择其中较大者做出判断.

例 1—27　据调查一地区居民某重大疾病的发病率为 0.000 3，有一种非常有效的检验法可检查出该疾病，具体数据如下：95％的患病者检验结果为阳性，96％的未患病者检验结果为阴性．今有一人检查结果为"阳性"，问他确实患有这种重大疾病的可能性有多大？

解　记 $A=\{$居民患某重大疾病$\}$，$B=\{$检查呈阳性$\}$，由题意有

$$P(A)=0.000\,3, P(B|A)=0.95, P(\bar{B}|\bar{A})=0.96.$$

因所求概率为 $P(A|B)$，故由贝叶斯公式得

$$P(A|B)=\frac{P(A)P(B|A)}{P(A)P(B|A)+P(\bar{A})P(B|\bar{A})}$$

$$=\frac{0.000\,3\times0.95}{0.000\,3\times0.95+(1-0.000\,3)\times(1-0.96)}\approx0.007\,08.$$

这表明在检查出呈阳性的人中确实患重病的人只有 0.708％，还不到 1％．为什么检验法的准确率非常高，失误的概率也很小，可检验结果却非常值得怀疑呢？事实上，由于在人群中未患这种病的人占 99.7％，因此，检验为阳性者中还是未患这种病的人居多．在实际生活中，一般是先用一些简单易行的辅助方法进行排查，排除大量明显不是患者的人，当医生怀疑某人有可能是病患者时，才建议用这种检验法．这时在被怀疑的对象中，患这种重大疾病的概率已大幅度提高了，比如 $P(A)=0.3$，这时再用贝叶斯公式计算，可得 $P(A|B)\approx0.91$．这样就大大提高了检验法的准确率．

例 1—28　某计算机制造商所用的显示器分别由甲、乙、丙三个厂家提供，所占份额分别为 25％，15％，60％，次品率依次为 2％，3％，1％．若三家工厂的产品在仓库里是均匀混合的，并且没有区分标志，现从仓库里随机地抽取一台显示器，如果取到的是次品，你认为是哪家工厂生产的？

解　用 A_1，A_2，A_3 分别表示显示器取自甲厂、取自乙厂、取自丙厂，那么显然 A_1，A_2，A_3 为样本空间 Ω 的一个划分，若 $B=\{$取到的显示器是次品$\}$，则由贝叶斯公式得

$$P(A_1|B)=\frac{P(A_1)P(B|A_1)}{\sum_{i=1}^{3}P(A_i)P(B|A_i)}$$

$$=\frac{25\%\times2\%}{25\%\times2\%+15\%\times3\%+60\%\times1\%}=\frac{10}{31}.$$

$$P(A_2 \mid B) = \frac{P(A_2)P(B \mid A_2)}{\sum_{i=1}^{3} P(A_i)P(B \mid A_i)}$$

$$= \frac{15\% \times 3\%}{25\% \times 2\% + 15\% \times 3\% + 60\% \times 1\%} = \frac{9}{31}.$$

$$P(A_3 \mid B) = \frac{P(A_3)P(B \mid A_3)}{\sum_{i=1}^{3} P(A_i)P(B \mid A_i)}$$

$$= \frac{60\% \times 1\%}{25\% \times 2\% + 15\% \times 3\% + 60\% \times 1\%} = \frac{12}{31}.$$

因为，$P(A_3 \mid B) > P(A_1 \mid B) > P(A_2 \mid B)$，所以我们认为该显示器是丙厂生产的产品.

§1.8 随机事件的独立性

在一个随机试验中，各个事件之间一般都会有些联系，即一个事件的发生会影响到另一个事件发生的概率，但也有可能它们会互不影响. 若事件之间互不影响，则说它们独立.

独立性是概率论中的一个独特又非常重要的概念. 在独立的情况下，一些很复杂的事件的概率的计算会变得很简单. 下面我们先讨论两个事件的独立性，再讨论三个事件的独立性，然后进一步讨论多个事件的独立性，最后给出试验独立的概念.

§1.8.1 两个事件的独立性

引例 4 一个袋子中装有 6 只黑球，4 只白球，采用有放回的方式摸球，求

(1) 第一次摸到黑球的条件下，第二次摸到黑球的概率；

(2) 第二次摸到黑球的概率.

解 设 $A = \{$第一次摸到黑球$\}$，$B = \{$第二次摸到黑球$\}$，则

(1) $P(A) = \frac{6}{10}$，$P(AB) = \frac{6^2}{10^2}$，所以 $P(B \mid A) = \frac{\frac{6^2}{10^2}}{\frac{6}{10}} = \frac{6}{10}$.

(2) $P(B) = P(A)P(B \mid A) + P(\overline{A})P(B \mid \overline{A}) = \frac{6}{10} \times \frac{6}{10} + \frac{4}{10} \times \frac{6}{10} = \frac{6}{10}$.

注意到 $P(B\mid A)=P(B)$，即事件 A 发生与否对事件 B 发生的概率没有影响。从直观上看，这是很自然的，因为我们采用的是有放回的方式摸球，第二次摸球时袋中球的构成与第一次摸球时完全相同，因此，第一次摸球的结果当然不会影响第二次摸球，在这种场合下我们说事件 A 与事件 B 相互独立。

若对事件 A，B 有，$P(A)=P(A\mid B)$ 且 $P(A)=P(A\mid\overline{B})$，即事件 B 是否发生不会影响 A 发生的概率。且由 $P(A)=P(A\mid B)$ 可推出 $P(A)=P(A\mid\overline{B})$。

若 $P(A)=P(A\mid B)$，将其代入乘法公式即得，$P(AB)=P(A)P(B)$。于是，我们可以得到如下两个事件独立的定义。

定义 21 若事件 A、B 满足

$$P(AB)=P(A)P(B),$$

则称事件 A 与 B **相互独立**（mutual independence），简称 A 与 B **独立**（independence）。

注意："两个事件相互独立"与"两个事件互不相容"是两个不同的概念，"独立"是用概率表达式 $P(AB)=P(A)P(B)$ 来判别，而"互不相容"则是用事件表达式 $AB=\varnothing$ 来判定。

定理 4 当 $P(A)>0$，$P(B)>0$ 时，若 A，B 相互独立，则 A，B 相容；若 A，B 互不相容，则 A，B 不相互独立。

证明 （1）若 A，B 相互独立，则 $P(AB)=P(A)P(B)\neq0$，即 A，B 是相容的。

（2）若 A，B 互不相容，则 $AB=\varnothing$，$P(AB)=0$。因此 $0=P(AB)\neq P(A)P(B)>0$，即 A，B 是不相互独立的。

● 零概率事件与任何事件都是互相独立的。

● 概率为 1 的事件与任何事件都是互相独立的。

● $\varnothing$ 与 Ω 既相互独立又互不相容。

定理 5 设 A，B 是两事件，且 $P(A)>0$，则 A，B 相互独立的充分必要条件是

$$P(B\mid A)=P(B).$$

定理 6 若事件 A，B 相互独立，则事件 A 与 $\overline{B}$，$\overline{A}$ 与 B，$\overline{A}$ 与 $\overline{B}$ 也相互独立。

证明 只证 A 与 $\overline{B}$ 独立（其余两对类似可证）。

$$P(A\overline{B})=P(A)-P(AB)=P(A)-P(A)P(B)$$

$$=P(A)[1-P(B)]=P(A)P(\overline{B}).$$

因此，A 与 $\overline{B}$ 相互独立.

用上面类似方法可证：若四对事件 A 与 B，A 与 $\overline{B}$，$\overline{A}$ 与 B，$\overline{A}$ 与 $\overline{B}$ 中，有一对相互独立，则其余三对也相互独立.

在实际问题中，我们一般不用定义来判断两事件 A，B 是否相互独立，而是根据事件的实际意义去判断事件的独立性. 一般地，若由实际情况分析，两事件 A，B 之间没有关联或关联很微弱，就认为它们相互独立，即可以用定义中的公式来计算积事件的概率了.

例 1—29 一台自动报警器由雷达和计算机两部分组成，两部分如有任何一个出现故障，报警器就失灵. 若使用一年后，雷达出现故障的概率为 0.2，计算机出现故障的概率为 0.1，求这个报警器使用一年后失灵的概率.

解 因为雷达和计算机是两个不同的系统，故它们是否出现故障是不会相互影响的，于是，雷达与计算机工作情况是相互独立的.

设 $A=\{$雷达出现故障$\}$，$B=\{$计算机出现故障$\}$，则由题意有：$P(A)=0.2$，$P(B)=0.1$，所求事件的概率

$$P(A \cup B)=P(A)+P(B)-P(AB)$$
$$=P(A)+P(B)-P(A)P(B)=0.2+0.1-0.2\times0.1=0.28.$$

§1.8.2 三个事件的独立性

定义 22 对事件 A，B，C，如果满足下面 3 个等式

$$P(AB)=P(A)P(B),$$
$$P(AC)=P(A)P(C),$$
$$P(BC)=P(B)P(C),$$

则称 A，B，C **两两独立** (independence between them).

定义 23 对事件 A，B，C，如果满足下面 4 个等式

$$P(AB)=P(A)P(B),$$
$$P(AC)=P(A)P(C),$$
$$P(BC)=P(B)P(C),$$
$$P(ABC)=P(A)P(B)P(C),$$

则称事件 A，B，C **相互独立** (independence each other).

由定义易知：三个事件相互独立一定是两两独立的，但两两独立未必是相互

独立. 例如：将一个均匀正四面体的第一面涂成红色，第二面涂成黄色，第三面涂成蓝色，第四面则同时涂上红黄蓝三种颜色，若用 A，B，C 分别表示掷一次正四面体时底面分别出现红色、黄色和蓝色的事件，则由古典概率的定义易知：

$$P(A)=P(B)=P(C)=\frac{2}{4}=\frac{1}{2},$$

$$P(AB)=P(AC)=P(BC)=P(ABC)=\frac{1}{4}.$$

于是，由定义知 A，B，C 两两独立. 但因为 $P(ABC)\neq P(A)P(B)P(C)$，所以 A，B，C 不相互独立.

§1.8.3 多个事件的相互独立

定义 24 设 A_1，A_2，$\cdots$，A_n 是 $n(n\geqslant2)$ 个事件，若其中任意两个事件都相互独立，则称 A_1，A_2，$\cdots$，A_n **两两独立**（independence between them）.

定义 25 设 A_1，A_2，$\cdots$，A_n 是 $n(n\geqslant2)$ 个事件，若对任意 $k(2\leqslant k\leqslant n)$ 个事件 A_{i_1}，A_{i_2}，$\cdots$，A_{i_k} $(1\leqslant i_1<i_2<\cdots<i_k\leqslant n)$ 都有

$$P(A_{i_1}A_{i_2}\cdots A_{i_k})=P(A_{i_1})P(A_{i_2})\cdots P(A_{i_k}),$$

则称事件 A_1，A_2，$\cdots$，A_n **相互独立**（independence each other）.

由上述定义和定理知，若 n 个事件相互独立，则其中任意 $k(2\leqslant k<n)$ 个事件也相互独立，并且将 n 个相互独立事件中的任一部分换为其对立事件，所得的 n 个事件仍为相互独立事件.

当 n 个事件 A_1，A_2，$\cdots$，A_n 相互独立时，乘法公式和加法公式非常简单，即

$$P(A_1A_2\cdots A_n)=P(A_1)P(A_2)\cdots P(A_n)$$
$$P(A_1\bigcup A_2\bigcup\cdots\bigcup A_n)=1-P(\overline{A_1\bigcup A_2\bigcup\cdots\bigcup A_n})$$
$$=1-P(\overline{A_1}\,\overline{A_2}\cdots\overline{A_n})$$
$$=1-P(\overline{A_1})P(\overline{A_2})\cdots P(\overline{A_n})$$
$$=1-\prod_{i=1}^{n}[1-P(A_i)].$$

例 1—30 现有 3 批不同的水稻种子，发芽率分别为 0.9、0.8 和 0.7. 若从这三批种子中各随机地抽取一粒，求下列事件的概率：

（1）三粒种子都能发芽的概率；

(2) 至少有一粒种子能发芽的概率;

(3) 只有一粒种子能发芽的概率.

解 令 $A_i=\{$取自第 i 批的种子能发芽$\}$,$i=1$,2,3,依题意有:$P(A_1)=0.9$,$P(A_2)=0.8$,$P(A_3)=0.7$. 则所求概率分别为:

(1) $P(A_1A_2A_3)=P(A_1)P(A_2)P(A_3)=0.9\times0.8\times0.7=0.504$;

$$
\begin{aligned}
(2)\ P(A_1\bigcup A_2\bigcup A_3) &=1-P(\overline{A_1\bigcup A_2\bigcup A_3})=1-P(\overline{A_1}\,\overline{A_2}\,\overline{A_3})\\
&=1-P(\overline{A_1})P(\overline{A_2})P(\overline{A_3})\\
&=1-(1-0.9)\times(1-0.8)\times(1-0.7)\\
&=0.994;
\end{aligned}
$$

(3) $P(A_1\overline{A_2}\overline{A_3}\bigcup\overline{A_1}A_2\overline{A_3}\bigcup\overline{A_1}\overline{A_2}A_3)$

$=P(A_1)P(\overline{A_2})P(\overline{A_3})+P(\overline{A_1})P(A_2)P(\overline{A_3})+P(\overline{A_1})P(\overline{A_2})P(A_3)$

$=0.9\times0.2\times0.3+0.1\times0.8\times0.3+0.1\times0.2\times0.7$

$=0.092.$

例 1—31 已知每个人血清中含肝炎病毒的概率为 0.4%,且他们是否含有此病毒是相互独立的,若混合 100 人的血清,试求混合后血清中含病毒的概率.

解 令 $A_i=\{$第 i 个人血清中含肝炎病毒$\}$,$i=1$,2,$\cdots$,100,因事件 A_1,A_2,$\cdots$,A_{100} 相互独立,故所求概率

$$
\begin{aligned}
P(A_1\bigcup A_2\bigcup\cdots\bigcup A_{100}) &=1-P(\overline{A_1})P(\overline{A_2})\cdots P(\overline{A_{100}})\\
&=1-(1-0.004)^{100}\approx0.33.
\end{aligned}
$$

该例表明,小概率事件有时会产生大效应,在实际工作中对此要有足够的重视.

§1.8.4 试验的独立性

试验相互独立,就是其中某试验所得到的结果,对其他各试验取得的其他可能结果发生的概率没有影响. 我们可以利用事件的独立性来定义两个或多个试验的独立性.

定义 26 设 E_1 和 E_2 是两个随机试验,如果 E_1 中的任何一个事件与 E_2 中的任何一个事件都相互独立,则称这两个试验**相互独立**.

如掷一枚硬币两次;掷一枚硬币和掷一颗骰子,都是两个独立试验.

定义 27 对 n 个试验 E_1,E_2,$\cdots$,E_n,如果 E_1 中的任一事件、E_2 中的任一事件……E_n 中的任一事件都相互独立,则称这 n 个试验相互独立. 如果这 n 个独立试验完全相同,则称其为 **n 重独立重复试验**.

例如买 n 次体育彩票、检验某厂家生产的 n 件产品等都是 n 重独立重复

试验.

例 1—32 某彩票每周开奖一次,每次提供十万分之一的中大奖机会,若你每周买一张彩票,坚持了 10 年(每年 52 周),则你从未中过一次大奖的概率是多少?

解 因为一年 52 周,10 年就是 520 周,于是,你有 520 次抽奖机会.

设 $A_i=\{$你在第 i 次抽奖中没有中大奖$\}$($i=1,2,\cdots,520$),依题意有

$$P(\overline{A_i})=10^{-5},P(A_i)=1-P(\overline{A_i})=1-10^{-5}.$$

又每周彩票开奖都是在做独立重复试验,故 A_1,A_2,$\cdots$,A_{520} 相互独立,利用乘法公式得,你 10 年从未中大奖的概率

$$P(A_1A_2\cdots A_{520})=(1-10^{-5})^{520}\approx0.994\,8.$$

这个概率很大,这说明你 10 年中从未中过一次大奖是很正常的事情.

小概率原则 设随机试验中某一事件 A 出现的概率为 $p>0$,则不论 p 如何小,当我们不断独立地重复做该试验时,A 迟早会出现的概率为 1.

证明 记 $A_k=\{$事件 A 在第 k 次试验中发生$\}$,$k=1,2,\cdots$,则 $P(A_k)=p$. 因为是独立重复试验,所以事件 A_1,A_2,$\cdots$,A_n,$\cdots$相互独立,在前 n 次试验中,A 至少出现一次的概率

$$P(A_1\bigcup A_2\bigcup\cdots\bigcup A_n)=1-P(\overline{A_1})P(\overline{A_2})\cdots P(\overline{A_n})=1-(1-p)^n.$$

当 n 趋于无穷大时,右边的极限为 1.

小概率事件在一次试验中不太可能发生,但在不断重复该试验时,它却必定迟早会发生. 小概率原则在数理统计中起着至关重要的作用.

§1.8.5 n 重伯努利试验

引例 5 将一枚均匀的骰子连续抛掷 3 次,考察 6 点出现的次数及相应的概率.

解 设 $A_i=\{$第 i 次抛掷中出现 6 点$\}$,$i=1,2,3$,3 次出现 6 点 k 次记为 $P_3(k)$,$k=0,1,2,3$,则

$$P_3(0)=P(\overline{A_1}\overline{A_2}\overline{A_3})=\left(\frac{5}{6}\right)^3=C_3^0\left(\frac{1}{6}\right)^0\cdot\left(\frac{5}{6}\right)^3\approx0.578\,704,$$

$$P_3(1)=P(A_1\overline{A_2}\overline{A_3}\bigcup\overline{A_1}A_2\overline{A_3}\bigcup\overline{A_1}\overline{A_2}A_3)=C_3^1\left(\frac{1}{6}\right)^1\cdot\left(\frac{5}{6}\right)^2$$

$$\approx0.347\,222,$$

$$P_3(2) = P(A_1A_2\overline{A_3} \bigcup A_1\overline{A_2}A_3 \bigcup \overline{A_1}A_2A_3) = C_3^2\left(\frac{1}{6}\right)^2 \cdot \left(\frac{5}{6}\right)^1$$

$$\approx 0.069\,444,$$

$$P_3(3) = P(A_1A_2A_3) = \left(\frac{1}{6}\right)^3 = C_3^3\left(\frac{1}{6}\right)^3 \cdot \left(\frac{5}{6}\right)^0 \approx 0.004\,630.$$

定义 28 如果试验 E 只有两个事件 A 和 $\overline{A}$，它们发生的概率分别为

$$P(A) = p(0 < p < 1), \quad P(\overline{A}) = 1 - p,$$

则称试验 E 为**伯努利（Bernoulli）试验**. n 重独立重复试验称为 n 重伯努利试验.

n 重伯努利试验是一种很重要的随机模型，它有广泛的应用，是研究最多的模型之一.

定理 7 （伯努利定理）在 n 重伯努利试验中，若每次试验中事件 A 发生的概率为 $p(0 < p < 1)$，则在这 n 次试验中事件 A 恰好出现 $k(0 \leqslant k \leqslant n)$ 次的概率为

$$P_n(k) = C_n^k p^k q^{n-k}, \quad q = 1 - p, \ k = 0, 1, 2, \cdots, n.$$

证明 设 $A_i = \{$第 i 次试验中事件 A 发生$\}$，$1 \leqslant i \leqslant n$；$B_k = \{n$ 次试验中事件 A 恰好出现 k 次$\}$，$0 \leqslant k \leqslant n$，则

$$B_k = A_1A_2\cdots A_k\overline{A_{k+1}}\cdots\overline{A_n} \bigcup \cdots \bigcup \overline{A_1A_2}\cdots\overline{A_{n-k}}A_{n-k+1}\cdots A_n.$$

由于

$$P(A_1A_2\cdots A_k\overline{A_{k+1}}\cdots\overline{A_n}) = P(A_1)P(A_2)\cdots P(A_k)P(\overline{A_{k+1}})\cdots P(\overline{A_n})$$

$$= p^k(1-p)^{n-k}.$$

而在 n 次试验中，事件 A 恰好出现 k 次，即在 n 个位置中选择 k 个位置让事件 A 发生，有 C_n^k 种不同的组合方式，B_k 包含了 C_n^k 个事件，且任一事件发生的概率相等，都是 $p^k(1-p)^{n-k}$，故由概率的有限可加性有

$$P_n(k) = C_n^k p^k q^{n-k}, \quad q = 1 - p, \ k = 0, 1, 2, \cdots, n.$$

例 1—33 若某人投篮球的命中率为 0.8，现在连续投篮 5 次，求他至少投中 3 次的概率.

解 令 $A = \{$某人一次投篮命中$\}$，$B = \{5$ 次投篮至少投中 3 次$\}$，因为投篮只有投中、投不中两种结果，由题意知，5 次连续投篮可看成 5 重伯努利试验. 又 $p = P(A) = 0.8$，$q = 1 - 0.8 = 0.2$，$n = 5$，利用伯努利定理，有

$$P(B)=P_5(3)+P_5(4)+P_5(5)$$
$$=C_5^3 0.8^3 \cdot 0.2^2+C_5^4 0.8^4 \cdot 0.2+C_5^5 0.8^5$$
$$=0.942\,08.$$

习题一

1. 写出下列随机试验的样本空间：

(1) 同时抛两枚骰子，记录它们的点数之和；

(2) 上午 8 点至 12 点进入某超市的顾客人数；

(3) 连续抛一枚硬币，直到出现正面为止；

(4) 记录某班一次数学期末考试的平均分数（以百分制记分）；

(5) 将一尺长的木棒折成三段，观察各段的长度；

(6) 在单位圆内任取一点，记录该点的坐标.

2. 设 A，B，C 为三事件，用 A，B，C 的运算关系表示下列事件.

(1) A 发生，B 与 C 不发生；

(2) A 与 B 发生，而 C 不发生；

(3) A，B，C 中至少有一个发生；

(4) A，B，C 都发生；

(5) A，B，C 都不发生；

(6) A，B，C 中不多于一个发生；

(7) A，B，C 中不多于两个发生；

(8) A，B，C 中至少有两个发生.

3. 已知 $P(\overline{A})=0.3$，$P(AB)=0.4$，$P(B)=0.5$，求

(1) $P(AB)$； (2) $P(B-A)$； (3) $P(A\bigcup B)$； (4) $P(\overline{AB})$.

4. 某门课只有通过口试及笔试两种考试，才能结业. 某学员通过口试的概率为 80%，通过笔试的概率为 65%，至少通过两者之一的概率为 85%. 问这名学生能完成这门课程结业的概率是多少？

5. 某人外出旅游两天，据天气预报，第一天下雨的概率为 0.6，第二天下雨的概率为 0.3，两天都下雨的概率为 0.1，试求下列事件的概率.

(1) $A=\{$第一天下雨第二天不下雨$\}$；

(2) $B=\{$至少有一天下雨$\}$；

(3) $C=\{$两天都不下雨$\}$；

(4) $D=\{$至少有一天不下雨$\}$.

6. 某城市有 N 辆汽车，车牌号从 1 到 N，某人去该市旅游，把遇到的 n 辆车子的车牌号抄下（可能重复抄到某些车牌号），求抄到的最大号码正好为 k 的概率（$1 \leqslant k \leqslant N$）.

7. 在某城市中共发行三种报纸：甲、乙、丙. 在该城市的居民中，订甲报的有 45%，订乙报的有 35%，订丙报的有 30%，同时订甲、乙两报的有 10%，同时订甲、丙两报的有 8%，同时订乙、丙两报的有 5%，同时订三种报纸的有 3%，求下述百分比.

(1) 只订甲报的；

(2) 只订甲、乙两报的；

(3) 只订一种报纸的；

(4) 正好订两种报纸的；

(5) 至少订一种报纸的；

(6) 不订任何报纸的.

8. 一批产品总数为 1 000 件，其中有 10 件为不合格品，现从中随机抽取 20 件，问其中有不合格品的概率是多少？

9. 从 6 双不同的鞋子中任取 4 只，求这 4 只鞋子中至少有两只配成一双的概率.

10. 把 r 个不同的球随机地放入 $n(n \geqslant r)$ 个箱子，假如每个箱子至少能放 r 个球，每个球落入每个箱子的可能性相同，求下列事件的概率.

(1) 事件 $A = \{$指定的 r 个箱子中各有一球$\}$；

(2) 事件 $B = \{$恰有 r 个箱子中各有一球$\}$；

(3) 事件 $C = \{$至少有一个箱子中有不少于两个球$\}$.

11. 在区间（0，1）中随机地取两个数，求这两个数之差的绝对值小于 $\frac{1}{2}$ 的概率.

12. 把长为 l 的线段任意折成 3 段，求这 3 段能构成一个三角形的概率.

13. (1) 已知 $P(\overline{A}) = 0.3$，$P(B) = 0.4$，$P(A\overline{B}) = 0.5$，求 $P(B|A \cup \overline{B})$.

(2) 已知 $P(A) = \frac{1}{4}$，$P(B|A) = \frac{1}{3}$，$P(A|B) = \frac{1}{2}$，求 $P(A \cup B)$.

14. 设某种动物由出生算起活 20 年以上的概率为 0.8，活 25 年以上的概率为 0.4. 如果现在有一只 20 岁的这种动物，问它能活到 25 岁以上的概率是多少？

15. 设 10 件产品中有 2 件不合格品，从中任取两件，

（1）已知有一件是不合格品的条件下，求另一件也是不合格品的概率；

（2）已知有一件是合格品的条件下，求另一件是不合格品的概率.

16. 假设一批产品中一、二、三等品各占 60%、30%、10%. 从中任取一件，结果不是三等品，求取到的是一等品的概率.

17. 设有 100 件产品，其中有次品 10 件，现依次从中取 4 件产品，求第 4 次才取到两件合格品的概率.

18. 设某光学仪器厂制造的透镜，第一次落下时打破的概率为 1/2，若第一次落下时未打破，第二次落下时打破的概率为 7/10，若前两次落下时均未打破，第三次落下时打破的概率为 9/10. 试求透镜落下三次而未打破的概率.

19. 有甲、乙两罐，甲罐中有 2 颗白球和 1 颗黑球，乙罐中有 1 颗白球和 2 颗黑球，若从甲罐中随机取一颗放在乙罐中，然后再从乙罐中取出一球，求此球为白球的概率.

20. 设男女两性人口之比为 51∶49. 又设男人色盲率为 2%，女人色盲率为 0.25%. 现随机抽到一个人为色盲，问该人是男人的概率是多少？

21. 某厂卡车运送防"非典"用品下乡，顶层装 10 个纸箱，其中 5 箱民用口罩、2 箱医用口罩、3 箱消毒棉. 到目的地时发现丢失 1 箱，不知丢失哪一箱. 现从剩下 9 箱中任意打开 2 箱，结果都是民用口罩，求丢失的一箱也是民用口罩的概率.

22. 甲、乙两人对弈，每一盘棋甲获胜的概率都是 0.6，在"五盘三胜"制的比赛中，求甲取得胜利（甲胜三盘就结束比赛）的概率.

23. 做一系列独立的试验，每次试验中成功的概率为 p，求在成功 n 次之前已经失败 m 次的概率.

24. 证明：若三个事件 A、B、C 相互独立，则 $A \cup B$，AB 及 $A-B$ 分别都与 C 独立.

25. 掷 2 枚均匀的骰子，记 $A=\{$点数和为奇数$\}$，$B=\{$第 1 枚为奇数点$\}$，$C=\{$第 2 枚为偶数点$\}$. 证明事件 A，B，C 两两独立但不是相互独立.

26. 设有若干架高射炮，每架击中飞机的概率均为 0.6.

（1）现用两架高射炮同时打一架敌机，问击中敌机的概率是多少？

（2）欲以 99% 的概率击中敌机，问最少需要多少架高射炮？

27. 今有甲乙两人独立地射击同一目标，其命中率分别为 0.6 和 0.5，现已知目标被击中，问它是被乙击中的概率是多少？

28. 加工某一零件共需经过四道工序，设第一、二、三、四道工序的次品率分别是 2%，3%，5%，3%，假定各道工序是互不影响的，求加工出来的零件的次品率.

29. 一条自动生产线上的产品，次品率为 4%，求解以下两个问题：

(1) 从中任取 10 件，求至少有两件次品的概率；

(2) 一次取 1 件，无放回地抽取，求当取到第二件次品时，之前已取到 8 件正品的概率.

30. 在伯努利试验中，事件 A 出现的概率为 p，求在 n 次独立事件中事件 A 出现偶数次的概率.

第二章

随机变量及其分布

在第一章里，我们介绍了随机事件及其概率，建立了随机试验的数学模型. 为了更方便地从数量方面研究随机现象的统计规律，本章将进一步引进随机变量的概念. 通过引进随机变量的概念，搭起随机现象与数学其他分支的桥梁，使概率论成为一门真正的数学学科.

§2.1 随机变量

§2.1.1 随机变量的概念

很多随机试验的样本空间的样本点是与实数对应的，而有一些结果虽然不能直接与实数对应，但是我们可以将其用数量标识. 为方便研究随机试验的各种结果及其发生的概率，对于每一个随机事件，如果能用一个数量来表示将会带来极大的方便.

例 2—1 投掷一枚硬币，只有两种可能的结果：正面朝上或反面朝上. 若记 $\omega_1 = \{$正面朝上$\}$，$\omega_2 = \{$反面朝上$\}$，则其样本空间为：$\Omega = \{\omega_1, \omega_2\}$，定义函数：

$$X(\omega) = \begin{cases} 1, & \omega = \omega_1 \\ 0, & \omega = \omega_2 \end{cases}.$$

这样，每个样本点就与实数"正面朝上的个数"对应了.

下面给出随机变量的一般定义.

定义 1 设随机试验 E 的样本空间是 Ω，如果对每一样本点 $\omega \in \Omega$ 都有唯一的一个实数 $X(\omega)$ 与之对应，则得到一个从样本空间 Ω 到实数域 R 上的映射 $X = X(\omega)$，这样的映射称为定义在 Ω 上的一个随机变量（random variable）.

随机变量通常用大写字母 $X(\omega)$，$Y(\omega)$，$Z(\omega)$ 等表示，简写为 X，Y，Z；随机变量所取的值一般用小写字母 x，y，z 等表示.

随机变量作为样本点的函数，有两个基本特点：

● 变异性：对于不同的试验结果，它可能取不同的值，因此是变量而不是常量.

● 随机性：试验中究竟出现哪种结果是随机的，在试验之前只知道随机变量的取值范围，该变量究竟取何值是不能事先确定的. 从直观上讲，随机变量就是取值具有随机性的变量.

例 2—2 掷一颗骰子，令 X 表示出现的点数，则 X 就是一个随机变量. 它的所有可能取值为 1，2，3，4，5，6.

● $\{X \leqslant 3\}$ 表示"掷出的点数不超过 3"这一随机事件；

● $\{X > 2\}$ 表示"掷出的点数大于 2"这一随机事件.

例 2—3 上午 8：00～9：00 在某路口观察，令 X 为该时间间隔内通过的汽车数，则 X 就是一个随机变量. 它的取值为 0，1，….

● $\{X < 1\,000\}$ 表示"通过的汽车数小于 1 000 辆"这一随机事件；

● $\{X \geqslant 500\}$ 表示"通过的汽车数大于等于 500 辆"这一随机事件.

例 2—4 一个公交车站，每隔 10 分钟有一辆公共汽车通过，一位乘客在任一随机时刻到达该站，则乘客等车时间 X 为一随机变量，它的取值为：$0 \leqslant X \leqslant 10$.

● $\{X \leqslant 5\}$ 表示"等车时间不超过 5 分钟"这一随机事件；

● $\{2 \leqslant X \leqslant 8\}$ 表示"等车时间超过 2 分钟而不超过 8 分钟"这样的随机事件.

在同一样本空间上可以定义不同的随机变量.

例 2—5 掷一颗骰子，可以定义多个不同的随机变量，例如定义：

$$Y = \begin{cases} 1, & x > 2 \\ 0, & x \leqslant 2 \end{cases}, \quad Z = \begin{cases} 1, & x = 6 \\ 0, & x \neq 6 \end{cases},$$

等等.

随机变量概念的产生是概率论发展史上的重大事件，通过它我们能够利用已有的高等数学工具来研究随机现象的统计规律.

§2.1.2 随机变量的分类

随机变量的取值各种各样，有的只能取有限个数值，有的则可以取可列无数个数值，还有的是在某个区间内取值，因此，根据随机变量的取值情况将其分为两大类：离散型和非离散型.

定义 2 若随机变量 X 只可能取有限个值或可列无限个值（即取值能够一一列举出来），则称 X 为**离散型随机变量**（discrete random variable），否则称为**非离散型随机变量**. 若随机变量 X 可能的取值充满数轴上的一个区间，则随机变量 X 称为**连续型随机变量**（continuous random variable）.

非离散型随机变量的情况比较复杂，其中最常见、最重要的一类是连续型随机变量，其值域为有限区间或无限区间.

如例 2—2、例 2—3、例 2—5 中的随机变量为离散型的，而例 2—4 中的随机变量是连续型的. 今后我们只研究离散型和连续型两种随机变量.

§2.1.3 分布函数

定义 3 设 X 是样本空间 Ω 上的随机变量，x 为任意实数，函数

$$F(x) = P\{X \leqslant x\}$$

称为随机变量 X 的分布函数（distribution function），记作 $F(x)$.

例 2—6 抛掷均匀硬币，令

$$X = \begin{cases} 1, & \text{出现正面} \\ 0, & \text{出现反面} \end{cases},$$

求 X 的分布函数 $F(x)$.

解 $P\{X=1\} = P\{X=0\} = \dfrac{1}{2}$.

(1) 当 $x<0$ 时，$\{X \leqslant x < 0\} = \varnothing$，$F(x) = P\{X \leqslant x < 0\} = 0$；

(2) 当 $0 \leqslant x < 1$ 时，$F(x) = P\{X \leqslant x\} = P\{X=0\} = \dfrac{1}{2}$；

(3) 当 $x \geqslant 1$ 时，$F(x) = P\{X \leqslant x\} = P\{X=0\} + P\{X=1\} = 1$.

从而可得随机变量 X 的分布函数为

$$F(x)=\begin{cases} 0, & x<0 \\ \dfrac{1}{2}, & 0\leqslant x<1. \\ 1, & x\geqslant 1 \end{cases}$$

例 2—7 向 $[0,2]$ 上均匀投点，X 表示落点坐标，求 X 的分布函数.

解 （1）当 $x<0$ 时，$\{X\leqslant x\}$ 是不可能事件，故 $F(x)=P(X\leqslant x)=0$；

（2）当 $0\leqslant x<2$ 时，$F(x)=P(X\leqslant x)=P(0\leqslant X<x)=\dfrac{x}{2}$；

（3）当 $x\geqslant 2$ 时，事件 $\{X\leqslant x\}$ 为必然事件，故 $F(x)=P\{X\leqslant x\}=1$.

从而随机变量 X 的分布函数为

$$F(x)=\begin{cases} 0, & x<0 \\ \dfrac{x}{2}, & 0\leqslant x<2. \\ 1, & x\geqslant 2 \end{cases}$$

§2.1.4 分布函数的性质

下面我们不加证明地介绍随机变量 X 的分布函数 $F(x)$ 的几个性质：

（1）单调性：$F(x)$ 是单调不减函数，即当 $x_1<x_2$ 时，有 $F(x_1)\leqslant F(x_2)$.

（2）有界性：对任意实数 x，有 $0\leqslant F(x)\leqslant 1$，且

$$F(-\infty)=\lim_{x\to-\infty}F(x)=0,\ F(+\infty)=\lim_{x\to+\infty}F(x)=1.$$

（3）右连续性：$F(x)$ 是右连续的函数，即对任意实数 x，有 $F(x+0)=F(x)$.

（4）对任意实数 x_1，$x_2(x_1<x_2)$，有

$$P\{x_1<X\leqslant x_2\}=P\{X\leqslant x_2\}-P\{X\leqslant x_1\}=F(x_2)-F(x_1).$$

由此可见，只要给定了分布函数就能算出各种事件的概率．因此，引进分布函数之后，许多概率论问题便简化或归结为函数的运算，这样就能利用微积分等数学工具来进行处理，这是引进随机变量的好处之一．

§2.2 离散型随机变量及其分布

对于离散型随机变量，我们不仅想知道它能取哪些值，而且还想知道它取这

些值的概率有多大.

§2.2.1 离散型随机变量的概率分布

定义 4 设离散型随机变量 X 的一切可能取值为 x_1，x_2，…，x_n，…，又已知 X 取值 x_i 的概率为 $p_i(i=1，2，…)$，即

$$P\{X=x_i\}=p_i，i=1,2,\cdots.$$

上述这组概率称为离散型随机变量 X 的**概率分布**（probability distribution）或**分布律**（law of distribution），也称**概率函数**.

- 离散型随机变量 X 的概率分布也可用如下表格来表示：

X	x_1	x_2	…	x_i	…
P	p_1	p_2	…	p_i	…

- 离散型随机变量的分布律还可以用图形来表示（见图 2—1）：

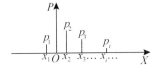

图 2—1 离散型随机变量的概率分布图

§2.2.2 概率分布的性质

离散型随机变量的概率分布满足以下两个基本性质：

(1) 非负性：$p_i \geqslant 0$，$i=1，2，…$；

(2) 规范性：$\sum\limits_{i=1}^{\infty} p_i = 1$.

反之，满足非负性和规范性的数组 $p_i(i=1，2，…)$，一定是某个离散型随机变量的概率分布.

例 2—8 袋中有 5 只分别编号为 1，2，3，4，5 的球，从袋中同时随机地抽取 3 只，以 X 表示取出的球中的最大号码，试求随机变量 X 的分布律.

解 由题意知，X 只能取值 3，4，5. 事件 $\{X=3\}$ 即取到编号为 1，2，3 的三只球，因此

$$P\{X=3\}=\frac{1}{C_5^3}=0.1,$$

同理有

$$P\{X=4\}=\frac{C_3^2}{C_5^3}=0.3, \ P\{X=5\}=\frac{C_4^2}{C_5^3}=0.6.$$

即 X 的概率分布如下

X	3	4	5
P	0.1	0.3	0.6

例 2—9 设随机变量 X 的概率分布为

X	1	2	3
P	$\frac{2}{9}$	$2\theta(1-\theta)$	$1-2\theta$

试确定常数 θ 的值，并求分布函数 $F(x)$.

解 由概率分布的非负性知 $0 \leqslant \theta \leqslant \frac{1}{2}$；再利用概率分布的规范性可得：

$$\frac{2}{9}+2\theta(1-\theta)+1-2\theta=1$$

从中解得 $\theta=\frac{1}{3}$，$\theta=-\frac{1}{3}$（舍）.

当 $x<1$ 时，$\{X \leqslant x\}$ 是不可能事件，故 $F(x)=P\{X \leqslant x\}=0$；

当 $1 \leqslant x<2$ 时，$F\{x\}=P\{X \leqslant x\}=P\{X=1\}=\frac{2}{9}$；

当 $2 \leqslant x<3$ 时，$F\{x\}=P\{X \leqslant x\}=P\{X=1\}+P\{X=2\}=\frac{2}{3}$；

当 $x \geqslant 3$ 时，事件 $\{X \leqslant x\}$ 为必然事件，故 $F(x)=P\{X \leqslant x\}=1$. 从而随机变量 X 的分布函数为

$$F(x)=\begin{cases} 0, & x<1 \\ \dfrac{2}{9}, & 1 \leqslant x<2 \\ \dfrac{2}{3}, & 2 \leqslant x<3 \\ 1, & x \geqslant 3 \end{cases}.$$

例 2—10 设随机变量 X 具有分布律

$$P\{X=k\}=ak,\quad k=1,2,3,4,5.$$

(1) 确定常数 a；

(2) 计算 $P\left\{\dfrac{1}{2}<X<\dfrac{5}{2}\right\}$ 和 $P\{1\leqslant X\leqslant2\}$.

解 (1) 由分布律的性质，得

$$\sum_{k=1}^{5}P\{X=k\}=\sum_{k=1}^{5}ak=a\frac{5\times6}{2}=1,从而\,a=\frac{1}{15}.$$

(2) $P\left\{\dfrac{1}{2}<X<\dfrac{5}{2}\right\}=P\{X=1\}+P\{X=2\}=\dfrac{1}{15}+\dfrac{2}{15}=\dfrac{1}{5}.$

$P\{1\leqslant X\leqslant2\}=P\{X=1\}+P\{X=2\}=\dfrac{1}{15}+\dfrac{2}{15}=\dfrac{1}{5}.$

例 2—11 设随机变量 X 的分布函数为

$$F(x)=\begin{cases}0, & x<-1\\0.2, & -1\leqslant x<2\\0.7, & 2\leqslant x<4\\1, & x\geqslant4\end{cases}.$$

(1) 求 $P\{X\leqslant3\}$，$P\left\{\dfrac{1}{2}<X\leqslant3\right\}$ 及 $P\{X\geqslant2\}$；

(2) 求 X 的分布律.

解 (1) $P\{X\leqslant3\}=F(3)=0.7,$

$P\left\{\dfrac{1}{2}<X\leqslant3\right\}=F(3)-F\left(\dfrac{1}{2}\right)=0.7-0.2=0.5,$

$P\{X\geqslant2\}=1-P\{X<2\}=1-F(2-0)=1-0.2=0.8.$

(2) 由于 $P\{X=X_0\}=F(x_0)-F(x_0-0)$，可得

$P\{X=-1\}=0.2-0=0.2,$

$P\{X=2\}=0.7-0.2=0.5,$

$P\{X=4\}=1-0.7=0.3,$

故 X 的分布律为

X	-1	2	4
P	0.2	0.5	0.3

§2.3 连续型随机变量及其分布

对于连续型随机变量，由于其值为有限区间或无限区间，不可能像离散型随机变量一样将其所有可能取值一一列出．分布函数尽管能描述随机变量的概率分布，但是它用起来不太方便，希望有一种比分布函数更能直观地描述连续型随机变量的方式，为此，引入概率密度的概念．

§2.3.1 连续型随机变量的密度函数

定义 5 设随机变量 X 的分布函数为 $F(x)$，若存在非负可积函数 $p(x)$，使得对于任意实数 x，有

$$F(x) = \int_{-\infty}^{x} p(t)\,\mathrm{d}t,$$

则称 X 为连续型随机变量，称 $p(x)$ 为 X 的**分布密度函数**（distribution density function）或**概率密度函数**（probability density function），简称**概率密度**（probability density）或**密度函数**（density function）.

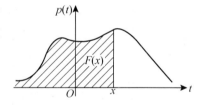

图 2—2 密度函数与分布函数的关系

如图 2—2 所示，连续型随机变量的分布函数 $F(x)$ 的值就是密度函数曲线 $y = p(t)$，$t \in (-\infty, x]$，与 t 轴所围成的面积．

若 $p(x)$ 是连续型随机变量 X 的概率密度函数，则对任意固定的 x 及任意的 $\Delta x > 0$，有

$$p(x) = \lim_{\Delta x \to 0} \frac{1}{\Delta x} \int_{x}^{x+\Delta x} p(t)\,\mathrm{d}t = \lim_{\Delta x \to 0} \frac{P\{x < X \leqslant x + \Delta x\}}{\Delta x}.$$

从这里我们看到概率密度的定义与物理学中的线密度的定义相似，这就是为什么称 $p(x)$ 为概率密度的缘故．要注意的是，$p(x)$ 不是 X 取 x 值的概率，而是 X 在 x 点附近概率分布的密集程度的度量，$p(x)$ 值的大小能反映出 X 在 x 附近取值的概率大小．因此，对于连续型随机变量，概率密度能很直观地描述它的分布．

§2.3.2 密度函数的性质

连续型随机变量的概率密度 $p(x)$ 具有以下
性质（见图 2—3）：

(1) 非负性：$p(x) \geqslant 0$；

(2) 规范性：$\int_{-\infty}^{+\infty} p(x)\mathrm{d}x = 1$.

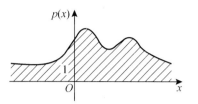

图 2—3 密度函数的非负性
与规范性

反之，一个满足非负性和规范性的函数 $p(x)$，一定可以作为某个连续型随
机变量的概率密度.

(3) 若 $p(x)$ 在点 x 处连续，则 $F'(x) = p(x)$.

(4) 对任意的实数 a，$b(a<b)$ 有，$P\{a<X \leqslant b\} = F(b) - F(a) = \int_a^b p(x)\mathrm{d}x$.

性质(4) 的几何意义如图 2—4 所示，概率
$P\{a<X \leqslant b\}$ 的值等于在区间 $[a, b]$ 上以曲
线 $p(x)$ 为曲边的曲边梯形的面积.

(5) 对于连续型随机变量 X 取任一指定实
数值 a 的概率均为 0，即 $P\{X=a\}=0$.

事实上，若 X 的分布函数为 $F(x)$，对任
意 $\varepsilon>0$，有

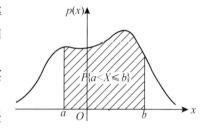

图 2—4 $P\{a<X \leqslant b\}$ 的几何意义

$$0 \leqslant P\{X=a\} \leqslant P\{a-\varepsilon<X \leqslant a\} = F(a) - F(a-\varepsilon).$$

在上述不等式中令 $\varepsilon \to 0$，并注意到 X 为连续型随机变量，其分布函数 $F(x)$ 是
连续的，故 $P\{X=a\}=0$.

因此，对于连续型随机变量 X 有

$$P\{a<X<b\} = P\{a<X \leqslant b\} = P\{a \leqslant X \leqslant b\} = P\{a \leqslant X<b\}.$$

上述事实告诉我们，概率等于零的事件不一定是不可能事件；同样地，概率
为 1 的事件也未必是必然事件.

例 2—12 设连续型随机变量 X 的分布函数为

$$F(x) = \begin{cases} A\mathrm{e}^x, & x<0 \\ B, & 0 \leqslant x<1. \\ 1-A\mathrm{e}^{-(x-1)}, & x \geqslant 1. \end{cases}$$

试求（1）参数 A，B；（2）X 的概率密度 $p(x)$；（3）$P\left\{X>\dfrac{1}{3}\right\}$.

解 （1）因为 X 是连续型随机变量，故其分布函数 $F(x)$ 也是连续函数，从而在任意点连续，故有 $F(0-0)=F(0)$；$F(1-0)=F(1)$，即有

$$\begin{cases} A=B \\ B=1-A \end{cases}.$$

求解上面的二元一次方程组，可得 $A=\dfrac{1}{2}$，$B=\dfrac{1}{2}$.

（2）因为 X 是连续型随机变量，故概率密度是分布函数的导数，从而有

$$p(x)=F'(x)=\begin{cases} \dfrac{1}{2}\mathrm{e}^x, & x<0 \\[2mm] \dfrac{1}{2}\mathrm{e}^{-(x-1)}, & x\geqslant 1 \\[2mm] 0, & 其他 \end{cases}.$$

（3）$P\left\{X>\dfrac{1}{3}\right\}=1-P\left\{X\leqslant\dfrac{1}{3}\right\}=1-F\left(\dfrac{1}{3}\right)=1-\dfrac{1}{2}=\dfrac{1}{2}$，

或者

$$P\left\{X>\dfrac{1}{3}\right\}=\int_{\frac{1}{3}}^{+\infty}p(x)\mathrm{d}x=\int_{1}^{+\infty}\dfrac{1}{2}\mathrm{e}^{-(x-1)}\mathrm{d}x=\dfrac{1}{2}.$$

例 2—13 设随机变量 X 的密度函数为

$$p(x)=\begin{cases} 2x, & 0\leqslant x<\dfrac{1}{2} \\[2mm] 6-6x, & \dfrac{1}{2}\leqslant x\leqslant 1 \\[2mm] 0, & 其他 \end{cases}.$$

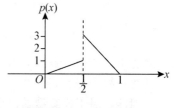

图 2—5 密度函数曲线图

求 X 的分布函数 $F(x)$.

解 $p(x)$ 的图形如图 2—5 所示.

（1）当 $x<0$ 时，$F(x)=\displaystyle\int_{-\infty}^{x}0\mathrm{d}t=0$.

（2）如图 2—6 所示，当 $0\leqslant x<\dfrac{1}{2}$ 时，

$$F(x)=\int_{-\infty}^{0}0\mathrm{d}t+\int_{0}^{x}2t\mathrm{d}t=x^2.$$

（3）如图 2—7 所示，当 $\dfrac{1}{2}\leqslant x\leqslant 1$ 时，

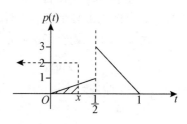

图 2—6 分布函数示意图

$$F(x) = \int_{-\infty}^{0} 0 \mathrm{d}t + \int_{0}^{1/2} 2t \mathrm{d}t$$
$$+ \int_{1/2}^{x} (6 - 6t) \mathrm{d}t = 6x - 3x^2 - 2 \,.$$

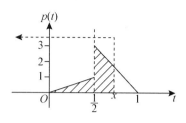

（4）如图 2—8 所示，当 $x>1$ 时，

$$F(x) = \int_{-\infty}^{0} 0 \mathrm{d}t + \int_{0}^{1/2} 2t \mathrm{d}t + \int_{1/2}^{1} (6 - 6t) \mathrm{d}t$$
$$+ \int_{1}^{x} 0 \mathrm{d}t = 1 \,.$$

图 2—7　分布函数示意图

从而得 X 的分布函数 $F(x)$ 为：

$$F(x) = \begin{cases} 0, & x<0 \\ x^2, & 0 \leqslant x < \dfrac{1}{2} \\ 6x - 3x^2 - 2, & \dfrac{1}{2} \leqslant x \leqslant 1 \\ 1, & x>1 \end{cases} .$$

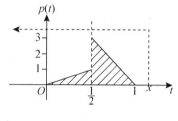

图 2—8　分布函数示意图

$F(x)$ 的图形如 2—9 所示．

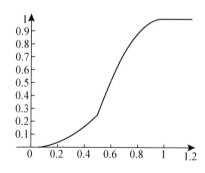

图 2—9　分布函数曲线图

例 2—14　设随机变量 X 的密度函数为

$$p(x) = \begin{cases} cx^3, & 0<x<1 \\ 0, & \text{其他} \end{cases} .$$

（1）确定常数 c；

（2）计算概率 $P\left\{-1<X<\dfrac{1}{2}\right\}$．

解 由密度函数性质，得

(1) $1 = \int_{-\infty}^{+\infty} p(x)\mathrm{d}x = \int_0^1 cx^3\mathrm{d}x$，故 $c = 4$.

(2) $P\left\{-1 < X < \frac{1}{2}\right\} = \int_{-1}^{\frac{1}{2}} p(x)\mathrm{d}x = \int_0^{\frac{1}{2}} 4x^3\mathrm{d}x = \frac{1}{16}$.

例 2—15 某批晶体管的使用寿命 X（以小时计）具有密度函数

$$p(x) = \begin{cases} \dfrac{100}{x^2}, & x \geqslant 100 \\ 0, & x < 100 \end{cases}.$$

任取其中 5 只，求：

(1) 使用最初 150 小时内，无一晶体管损坏的概率；

(2) 使用最初 150 小时内，至多有一只晶体管损坏的概率.

解 任一晶体管使用寿命超过 150 小时的概率为

$$p = P\{X > 150\} = \int_{150}^{+\infty} p(x)\mathrm{d}x = \int_{150}^{+\infty} \frac{100}{x^2}\mathrm{d}x = -\frac{100}{x}\Big|_{150}^{+\infty} = \frac{2}{3}.$$

设 Y 为任取的 5 只晶体管中使用寿命超过 150 小时的晶体管数，则 $Y \sim B\left(5, \dfrac{2}{3}\right)$. 故有

(1) $P\{Y=5\} = C_5^5 \left(\dfrac{2}{3}\right)^5 \cdot \left(\dfrac{1}{3}\right)^0 \approx 0.131\ 7$.

(2) $P\{Y \geqslant 4\} = P\{Y=4\} + P\{Y=5\}$
$$= C_5^4 \left(\frac{2}{3}\right)^4 \cdot \frac{1}{3} + C_5^5 \left(\frac{2}{3}\right)^5 \cdot \left(\frac{1}{3}\right)^0 \approx 0.460\ 9.$$

§2.4 随机变量函数的分布

在实际问题中，不仅要考虑随机变量及其分布，通常对随机变量的函数更感兴趣. 例如，在一些试验中，所关心的随机变量（如滚珠的体积 V）不能直接测量得到，而它却是某个能直接测量的随机变量（如滚珠直径 D）的函数 $\left(V = \dfrac{1}{6}\pi D^3\right)$. 为此，引入随机变量的函数这一概念.

定义 6 设 X 是随机变量，$g(x)$ 是一实值连续函数，则 $Y = g(X)$ 称为随

机变量 X 的函数.

可以证明 Y 也是一个随机变量. 本节将讨论：当随机变量 X 的分布已知时，求随机变量 $Y=g(X)$ 的概率分布的方法. 下面分不同的情形进行讨论.

§2.4.1　离散型随机变量函数的分布

设 X 为离散型随机变量，其概率分布如下表：

X	x_1	x_2	$\cdots$	x_i	$\cdots$
$P\{X=x_i\}$	p_1	p_2	$\cdots$	p_i	$\cdots$

则随机变量 $Y=g(X)$ 也是离散型随机变量，其可能取值为 $y_i=g(x_i)$，$i=1$，2，$\cdots$.

1. 如果 $g(x_i)$ 各不相等，则随机变量 Y 的概率分布如下表：

Y	y_1	y_2	$\cdots$	y_i	$\cdots$
$P\{Y=y_i\}$	p_1	p_2	$\cdots$	p_i	$\cdots$

2. 如果 $g(x_i)$ 有若干个函数值相等，即存在 $x_i \neq x_j$，有 $g(x_i)=g(x_j)=y^*$，那么必须把相应的概率 p_i 相加后合并成一项. 即有

$$P\{Y=y^*\} = \sum_{g(x_i)=y^*} P\{X=x_i\}.$$

例 2—16　设 X 是离散型随机变量，其概率分布为

X	-1	0	1
P	0.2	0.5	0.3

试求 （1） $Y=-2X+3$；（2） $Z=X^2$ 的分布律.

解法 1　可如下列表求解：

X	-1	0	1
$Y=-2X+3$	5	3	1
$Z=X^2$	1	0	1
P	0.2	0.5	0.3

从而得到：

（1） Y 的概率分布为

Y	1	3	5
P	0.3	0.5	0.2

(2) Z 的概率分布为

Z	0	1
P	0.5	0.5

解法 2 (1) 因 X 的可能取值是 -1, 0, 1, 故 Y 可能的取值是 5, 3, 1. 而

$$P(Y=5)=P(-2X+3=5)=P(X=-1)=0.2,$$
$$P(Y=3)=P(-2X+3=3)=P(X=0)=0.5,$$
$$P(Y=1)=P(-2X+3=1)=P(X=1)=0.3,$$

即 Y 的概率分布为

Y	1	3	5
P	0.3	0.5	0.2

(2) Z 的可能取值为 0, 1, 由

$$P(Z=0)=P(X^2=0)=P(X=0)=0.5,$$
$$P(Z=1)=P(X^2=1)=P(X=1)+P(X=-1)=0.2+0.3=0.5,$$

得 Z 的概率分布为

Z	0	1
P	0.5	0.5

§2.4.2 连续型随机变量函数的分布

一般地, 连续型随机变量的函数不一定都是连续型随机变量, 在此只讨论连续型随机变量的函数还是连续型随机变量的情形.

下面通过具体的例子来导出解决此类问题的一般方法.

例 2—17 设随机变量 X 的概率密度为

$$p_X(x)=\begin{cases} 2x^3 \mathrm{e}^{-x^2}, & x>0 \\ 0, & x\leqslant 0 \end{cases}.$$

试求 $Y = X^2$ 的概率密度.

解 当 $y \leqslant 0$ 时，$p_Y(y) = 0$；

若 $y > 0$，则

$$F_Y(y) = P\{Y \leqslant y\} = P\{X^2 \leqslant y\} = P\{-\sqrt{y} \leqslant X \leqslant \sqrt{y}\}$$

$$= P\{0 < X \leqslant \sqrt{y}\} = \int_0^{\sqrt{y}} 2x^3 \mathrm{e}^{-x^2} \mathrm{d}x.$$

上式两边对 y 求导数，由变上限积分求导公式有

$$p_Y(y) = F_Y'(y) = 2\left(\sqrt{y}\right)^3 \mathrm{e}^{-(\sqrt{y})^2} \frac{1}{2\sqrt{y}} = y\mathrm{e}^{-y}.$$

所以 $Y = X^2$ 的概率密度函数为

$$p_Y(y) = \begin{cases} 0, & y \leqslant 0 \\ y\mathrm{e}^{-y}, & y > 0 \end{cases}.$$

下面给出求 $Y = g(X)$ 的分布函数与密度函数的一般步骤：

（1）由随机变量 X 的值域，确定随机变量函数 Y 的值域.

（2）对任意一个实数 y，将 $F_Y(y) = P\{Y \leqslant y\} = P\{g(X) \leqslant y\}$ 通过事件的恒等变换表示为 $P\{X \in S_y\} = \int_{S_y} p_X(x)\mathrm{d}x$，求出相应 $F_Y(y)$，$y \in R$. 其中 $S_y = \{x \mid g(x) \leqslant y\}$ 是一个或若干个区间的并集.

（3）对得到的分布函数 $F_Y(y)$ 两边关于 y 求导，即可得密度函数 $p_Y(y)$.

上述推导随机变量的函数的分布的步骤具有普遍意义，我们称之为"分布函数法"，它的关键是设法从 $g(x) \leqslant y$ 解出 x. 除此方法外，对于函数 $y = g(x)$ 为严格单调函数的情形，用以下定理可直接求出随机变量函数的概率密度.

定理 设连续型随机变量 X 的概率密度为 $p_X(x)$，又设 $y = g(x)$ 是处处可导的严格单调函数，则 $Y = g(X)$ 也是一个连续型随机变量，其概率密度为

$$p_Y(y) = \begin{cases} p_X[h(y)] |h'(y)|, & \alpha < y < \beta \\ 0, & \text{其他} \end{cases},$$

其中 $h(y)$ 是 $g(x)$ 的反函数，α，β 分别是 $y = g(x)$ 的最小值和最大值.

证明 不妨设 $y = g(x)$ 为严格单调增函数，这时它的反函数 $h(y)$ 也是严格单调增函数，于是

$$F_Y(y) = P\{Y \leqslant y\} = P\{g(X) \leqslant y\} = P\{X \leqslant h(y)\}$$
$$= \int_{-\infty}^{h(y)} p(x)\mathrm{d}x, \quad g(-\infty) < y < g(+\infty),$$

由此得 Y 的概率密度函数为

$$p_Y(y) = \begin{cases} p[h(y)] \cdot h'(y), & g(-\infty) < y < g(+\infty) \\ 0, & 其他 \end{cases},$$

同理可证当 $y = g(x)$ 为严格单调减函数时，有

$$p_Y(y) = \begin{cases} -p[h(y)] \cdot h'(y), & g(+\infty) < y < g(-\infty) \\ 0, & 其他 \end{cases}.$$

因此，$Y = g(X)$ 的概率密度为

$$p_Y(y) = \begin{cases} p_X[h(y)]|h'(y)|, & \alpha < y < \beta \\ 0, & 其他 \end{cases}$$

其中 $h(y)$ 是 $g(x)$ 的反函数，α，β 分别是 $y = g(x)$ 的最小值和最大值.

例 2—18 设随机变量 X 具有概率密度

$$p_X(x) = \begin{cases} \dfrac{x}{8}, & 0 < x < 4 \\ 0, & 其他 \end{cases}.$$

求随机变量 $Y = 2X + 8$ 的概率密度.

解法 1 应用定理求 $Y = 2X + 8$ 的密度函数 $p_Y(y)$. 因为 $y = g(x) = 2x + 8$，所以其反函数 $x = h(y) = \dfrac{y-8}{2}$，$h'(y) = \dfrac{1}{2}$，$\alpha = \min\{g(x) = 2x + 8 | 0 < x < 4\} = 8$，$\beta = \max\{g(x) = 2x + 8 | 0 < x < 4\} = 16$，于是，随机变量 $Y = 2X + 8$ 的概率密度为

$$p_Y(y) = \begin{cases} p_X[h(y)]|h'(y)|, & \alpha < y < \beta \\ 0, & 其他 \end{cases}$$
$$= \begin{cases} \dfrac{(y-8)/2}{8} \cdot \dfrac{1}{2}, & 8 < y < 16 \\ 0, & 其他 \end{cases}$$

$$=\begin{cases} \dfrac{y-8}{32}, & 8<y<16 \\ 0, & \text{其他} \end{cases}.$$

解法 2　先用 X 的概率密度函数表达 $Y=2X+8$ 的分布函数 $F_Y(y)$.

$$F_Y(y)=P\{Y\leqslant y\}=P\{2X+8\leqslant y\}=P\left\{X\leqslant\dfrac{y-8}{2}\right\}=\int_{-\infty}^{\frac{y-8}{2}}p_X(x)\,\mathrm{d}x$$

于是得 $Y=2X+8$ 的概率密度为

$$p_Y(y)=p_X\left(\dfrac{y-8}{2}\right)\left(\dfrac{y-8}{2}\right)'$$

$$=\begin{cases} \dfrac{1}{8}\cdot\left(\dfrac{y-8}{2}\right)\cdot\dfrac{1}{2}, & 0<\dfrac{y-8}{2}<4 \\ 0, & \text{其他} \end{cases}$$

$$=\begin{cases} \dfrac{y-8}{32}, & 8<y<16 \\ 0, & \text{其他} \end{cases}.$$

解法 3　先用 X 的分布函数来表达 $Y=2X+8$ 的分布函数 $F_Y(y)$.

$$F_Y(y)=P\{Y\leqslant y\}=P\{2X+8\leqslant y\}=P\left\{X\leqslant\dfrac{y-8}{2}\right\}=F_X\left(\dfrac{y-8}{2}\right),$$

于是得 $Y=2X+8$ 的概率密度为

$$p_Y(y)=\dfrac{\mathrm{d}F_Y(y)}{\mathrm{d}y}=\dfrac{\mathrm{d}F_X(u)}{\mathrm{d}u}\cdot\dfrac{\mathrm{d}u}{\mathrm{d}y}=p_X\left(\dfrac{y-8}{2}\right)\left(\dfrac{y-8}{2}\right)'$$

$$=\begin{cases} \dfrac{1}{8}\cdot\left(\dfrac{y-8}{2}\right)\cdot\dfrac{1}{2}, & 0<\dfrac{y-8}{2}<4 \\ 0, & \text{其他} \end{cases}$$

$$=\begin{cases} \dfrac{y-8}{32}, & 8<y<16 \\ 0, & \text{其他} \end{cases},$$

其中 $u=\dfrac{y-8}{2}$.

解法 4　先求 $Y=2X+8$ 的分布函数 $F_Y(y)$ 的具体表达式.

$$F_Y(y)=P\{Y\leqslant y\}=P\{2X+8\leqslant y\}=P\left\{X\leqslant\dfrac{y-8}{2}\right\}=\int_{-\infty}^{\frac{y-8}{2}}p_X(x)\,\mathrm{d}x.$$

由于 $0 < \dfrac{y-8}{2} < 4 \Longleftrightarrow 8 < y < 16$，所以

$$F_Y(y) = \begin{cases} \displaystyle\int_{-\infty}^{\frac{y-8}{2}} 0\,\mathrm{d}x, & y \leqslant 8 \\[2mm] \displaystyle\int_{-\infty}^{0} 0\,\mathrm{d}x + \int_{0}^{\frac{y-8}{2}} \dfrac{x}{8}\,\mathrm{d}x, & 8 < y < 16 \\[2mm] \displaystyle\int_{-\infty}^{0} 0\,\mathrm{d}x + \int_{0}^{4} \dfrac{x}{8}\,\mathrm{d}x + \int_{4}^{\frac{y-8}{2}} 0\,\mathrm{d}x, & y \geqslant 16 \end{cases}$$

$$= \begin{cases} 0, & y \leqslant 8 \\[2mm] \dfrac{(y-8)^2}{64}, & 8 < y < 16. \\[2mm] 1, & y \geqslant 16 \end{cases}$$

于是得 $Y = 2X + 8$ 的概率密度为

$$p_Y(y) = F_Y'(y) = \begin{cases} \dfrac{y-8}{32}, & 8 < y < 16 \\[2mm] 0, & 其他 \end{cases}.$$

 习题二

1. 将一枚均匀的硬币连续抛掷 3 次，X 表示正面出现的次数，求 X 的分布律.

2. 设随机变量 X 的分布律为 $P\{X = k\} = \dfrac{a}{2k+2}$，$k = 1$，$2$，$3$，$4$，$5$，试求常数 a 以及 $P\{X \leqslant 4\}$.

3. 某同学计算得一离散型随机变量 X 的分布律为

X	0	1	2
P	1/2	1/4	1/3

试说明该同学的计算结果是否正确.

4. 某同学求得一离散型随机变量 X 的分布函数为

$$F(x) = \begin{cases} 0, & x < 0 \\ 1/2, & 0 \leqslant x \leqslant 1 \\ 3/4, & 1 < x < 3 \\ 1, & x \geqslant 3 \end{cases}.$$

试说明该同学的计算结果是否正确.

5. 设某离散型随机变量 X 的分布函数为

$$F(x)=\begin{cases} 0, & x<-1 \\ 0.1, & -1\leqslant x<2 \\ 0.8, & 2\leqslant x<4 \\ 1, & x\geqslant 4 \end{cases}.$$

求 X 的分布律.

6. 独立重复地进行种子发芽试验, 设每次试验成功的概率为 p, 将试验进行到出现一次成功为止, 以 X 表示所需的试验次数, 求 X 的分布律, 并计算 X 取偶数的概率之和.

7. 设随机变量 X 的分布律为

X	0	1	2	3	4
P	0.1	0.2	0.3	0.3	0.1

求 (1) X 的分布函数 $F(x)$; (2) $P\{1<X\leqslant 4\}$.

8. (柯西分布) 设连续型随机变量 X 的分布函数为

$$F(x)=A+B\arctan x, \quad -\infty<x<+\infty.$$

试求: (1) 常数 A, B; (2) 求概率 $P\{-1<X<1\}$; (3) X 的概率密度函数.

9. 设连续型随机变量 X 的分布函数为:

$$F(x)=\begin{cases} 0, & x<0 \\ A\sin x, & 0\leqslant x<\dfrac{\pi}{2} \\ 1, & x\geqslant\dfrac{\pi}{2} \end{cases}.$$

试求 (1) 常数 A; (2) X 的概率密度; (3) $P\left\{|x|<\dfrac{\pi}{6}\right\}$.

10. 设某河流每年的最高洪水位 X 有概率密度

$$p(x)=\begin{cases} \dfrac{2}{x^3}, & x\geqslant 1 \\ 0, & x<1 \end{cases}.$$

今要修建能防御百年一遇的洪水（即遇到的概率不超过 0.01）的河堤，河堤至少要修多高?

11. 设随机变量 X 的概率密度为

$$p(x)=\begin{cases} \dfrac{A}{\sqrt{1-x^2}}, & |x|<1 \\ 0, & |x|\geq 1 \end{cases}.$$

求：(1) 系数 A；(2) 随机变量 X 落在区间 $(-0.5，0.5)$ 上的概率；(3) 随机变量 X 的分布函数.

12. 设连续型随机变量 X 的概率密度为

$$p(x)=\begin{cases} c+x, & -1\leq x<0 \\ c-x, & 0\leq x\leq 1 \\ 0, & |x|>1 \end{cases}.$$

试求 (1) 常数 c；(2) X 的分布函数；(3) 概率 $p\{|X|\leq 0.5\}$.

13. 设顾客到某银行窗口等待服务的时间 X（单位：分钟）的概率密度函数为

$$p(x)=\begin{cases} \dfrac{1}{5}e^{-\frac{x}{5}}, & x>0 \\ 0, & x\leq 0 \end{cases}.$$

某顾客在窗口等待，如超过 10 分钟，他就离开，求他离开的概率.

14. 服从拉普拉斯分布的随机变量 X 的密度函数为 $f(x)=ke^{-|x|}$，求常数 k 及分布函数 $F(x)$.

15. 设 $f(x)$，$g(x)$ 都是概率密度函数，求证

$$h(x)=\alpha f(x)+(1-\alpha)g(x)，\quad 0\leq \alpha \leq 1$$

也是一个概率密度函数.

16. 设 X 是离散型随机变量，其分布律为

X	-1	0	1	2	3
P	0.3	$3a$	a	0.1	0.2

求 (1) 常数 a；(2) $Y=2X+3$ 的分布律；(3) $Z=X^2$ 的分布律.

17. 设随机变量 X 的概率密度函数为

$$p(x)=\begin{cases}\dfrac{2x}{\pi^2}, & 0<x<\pi\\ 0, & \text{其他}\end{cases}.$$

求 $Y=\sin X$ 的概率密度函数.

18. 设随机变量 X 的概率密度函数为

$$p(x)=\begin{cases}\lambda e^{-\lambda x}, & x>0\\ 0, & x\leqslant 0\end{cases},$$

其中 $\lambda>0$，求随机变量函数 $Y=e^X$ 的概率密度函数.

第三章

多维随机变量及其分布

　　随机变量是研究随机现象及其规律性的有力工具．在第二章中，我们研究了单一的随机变量，但在实际问题中，对于某些随机试验的结果需要同时用两个或两个以上的随机变量来描述和表达．例如研究市场供给模型时，需要同时考虑商品供给量、消费者收入和市场价格等多个指标．这些随机变量之间会存在着某种联系，需要把它们作为一个整体（即向量）来研究．为此我们在本章中，引入多维随机变量的概念．由于二维随机变量与更高维随机变量没有本质上的差异，为了叙述方便，本章着重讨论二维随机变量．其结果可以平行推广到更高维随机变量的情形．在学习时要多与前一章的相关内容进行比较，认真分析其中的异同点，这样可以事半功倍．

§3.1　多维随机变量及其联合分布

§3.1.1　多维随机变量的概念

　　定义 1　若 X_1，X_2，$\cdots$，X_n 是定义在同一个样本空间 Ω 上的 n 个随机变量，则称（X_1，X_2，$\cdots$，X_n）为 Ω 上的一个 n 维随机变量，或称 n 维随机向量．

　　第二章中讨论的随机变量可称为一维随机变量．

　　定义 2　设 Ω 为随机试验 E 的样本空间，$X=X(\omega)$，$Y=Y(\omega)$ 是定义在 Ω 上的随机变量，则称有序数组（X，Y）为**二维随机变量**（two-dimension random variable）或称为**二维随机向量**（two-dimension random vector），称（X，Y）的取值规律为**二维分布**（two-dimension distribution）.

§3.1.2 联合分布函数

设 X_1，X_2，$\cdots$，X_n 是 n 个随机变量，并且存在任意 n 个实数 x_1，x_2，$\cdots$，x_n，则 $\{X_1 \leqslant x_1, X_2 \leqslant x_2, \cdots, X_n \leqslant x_n\}$ 是一个随机事件且有确定的概率.

定义 3 对于任意 n 个实数 x_1，x_2，$\cdots$，x_n，将 n 个事件 $\{X_1 \leqslant x_1\}$，$\{X_2 \leqslant x_2\}$，$\cdots$，$\{X_n \leqslant x_n\}$ 同时发生的概率

$$F(x_1, x_2, \cdots, x_n) = P\{X_1 \leqslant x_1, X_2 \leqslant x_2, \cdots, X_n \leqslant x_n\}$$

称为 n 维随机变量（X_1，X_2，$\cdots$，X_n）的**联合分布函数**（unity distribution function）.

定义 4 设（X，Y）是二维随机变量，对于任意实数 x，y，称二元函数 $F(x, y) = P(X \leqslant x, Y \leqslant y)$ 为二维随机变量（X，Y）的**分布函数**（distribution function），或称为（X，Y）的**联合分布函数**（unity distribution function）.

对于二维随机变量（X，Y），联合分布函数 $F(x, y) = P\{X \leqslant x, Y \leqslant y\}$ 表示事件 $\{\omega | X(\omega) \leqslant x, Y(\omega) \leqslant y\}$ 的概率. 从几何上讲，$F(x, y)$ 就是二维随机变量（X，Y）落在 xOy 平面上，以（x，y）为顶点的左下方（包括边界）的无穷区域内的概率，如图 3—1 所示的阴影部分.

定理 1 任意二维联合分布函数 $F(x, y)$ 都具有以下四条基本性质：

（1）单调性：$F(x, y)$ 对 x 或 y 都是单调不减函数，即当 $x_1 < x_2$ 时，有 $F(x_1, y) \leqslant F(x_2, y)$；当 $y_1 < y_2$ 时，有 $F(x, y_1) \leqslant F(x, y_2)$.

（2）有界性：对任意的 x 和 y，有 $0 \leqslant F(x, y) \leqslant 1$，并且

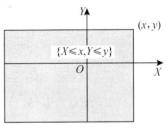

图 3—1 联合分布函数随机
变量取值区域

$$F(x, -\infty) = \lim_{y \to -\infty} F(x, y) = 0,$$

$$F(-\infty, y) = \lim_{x \to -\infty} F(x, y) = 0,$$

$$F(-\infty, -\infty) = \lim_{(x,y) \to (-\infty, -\infty)} F(x, y) = 0,$$

$$F(+\infty, +\infty) = \lim_{(x,y) \to (+\infty, +\infty)} F(x, y) = 1.$$

（3）右连续性：$F(x, y)$ 分别对 x，y 右连续，即

$$F(x+0,y)=\lim_{\varepsilon\to 0^+}F(x+\varepsilon,y)=F(x,y),$$
$$F(x,y+0)=\lim_{\varepsilon\to 0^+}F(x,y+\varepsilon)=F(x,y).$$

(4) 非负性：对于任意的实数 $x_1<x_2$，$y_1<y_2$，有

$$P\{x_1<X\leqslant x_2,y_1<Y\leqslant y_2\}=F(x_2,y_2)-F(x_2,y_1)-F(x_1,y_2)+F(x_1,y_1).$$

可以证明，具有上述四条性质的二元函数 $F(x,y)$ 必为某个二维随机变量的联合分布函数.

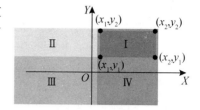

图 3—2　非负性示意图

§3.1.3　边缘分布函数

二维随机变量 (X,Y) 中的每一个分量 X 和 Y，各自都是一个随机变量，因此都有各自的分布.

定义 5　设 (X,Y) 是定义在样本空间 Ω 上的随机变量，$F(x,y)$ 为其联合分布函数，则 X 的分布函数 $F_X(x)$ 称为 $F(x,y)$ 关于 X 的**边缘分布函数**；Y 的分布函数 $F_Y(y)$ 称为 $F(x,y)$ 关于 Y 的**边缘分布函数**. 边缘分布函数简称为**边缘分布**（marginal distribution）.

定理 2　设 $F(x,y)$ 为随机变量 (X,Y) 的联合分布函数，$F_X(x)$ 是 $F(x,y)$ 关于 X 的边缘分布函数，$F_Y(y)$ 是 $F(x,y)$ 关于 Y 的边缘分布函数，则

$$F_X(x)=F(x,+\infty)=\lim_{y\to+\infty}F(x,y),$$
$$F_Y(y)=F(+\infty,y)=\lim_{x\to+\infty}F(x,y).$$

证明　注意到事件 $\{Y<+\infty\}$ 为必然事件 Ω，由分布函数定义有

$$F_X(x)=P\{X\leqslant x\}=P\{(X\leqslant x)\bigcap\Omega\}$$
$$=P\{X\leqslant x,Y<+\infty\}=\lim_{y\to+\infty}F(x,y)=F(x,+\infty).$$

类似地可证 $F_Y(y)=F(+\infty,y)$.

例 3—1　设 (X,Y) 的联合分布函数

$$F(x,y)=\begin{cases}1-e^{-0.5x}-e^{-0.5y}-e^{-0.5(x+y)}, & x>0,y>0\\ 0, & 其他\end{cases}.$$

求 (X,Y) 分别关于 X 和 Y 的边缘分布函数 $F_X(x)$ 和 $F_Y(y)$.

解　(X,Y) 关于 X 的边缘分布函数为

$$
\begin{aligned}
F_X(x)=F(x,+\infty)&=\lim_{y\to+\infty}F(x,y)\\
&=\begin{cases}\lim\limits_{y\to+\infty}\left[1-\mathrm{e}^{-0.5x}-\mathrm{e}^{-0.5y}-\mathrm{e}^{-0.5(x+y)}\right], & x>0\\ 0, & x\leqslant 0\end{cases}\\
&=\begin{cases}1-\mathrm{e}^{-0.5x}, & x>0\\ 0, & x\leqslant 0\end{cases}.
\end{aligned}
$$

(X,Y) 关于 Y 的边缘分布函数为

$$
\begin{aligned}
F_Y(y)=F(+\infty,y)&=\lim_{x\to+\infty}F(x,y)\\
&=\begin{cases}\lim\limits_{x\to+\infty}\left[1-\mathrm{e}^{-0.5x}-\mathrm{e}^{-0.5y}-\mathrm{e}^{-0.5(x+y)}\right], & y>0\\ 0, & y\leqslant 0\end{cases}\\
&=\begin{cases}1-\mathrm{e}^{-0.5y}, & y>0\\ 0, & y\leqslant 0\end{cases}.
\end{aligned}
$$

§3.2　二维离散型随机变量

§3.2.1　二维离散型随机变量

定义 6　如果二维随机变量 (X,Y) 的所有可能取值为有限或无限可列个数对，则称 (X,Y) 为**二维离散型随机变量**（two-dimension discrete random variable）.

显然，(X,Y) 为二维离散型随机变量，当且仅当 X 和 Y 均为离散型随机变量.

定义 7　设二维离散型随机变量 (X,Y) 的所有可能取值为 (x_i,y_j)，i，$j=1,2,\cdots$，则

$$
P\{X=x_i,Y=y_j\}=p_{ij}, \qquad i,j=1,2,\cdots
$$

称为二维离散型随机变量 (X,Y) 的**联合概率分布**（联合分布律），简称为概率分布（probability distribution）（分布律）.

(X,Y) 的概率分布也可以用如下表格来表示：

X \ Y	y_1	y_2	...	y_j	...
x_1	p_{11}	p_{12}	...	p_{1j}	...
x_2	p_{21}	p_{22}	...	p_{2j}	...
⋮	⋮	⋮	⋮	⋮	⋮
x_i	p_{i1}	p_{i2}	...	p_{ij}	...
⋮	⋮	⋮	⋮	⋮	⋮

定理 3　设二维离散型随机变量 (X, Y) 的概率分布为 $p_{ij}(i, j = 1,$ $2, \cdots, n, \cdots)$，则

(1) 非负性：$p_{ij} \geqslant 0$；

(2) 规范性：$\displaystyle\sum_{i=1}^{\infty} \sum_{j=1}^{\infty} p_{ij} = 1$；

(3) 设 G 是一平面区域，则

$$P\{(X,Y) \in G\} = \sum_{(x_i, y_j) \in G} p_{ij},$$

即随机点 (X, Y) 落在区域 G 上的概率是 (X, Y) 在 G 上取值所对应的概率之和；

(4) (X, Y) 的联合分布函数为

$$F(x,y) = P\{X \leqslant x, Y \leqslant y\} = \sum_{x_i \leqslant x} \sum_{y_j \leqslant y} p_{ij}, \ -\infty < x, y < +\infty.$$

例 3—2　1 个口袋中有大小形状相同的 4 个黑球、2 个白球，从袋中不放回地取两次球. 设随机变量

$$X = \begin{cases} 1, \text{第一次取到黑球} \\ 0, \text{第一次取到白球} \end{cases}, \quad Y = \begin{cases} 1, \text{第二次取到黑球} \\ 0, \text{第二次取到白球} \end{cases}.$$

(1) 求 (X, Y) 的分布律；

(2) 求 $P\left\{\dfrac{1}{2} < X \leqslant 2, -2 < Y \leqslant 2\right\}$；

(3) 求 $F(0.5, 1)$.

解　(1) 利用概率的乘法公式及条件概率定义，可得二维随机变量 (X, Y) 的联合分布律.

$$P\{X=0,Y=0\}=P\{X=0\}P\{Y=0\,|\,X=0\}=\frac{2}{6}\times\frac{1}{5}=\frac{1}{15},$$

$$P\{X=0,Y=1\}=P\{X=0\}P\{Y=1\,|\,X=0\}=\frac{2}{6}\times\frac{4}{5}=\frac{4}{15},$$

$$P\{X=1,Y=0\}=P\{X=1\}P\{Y=0\,|\,X=1\}=\frac{4}{6}\times\frac{2}{5}=\frac{4}{15},$$

$$P\{X=1,Y=1\}=P\{X=1\}P\{Y=1\,|\,X=1\}=\frac{4}{6}\times\frac{3}{5}=\frac{2}{5}.$$

把 (X,Y) 的联合分布律写成表格的形式：

X ＼ Y	0	1
0	$\frac{1}{15}$	$\frac{4}{15}$
1	$\frac{4}{15}$	$\frac{2}{5}$

(2) $P\left\{\frac{1}{2}<X\leqslant2,-2<Y\leqslant2\right\}$

$$=P\{X=1,Y=0\}+P\{X=1,Y=1\}=\frac{4}{15}+\frac{2}{5}=\frac{2}{3}.$$

(3) $F(0.5,1)=P\{X=0,Y=0\}+P\{X=0,Y=1\}=\frac{1}{15}+\frac{4}{15}=\frac{1}{3}.$

§3.2.2　二维离散型随机变量的边缘分布律

定义 8　设 (X,Y) 是定义在样本空间 Ω 上的二维离散型随机变量，则 X 的分布律 $P\{X=x_i\}=p_i.\,(i=1,2,\cdots)$，称为 (X,Y) 关于 X 的边缘分布律；Y 的分布律 $P\{Y=y_j\}=p._j(i=1,2,\cdots)$，称为 (X,Y) 关于 Y 的边缘分布律.

定理 4　设二维离散型随机变量 (X,Y) 的联合概率分布为

$$P\{X=x_i,Y=y_j\}=p_{ij},\ i,j=1,2,\cdots,$$

则 X 与 Y 的边缘分布律分别为：

$$p_i.=P\{X=x_i\}=\sum_{j=1}^{\infty}p_{ij},\quad i=1,2,\cdots,$$

$$p._j=P\{Y=y_j\}=\sum_{i=1}^{\infty}p_{ij},\quad j=1,2,\cdots.$$

证明　为讨论随机变量 X 的分布，注意到事件族 $\{Y=y_j\}$，$j=1,2,\cdots,$

为样本空间 Ω 的一个划分，于是我们有：

$$p_{i\cdot} = P\{X = x_i\} = P(\{X = x_i\} \bigcap \Omega) = P\left(\{X = x_i\} \bigcap \left[\sum_{j=1}^{\infty}\{Y = y_j\}\right]\right)$$

$$= P\left(\sum_{j=1}^{\infty}\left[\{X = x_i\} \bigcap \{Y = y_j\}\right]\right) = \sum_{j=1}^{\infty} P\{X = x_i, Y = y_j\}$$

$$= \sum_{j=1}^{\infty} p_{ij}, \quad i = 1, 2, \cdots.$$

类似可证得

$$p_{\cdot j} = P\{Y = y_j\} = \sum_{i=1}^{\infty} p_{ij}, \quad j = 1, 2, \cdots.$$

注　边缘分布律可由联合分布律表所确定：

X \ Y	y_1	y_2	$\cdots$	y_j	$\cdots$	$p_{i\cdot}$
x_1	p_{11}	p_{12}	$\cdots$	p_{1j}	$\cdots$	$p_{1\cdot}$
x_2	p_{21}	p_{22}	$\cdots$	p_{2j}	$\cdots$	$p_{2\cdot}$
$\vdots$	$\vdots$	$\vdots$	$\vdots$	$\vdots$	$\vdots$	$\vdots$
x_i	p_{i1}	p_{i2}	$\cdots$	p_{ij}	$\cdots$	$p_{i\cdot}$
$\vdots$	$\vdots$	$\vdots$	$\vdots$	$\vdots$	$\vdots$	$\vdots$
$p_{\cdot j}$	$p_{\cdot 1}$	$p_{\cdot 2}$	$\cdots$	$p_{\cdot j}$	$\cdots$	1

例 3—3　设二维随机变量 (X, Y) 的联合概率分布为：

X \ Y	0	1	2	3
0	0.2	0.12	0.08	0.02
1	0.18	0.2	0.06	0
2	0.1	0.04	0	0

求概率 $P\{|X-Y|=1\}$ 及随机变量 X 与 Y 的边缘分布律.

解　$P\{|X-Y|=1\} = p_{12} + p_{21} + p_{23} + p_{32} + p_{34}$

$$= 0.12 + 0.18 + 0.06 + 0.04 + 0 = 0.4.$$

X 与 Y 的边缘分布律如下表（表中最后一列及最后一行）所示：

X＼Y	0	1	2	3	$P\{X=x_i\}$
0	0.2	0.12	0.08	0.02	0.42
1	0.18	0.2	0.06	0	0.44
2	0.1	0.04	0	0	0.14
$P\{Y=y_j\}$	0.48	0.36	0.14	0.02	

§3.3　二维连续型随机变量

§3.3.1　二维连续型随机变量

定义 9　设 $F(x, y)$ 为二维随机变量（X, Y）的分布函数，若存在非负可积函数 $p(x, y)$，使得对于任意的 x, $y \in R$ 有

$$F(x,y) = \int_{-\infty}^{x} \int_{-\infty}^{y} p(u,v)\mathrm{d}u\mathrm{d}v,$$

则称（X, Y）为**二维连续型随机变量**（two-dimension continuous random variable），函数 $p(x, y)$ 称为二维连续型随机变量（X, Y）的联合概率密度函数，简称为**联合概率密度**.

二元函数 $z=p(x, y)$ 在几何上表示一个曲面，通常称这个曲面为分布曲面（distribution curved surface）.

二维连续型随机变量（X, Y）的联合概率密度 $p(x, y)$ 具有以下性质：

（1）非负性：$p(x, y) \geqslant 0$；

（2）规范性：$\int_{-\infty}^{+\infty} \int_{-\infty}^{+\infty} p(x,y)\mathrm{d}x\mathrm{d}y = F(+\infty, +\infty) = 1$.

规范性在几何上，介于分布曲面和 xOy 平面之间的空间区域的全部体积等于 1.

反之，若二元函数 $p(x, y)$ 具有上述两条性质，则 $p(x, y)$ 一定是某个二维连续型随机变量的联合概率密度函数.

（3）若 $p(x, y)$ 在点（x, y）处连续，则有 $\dfrac{\partial^2 F(x, y)}{\partial x \partial y} = p(x, y)$.

（4）设 D 为平面上的一个区域，点（X, Y）落在 D 内的概率为

$$P\{(X,Y) \in D\} = \iint\limits_{D} p(x,y)\mathrm{d}x\mathrm{d}y.$$

从几何上讲，概率 $P\{(X,Y) \in D\}$ 等于以 D 为底，以分布曲面 $z = p(x, y)$ 为顶的曲顶柱体的体积. 显然若 $F(x, y)$ 为二维连续型随机变量的联合分布函数，则 $F(x, y)$ 处处连续，二维连续型随机变量的名称也由此而得.

例 3—4 设随机变量 (X, Y) 概率密度为

$$p(x,y) = \begin{cases} k(6-x-y), & 0 < x < 2, \ 2 < y < 4 \\ 0, & \text{其他} \end{cases}.$$

(1) 确定常数 k；

(2) 求 $P\{X < 1, Y < 3\}$；

(3) 求 $P\{X \leqslant 1.5\}$；

(4) 求 $P\{X + Y < 4\}$.

解 (1) 由 $1 = \int_{-\infty}^{+\infty} \int_{-\infty}^{+\infty} p(x,y)\mathrm{d}x\mathrm{d}y$

$$= \int_0^2 \int_2^4 k(6-x-y)\mathrm{d}y\mathrm{d}x,$$

得 $k = \dfrac{1}{8}$；

(2) $P\{X < 1, Y < 3\} = \int_0^1 \mathrm{d}x \int_2^3 \dfrac{1}{8}(6-x-y)\mathrm{d}y = \dfrac{3}{8}$；

(3) $P\{X \leqslant 1.5\} = P\{X \leqslant 1.5, Y < \infty\} = \int_0^{1.5} \mathrm{d}x \int_2^4 \dfrac{1}{8}(6-x-y)\mathrm{d}y = \dfrac{27}{32}$；

(4) $P(X+Y \leqslant 4) = \int_0^2 \mathrm{d}x \int_2^{4-x} \dfrac{1}{8}(6-x-y)\mathrm{d}y = \dfrac{2}{3}$.

§3.3.2 二维连续型随机变量的边缘概率密度

定义 10 设 (X, Y) 是定义在样本空间 Ω 上的二维连续型随机变量，则 X 的概率密度函数 $p_X(x)$ 称为 (X, Y) 关于 X 的**边缘概率密度**；Y 的概率密度函数 $p_Y(y)$ 称为 (X, Y) 关于 Y 的**边缘概率密度**.

定理 5 设二维连续型随机变量 (X, Y) 的联合概率密度为 $p(x, y)$，则 X 与 Y 的边缘概率密度分别为：

$$p_X(x) = \int_{-\infty}^{+\infty} p(x,y)\mathrm{d}y, \quad p_Y(y) = \int_{-\infty}^{+\infty} p(x,y)\mathrm{d}x.$$

证明 设 $p(x,y)$ 为二维连续型随机变量的联合概率密度，则 X 的边缘分布函数为

$$F_X(x) = P\{X \leqslant x\} = F(x, +\infty) = \int_{-\infty}^{x} \left(\int_{-\infty}^{+\infty} p(x,y)\mathrm{d}y \right) \mathrm{d}x.$$

从而 X 的边缘概率密度函数为

$$p_X(x) = \int_{-\infty}^{+\infty} p(x,y)\mathrm{d}y.$$

同理得 Y 的边缘概率密度函数为：$p_Y(y) = \int_{-\infty}^{+\infty} p(x,y)\mathrm{d}x$.

例 3—5 设 (X,Y) 的概率密度为

$$p(x,y) = \begin{cases} ax^2 + 2xy^2, & 0 \leqslant x < 1, \ 0 \leqslant y < 1 \\ 0, & \text{其他} \end{cases}.$$

试求 (1) 常数 a；

(2) 分布函数 $F(x,y)$；

(3) 边缘概率密度 $p_X(x)$，$p_Y(y)$；

(4) 求 (X,Y) 落在区域 $G = \{(x,y) \mid x+y < 1\}$ 内的概率.

解 (1) 由规范性有：

$$1 = \int_{-\infty}^{+\infty} \int_{-\infty}^{+\infty} p(x,y)\mathrm{d}x\mathrm{d}y$$

$$= \int_{0}^{1} \int_{0}^{1} (ax^2 + 2xy^2)\mathrm{d}x\mathrm{d}y$$

$$= \frac{1}{3}a + \frac{1}{3},$$

解得 $a = 2$.

(2) 由分布函数的定义，并注意到 $p(x,y)$ 在不同区域上的具体表达式：

当 $x < 0$ 或 $y < 0$ 时，$F(x,y) = \int_{-\infty}^{x} \int_{-\infty}^{y} p(u,v)\mathrm{d}u\mathrm{d}v = \int_{-\infty}^{x} \int_{-\infty}^{y} 0\mathrm{d}x\mathrm{d}y = 0$；

当 $0 \leqslant x < 1, 0 \leqslant y < 1$ 时，$F(x,y) = \int_{0}^{x} \int_{0}^{y} 2(u^2 + uv^2)\mathrm{d}u\mathrm{d}v = \frac{1}{3}(2x^3 y + x^2 y^3)$；

当 $0 \leqslant x < 1, y \geqslant 1$ 时，$F(x,y) = \int_{0}^{x} \int_{0}^{1} 2(u^2 + uv^2)\mathrm{d}u\mathrm{d}v = \frac{1}{3}(2x^3 + x^2)$；

当 $0 \leqslant y < 1, x \geqslant 1$ 时，$F(x,y) = \int_{0}^{1} \int_{0}^{y} 2(u^2 + uv^2)\mathrm{d}u\mathrm{d}v = \frac{1}{3}(2y + y^3)$；

当 $y \geqslant 1, x \geqslant 1$ 时，$F(x, y) = \int_0^1 \int_0^1 2(u^2 + uv^2) \mathrm{d}u \mathrm{d}v = 1$.

因此，(X, Y) 的联合分布函数为

$$F(x, y) = \begin{cases} 0, & x < 0 \text{ 或 } y < 0 \\ \dfrac{1}{3}(2x^3 y + x^2 y^3), & 0 \leqslant x < 1, 0 \leqslant y < 1 \\ \dfrac{1}{3}(2x^3 + x^2), & 0 \leqslant x < 1, y \geqslant 1 \\ \dfrac{1}{3}(2y + y^3), & 0 \leqslant y < 1, x \geqslant 1 \\ 1, & x \geqslant 1, y \geqslant 1 \end{cases}.$$

(3) 当 $0 \leqslant x < 1$ 时，$p_X(x) = \int_{-\infty}^{+\infty} p(x, y) \mathrm{d}y = \int_0^1 2(x^2 + xy^2) \mathrm{d}y = 2x^2 + \dfrac{2}{3}x$.

当 x 为其他值时，因为 $p(x, y) = 0$，所以 $p_X(x) = \int_{-\infty}^{+\infty} p(x, y) \mathrm{d}y = \int_0^1 0 \mathrm{d}y = 0$. 因此

$$p_X(x) = \begin{cases} 2x^2 + \dfrac{2}{3}x, & 0 \leqslant x \leqslant 1 \\ 0, & \text{其他} \end{cases}.$$

类似地，可得

$$p_Y(x) = \begin{cases} y^2 + \dfrac{2}{3}, & 0 \leqslant y \leqslant 1 \\ 0, & \text{其他} \end{cases}.$$

(4) $P\{(x, y) \in G\} = \iint\limits_{x+y<1} p(x, y) \mathrm{d}x \mathrm{d}y$

$$= \int_0^1 \mathrm{d}x \int_0^{1-x} 2(x^2 + xy^2) \mathrm{d}y = \frac{1}{5}.$$

§3.4   随机变量的独立性

在多维随机变量中，各分量的取值有时会相互影响，有时则毫不相干. 例如

一个学生的身高和体重会相互影响，但一般来说它们对该学生的学习成绩是没有什么影响的．这种相互之间没有影响的随机变量被称为相互独立的随机变量．

在第一章中，我们讨论了随机事件间的独立性，即随机事件 A，B 相互独立的充要条件为 $P(AB)=P(A)P(B)$，下面我们利用两个事件相互独立的概念来引出二维随机变量相互独立的概念．

设有一个二维随机变量 (X,Y)，如果对于任意实数 x，y，事件 $\{X\leqslant x\}$、$\{Y\leqslant y\}$ 总是相互独立，则称这个二维随机变量是相互独立的，即有如下的定义：

定义 11　若二维随机变量 (X,Y) 的分布函数为 $F(x,y)$，X 和 Y 的边缘分布分别为 $F_X(x)$ 和 $F_Y(y)$．若对任意的实数 x，y 有

$$F(x,y)=F_X(x)F_Y(y),$$

则称随机变量 X 与 Y 相互独立．

由分布函数的定义，$F(x,y)=F_X(x)F_Y(y)$ 等价于

$$P\{X\leqslant x,Y\leqslant y\}=P\{X\leqslant x\}\cdot P\{Y\leqslant y\}.$$

也就是说随机变量 X，Y 相互独立是指随机事件 $\{X\leqslant x\}$ 和 $\{Y\leqslant y\}$ 相互独立，此时由边缘分布可以唯一地确定联合分布．

容易证明如下定理．

定理 6　(1) 对于二维离散型随机变量 (X,Y)，X 与 Y 相互独立的充要条件为：对于一切 (x_i,y_j)，i，$j=1$，2，$\cdots$，有

$$P\{X=x_i,Y=y_j\}=P\{X=x_i\}P\{Y=y_j\}.$$

(2) 设 $p(x,y)$ 及 $p_X(x)$，$p_Y(y)$ 分别为 (X,Y) 的联合概率密度及边缘概率密度，则 X 与 Y 相互独立的充要条件为：对任意实数 x，y 有

$$p(x,y)=p_X(x)\cdot p_Y(y).$$

更一般的结论：X 与 Y 相互独立的充分必要条件是对任意的 x，y，有

$$p(x,y)=g_X(x)\cdot h_Y(y),$$

即 (X,Y) 的联合密度函数 $p(x,y)$ 等于 x 的函数与 y 的函数的乘积．

利用条件密度的计算公式 $p(x|y)=\dfrac{p(x,y)}{p_Y(y)}$ 和 $p(y|x)=\dfrac{p(x,y)}{p_X(x)}$，易知当二维连续型随机变量 (X,Y) 相互独立时，则条件分布等于其无条件分布．这正是我们所期待的结果，它指明了随机变量相互独立的直观意义．

例 3—6　袋中有 2 个黑球和 3 个白球，从袋中随机取两次，每次取一个球．

取后不放回. 令

$$X=\begin{cases}1，第一次取到黑球\\0，第一次取到白球\end{cases}, \quad Y=\begin{cases}1，第二次取到黑球\\0，第二次取到白球\end{cases}.$$

证明 X 与 Y 不相互独立.

证明 易得 X 与 Y 的联合分布律与边缘分布律如下表所示:

Y \\ X	0	1	$P\{X=i\}$
0	$\frac{3}{10}$	$\frac{3}{10}$	$\frac{3}{5}$
1	$\frac{3}{10}$	$\frac{1}{10}$	$\frac{2}{5}$
$P\{Y=j\}$	$\frac{3}{5}$	$\frac{2}{5}$	

所以 $P\{X=0, Y=0\} \neq P\{X=0\}P\{Y=0\}$，因此，$X$ 与 Y 不相互独立.

例 3—7 设两个独立的随机变量 X 和 Y 的分布律分别为

X	1	3
P_X	0.3	0.7

Y	2	4
P_Y	0.6	0.4

求随机变量 (X, Y) 的分布律.

解 因为 X 与 Y 相互独立，所以

$$P\{X=x_i, Y=y_j\}=P\{X=x_i\}P\{Y=y_j\},$$
$$P\{X=1, Y=2\}=P\{X=1\}P\{Y=2\}=0.3\times0.6=0.18,$$
$$P\{X=1, Y=4\}=P\{X=1\}P\{Y=4\}=0.3\times0.4=0.12,$$
$$P\{X=3, Y=2\}=P\{X=3\}P\{Y=2\}=0.7\times0.6=0.42,$$
$$P\{X=3, Y=4\}=P\{X=3\}P\{Y=4\}=0.7\times0.4=0.28.$$

因此，随机变量 (X, Y) 的分布律为

X \\ Y	2	4	$P\{X=i\}$
1	0.18	0.12	0.3
3	0.42	0.28	0.7
$P\{Y=j\}$	0.6	0.4	

例 3—8 设随机变量 $(X，Y)$ 的概率密度为 $p(x，y)$，问 X 与 Y 是否相互独立.

$$p(x，y)=\begin{cases} x\mathrm{e}^{-y}， & 0<x<y<+\infty \\ 0， & 其他 \end{cases}.$$

解 $p_X(x)=\displaystyle\int_{-\infty}^{+\infty} p(x,y)\mathrm{d}y$

$$=\begin{cases} \displaystyle\int_{x}^{+\infty} x\mathrm{e}^{-y}\mathrm{d}y， & x>0 \\ 0， & x\leqslant 0 \end{cases}$$

$$=\begin{cases} x\mathrm{e}^{-x}， & x>0 \\ 0， & x\leqslant 0 \end{cases}.$$

$p_Y(y)=\displaystyle\int_{-\infty}^{+\infty} p(x,y)\mathrm{d}x$

$$=\begin{cases} \displaystyle\int_{0}^{y} x\mathrm{e}^{-y}\mathrm{d}x， & y>0 \\ 0， & y\leqslant 0 \end{cases}$$

$$=\begin{cases} \dfrac{1}{2} y^2 \mathrm{e}^{-y}， & y>0 \\ 0， & y\leqslant 0 \end{cases}.$$

由于在 $0<x<y<+\infty$ 上，$p(x，y)\neq p_X(x)\cdot p_Y(y)$，故 X 与 Y 不相互独立.

例 3—9 设随机变量 X 与 Y 相互独立，下表列出了二维随机变量 $(X，Y)$ 的联合概率分布及关于 X 和关于 Y 的边缘概率分布中的部分数值，试求出空白处的数值.

X \ Y	y_1	y_2	y_3	$P\{X=x_i\}=p_i.$
x_1		$\dfrac{1}{8}$		
x_2	$\dfrac{1}{8}$			
$P\{Y=y_j\}=p._j$	$\dfrac{1}{6}$			1

解 由 $P\{Y=y_1\}=P\{X=x_1，Y=y_1\}+P\{X=x_2，Y=y_1\}$，得

$$P\{X=x_1，Y=y_1\}=\frac{1}{6}-\frac{1}{8}=\frac{1}{24}，$$

由 X 与 Y 相互独立, 有 $P\{X=x_1, Y=y_1\}=P\{X=x_1\}P\{Y=y_1\}$, 得

$$P\{X=x_1\}=\frac{P\{X=x_1, Y=y_1\}}{P\{Y=y_1\}}=\frac{1}{4},$$

$$P\{Y=y_2\}=\frac{P\{X=x_1, Y=y_2\}}{P\{X=x_1\}}=\frac{1}{2},$$

所以

$$P\{X=x_2\}=1-P\{X=x_1\}=\frac{3}{4},$$

$$P\{Y=y_3\}=1-P\{Y=y_1\}-P\{Y=y_2\}=1-\frac{1}{6}-\frac{1}{2}=\frac{1}{3},$$

$$P\{X=x_2, Y=y_2\}=P\{X=x_2\}P\{Y=y_2\}=\frac{3}{4}\cdot\frac{1}{2}=\frac{3}{8},$$

$$P\{X=x_1, Y=y_3\}=P\{X=x_1\}P\{Y=y_3\}=\frac{1}{4}\cdot\frac{1}{3}=\frac{1}{12},$$

$$P\{X=x_2, Y=y_3\}=P\{X=x_2\}P\{Y=y_3\}=\frac{3}{4}\cdot\frac{1}{3}=\frac{1}{4}.$$

因此, (X, Y) 的联合分布律如下表:

X \ Y	y_1	y_2	y_3	$P\{X=x_i\}=p_i.$
x_1	$\frac{1}{24}$	$\frac{1}{8}$	$\frac{1}{12}$	$\frac{1}{4}$
x_2	$\frac{1}{8}$	$\frac{3}{8}$	$\frac{1}{4}$	$\frac{3}{4}$
$P\{Y=y_j\}=p._j$	$\frac{1}{6}$	$\frac{1}{2}$	$\frac{1}{3}$	

最后需要指出的是, 在实际问题中随机变量的独立性往往不是通过其数学定义验证出来的, 而常常从随机变量产生的实际背景来判断它们的独立性, 也就是说由随机试验的独立性来判断随机变量的相互独立性.

§3.5 二维随机变量函数的分布

二维随机变量 (X, Y) 构成的函数 $Z=g(X, Y)$ 是一个随机变量. 在已知 (X, Y) 的分布的情况下, 解决 $Z=g(X, Y)$ 的分布问题, 在概率论的理论和应用中都非常重要.

§3.5.1　二维离散型随机变量函数的分布

设二维离散型随机变量 (X, Y) 的联合分布律为

$$P\{X_i = x_i, Y_j = y_j\} = p_{ij}, \quad i, j = 1, 2, \cdots$$

则 $Z = g(X, Y)$ 也是离散型随机变量，且 Z 的概率分布为

$$P\{Z = z_k\} = P\{g(X, Y) = z_k\} = \sum_{g(x_i, y_j) = z_k} p_{ij}, \ k = 1, 2, \cdots$$

其中 $\displaystyle\sum_{g(x_i, y_j) = z_k} p_{ij}$ 是指对满足 $g(x_i, y_j) = z_k$ 的那些 (x_i, y_j) 所对应的概率来求和.

例 3—10　设二维离散型随机变量 (X, Y) 的分布律为

X ＼ Y	−1	0	1
0	$\frac{1}{12}$	$\frac{1}{6}$	$\frac{1}{6}$
1	$\frac{1}{12}$	$\frac{1}{12}$	0
2	$\frac{1}{6}$	$\frac{1}{12}$	$\frac{1}{6}$

试求 $Z_1 = X + Y$，$Z_2 = X - Y$，$Z_3 = XY$，$Z_4 = \max\{X, Y\}$，$Z_5 = \min\{X, Y\}$ 的分布律.

解　将 (X, Y) 的分布律表现形式改为

(X, Y)	$(0, -1)$	$(0, 0)$	$(0, 1)$	$(1, -1)$	$(1, 0)$	$(1, 1)$	$(2, -1)$	$(2, 0)$	$(2, 1)$
P	$\frac{1}{12}$	$\frac{1}{6}$	$\frac{1}{6}$	$\frac{1}{12}$	$\frac{1}{12}$	0	$\frac{1}{6}$	$\frac{1}{12}$	$\frac{1}{6}$

根据所求问题列出下表

P	$\frac{1}{12}$	$\frac{1}{6}$	$\frac{1}{6}$	$\frac{1}{12}$	$\frac{1}{12}$	0	$\frac{1}{6}$	$\frac{1}{12}$	$\frac{1}{6}$
(X, Y)	$(0, -1)$	$(0, 0)$	$(0, 1)$	$(1, -1)$	$(1, 0)$	$(1, 1)$	$(2, -1)$	$(2, 0)$	$(2, 1)$
Z_1	−1	0	1	0	1	2	1	2	3
Z_2	1	0	−1	2	1	0	3	2	1
Z_3	0	0	0	−1	0	1	−2	0	2
Z_4	0	0	1	1	1	1	2	2	2
Z_5	−1	0	0	−1	0	1	−1	0	1

因此，得到 $Z_1 = X + Y$ 的分布律为

Z_1	-1	0	1	2	3
P	$\frac{1}{12}$	$\frac{1}{4}$	$\frac{5}{12}$	$\frac{1}{12}$	$\frac{1}{6}$

$Z_2 = X - Y$ 的分布律为

Z_2	-1	0	1	2	3
P	$\frac{1}{6}$	$\frac{1}{6}$	$\frac{1}{3}$	$\frac{1}{6}$	$\frac{1}{6}$

$Z_3 = XY$ 的分布律为

Z_3	-2	-1	0	1	2
P	$\frac{1}{6}$	$\frac{1}{12}$	$\frac{7}{12}$	0	$\frac{1}{6}$

$Z_4 = \max\{X, Y\}$ 的分布律为

Z_4	0	1	2
P	$\frac{1}{4}$	$\frac{1}{3}$	$\frac{5}{12}$

$Z_5 = \min\{X, Y\}$ 的分布律为

Z_5	-1	0	1
P	$\frac{1}{3}$	$\frac{1}{2}$	$\frac{1}{6}$

§3.5.2 连续型随机变量函数的分布

设二维连续型随机变量 (X, Y) 的联合概率密度函数为 $p(x, y)$，类似于求一维随机变量函数的分布，求 $Z = g(X, Y)$ 的概率密度函数的一般方法为：

(1) 求 $Z = g(X, Y)$ 的分布函数

$$F_Z(z) = P\{Z \leqslant z\} = P\{g(X,Y) \leqslant z\} = \iint\limits_{g(x,y) \leqslant z} p(x,y)\mathrm{d}x\mathrm{d}y.$$

(2) 根据 $p(z) = F_Z'(z)$，求出 Z 的概率密度函数.

例 3—11 设随机变量 X，Y 相互独立，其概率密度函数分别为

$$p_X(x)=\begin{cases}1, & 0\leqslant x\leqslant 1\\ 0, & 其他\end{cases}, \qquad p_Y(y)=\begin{cases}\mathrm{e}^{-y}, & y>0\\ 0, & y\leqslant 0\end{cases}.$$

求随机变量 $Z=2X+Y$ 的概率密度函数.

解 由题设知 (X,Y) 的联合概率密度函数为

$$p(x,y)=\begin{cases}\mathrm{e}^{-y}, & 0\leqslant x\leqslant 1, y>0\\ 0, & 其他\end{cases}.$$

先求随机变量 $Z=2X+Y$ 的分布函数:

(1) 当 $z<0$ 时, $F_Z(z)=P\{Z\leqslant z\}=\iint\limits_{2x+y\leqslant z}p(x,y)\mathrm{d}x\mathrm{d}y=0.$

(2) 当 $0\leqslant z<2$ 时, $F_Z(z)=P\{Z\leqslant z\}=P\{2X+Y\leqslant z\}$

$$=\int_0^{\frac{z}{2}}\mathrm{d}x\int_0^{z-2x}\mathrm{e}^{-y}\mathrm{d}y$$

$$=\int_0^{\frac{z}{2}}(1-\mathrm{e}^{2x-z})\mathrm{d}x=\frac{1}{2}(z+\mathrm{e}^{-z}-1).$$

(3) 当 $z\geqslant 2$ 时, $F_Z(z)=P\{Z\leqslant z\}=P\{2X+Y\leqslant z\}$

$$=\int_0^1\mathrm{d}x\int_0^{z-2x}\mathrm{e}^{-y}\mathrm{d}y=1-\frac{1}{2}\mathrm{e}^{-z}(\mathrm{e}^2-1).$$

因此 $Z=2X+Y$ 的分布函数为

$$F_Z(z)=\begin{cases}0, & z<0\\ (z+\mathrm{e}^{-z}-1)/2, & 0\leqslant z<2.\\ 1-\mathrm{e}^{-z}(\mathrm{e}^2-1)/2, & z\geqslant 2\end{cases}$$

由于 $p(x)=F'(x)$, 故 $Z=2X+Y$ 的概率密度为

$$p_Z(z)=\begin{cases}0, & z<0\\ (1-\mathrm{e}^{-z})/2, & 0\leqslant z<2.\\ \mathrm{e}^{-z}(\mathrm{e}^2-1)/2, & z\geqslant 2\end{cases}$$

下面我们来讨论几个特殊函数的概率分布的问题.

定理 7（和的密度）设二维连续型随机变量 (X,Y) 的联合概率密度函数为 $p(x,y)$, 则 $Z=X+Y$ 仍为连续型随机变量, 且概率密度为

$$p_Z(z)=\int_{-\infty}^{+\infty}p(x,z-x)\mathrm{d}x=\int_{-\infty}^{+\infty}p(z-y,y)\mathrm{d}y.$$

特别地, 当 X,Y 相互独立时, 有

$$p_Z(z) = \int_{-\infty}^{+\infty} p_X(z-y)p_Y(y)\mathrm{d}y,$$

$$p_Z(z) = \int_{-\infty}^{+\infty} p_X(x)p_Y(z-x)\mathrm{d}x.$$

这两个公式称为卷积公式，公式中的 p_Z 称为 p_X 和 p_Y 的卷积.

证明 设 $Z=X+Y$ 的分布函数为 $F_Z(z)$，记 $G=\{(x,y)\,|\,x+y\leqslant z\}$，于是有

$$F_Z(z) = P\{Z\leqslant z\} = P\{X+Y\leqslant z\} = P\{(X,Y)\in G\}$$
$$= \iint\limits_{G} p(x,y)\mathrm{d}x\mathrm{d}y.$$

积分区域 G：$x+y\leqslant z$ 是直线 $x+y=z$ 的左下半平面，如图 3—5 所示，化为累次积分并用积分变量代换 $x=u-y$，得

$$F_Z(z) = \int_{-\infty}^{+\infty}\Big[\int_{-\infty}^{z-y} p(x,y)\mathrm{d}x\Big]\mathrm{d}y$$
$$= \int_{-\infty}^{+\infty}\Big[\int_{-\infty}^{z} p(u-y,y)\mathrm{d}u\Big]\mathrm{d}y$$
$$= \int_{-\infty}^{z}\Big[\int_{-\infty}^{+\infty} p(u-y,y)\mathrm{d}y\Big]\mathrm{d}u.$$

求导得 Z 的概率密度函数：

$$p_Z(z) = \int_{-\infty}^{+\infty} p(z-y,y)\mathrm{d}y.$$

由 X，Y 的对称性，有

$$p_Z(z) = \int_{-\infty}^{+\infty} p(x,z-x)\mathrm{d}x.$$

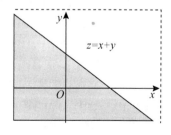

图 3—5 积分区域

类似地，可求两个随机变量差的密度，请同学们自行写出 $Z=X-Y$ 的概率密度.

定理 8（商的密度）设二维连续型随机变量 $(X，Y)$ 的联合概率密度为 $p(x，y)$，则 $Z=\dfrac{X}{Y}$ 仍为连续型随机变量，概率密度为

$$p_{\frac{X}{Y}}(z) = \int_{-\infty}^{+\infty} |y|\, p(zy,y)\mathrm{d}y.$$

证明 作变量代换 $x=uy$，则商 $Z=\dfrac{X}{Y}$ 的分布函数为

$$F_Z(z) = P\left\{\frac{X}{Y} \leqslant z\right\} = \iint\limits_{\frac{x}{y} \leqslant z} p(x,y)\mathrm{d}x\mathrm{d}y$$

$$= \iint\limits_{x \leqslant yz, y>0} p(x,y)\mathrm{d}x\mathrm{d}y + \iint\limits_{x \geqslant yz, y<0} p(x,y)\mathrm{d}x\mathrm{d}y$$

$$= \int_0^{+\infty}\mathrm{d}y\int_{-\infty}^{yz} p(x,y)\mathrm{d}x + \int_{-\infty}^0\mathrm{d}y\int_{yz}^{+\infty} p(x,y)\mathrm{d}x$$

$$= \int_0^{+\infty}\mathrm{d}y\int_{-\infty}^{z} y \cdot p(uy,y)\mathrm{d}u + \int_{-\infty}^0\mathrm{d}y\int_{z}^{+\infty} y \cdot p(uy,y)\mathrm{d}u$$

$$= \int_{-\infty}^z\left[\int_{-\infty}^{+\infty} |y| p(uy,y)\mathrm{d}y\right]\mathrm{d}u.$$

利用积分上限函数求导公式，有

$$p_Z(z) = [F_Z(z)]' = \int_{-\infty}^{+\infty} |y| p(zy,y)\mathrm{d}y.$$

类似地同学们可自行写出 $Z=XY$ 的概率密度.

例 3—12　设 X 与 Y 相互独立，它们的概率密度分别为

$$p_X(x) = \begin{cases}\lambda\mathrm{e}^{-\lambda x}, & x\geqslant 0 \\ 0, & x<0\end{cases}, \quad p_Y(y) = \begin{cases}\lambda\mathrm{e}^{-\lambda y}, & y\geqslant 0 \\ 0, & y<0\end{cases}.$$

求 $Z=\dfrac{X}{Y}$ 的概率密度.

解　由 X 与 Y 相互独立，知 (X,Y) 的概率密度为

$$p(x,y) = p_X(x) \cdot p_Y(y) = \begin{cases}\lambda^2\mathrm{e}^{-\lambda(x+y)}, & x\geqslant 0, y\geqslant 0 \\ 0, & \text{其他}\end{cases}.$$

由商的密度公式 $p_Z(z) = \displaystyle\int_{-\infty}^{+\infty} |y| p(yz,y)\mathrm{d}y$ 知，

(1) 当 $z\leqslant 0$ 时，$p_Z(z)=0$;

(2) 当 $z>0$ 时，$p_Z(z) = \lambda^2\displaystyle\int_0^{+\infty} y\mathrm{e}^{-\lambda y(1+z)}\mathrm{d}y = \dfrac{1}{(1+z)^2}$.

于是，Z 的概率密度为：$p_Z(z) = \begin{cases}\dfrac{1}{(1+z)^2}, & z>0 \\ 0, & z\leqslant 0\end{cases}.$

定理 9（最值函数的分布）设 X,Y 是相互独立的随机变量，分布函数分别为 $F_X(x)$，$F_Y(y)$，则 $U=\max\{X,Y\}$ 和 $V=\min\{X,Y\}$ 的分布函数分别为

$$F_U(z) = F_X(z)F_Y(z),$$
$$F_V(z) = 1 - [1 - F_X(z)][1 - F_Y(z)].$$

证明 $F_U(z) = P\{U \leqslant z\}$
$$= P\{X \leqslant z, Y \leqslant z\}$$
$$= P\{X \leqslant z\}P\{Y \leqslant z\}$$
$$= F_X(z)F_Y(z).$$

$$F_V(z) = P\{V \leqslant z\} = 1 - P\{V > z\}$$
$$= 1 - P\{X > z, Y > z\}$$
$$= 1 - P\{X > z\}P\{Y > z\}$$
$$= 1 - [1 - P\{X \leqslant z\}][1 - P\{Y \leqslant z\}]$$
$$= 1 - [1 - F_X(z)][1 - F_Y(z)].$$

一般地，若 X_1, X_2, $\cdots$, X_n 为 n 个相互独立的随机变量，它们的分布函数分别为 $F_i(x)$, $i = 1, 2, \cdots, n$, 则 $\max\{X_1, \cdots, X_n\}$ 和 $\min\{X_1, \cdots, X_n\}$ 的分布函数分别为

$$F_{\max}(z) = \prod_{i=1}^{n} F_i(z); \quad F_{\min}(z) = 1 - \prod_{i=1}^{n}[1 - F_i(z)].$$

若 n 个随机变量 X_1, X_2, $\cdots$, X_n 相互独立同分布，设分布函数为 $F(x)$，密度函数为 $p(x)$，则

$$F_{\max}(z) = [F(z)]^n, \quad F_{\min}(z) = 1 - [1 - F(z)]^n.$$

相应的概率密度函数分别为

$$p_{\max}(z) = n[F(z)]^{n-1}p(z),$$
$$p_{\min}(z) = n[1 - F(z)]^{n-1}p(z).$$

例 3—13 设随机变量 X_1, X_2, $\cdots$, X_5 相互独立且同分布，其概率密度为

$$p(x) = \frac{1}{\pi(1+x^2)}, \quad -\infty < x < +\infty.$$

试求 $U = \max\{X_1, X_2, \cdots, X_5\}$ 及 $V = \min\{X_1, X_2, \cdots, X_5\}$ 的分布函数与概率密度.

解 $X_i(i = 1, \cdots, 5)$ 的分布函数为

$$F(x) = \int_{-\infty}^{x} \frac{1}{\pi(1+x^2)}\mathrm{d}x = \frac{1}{2} + \frac{1}{\pi}\arctan x,$$

(1) $U=\max\{X_1,\ X_2,\ \cdots,\ X_5\}$ 的分布函数为

$$F_U(z)=P\{U\leqslant z\}=P\{\max_{1\leqslant i\leqslant 5}\{X_i\}\leqslant z\}=P\{\bigcap_{1\leqslant i\leqslant 5}(X_i\leqslant z)\}=[F(z)]^5$$
$$=\left(\frac{1}{2}+\frac{1}{\pi}\arctan z\right)^5,\quad -\infty<z<+\infty.$$

故 U 的概率密度为

$$p_U(z)=\frac{5}{\pi(1+z^2)}\left(\frac{1}{2}+\frac{1}{\pi}\arctan z\right)^4,\quad -\infty<z<+\infty.$$

(2) $V=\min\{X_1,\ X_2,\ \cdots,\ X_5\}$ 的分布函数为

$$F_V(z)=P\{V\leqslant z\}=P\{\min_{1\leqslant i\leqslant 5}\{X_i\}\leqslant z\}=1-P\{\min_{1\leqslant i\leqslant 5}\{X_i\}>z\}$$
$$=1-P\{\bigcap_{1\leqslant i\leqslant 5}(X_i>z)\}=1-[1-F(z)]^5=1-\left(\frac{1}{2}-\frac{1}{\pi}\arctan z\right)^5.$$

故 V 的概率密度为

$$p_V(z)=\frac{5}{\pi(1+z^2)}\left(\frac{1}{2}-\frac{1}{\pi}\arctan z\right)^4.$$

§3.6　条件分布

§3.6.1　离散型随机变量的条件分布律

定义 12　设 $(X,\ Y)$ 是二维离散型随机变量，对于固定的 i，若 $P\{X=x_i\}=p_{i\cdot}>0$，则概率分布

$$P\{Y=y_j\mid X=x_i\}=\frac{P\{X=x_i,Y=y_j\}}{P\{X=x_i\}}=\frac{p_{ij}}{p_{i\cdot}},\quad j=1,2,\cdots$$

称为在 $X=x_i$ 的条件下 Y 的条件分布律.

对于固定的 j，若 $P\{Y=y_j\}>0$，则概率分布

$$P\{X=x_i\mid Y=y_j\}=\frac{P\{X=x_i,Y=y_j\}}{P\{Y=y_j\}}=\frac{p_{ij}}{p_{\cdot j}},\quad i=1,2,\cdots$$

称为在 $Y=y_j$ 的条件下 X 的条件分布律.

显然有 $P\{Y=y_j\mid X=x_i\}\geqslant 0$，且 $\displaystyle\sum_{j=1}^{\infty}P\{Y=y_j\mid X=x_i\}=\sum_{j=1}^{\infty}\frac{p_{ij}}{p_{i\cdot}}=\frac{p_{i\cdot}}{p_{i\cdot}}=1.$

有了条件分布律，我们可以给出离散型随机变量的条件分布函数.

定义 13 设 (X, Y) 是二维离散型随机变量，对于固定的 i，给定 $X = x_i$ 条件下 Y 的条件分布函数为

$$F(y|x_i) = \sum_{y_j \leqslant y} P\{Y = y_j | X = x_i\}.$$

对于固定的 j，给定 $Y = y_j$ 条件下 X 的条件分布函数为

$$F(x|y_i) = \sum_{x_i \leqslant x} P\{X = x_i | Y = y_j\}.$$

例 3—14 设 (X, Y) 的联合分布律如下表.
求：(1) 在 $X = 3$ 的条件下 Y 的条件分布律；
(2) 在 $Y = 1$ 的条件下 X 的条件分布律.

X \ Y	1	2	3	4
1	$\frac{1}{4}$	0	0	0
2	$\frac{1}{8}$	$\frac{1}{8}$	0	0
3	$\frac{1}{12}$	$\frac{1}{12}$	$\frac{1}{12}$	0
4	$\frac{1}{16}$	$\frac{1}{16}$	$\frac{1}{16}$	$\frac{1}{16}$

解 (X, Y) 关于 X 和 Y 的边缘分布律如下表所示：

X \ Y	1	2	3	4	$p_i.$
1	$\frac{1}{4}$	0	0	0	$\frac{1}{4}$
2	$\frac{1}{8}$	$\frac{1}{8}$	0	0	$\frac{1}{4}$
3	$\frac{1}{12}$	$\frac{1}{12}$	$\frac{1}{12}$	0	$\frac{1}{4}$
4	$\frac{1}{16}$	$\frac{1}{16}$	$\frac{1}{16}$	$\frac{1}{16}$	$\frac{1}{4}$
$p._j$	$\frac{25}{48}$	$\frac{13}{48}$	$\frac{7}{48}$	$\frac{1}{16}$	1

计算得 $P(Y=1|X=3)=\dfrac{P\{X=3,Y=1\}}{P\{X=3\}}=\dfrac{p_{31}}{p_{3.}}=\dfrac{\frac{1}{12}}{\frac{1}{4}}=\dfrac{1}{3}$，其他类似计算，可得

在 $X=3$ 的条件下 Y 的条件分布律为

Y	1	2	3	4
$P(Y=y_j \mid X=3)$	$\dfrac{1}{3}$	$\dfrac{1}{3}$	$\dfrac{1}{3}$	0

同理，在 $Y=1$ 的条件下 X 的条件分布律为

X	1	2	3	4
$P(X=x_i \mid Y=1)$	$\dfrac{12}{25}$	$\dfrac{6}{25}$	$\dfrac{4}{25}$	$\dfrac{3}{25}$

例 3—15　有 12 件产品，其中有 6 件为一等品，2 件为二等品，4 件为三等品. 从中不放回地取 3 件，设其中一等品数为 X，二等品数为 Y. 试求 $Y=1$ 的条件下 X 的条件分布律.

解法 1　利用古典概率公式，$(X，Y)$ 的概率分布为

$$P\{X=i,Y=j\}=\frac{C_6^i C_2^j C_4^{3-(i+j)}}{C_{12}^3},$$

其中 i 在 0，1，2，3 中取值，j 在 0，1，2 中取值，且满足 $0\leqslant i+j\leqslant 3$，又

$$p_{.1}=P\{Y=1\}=\frac{C_2^1 C_{10}^2}{C_{12}^3}=\frac{9}{22}, i=0，1，2，3,$$

于是可得 $Y=1$ 的条件下 X 的条件分布律

$$P\{X=0|Y=1\}=\frac{P\{X=0,Y=1\}}{p_{.1}}=\frac{C_6^0 C_2^1 C_4^{3-1}/C_{12}^3}{C_2^1 C_{10}^2/C_{12}^3}=\frac{2}{15},$$

$$P\{X=1|Y=1\}=\frac{P\{X=1,Y=1\}}{p_{.1}}=\frac{C_6^1 C_2^1 C_4^1}{C_2^1 C_{10}^2}=\frac{8}{15},$$

$$P\{X=2|Y=1\}=\frac{P\{X=2,Y=1\}}{p_{.1}}=\frac{C_6^2 C_2^1 C_4^0}{C_2^1 C_{10}^2}=\frac{1}{3},$$

$$P\{X=3|Y=1\}=\frac{P\{X=3,Y=1\}}{p_{.1}}=\frac{0}{9/22}=0.$$

解法 2　从问题的实际含义来考虑，求在 $Y=1$ 的条件下 X 的条件分布律.

相当于从 12 件产品中除掉全部二等品，在剩下来的 10 件产品中任取 2 件（第三件肯定是二等品），求其中含有一等品件数的分布律，这时可直接求出

$$P\{X=0\,|\,Y=1\}=\frac{C_4^2}{C_{10}^2}=\frac{2}{15}; \quad P\{X=1\,|\,Y=1\}=\frac{C_6^1 C_4^1}{C_{10}^2}=\frac{8}{15},$$

$$P\{X=2\,|\,Y=1\}=\frac{C_6^2}{C_{10}^2}=\frac{1}{3}; \quad P\{X=3\,|\,Y=1\}=P\{\varnothing\}=0.$$

§3.6.2 连续型随机变量的条件概率密度

因为连续型随机变量取某具体数值的概率为零，即 $P\{X=x\}=0$，$\forall x \in R$，所以无法像离散型随机变量那样用条件概率直接计算 $P\{Y\leqslant y\,|\,X=x\}$. 我们通常采用极限形式来推理.

$$\begin{aligned} P\{Y\leqslant y\,|\,X=x\} &= \lim_{\varepsilon\to 0^+} P\{Y\leqslant y\,|\,x\leqslant X<x+\varepsilon\} \\ &= \lim_{\varepsilon\to 0^+} \frac{P\{x\leqslant X<x+\varepsilon,\,Y\leqslant y\}}{P\{x\leqslant X<x+\varepsilon\}} \\ &= \lim_{\varepsilon\to 0^+} \frac{F(x+\varepsilon,y)-F(x,\,y)}{F_X(x+\varepsilon)-F_X(x)}. \end{aligned}$$

定义 14 设 $(X,\,Y)$ 是二维连续型随机变量，给定 x，若 $\forall\varepsilon>0$，恒有 $P\{x\leqslant X<x+\varepsilon\}>0$，且对任意实数 y，若极限 $\lim_{\varepsilon\to 0}P\{Y\leqslant y\,|\,x\leqslant X<x+\varepsilon\}$ 存在，则称此极限为在 $X=x$ 的条件下，随机变量 Y 的**条件分布函数**，记作 $F_{Y|X}(y\,|\,x)$ 或简记作 $F(y\,|\,x)$. 相应的密度函数 $p_{Y|X}(y\,|\,x)$，称为在 $X=x$ 的条件下，随机变量 Y 的**条件概率密度函数**，简记作 $p(y\,|\,x)$. 类似地，可定义在 $Y=y$ 的条件下，随机变量 Y 的**条件分布函数** $F_{X|Y}(x\,|\,y)$ 和**条件概率密度函数** $p_{X|Y}(x\,|\,y)$.

定理 10 设二维连续型随机变量 $(X,\,Y)$ 的概率密度 $p(x,\,y)$ 连续，边缘概率密度分别为 $p_X(x)$，$p_Y(y)$，则

(1) 对一切使 $p_Y(y)>0$ 连续成立的 y，在 $Y=y$ 的条件下，X 的条件分布函数和条件概率密度分别为

$$F_{X|Y}(x\,|\,y)=\int_{-\infty}^x \frac{p(u,y)}{p_Y(y)}\,\mathrm{d}u \text{ 和 } p_{X|Y}(x\,|\,y)=\frac{p(x,y)}{p_Y(y)}.$$

(2) 对一切使 $p_X(x)>0$ 成立的 x，在 $X=x$ 的条件下，Y 的条件分布函数和条件概率密度分别为

$$F_{Y|X}(y\,|\,x) = \int_{-\infty}^{y} \frac{p(x,v)}{p_X(x)} \mathrm{d}v \ \text{和} \ p_{Y|X}(y\,|\,x) = \frac{p(x,y)}{p_X(x)}.$$

证明 只证（1），（2）类似可证.

$$F_{X|Y}(x\,|\,y) = \lim_{\varepsilon \to 0} \frac{P\{X \leqslant x, \ y \leqslant Y < y+\varepsilon\}}{P\{y \leqslant Y < y+\varepsilon\}}$$

$$= \lim_{\varepsilon \to 0} \frac{\int_{-\infty}^{x} \int_{y}^{y+\varepsilon} p(u,v) \mathrm{d}v \mathrm{d}u}{\int_{y}^{y+\varepsilon} p_Y(v) \mathrm{d}v}.$$

由积分中值定理有：

$$\int_{y}^{y+\varepsilon} p(u,v) \mathrm{d}v = p(u,v_1) \cdot \varepsilon, \ \int_{y}^{y+\varepsilon} p_Y(v) \mathrm{d}v = p_Y(v_2) \cdot \varepsilon,$$

其中 $y \leqslant v_1 < y+\varepsilon$，$y \leqslant v_2 < y+\varepsilon$，并且有 $\lim_{\varepsilon \to 0} p(u, v_1) = p(u, y)$ 和 $\lim_{\varepsilon \to 0} p_Y(v_2) = p_Y(y)$. 故

$$F_{X|Y}(x\,|\,y) = \lim_{\varepsilon \to 0} \frac{\int_{-\infty}^{x} p(u,v_1) \mathrm{d}u}{p_Y(v_2)} = \int_{-\infty}^{x} \frac{p(u,y)}{p_Y(y)} \mathrm{d}u.$$

上式表明，二维连续型随机变量的条件分布仍是连续型分布，且在 $Y=y$ 的条件下，随机变量 X 的条件概率密度为

$$p_{X|Y}(x\,|\,y) = \frac{p(x,y)}{p_Y(y)}.$$

例 3—16 设随机变量 (X, Y) 的概率密度为 $p(x, y)$，求条件概率密度 $p(y\,|\,x)$，$p(x\,|\,y)$.

$$p(x, y) = \begin{cases} 1, & |y| < x, \ 0 < x < 1 \\ 0, & \text{其他} \end{cases}.$$

解 （1）当 $0 < x < 1$ 时，$p_X(x) = \int_{-\infty}^{+\infty} p(x, y) \mathrm{d}y$

$$= \int_{-\infty}^{-x} 0 \mathrm{d}y + \int_{-x}^{x} 1 \mathrm{d}y + \int_{x}^{+\infty} 0 \mathrm{d}y = 2x,$$

所以，$p_X(x) = \begin{cases} 2x, & 0 < x < 1 \\ 0, & \text{其他} \end{cases}.$

（2）又因为 $p_Y(y) = \int_{-\infty}^{+\infty} p(x,y) \mathrm{d}x$，有

当 $0<y<1$ 时，$p_Y(y) = \int_y^1 1 \mathrm{d}x = 1 - y$；

当 $-1<y\leqslant0$ 时，$p_Y(y) = \int_{-y}^1 1 \mathrm{d}x = 1 + y$.

所以，$p_Y(y) = \begin{cases} 1-|y|, & |y|<1 \\ 0, & \text{其他} \end{cases}$.

（3）于是，当 $0<x<1$ 时，$p(y|x) = \dfrac{p(x,y)}{p_X(x)} = \begin{cases} \dfrac{1}{2x}, & |y|<x \\ 0, & \text{其他} \end{cases}$.

当 $|y|<1$ 时，$p(x|y) = \dfrac{p(x,y)}{p_Y(y)} = \begin{cases} \dfrac{1}{1-|y|}, & |y|<x<1 \\ 0, & \text{其他} \end{cases}$.

例 3—17 设二维随机变量 (X, Y) 的联合概率密度为 $p(x, y)$，求 $P\left\{Y\leqslant\dfrac{1}{8} \,\middle|\, X=\dfrac{1}{4}\right\}$.

$$p(x, y) = \begin{cases} 3x, & 0\leqslant x\leqslant1,\, 0\leqslant y\leqslant x \\ 0, & \text{其他} \end{cases}.$$

解 当 $0\leqslant x\leqslant1$ 时，$p_X(x) = \int_{-\infty}^{+\infty} p(x, y)\mathrm{d}y = \int_0^x 3x\mathrm{d}y = 3x^2$.

当 $x<0$ 或 $x>1$ 时，因为 $p(x, y)=0$，所以 $p_X(x)=0$. 即

$$p_X(x) = \begin{cases} 3x^2, & 0\leqslant x\leqslant1 \\ 0, & \text{其他} \end{cases}.$$

从而有 $p(y|x) = \dfrac{p(x,y)}{p_X(x)} = \begin{cases} \dfrac{1}{x}, & 0\leqslant y\leqslant x\leqslant1 \\ 0, & \text{其他} \end{cases}.$

于是有 $p\left(y\,\middle|\,x=\dfrac{1}{4}\right) = \begin{cases} 4, & 0\leqslant y\leqslant\dfrac{1}{4} \\ 0, & \text{其他} \end{cases}.$

所以 $P\left\{Y\leqslant\dfrac{1}{8}\,\middle|\,X=\dfrac{1}{4}\right\} = \int_{-\infty}^{\frac{1}{8}} p\left(y\,\middle|\,x=\dfrac{1}{4}\right)\mathrm{d}y = \int_0^{\frac{1}{8}} 4\mathrm{d}y = \dfrac{1}{2}$.

习题三

1. 盒子里装有 3 个黑球，2 个红球，2 个白球，在其中任取 4 个球，以 X

表示取到黑球的个数，以 Y 表示取到白球的个数，求 X，Y 的联合分布律.

2. 将一枚硬币连掷 3 次，以 X 表示 3 次中出现正面的次数，以 Y 表示 3 次中出现正面的次数与出现反面的次数之差的绝对值. 试求：

(1) $(X，Y)$ 的联合分布律；　(2) 关于 X 和关于 Y 的边缘分布律.

3. 现有 10 件产品，其中 6 件正品，4 件次品. 从中随机抽取 2 次，每次抽取 1 件，定义两个随机变量 X，Y 如下：

$$X=\begin{cases}1, & \text{第 1 次抽到正品}\\0, & \text{第 1 次抽到次品}\end{cases}, Y=\begin{cases}1, & \text{第 2 次抽到正品}\\0, & \text{第 2 次抽到次品}\end{cases}.$$

试就下面两种情况求 $(X，Y)$ 的联合概率分布和边缘概率分布.

(1) 第 1 次抽取后放回；　(2) 第 1 次抽取后不放回.

4. 设二维随机变量 $(X，Y)$ 的联合分布函数为

$$F(x，y)=A\left(B+\arctan\frac{x}{3}\right)\left(C+\arctan\frac{y}{4}\right),$$

其中 A，B，C 为常数，$-\infty<x<+\infty$，$-\infty<y<+\infty$，试确定 A，B，C 的值，并求 $(X，Y)$ 的联合概率密度 $p(x，y)$ 和 $P\{3\leqslant X<+\infty，0<Y<4\}$.

5. 设随机变量 $(X，Y)$ 的联合概率密度为

$$p(x，y)=\begin{cases}Ce^{-(2x+4y)}, & x>0,y>0\\0, & \text{其他}\end{cases}.$$

试确定常数 C，并求 $P\{X>2\}$，$P\{X>Y\}$，$P\{X+Y<1\}$.

6. 设二维随机变量 $(X，Y)$ 的联合概率密度为

$$p(x，y)=\begin{cases}4xy, & 0\leqslant x\leqslant 1,0\leqslant y\leqslant 1\\0, & \text{其他}\end{cases}.$$

求 $(X，Y)$ 的联合分布函数.

7. 设二维随机变量 $(X，Y)$ 的联合概率密度为

$$p(x，y)=\begin{cases}Ae^{-(x+2y)}, & x>0, y>0\\0, & \text{其他}\end{cases}.$$

试求：(1) 常数 A；

(2) $(X，Y)$ 关于 X，Y 的边缘概率密度；

(3) $P\{0<X\leqslant 2，0<Y\leqslant 3\}$；

(4) $P\{X+2Y\leqslant 1\}$.

8. 二维随机变量 (X, Y) 的联合概率密度为

$$p(x, y) = \begin{cases} 8xy^2, & 0 < x < \sqrt{y} < 1 \\ 0, & \text{其他} \end{cases},$$

求条件概率密度 $p(x \mid y)$ 及 $p(y \mid x)$.

9. 设 X, Y 是两个随机变量, 它们的联合概率密度为

$$p(x, y) = \begin{cases} \dfrac{x^3}{2} e^{-x(1+y)}, & x > 0, y > 0 \\ 0, & \text{其他} \end{cases}.$$

(1) 求条件概率密度 $p(y \mid x)$, 写出当 $x = 0.5$ 时的条件概率密度;

(2) 求条件概率 $P\{Y \geqslant 1 \mid X = 0.5\}$.

10. 设 (X, Y) 是二维随机变量, X 的概率密度为

$$p_X(x) = \begin{cases} \dfrac{2+x}{6}, & 0 < x < 2 \\ 0, & \text{其他} \end{cases},$$

且当 $X = x(0 < x < 2)$ 时 Y 的条件概率密度为

$$p(y \mid x) = \begin{cases} \dfrac{1+xy}{1+x/2}, & 0 < y < 1 \\ 0, & \text{其他} \end{cases}.$$

(1) 求 (X, Y) 联合概率密度;

(2) 求 (X, Y) 关于 Y 的边缘概率密度;

(3) 求在 $Y = y$ 的条件下 X 的条件概率密度 $p(x \mid y)$.

11. 设 A, B 是两个随机事件, $P(A) > 0$, $P(B) > 0$, 令

$$X = \begin{cases} 1, & A \text{发生} \\ 0, & \bar{A} \text{发生} \end{cases}, \quad Y = \begin{cases} 1, & B \text{发生} \\ 0, & \bar{B} \text{发生} \end{cases}.$$

证明: X 与 Y 相互独立的充要条件是事件 A 与 B 相互独立.

12. 设 (X, Y) 的联合分布律如下表所示, 问 α 与 β 取什么值时, X 与 Y 相互独立?

X \ Y	1	2	3
1	1/6	1/9	1/18
2	1/3	α	β

13. 设 X,Y 是两个相互独立的随机变量，X 与 Y 的概率密度分别为

$$p_X(x)=\begin{cases}1, & 0\leqslant x\leqslant 1\\ 0, & \text{其他}\end{cases}, \quad p_Y(y)=\begin{cases}8y, & 0<y<1/2\\ 0, & \text{其他}\end{cases}.$$

试写出 X,Y 的联合概率密度，并求 $P\{X>Y\}$.

14. 设二维随机变量 (X,Y) 的概率密度函数为

$$p(x,y)=\begin{cases}Ay(2-x), & 0<x<1,0<y<x\\ 0, & \text{其他}\end{cases}.$$

(1) 确定常数 A；

(2) 求边缘概率密度函数 $p_X(x)$，$p_Y(y)$，并判断 X 与 Y 是否相互独立.

15. 随机变量 X 和 Y 的概率密度分别为

$$p_X(x)=\begin{cases}\lambda e^{-\lambda x}, & x>0\\ 0, & \text{其他}\end{cases}, \quad p_Y(y)=\begin{cases}\lambda^2 ye^{-\lambda y}, & y>0\\ 0, & \text{其他}\end{cases}, \lambda>0,$$

若 X,Y 相互独立，求 $Z=X+Y$ 的概率密度.

16. 随机变量 X 和 Y 的分布律分别为

$$P\{X=i\}=\frac{\lambda_1^i}{i!}e^{-\lambda_1}, i=0, 1, 2, \cdots,$$

$$P\{Y=j\}=\frac{\lambda_2^j}{j!}e^{-\lambda_2}, j=0, 1, 2, \cdots$$

其中 $\lambda_1>0$，$\lambda_2>0$，若 X,Y 相互独立，求 $Z=X+Y$ 的概率密度.

17. 随机变量 X 和 Y 的概率密度分别为

$$p_X(x)=\begin{cases}1, & 0\leqslant x\leqslant 1\\ 0, & \text{其他}\end{cases}, \quad p_Y(y)=\begin{cases}1, & 0\leqslant y\leqslant 1\\ 0, & \text{其他}\end{cases}.$$

若 X,Y 相互独立，求 $Z=X+Y$ 的概率密度.

18. 设随机变量 X 与 Y 相互独立，其中 X 的分布律如下表所示，而 Y 的概率密度 $p_Y(y)$ 为已知，求 $U=XY$ 的概率密度 $p_U(u)$.

X	2	3
P	0.2	0.8

19. 设 X,Y 是相互独立且同服从几何分布的随机变量，即

$$P\{X=k\}=pq^{k-1}, k=1, 2, \cdots$$

其中 $0<p<1$, $q=1-p$. 求

(1) $Z=X+Y$ 的分布律;

(2) $Z=\max\{X, Y\}$ 的分布律;

(3) $Z=\min\{X, Y\}$ 的分布律.

20. 设随机变量 X 与 Y 相互独立, 它们的联合概率密度为

$$p(x,y)=\begin{cases} \dfrac{3}{2}e^{-3x}, & x>0, 0\leqslant y\leqslant 2 \\ 0, & \text{其他} \end{cases}.$$

(1) 求边缘概率密度 $p_X(x)$, $p_Y(y)$;

(2) 求 $Z=\max\{X, Y\}$ 的分布函数;

(3) 求概率 $P\{1/2<Z\leqslant 1\}$.

第四章

随机变量的数字特征

每个随机变量都有一个概率分布，不同的随机变量其概率分布可能相同，也可能不同．概率分布是对随机变量的统计特性的完整描述，由概率分布可得出具体随机事件的概率或随机变量落入某个区间的概率．但在许多实际问题中，人们并不需要知道随机变量完整的分布情况，而只需要知道随机变量某一个侧面直观的统计特征即可．比如，在考察灯泡的质量时，人们关心的只是灯泡的平均寿命，以及灯泡寿命关于其平均寿命的偏离程度．再如，在考察某批棉花的纤维长度时，人们关心的是棉花纤维的平均长度，以及这个平均长度作为这批棉花纤维长度的代表性，即棉花纤维的长度与平均长度的偏离程度．在评价棉花质量时，如果这个偏离程度较大，则认为棉花纤维长度不一致，从而影响了棉花的质量．当然棉花纤维的平均长度越大，且偏离程度又小，其质量就越好；在选育棉花优质品种时，偏离程度越大，选优的潜力越大，这正是人们所期望的．

可见，与随机变量的概率分布有关的某些数字特征，虽然不能完整地描述随机变量的概率分布，但可以概括描述随机变量某些方面的特征，这些数字特征具有重要的理论和实际意义．这一章我们将介绍随机变量的常用数字特征：数学期望、方差、协方差和相关系数等．

§4.1 随机变量的数学期望

§4.1.1 离散型随机变量的数学期望

在现实问题中，人们常常很关注随机变量的平均取值．例如，某班级有 50

名同学，现要考察他们的平均年龄．如果这 50 人中，17 岁和 18 岁的各有 20 人，19 岁的有 10 人，则他们的平均年龄为

$$(17\times20+18\times20+19\times10)\times\frac{1}{50}=17\times\frac{20}{50}+18\times\frac{20}{50}+19\times\frac{10}{50}=17.8.$$

由上式知，平均年龄是以取这些年龄的频率为权重的加权平均．

平均值就是数学期望形象的别称．在概率论中，数学期望源于历史上一个著名的分赌本问题．下面我们介绍一下分赌本问题的案例．

引例　（分赌本问题）1654 年，法国有个职业赌徒向数学家帕斯卡提出了一个使他苦恼已久的问题：甲乙两人各出赌注 50 法郎进行赌博，约定谁先赢 3 局，就赢得全部的 100 法郎．假定两人赌技相当，且每局均不会出现平局．如果当甲赢了两局，乙赢了一局时，因故要终止赌博，问这 100 法郎该如何分才公平？

这个问题引起了很多人的兴趣．大家都意识到平均分对甲不公平，全部归甲对乙又不公平；合理的分法是，按一定比例，甲多分点，乙少分点．因此，问题的关键在于：按怎样的比例来分．以下有两种分法：

（1）甲得 100 法郎中的三分之二，乙得剩下的三分之一．这是基于已赌局数：甲赢了两局，乙赢了一局．

（2）帕斯卡提出如下分法：设想再赌下去，则甲最终所得 X 为一随机变量，其可能取值为两个，即 0 或 100．再赌两局必可结束，其结果为以下情况之一：

甲甲、甲乙、乙甲、乙乙

其中"甲乙"表示第一局甲胜第二局乙胜，其他的依此类推．因为赌技相当，在这四种情况中有三种可使甲获得 100 法郎，只有一种情况（即"乙乙"）下甲获得 0 法郎．所以甲获得 100 法郎的可能性为 $\frac{3}{4}$，获得 0 法郎的可能性为 $\frac{1}{4}$，即 X 的概率分布为

X	0	100
P	0.25	0.75

综上所述，甲的"期望"所得应为：$0\times0.25+100\times0.75=75$ 法郎．那么同理乙所得应为 25 法郎．如此分析不仅考虑了已赌局数，而且还包括对再赌下去的一种"期望"，显然这要比（1）的分法合理．

定义 1　设离散型随机变量 X 的概率分布为

$$P\{X=x_i\}=p_i, \quad i=1,2,\cdots,$$

若 $\sum\limits_{i}|x_i|p_i$ 收敛，则 $\sum\limits_{i}x_ip_i$ 称为随机变量 X 的**数学期望** (mathematical expectation)，简称期望或**均值** (average)，记为 $E(X)$. 即

$$E(X)=\sum_{i}x_ip_i.$$

若 $\sum\limits_{i}|x_i|p_i$ 不收敛，则称随机变量 X 的数学期望不存在.

数学期望由随机变量 X 的概率分布唯一确定，所以 $E(X)$ 是一个常量，而非变量.

例 4—1　某工人工作水平为：全天不出废品的日子占 30%，出一个废品的日子占 40%，出两个废品的日子占 20%，出三个废品的日子占 10%.（1）设 X 为一天中的废品数，求 X 的分布律；（2）这个工人平均每天出几个废品？

解　（1）分布律为：

X	0	1	2	3
P	0.3	0.4	0.2	0.1

（2）平均废品数为：

$$E(X)=0\times0.3+1\times0.4+2\times0.2+3\times0.1=1.1(个/天).$$

例 4—2　设随机变量 X 具有如下的分布，求 $E(X)$.

$$P\left\{X=(-1)^k\cdot\frac{2^k}{k}\right\}=\frac{1}{2^k}, \quad k=1,2,\cdots.$$

解　虽然有

$$\sum_{k=1}^{+\infty}x_kP\{X=x_k\}=\sum_{k=1}^{+\infty}(-1)^k\cdot\frac{2^k}{k}\cdot\frac{1}{2^k}=\sum_{k=1}^{+\infty}(-1)^k\frac{1}{k}=-\ln2.$$

但是 $\sum\limits_{k=1}^{+\infty}|x_k|p_k=\sum\limits_{k=1}^{+\infty}\frac{1}{k}=+\infty$ ，因此 $E(X)$ 不存在.

§4.1.2　连续型随机变量的数学期望

定义 2　设连续型随机变量 X 的概率密度为 $p(x)$，如果 $\int_{-\infty}^{+\infty}|x|p(x)\mathrm{d}x$ 收

敛，则称 $\int_{-\infty}^{+\infty} xp(x)\mathrm{d}x$ 的值为随机变量 X 的**数学期望**或均值，简称期望，记为 $E(X)$. 即

$$E(X) = \int_{-\infty}^{+\infty} xp(x)\mathrm{d}x.$$

若 $\int_{-\infty}^{+\infty} |x|\,p(x)\mathrm{d}x$ 不收敛，则称随机变量 X 的数学期望不存在.

例 4—3 设随机变量 X 的概率密度函数为

$$p(x)=\begin{cases}2x, & 0\leqslant x\leqslant 1\\ 0, & \text{其他}\end{cases}.$$

试求 X 的数学期望.

解 $E(X) = \int_{-\infty}^{+\infty} xp(x)\mathrm{d}x = \int_{-\infty}^{0} xp(x)\mathrm{d}x + \int_{0}^{1} xp(x)\mathrm{d}x + \int_{1}^{+\infty} xp(x)\mathrm{d}x$

$= \int_{-\infty}^{0} x\cdot 0\mathrm{d}x + \int_{0}^{1} x\cdot 2x\mathrm{d}x + \int_{1}^{+\infty} x\cdot 0\mathrm{d}x = \int_{0}^{1} x\cdot 2x\mathrm{d}x$

$= \int_{0}^{1} 2x^2\mathrm{d}x = \frac{2}{3}\,x^3\Big|_0^1 = \frac{2}{3}.$

例 4—4 如果随机变量 X 具有概率密度

$$p(x)=\frac{1}{\pi}\cdot\frac{1}{1+x^2},$$

则称 X 服从柯西（Cauchy）分布. 试证明柯西分布的期望不存在.

证明 因为 $\int_{-\infty}^{+\infty} |x|\,p(x)\mathrm{d}x = \int_{-\infty}^{+\infty} |x|\frac{1}{\pi(1+x^2)}\mathrm{d}x = 2\int_{0}^{+\infty}\frac{x}{\pi(1+x^2)}\mathrm{d}x = \infty.$
所以柯西分布的期望不存在.

§4.1.3 随机变量函数的数学期望

在现实问题中，我们常需要求随机变量的函数的数学期望，例如求一辆汽车运动中的动量 $Y=mV$（V 是速度，为随机变量；m 是质量，为常数），需要求 Y 的数学期望，而 Y 是随机变量 V 的函数. 我们可以先求出 Y 的分布律，再求它的数学期望. 其实在多数情况下，我们不必求随机变量函数的分布，而是直接求随机变量函数的期望. 这里不加证明地给出如下计算公式.

定理 1 设 $Y=g(X)$ 为随机变量 X 的连续函数.

（1）如果 X 是离散型随机变量，概率分布为 $P\{X=x_i\}=p_i$，$i=1$，2，…．若级数 $\sum_i |g(x_i)| p_i$ 收敛，则 Y 的数学期望是

$$E(Y) = E[g(X)] = \sum_i g(x_i)p_i.$$

（2）如果 X 是连续型随机变量，其概率密度为 $p(x)$，若积分 $\int_{-\infty}^{+\infty} |g(x)| p(x)\mathrm{d}x$ 收敛，则有

$$E(Y) = E[g(X)] = \int_{-\infty}^{+\infty} g(x)p(x)\mathrm{d}x.$$

例 4—5 设随机变量 X 的分布律为

X	-2	0	1	2
P	0.1	0.3	0.4	0.2

且 $Y=3X+2$，$Z=X^2$．求 $E(Y)$ 和 $E(Z)$．

解 $E(Y)=E(3X+2)$
$$=[3\times(-2)+2]\times0.1+(3\times0+2)\times0.3$$
$$+(3\times1+2)\times0.4+(3\times2+2)\times0.2$$
$$=3.8.$$
$E(Z)=E(X^2)$
$$=(-2)^2\times0.1+0^2\times0.3+1^2\times0.4+2^2\times0.2=1.6.$$

定理 2 设 $Z=g(X,Y)$ 是随机变量 X，Y 的连续函数．

（1）如果 (X,Y) 是二维离散型随机变量，其联合分布律为

$$P\{X=x_i,Y=y_j\}=p_{ij}, \quad i,j=1,2,\cdots,$$

则有

$$E(Z) = E[g(X,Y)] = \sum_j \sum_i g(x_i,y_j)p_{ij}.$$

这里设等式右端的和式绝对收敛．

（2）如果 (X,Y) 是二维连续型随机变量，其联合概率密度为 $p(x,y)$，则有

$$E(Z) = E[g(X,Y)] = \int_{-\infty}^{+\infty}\int_{-\infty}^{+\infty} g(x,y)p(x,y)\mathrm{d}x\mathrm{d}y.$$

这里设上式右边的积分绝对收敛．

例 4—6 一冷饮店有三种不同价格的饮料出售，价格分别为 2 元、4 元、5 元. 随机抽取一对前来消费的夫妇，以 X 表示丈夫所选饮料的价格，以 Y 表示妻子所选饮料的价格，又已知 (X, Y) 的联合分布律为

Y \ X	2	4	5
2	0.05	0.05	0.1
4	0.05	0.1	0.35
5	0	0.2	0.1

求 $X+Y$ 的数学期望.

解 $E(X+Y) = \sum_{i=1}^{3} \sum_{j=1}^{3} (x_i + y_j) p_{ij}$

$= 4 \times 0.05 + 6 \times 0.05 + 7 \times 0.1 + 6 \times 0.05 + 8 \times 0.1$

$+ 9 \times 0.35 + 7 \times 0 + 9 \times 0.2 + 10 \times 0.1$

$= 8.25.$

例 4—7 设二维随机变量 (X, Y) 的概率密度为

$$p(x, y) = \begin{cases} x+y, & 0 \leqslant x \leqslant 1, 0 \leqslant y \leqslant 1 \\ 0, & \text{其他} \end{cases}.$$

试求 XY 的数学期望.

解 $E(XY) = \int_{-\infty}^{+\infty} \int_{-\infty}^{+\infty} xy p(x, y) \mathrm{d}x \mathrm{d}y = \int_{0}^{1} \int_{0}^{1} xy(x+y) \mathrm{d}x \mathrm{d}y = \frac{1}{3}.$

§4.1.4 数学期望的性质

下面我们给出随机变量的数学期望的性质. 仅就连续型的情形加以证明，只要将积分改为求和，离散型可类似证明.

性质 1 若 $a \leqslant X \leqslant b$，则 $E(X)$ 存在，且 $a \leqslant E(X) \leqslant b$；特别对 C 是常数，有 $E(C) = C$.

证明 （1）设 X 的概率密度函数为 $p(x)$，则

$$a = a \int_{-\infty}^{+\infty} p(x) \mathrm{d}x = \int_{-\infty}^{+\infty} a p(x) \mathrm{d}x \leqslant \int_{-\infty}^{+\infty} x p(x) \mathrm{d}x$$

$$= E(X) \leqslant \int_{-\infty}^{+\infty} b p(x) \mathrm{d}x = b \int_{-\infty}^{+\infty} p(x) \mathrm{d}x = b.$$

（2）常数 C 为一个退化的分布，即 $P\{X=C\}=1$，于是 $E(C)=C \cdot 1=C.$

性质 2 设 X，Y 是两个随机变量，$E(X)$ 与 $E(Y)$ 存在，则对任意实数 a 和 b 有

$$E(aX+bY)=aE(X)+bE(Y).$$

证明 设 $(X，Y)$ 为连续型二维随机变量，其概率密度为 $p(x，y)$，有

$$\begin{aligned} E(aX+bY) &= \int_{-\infty}^{+\infty}\int_{-\infty}^{+\infty}(ax+by)p(x,y)\mathrm{d}x\mathrm{d}y \\ &= a\int_{-\infty}^{+\infty}\int_{-\infty}^{+\infty}xp(x,y)\mathrm{d}x\mathrm{d}y + b\int_{-\infty}^{+\infty}\int_{-\infty}^{+\infty}yp(x,y)\mathrm{d}x\mathrm{d}y \\ &= aE(X)+bE(Y). \end{aligned}$$

这一性质可以推广到任意有限个随机变量的情形.

推论 1 设 X_1，X_2，$\cdots$，X_n 是 n 个随机变量，对任意实数 a_1，a_2，$\cdots$，a_n，有

$$E(a_1X_1+a_2X_2+\cdots+a_nX_n)=a_1E(X_1)+a_2E(X_2)+\cdots+a_nE(X_n).$$

性质 3 设 X，Y 是两个相互独立的随机变量，则

$$E(XY)=E(X)E(Y).$$

证明 设连续型二维随机变量 $(X，Y)$ 的概率密度为 $p(x，y)$，$p_X(x)$，$p_Y(y)$ 分别为 X 和 Y 的边缘概率密度，若 X，Y 相互独立，则 $p(x，y)=p_X(x)p_Y(y)$，故有

$$\begin{aligned} E(XY) &= \int_{-\infty}^{+\infty}\int_{-\infty}^{+\infty}xyp(x,y)\mathrm{d}x\mathrm{d}y \\ &= \int_{-\infty}^{+\infty}\int_{-\infty}^{+\infty}xyp_X(x)p_Y(y)\mathrm{d}x\mathrm{d}y \\ &= \left[\int_{-\infty}^{+\infty}xp_X(x)\mathrm{d}x\right]\left[\int_{-\infty}^{+\infty}yp_Y(y)\mathrm{d}y\right] \\ &= E(X)E(Y). \end{aligned}$$

这一性质可以推广到任意有限个相互独立的随机变量之积的情形.

推论 2 设 X_1，X_2，$\cdots$，X_n 是 n 个相互独立的随机变量，则有

$$E(X_1X_2\cdots X_n)=E(X_1)E(X_2)\cdots E(X_n).$$

例 4—8 抛掷 6 颗骰子，X 表示出现的点数之和，求 $E(X)$.

解 设随机变量 $X_i(i=1，2，\cdots，6)$ 表示第 i 颗骰子出现的点数，则 $X=$

$\sum_{i=1}^{6} X_i$，且 X_i 的分布律为：

X_i	1	2	3	4	5	6
P	$\frac{1}{6}$	$\frac{1}{6}$	$\frac{1}{6}$	$\frac{1}{6}$	$\frac{1}{6}$	$\frac{1}{6}$

$$E(X_i) = \frac{1}{6}(1+2+\cdots+6) = \frac{7}{2}.$$

从而由期望的性质可得

$$E(X) = E\left(\sum_{i=1}^{6} X_i\right) = \sum_{i=1}^{6} E(X_i) = 6 \times \frac{1}{6}(1+2+\cdots+6) = 6 \times \frac{7}{2} = 21.$$

例 4—9 设二维随机变量 (X, Y) 的联合概率密度函数为

$$p(x,y) = \begin{cases} \dfrac{1}{\pi}, & x^2+y^2 \leqslant 1 \\ 0, & \text{其他} \end{cases}.$$

试验证 $E(XY) = E(X)E(Y)$，但 X 与 Y 不相互独立.

解 $E(XY) = \iint\limits_{x^2+y^2\leqslant 1} xy \cdot \frac{1}{\pi} \mathrm{d}x\mathrm{d}y = \frac{1}{\pi}\int_{-1}^{1} x\left(\int_{-\sqrt{1-x^2}}^{\sqrt{1-x^2}} y\mathrm{d}y\right)\mathrm{d}x = 0.$

$E(X) = \iint\limits_{x^2+y^2\leqslant 1} x \cdot \frac{1}{\pi}\mathrm{d}x\mathrm{d}y = 0,$

$E(Y) = \iint\limits_{x^2+y^2\leqslant 1} y \cdot \frac{1}{\pi}\mathrm{d}x\mathrm{d}y = 0.$

因此，有 $E(XY) = E(X) \cdot E(Y)$.

又当 $-1 \leqslant x \leqslant 1$ 时，$p_X(x) = \int_{-\infty}^{+\infty} p(x,y)\mathrm{d}y = \int_{-\sqrt{1-x^2}}^{\sqrt{1-x^2}} \frac{1}{\pi}\mathrm{d}y = \frac{2}{\pi}\sqrt{1-x^2}$，

故得 $p_X(x) = \begin{cases} \dfrac{2}{\pi}\sqrt{1-x^2}, & -1 \leqslant x \leqslant 1 \\ 0, & \text{其他} \end{cases}.$

同理可得 $p_Y(y) = \begin{cases} \dfrac{2}{\pi}\sqrt{1-y^2}, & -1 \leqslant y \leqslant 1 \\ 0, & \text{其他} \end{cases}.$

由于 $p(x,y) \neq p_X(x) \cdot p_Y(y)$，所以 X 与 Y 不相互独立.

§4.2 随机变量的方差

上一节所学的数学期望是随机变量的一种位置特征，随机变量的取值总在其数学期望值的周围波动. 但是波动程度如何并没有给出，方差则正是这个波动程度的衡量指标. 我们先看下面两个随机变量 X 和 Y 的分布律：

X	8	10	12
P	0.1	0.8	0.1

Y	0	10	20
P	0.4	0.2	0.4

容易求得数学期望 $E(X)=E(Y)=10$，而随机变量 X 取值围绕 10 的波动程度明显小于 Y 取值围绕 10 的波动程度. 为了度量一个随机变量取值偏离其数学期望的程度，本节引入方差和标准差的概念.

§4.2.1 方差的概念

定义 3 设 X 是一个随机变量，若 $E[X-E(X)]^2$ 存在，则 $E[X-E(X)]^2$ 称为 X 的**方差**（variance），记为 $D(X)$ 或 $\mathrm{Var}(X)$，即

$$D(X)=\mathrm{Var}(X)=E[X-E(X)]^2.$$

在实际应用中，常常还引入 $\sqrt{D(X)}$，称为 X 的**标准差**（standard variance），记为 $\sigma(X)$.

由定义知，若 $D(X)$ 较小，则 X 的取值在 $E(X)$ 附近比较集中；反之，若 $D(X)$ 较大，则 X 的取值比较分散. 因此，$D(X)$ 或 $\sqrt{D(X)}$ 刻画随机变量 X 取值的分散程度.

定理 3 $D(X)=E(X^2)-[E(X)]^2$.

证明 $E[X-E(X)]^2=E\{X^2-2XE(X)+[E(X)]^2\}=E(X^2)-[E(X)]^2$.

今后我们会经常利用这个公式来计算随机变量 X 的方差.

由定义可知，方差实际上就是随机变量 X 的函数 $g(X)=[X-E(X)]^2$ 的数学期望. 设离散型随机变量 X，其分布律为 $P\{X=x_i\}=p_i$，$i=1, 2, \cdots$，则 X 的方差为

$$D(X)=\sum_{i=1}^{+\infty}[x_i-E(X)]^2 p_i$$

或 $$D(X) = \sum_{i=1}^{+\infty} x_i^2 p_i - [E(X)]^2.$$

同样，设连续型随机变量 X 的概率密度为 $p(x)$，则有

$$D(X) = \int_{-\infty}^{+\infty} [x - E(X)]^2 p(x) \mathrm{d}x$$

或 $$D(X) = \int_{-\infty}^{+\infty} x^2 p(x) \mathrm{d}x - [E(X)]^2.$$

设 (X, Y) 为二维随机变量，由随机变量函数的数学期望计算公式，可得如下的期望和方差的计算公式.

如果二维离散型随机变量 (X, Y) 的联合分布律为 $P\{X = x_i, Y = y_j\} = p_{ij}$，$i, j = 1, 2, \cdots$，则 X, Y 的期望和方差分别为

$$E(X) = \sum_{i=1}^{+\infty} \sum_{j=1}^{+\infty} x_i p_{ij} = \sum_{i=1}^{+\infty} x_i p_{i\cdot},$$

$$E(Y) = \sum_{i=1}^{+\infty} \sum_{j=1}^{+\infty} y_j p_{ij} = \sum_{j=1}^{+\infty} y_j p_{\cdot j},$$

$$D(X) = \sum_{i=1}^{+\infty} \sum_{j=1}^{+\infty} [x_i - E(X)]^2 p_{ij} = \sum_{i=1}^{+\infty} \sum_{j=1}^{+\infty} x_i^2 p_{ij} - [E(X)]^2,$$

$$D(Y) = \sum_{j=1}^{+\infty} \sum_{i=1}^{+\infty} [y_j - E(X)]^2 p_{ij} = \sum_{j=1}^{+\infty} \sum_{i=1}^{+\infty} y_j^2 p_{ij} - [E(X)]^2.$$

如果二维连续型随机变量 (X, Y) 的联合概率密度为 $p(x, y)$，则 X, Y 的期望和方差分别为

$$E(X) = \int_{-\infty}^{+\infty} \int_{-\infty}^{+\infty} x p(x, y) \mathrm{d}x \mathrm{d}y = \int_{-\infty}^{+\infty} x p_X(x) \mathrm{d}x,$$

$$E(Y) = \int_{-\infty}^{+\infty} \int_{-\infty}^{+\infty} y p(x, y) \mathrm{d}x \mathrm{d}y = \int_{-\infty}^{+\infty} y p_Y(y) \mathrm{d}y,$$

$$D(X) = \int_{-\infty}^{+\infty} \int_{-\infty}^{+\infty} [x - E(X)]^2 p(x, y) \mathrm{d}x \mathrm{d}y$$
$$= \int_{-\infty}^{+\infty} \int_{-\infty}^{+\infty} x^2 p(x, y) \mathrm{d}x \mathrm{d}y - [E(X)]^2,$$

$$D(Y) = \int_{-\infty}^{+\infty} \int_{-\infty}^{+\infty} [y - E(Y)]^2 p(x, y) \mathrm{d}x \mathrm{d}y$$
$$= \int_{-\infty}^{+\infty} \int_{-\infty}^{+\infty} y^2 p(x, y) \mathrm{d}x \mathrm{d}y - [E(Y)]^2.$$

例 4—10 设随机变量 X 的概率密度为 $p(x)$，求 X 的方差 $D(X)$.

$$p(x) = \begin{cases} 1+x, & -1 \leqslant x < 0 \\ 1-x, & 0 \leqslant x < 1 \\ 0, & \text{其他} \end{cases}.$$

解　$E(X) = \int_{-\infty}^{+\infty} x p(x) \mathrm{d}x = \int_{-1}^{0} x(1+x)\mathrm{d}x + \int_{0}^{1} x(1-x)\mathrm{d}x = 0,$

$E(X^2) = \int_{-\infty}^{+\infty} x^2 p(x)\mathrm{d}x = \int_{-1}^{0} x^2(1+x)\mathrm{d}x + \int_{0}^{1} x^2(1-x)\mathrm{d}x = \frac{1}{6},$

于是，$D(X) = E(X^2) - E^2(X) = \frac{1}{6}.$

例 4—11　设二维随机变量 (X, Y) 的联合概率密度函数是 $p(x, y)$，求 $D(X).$

$$p(x, y) = \begin{cases} 1, & 0 < x < 1, \quad |y| < x \\ 0, & \text{其他} \end{cases}.$$

解法 1　X 的边缘概率密度函数是

$$p_X(x) = \int_{-\infty}^{+\infty} p(x,y)\mathrm{d}y = \begin{cases} 2x, & 0 < x < 1 \\ 0, & \text{其他} \end{cases},$$

故　$E(X) = \int_{-\infty}^{+\infty} x p_X(x)\mathrm{d}x = \int_{0}^{1} x \cdot 2x\mathrm{d}x = \frac{2}{3}x^3 \Big|_0^1 = \frac{2}{3},$

$E(X^2) = \int_{-\infty}^{+\infty} x^2 p_X(x)\mathrm{d}x = \int_{0}^{1} x^2 \cdot 2x\mathrm{d}x = \frac{1}{2}x^4 \Big|_0^1 = \frac{1}{2},$

$D(X) = E(X^2) - [E(X)]^2 = \frac{1}{2} - \frac{4}{9} = \frac{1}{18}.$

解法 2　$E(X) = \int_{-\infty}^{+\infty} \mathrm{d}x \int_{-\infty}^{+\infty} x p(x,y)\mathrm{d}y = \int_{0}^{1} x\mathrm{d}x \int_{-x}^{x} \mathrm{d}y = \int_{0}^{1} x \cdot 2x\mathrm{d}x$

$\qquad = \frac{2}{3}x^3 \Big|_0^1 = \frac{2}{3}.$

$E(X^2) = \int_{-\infty}^{+\infty} \mathrm{d}x \int_{-\infty}^{+\infty} x^2 p(x,y)\mathrm{d}y = \int_{0}^{1} x^2\mathrm{d}x \int_{-x}^{x} \mathrm{d}y = \int_{0}^{1} x^2 \cdot 2x\mathrm{d}x$

$\qquad = \frac{1}{2}x^3 \Big|_0^1 = \frac{1}{2}.$

于是　$D(X) = E(X^2) - [E(X)]^2 = \frac{1}{2} - \frac{4}{9} = \frac{1}{18}.$

§4.2.2　方差的性质

性质 1　设 C 是常数，则 $D(C) = 0.$

证明 由方差的定义，可得

$$D(C) = E(C^2) - [E(C)]^2 = C^2 - C^2 = 0.$$

性质 2 设 X 是一个随机变量，C 是常数，则 $D(CX) = C^2 D(X)$.

证明 由方差的定义，可得

$$D(CX) = E[(CX) - E(CX)]^2 = C^2 E[X - E(X)]^2 = C^2 D(X).$$

性质 3 设 X，Y 是两个相互独立的随机变量，则

$$D(X+Y) = D(X) + D(Y).$$

证明
$$\begin{aligned}
D(X+Y) &= E[(X+Y) - E(X+Y)]^2 \\
&= E[X - E(X) + Y - E(Y)]^2 \\
&= E[X - E(X)]^2 + E[Y - E(Y)]^2 \\
&\quad + 2E\{[X - E(X)][Y - E(Y)]\}.
\end{aligned}$$

由于随机变量 X，Y 相互独立，由数学期望的性质可知

$$\begin{aligned}
E\{[X - E(X)][Y - E(Y)]\} &= E(XY) - E(X)E(Y) \\
&= E(X)E(Y) - E(X)E(Y) = 0,
\end{aligned}$$

所以　　$D(X+Y) = D(X) + D(Y).$

这一性质可以推广到任意有限个相互独立的随机变量之和的情形.

推论 1 设 X_1，X_2，$\cdots$，X_n 是 n 个相互独立的随机变量，则

$$D(X_1 + X_2 + \cdots + X_n) = D(X_1) + D(X_2) + \cdots + D(X_n).$$

推论 2 设 X 是一个随机变量，C 是常数，则 $D(X+C) = D(X)$.

证明 由方差的定义，可得

$$D(X+C) = E[(X+C) - E(X+C)]^2 = E[X - E(X)]^2 = D(X).$$

例 4—12 设 X_1，X_2，$\cdots$，X_n 相互独立，且 $E(X_i) = \mu$，$D(X_i) = \sigma^2$，$i = 1, 2, \cdots, n$，求 $\overline{X} = \dfrac{1}{n} \sum_{i=1}^{n} X_i$ 的数学期望和方差.

解
$$E(\overline{X}) = E\left(\frac{1}{n} \sum_{i=1}^{n} X_i\right) = \frac{1}{n} E\left(\sum_{i=1}^{n} X_i\right) = \frac{1}{n} \sum_{i=1}^{n} E(X_i) = \frac{1}{n} \cdot n\mu = \mu.$$

$$D(\overline{X}) = D\left(\frac{1}{n} \sum_{i=1}^{n} X_i\right) = \frac{1}{n^2} D\left(\sum_{i=1}^{n} X_i\right) = \frac{1}{n^2} \sum_{i=1}^{n} D(X_i) = \frac{1}{n^2} \cdot n\sigma^2 = \frac{1}{n}\sigma^2.$$

§4.3　协方差与相关系数

由方差性质可知：若随机变量 X 和 Y 相互独立，则 $D(X+Y)=D(X)+D(Y)$，从而有 $E[(X-E(X))(Y-E(Y))]=0$ 成立，这意味着，当 $E[(X-E(X))(Y-E(Y))]\neq 0$ 时，随机变量 X 和 Y 不相互独立，而存在一定的关联。这里，$E[(X-E(X))(Y-E(Y))]$ 是刻画随机变量 X 和 Y 关联程度的数字特征。

§4.3.1　协方差

定义 4　设 (X,Y) 是二维随机变量，若 $E[(X-E(X))(Y-E(Y))]$ 存在，则称其为随机变量 X 和 Y 的**协方差**（covariance），记为 $\mathrm{Cov}(X,Y)$，即

$$\mathrm{Cov}(X,Y)=E[(X-E(X))(Y-E(Y))].$$

设 X，Y 和 Z 为随机变量，a，b 为任意常数。由协方差的定义，容易证明协方差具有下述性质：

性质 1　$\mathrm{Cov}(X,Y)=E(XY)-E(X)E(Y)$.

证明　由于 $E[(X-E(X))(Y-E(Y))]=E[XY-XE(Y)-YE(X)+E(X)E(Y)]=E(XY)-E(X)E(Y)$，所以有

$$\mathrm{Cov}(X,Y)=E(XY)-E(X)E(Y).$$

我们以后常利用这个公式来计算二维随机变量 (X,Y) 的协方差。

性质 2　$\mathrm{Cov}(X,Y)=\mathrm{Cov}(Y,X)$.

证明　
$$\begin{aligned}
\mathrm{Cov}(X,Y)&=E[(X-E(X))(Y-E(Y))]\\
&=E[(Y-E(Y))(X-E(X))]\\
&=\mathrm{Cov}(Y,X).
\end{aligned}$$

性质 3　$\mathrm{Cov}(aX,bY)=ab\mathrm{Cov}(Y,X)$.

证明　
$$\begin{aligned}
\mathrm{Cov}(aX,bY)&=E[(aX-E(aX))(bY-E(bY))]\\
&=E[a(X-E(X))b(Y-E(Y))]\\
&=abE[(X-E(X))(Y-E(Y))]\\
&=ab\mathrm{Cov}(Y,X).
\end{aligned}$$

性质 4　$\mathrm{Cov}(X+Y,Z)=\mathrm{Cov}(X,Z)+\mathrm{Cov}(Y,Z)$.

证明　$\text{Cov}(X+Y,Z)=E\{[(X+Y)-E(X+Y)][Z-E(Z)]\}$
$$=E\{[X-E(X)+Y-E(Y)][Z-E(Z)]\}$$
$$=E\{[X-E(X)][Z-E(Z)]+[Y-E(Y)][Z-E(Z)]\}$$
$$=E[(X-E(X))(Z-E(Z))]+E[(Y-E(Y))(Z-E(Z))]$$
$$=\text{Cov}(X,Z)+\text{Cov}(Y,Z).$$

性质5　$D(X\pm Y)=D(X)+D(Y)\pm 2\text{Cov}(X,Y).$

证明　由方差、协方差的定义知

$$D(X\pm Y)=E[(X\pm Y)-E(X\pm Y)]^2$$
$$=E[(X-E(X))\pm(Y-E(Y))]^2$$
$$=E[(X-E(X))^2+(Y-E(Y))^2\pm 2(X-E(X))(Y-E(Y))]$$
$$=D(X)+D(Y)\pm 2\text{Cov}(X,Y).$$

这个性质表明，在 X 与 Y 相关的情形下，即 $\text{Cov}(X,Y)\neq 0$ 时，随机变量和的方差不再等于方差的和．当然，这一性质还可以推广到多个随机变量的情形，即对任意 n 个随机变量 X_1，X_2，$\cdots$，X_n，有

$$D\left(\sum_{i=1}^n X_i\right)=\sum_{i=1}^n D(X_i)+2\sum_{i=1}^n\sum_{j=1}^{i-1}\text{Cov}(X_i,X_j).$$

例4—13　设二维随机变量 (X,Y) 的联合概率密度为

$$p(x,y)=\begin{cases}4x+3, & 0<y<x<1 \\ 0, & \text{其他}\end{cases}.$$

试求 $\text{Cov}(X,Y)$.

解　因 $E(X)=\displaystyle\int_0^1\int_0^x x\cdot(4x+3)\mathrm{d}y\mathrm{d}x=\int_0^1(4x^3+3x^2)\mathrm{d}x=2$,

$$E(Y)=\int_0^1\int_0^x y\cdot(4x+3)\mathrm{d}y\mathrm{d}x=\int_0^1\left(2x^3+\frac{3}{2}x^2\right)\mathrm{d}x=1,$$

$$E(XY)=\int_0^1\int_0^x xy\cdot(4x+3)\mathrm{d}y\mathrm{d}x=\int_0^1\left(2x^4+\frac{3}{2}x^3\right)\mathrm{d}x=\frac{31}{40}.$$

故　　$\text{Cov}(X,Y)=E(XY)-E(X)E(Y)=\dfrac{31}{40}-2\times 1=-\dfrac{49}{40}.$

§4.3.2　相关系数

显然，上面所学习的协方差 $\text{Cov}(X,Y)$ 是有量纲的量，譬如 X 表示工人

的工作时间，单位是小时，Y 表示工人的工资收入，单位是元，则 $\text{Cov}(X, Y)$ 带有量纲（小时·元）. 为了消除量纲的影响，现对协方差除以相同量纲的量，就得到一个新概念：相关系数，其定义如下.

定义 5 设 (X, Y) 是二维随机变量，且 $D(X) > 0$，$D(Y) > 0$，则 ρ_{XY} 称为随机变量 X 和 Y 的**相关系数**（correlation coefficient）.

$$\rho_{XY} = \frac{\text{Cov}(X,Y)}{\sqrt{D(X)}\sqrt{D(Y)}}.$$

定义 6 设随机变量 X 的方差 $D(X) > 0$，则随机变量 X^* 称为随机变量 X 的**标准化**.

$$X^* = \frac{X - E(X)}{\sqrt{D(X)}}.$$

相关系数实际上就是标准化了的 X 和 Y 的协方差，即

$$\rho_{XY} = \text{Cov}\left(\frac{X - E(X)}{\sqrt{D(X)}}, \frac{Y - E(Y)}{\sqrt{D(Y)}}\right).$$

ρ_{XY} 是一个无量纲的量. 下面我们来推导其重要性质，并且说明 ρ_{XY} 的含义.

考虑以 X 的线性函数 $a + bX$ 来近似表示 Y. 可用 Y 与 $a + bX$ 之间的均方误差 $e = E[(Y - (a + bX))^2]$ 的大小衡量以 $a + bX$ 来近似表示 Y 的好坏程度：e 的值越小表示 $a + bX$ 与 Y 的近似程度越好. 由于

$$\begin{aligned} e &= E[(Y - (a + bX))^2] \\ &= E(Y^2) + b^2 E(X^2) + a^2 - 2aE(Y) - 2bE(XY) + 2abE(X). \end{aligned}$$

寻找 a，b 使 e 取最小值，是一个求多元函数的极值问题，因此，将 e 分别关于 a，b 求偏导数并令其等于零，得

$$\begin{cases} \dfrac{\partial e}{\partial a} = 2a + 2bE(X) - 2E(Y) = 0 \\[2mm] \dfrac{\partial e}{\partial b} = 2bE(X^2) - 2E(XY) + 2aE(X) = 0 \end{cases}.$$

解方程组得：$b_0 = \dfrac{\text{Cov}(X,Y)}{D(X)}$，

$$a_0 = E(Y) - b_0 E(X) = E(Y) - E(X)\frac{\text{Cov}(X,Y)}{D(X)}.$$

把 a_0，b_0 代入均方误差的表达式得

$$\min_{a,b}E\{[Y-(a+bX)]^2\}=E\{[Y-(a_0+b_0X)]^2\}=(1-\rho_{XY}^2)D(Y). \quad (*)$$

由上式，易得相关系数 ρ_{XY} 的下述性质：

性质 1　$-1\leqslant\rho_{XY}\leqslant 1$.

证明　由 $\min_{a,b}E\{[Y-(a+bX)]^2\}=(1-\rho_{XY}^2)D(Y)$，以及 $E\{[Y-(a_0+b_0X)]^2\}\geqslant 0$ 和 $D(Y)\geqslant 0$，得

$$1-\rho_{XY}^2\geqslant 0,$$

即

$$-1\leqslant\rho_{XY}\leqslant 1.$$

性质 2　若 X 与 Y 相互独立，则 X 和 Y 的相关系数 $\rho_{XY}=0$.

证明　若 X 与 Y 相互独立，则 $E(XY)=E(X)E(Y)$，所以 $\mathrm{Cov}(X,Y)=E(XY)-E(X)E(Y)=0$，从而

$$\rho_{XY}=\frac{\mathrm{Cov}(X,Y)}{\sqrt{D(X)}\sqrt{D(Y)}}=0.$$

注　X 和 Y 的相关系数 $\rho_{XY}=0$，X 和 Y 不一定就独立.

性质 3　$\rho_{XY}=\pm 1$ 的充要条件是存在常数 a_0，b_0 使得 $P\{Y=a_0+b_0X\}=1$，即 X 与 Y 之间几乎处处有线性关系.

证明　(1) 先证必要性. 若 $\rho_{XY}=\pm 1$，则存在常数 a_0，b_0 使得

$$E\{[Y-(a_0+b_0X)]^2\}=(1-\rho_{XY}^2)D(Y)=0,$$

所以有

$$0=E\{[Y-(a_0+b_0X)]^2\}=D[Y-(a_0+b_0X)]+[E(Y-(a_0+b_0X))]^2.$$

从而可得

$$D[Y-(a_0+b_0X)]=0,\ E[Y-(a_0+b_0X)]=0.$$

进而有

$$P\{Y-(a_0+b_0X)=0\}=1,$$

即

$$P\{Y=a_0+b_0X\}=1.$$

（2）再证充分性. 如果存在常数 a^*，b^*，使

$$P\{Y=a^*+b^*X\}=1,$$

即

$$P\{Y-(a^*+b^*X)=0\}=1,$$

于是

$$P\{[Y-(a^*+b^*X)]^2=0\}=1,$$

即得

$$E\{[Y-(a^*+b^*X)]^2\}=0.$$

故

$$\begin{aligned}0&=E\{[Y-(a^*+b^*X)]^2\}\\&\geqslant\min_{a,b}E\{[Y-(a+bX)]^2\}\\&=E\{[Y-(a_0+b_0X)]^2\}\\&=(1-\rho_{XY}^2)D(Y).\end{aligned}$$

从而得 $\rho_{XY}=\pm1$.

由（*）式可知，均方误差 e 是 $|\rho_{XY}|$ 的严格单调递减函数，因此相关系数 ρ_{XY} 的含义就很明显了. 当 $|\rho_{XY}|$ 较大时 e 较小，说明 X，Y（就线性关系来说）联系较紧密. 特别当 $\rho_{XY}=\pm1$ 时，X，Y 之间以概率 1 存在着线性关系. 所以 ρ_{XY} 是一个可以用来表征 X，Y 之间线性关系紧密程度的量. 当 $|\rho_{XY}|$ 较大时，我们通常说 X，Y 线性相关的程度较好；当 $|\rho_{XY}|$ 较小时，我们说 X，Y 线性相关的程度较差.

定义 7 设 ρ_{XY} 是随机变量 $(X，Y)$ 的相关系数.

（1）当 $\rho_{XY}=0$ 时，称 X 和 Y **不相关**（not correlational）；

（2）当 $\rho_{XY}=1$ 时，称 X 和 Y **正线性相关**；

（3）当 $\rho_{XY}=-1$ 时，称 X 和 Y **负线性相关**.

注 X 和 Y 不相关是指 X 和 Y 之间没有线性关系，但 X 和 Y 之间可能存在其他函数关系，譬如平方关系、对数关系等. 因此不相关的两个随机变量不一定就独立.

例 4—14 设随机变量 θ 在 $[-\pi，\pi]$ 上服从均匀分布，又 $X=\sin\theta$，$Y=\cos\theta$，试求 X 与 Y 的相关系数 ρ_{XY}.

解 因为有 $E(XY) = \dfrac{1}{2\pi}\displaystyle\int_{-\pi}^{\pi} \sin\theta\cos\theta \mathrm{d}\theta = 0$.

$$E(X) = \frac{1}{2\pi}\int_{-\pi}^{\pi} \sin\theta \mathrm{d}\theta = 0, \quad E(Y) = \frac{1}{2\pi}\int_{-\pi}^{\pi} \cos\theta \mathrm{d}\theta = 0.$$

所以有 $\mathrm{Cov}(X,Y) = E(XY) - E(X) \cdot E(Y) = 0$，即 $\rho_{XY} = 0$. 从而 X 和 Y 不相关，没有线性关系；但是 X 和 Y 存在另一个函数关系 $X^2 + Y^2 = 1$，从而 X 与 Y 是不独立的.

性质 4 对随机变量 X，Y 而言，下列事实等价：

(1) $\mathrm{Cov}(X, Y) = 0$;   (2) X 和 Y 不相关；

(3) $E(XY) = E(X)E(Y)$;   (4) $D(X+Y) = D(X) + D(Y)$.

证明 因为

$$\mathrm{Cov}(X,Y) = E(XY) - E(X)E(Y),$$

$$\rho_{XY} = \frac{\mathrm{Cov}(X,Y)}{\sqrt{D(X)}\sqrt{D(Y)}},$$

$$D(X+Y) = D(X) + D(Y) + 2\mathrm{Cov}(X,Y).$$

所以 (1) 成立，当且仅当 (2) 成立，当且仅当 (3) 成立，当且仅当 (4) 成立.

例 4—15 二维随机变量 (X, Y) 的联合分布律如下表，试求 $\mathrm{Cov}(X, Y)$，ρ_{XY}. 并分析 X 与 Y 的相关性和独立性.

Y \ X	−1	0	1
−1	1/6	1/3	1/6
1	1/6	0	1/6

解 X 的分布律为

X	−1	0	1
P	1/3	1/3	1/3

Y 的分布律为

Y	−1	1
P	2/3	1/3

则有 $E(X) = 0$，$E(Y) = -\dfrac{1}{3}$，$E(XY) = 0$，于是

$$\mathrm{Cov}(X,Y)=E(XY)-E(X)\cdot E(Y)=0,$$

即

$$\rho_{XY}=\frac{\mathrm{Cov}(X,Y)}{\sqrt{D(X)\cdot D(Y)}}=0.$$

亦即 X 与 Y 不相关. 而 $P\{X=-1,Y=-1\}=\dfrac{1}{6}\neq P\{X=-1\}\cdot P\{Y=-1\}=$ $\dfrac{2}{9}$，故 X 与 Y 不相互独立.

例 4—16 设二维随机变量 (X,Y) 的联合概率密度函数为 $p(x,y)$，试求 $\mathrm{Cov}(X,Y)$，并分析 X 与 Y 的相关性和独立性.

$$p(x,y)=\begin{cases}\dfrac{1}{4}(1+xy), & |x|<1,|y|<1 \\ 0, & \text{其他}\end{cases}.$$

解 $E(XY)=\displaystyle\int_{-1}^{1}\mathrm{d}x\int_{-1}^{1}xy\cdot\frac{1}{4}(1+xy)\mathrm{d}y=\int_{-1}^{1}\frac{1}{4}x\Big[\int_{-1}^{1}y(1+xy)\mathrm{d}y\Big]\mathrm{d}x$

$\qquad\qquad =\displaystyle\int_{-1}^{1}\frac{1}{4}x\cdot\frac{2x}{3}\mathrm{d}x=\frac{1}{9}.$

$\qquad E(X)=\displaystyle\int_{-1}^{1}\mathrm{d}x\int_{-1}^{1}x\cdot\frac{1}{4}(1+xy)\mathrm{d}y=\int_{-1}^{1}\frac{1}{4}x\Big[\int_{-1}^{1}(1+xy)\mathrm{d}y\Big]\mathrm{d}x$

$\qquad\qquad =\displaystyle\int_{-1}^{1}\frac{1}{2}x\mathrm{d}x=0.$

同理可得 $E(Y)=0.$

于是 $\mathrm{Cov}(X,Y)=E(XY)-E(X)\cdot E(Y)=\dfrac{1}{9}\neq 0.$

即 X 与 Y 相关，从而 X 与 Y 不独立.

§4.3.3 矩与协方差矩阵

本节将介绍随机变量的除数学期望与方差之外的几个数字特征.

定义 8 设 (X,Y) 是二维随机变量.

(1) 如果 $E(X^k)$，$k=1,2,\cdots$存在，则称 $E(X^k)$ 为 X 的 k 阶**原点矩**（origin moment），简称 k 阶矩.

(2) 如果 $E\{[X-E(X)]^k\}$，$k=1,2,\cdots$存在，则称 $E\{[X-E(X)]^k\}$ 为 X 的 k 阶**中心矩**（central moment）.

（3）如果 $E(X^kY^l)$，k，$l=1$，2，…存在，则称 $E(X^kY^l)$ 为 X 和 Y 的 $k+l$ 阶**混合矩**（hybrid moment）.

（4）如果 $E\{[X-E(X)]^k[Y-E(Y)]^l\}$，$k$，$l=1$，$2$，…存在，则

$$E\{[X-E(X)]^k[Y-E(Y)]^l\}$$

称为 X 和 Y 的 $k+l$ 阶**混合中心矩**（hybrid central moment）.

由上面的定义可知，X 的数学期望 $E(X)$ 是 X 的一阶原点矩，方差 $D(X)$ 是 X 的二阶中心矩，协方差 $\text{Cov}(X，Y)$ 是 X 和 Y 的二阶混合中心矩.

接下来，我们将介绍 n 维随机变量的协方差矩阵. 为此，先说明二维随机变量的协方差矩阵.

定义 9 设二维随机变量（X_1，X_2）的四个二阶中心矩

$$c_{11}=E\{[X_1-E(X_1)]^2\}，\qquad c_{12}=E\{[X_1-E(X_1)][X_2-E(X_2)]\}，$$
$$c_{21}=E\{[X_2-E(X_2)][X_1-E(X_1)]\}，\quad c_{22}=E\{[X_2-E(X_2)]^2\}.$$

都存在，则矩阵

$$\begin{bmatrix} c_{11} & c_{12} \\ c_{21} & c_{22} \end{bmatrix}$$

称为二维随机变量（X_1，X_2）的**协方差矩阵**.

定义 10 设 n 维随机变量（X_1，X_2，…，X_n）的二阶混合中心矩

$$c_{ij}=\text{Cov}(X_i,X_j)=E\{[X_i-E(X_i)][X_j-E(X_j)]\}，\quad i,j=1,2,\cdots,n$$

都存在，则矩阵

$$C=\begin{bmatrix} c_{11} & c_{12} & \cdots & c_{1n} \\ c_{21} & c_{22} & \cdots & c_{2n} \\ \cdots & \cdots & \cdots & \cdots \\ c_{n1} & c_{n2} & \cdots & c_{nn} \end{bmatrix}$$

称为 n 维随机变量（X_1，X_2，…，X_n）的**协方差矩阵**.

协方差矩阵具有如下性质：

性质 1 $c_{ij}=c_{ji}$（$i\neq j$，i，$j=1$，2，…，n），即协方差矩阵 C 是一个对称矩阵.

性质 2 协方差矩阵 C 是一个非负定矩阵.

证明 （只证连续型）对于任何实数 y_i（$i=1$，2，…，n）有

$$\int_{-\infty}^{+\infty} \cdots \int_{-\infty}^{+\infty} \left[\sum_{i=1}^{n} y_i (x_i - E(X_i)) \right]^2 p(x_1, x_2, \cdots, x_n) \mathrm{d}x_1 \mathrm{d}x_2 \cdots \mathrm{d}x_n$$

$$= \sum_{i,j=1}^{n} c_{ij} y_i y_j \geqslant 0.$$

故由二次型的理论可知 C 是一个非负定矩阵，也就是说，如果用 $|C|$ 表示 C 的行列式，则有 $|C| \geqslant 0$.

一般来说，n 维随机变量的分布是不知道的，或者是太复杂，以至于在数学上不易处理，因此在实际应用中协方差矩阵就显得非常重要.

例 4—17　设 (X, Y) 的联合分布律如下表所示，试求 X 和 Y 的协方差矩阵.

Y \ X	0	1
0	$1-p$	0
1	0	p

解　(X, Y) 的联合分布律，X 和 Y 的边缘分布律如下表所示：

Y \ X	0	1	$P\{Y=j\}$
0	$1-p$	0	$1-p$
1	0	p	p
$P\{X=i\}$	$1-p$	p	

易得 $E(X)=p$, $E(Y)=p$, $E(XY)=p$.

$$c_{11}=D(X)=p(1-p),$$
$$c_{22}=D(Y)=p(1-p),$$
$$c_{12}=c_{21}=E(XY)-E(X)E(Y)=p(1-p).$$

故协方差矩阵为

$$C=\begin{pmatrix} p(1-p) & p(1-p) \\ p(1-p) & p(1-p) \end{pmatrix}.$$

 习题四

1. 从学校乘汽车到火车站的途中有三个交通岗，假设在各个交通岗遇到红灯的事件是相互独立的，并且概率都是 0.4. 设 X 为途中遇到红灯的次数，求随

机变量 X 的数学期望.

2. 某流水生产线上每个产品不合格的概率为 $p(0 < p < 1)$，各产品合格与否相互独立，当出现一个不合格产品时即停机检修. 设开机后第一次停机时已生产的合格产品个数为 X，求 X 的数学期望.

3. 设随机变量 X 的分布律为

X	-2	0	2
P	0.4	0.3	0.3

求 $E(X)$，$E(X^2)$，$E(3X+5)$.

4. 在制作某种食品时，面粉所占的比率 X 的概率密度函数为

$$p(x) = \begin{cases} 42x(1-x)5, & 0 < x < 1 \\ 0, & \text{其他} \end{cases}.$$

求 X 的数学期望 $E(X)$.

5. 有 3 只球，4 个盒子，盒子的编号为 1，2，3，4. 将球逐个独立地、随机地放入 4 个盒子中去，以 X 表示其中至少有一只球的盒子的最小号码（例如 $X=3$ 表示第 1 号、第 2 号盒子是空的，第 3 个盒子至少有一只球），试求 $E(X)$.

6. 设随机变量 X 的分布函数为

$$F(x) = \begin{cases} 0.5\mathrm{e}^x, & x < 0 \\ 0.5, & 0 \leqslant x < 1. \\ 1 - 0.5\mathrm{e}^{-0.5(x-1)}, & x \geqslant 1 \end{cases}$$

试求随机变量 X 的数学期望与方差.

7. 已知投资一项目的收益率 R 是一随机变量，其分布为：

R	1%	2%	3%	4%	5%	6%
P	0.1	0.1	0.2	0.3	0.2	0.1

一位投资者在该项目上投资 10 万元，求他预期获得多少收入？收入的方差是多少？

8. 设随机变量 X 的概率密度为 $p(x) = \begin{cases} \mathrm{e}^{-x}, & x > 0 \\ 0, & x \leqslant 0 \end{cases}$，设 $Y = 2X$，$Z = \mathrm{e}^{-2X}$，求 $E(Y)$，$E(Z)$.

9. 设 (X, Y) 的概率密度为 $p(x, y) = \begin{cases} 12y^2, & 0 \leqslant y \leqslant x \leqslant 1 \\ 0, & \text{其他} \end{cases}$，求 $E(X)$，

$E(Y)$，$E(XY)$，$E(X^2+Y^2)$.

10. 设随机变量 $(X，Y)$，已知 $E(X)=5$，$E(Y)=3$，$D(X)=2$，$D(Y)=3$，且有 $E(XY)=0$，求 $D(2X-3Y)$.

11. 设随机变量 $(X，Y)$ 的概率密度为

$$p(x,y)=\begin{cases}\dfrac{1}{8}(x+y)，&0\leqslant x\leqslant2,0\leqslant y\leqslant2\\0，&其他\end{cases}.$$

求 (1) $E(X)$，$E(Y)$；(2) $\mathrm{Cov}(X，Y)$；(3) X，Y 的相关系数 ρ_{XY}；(4) $D(X+Y)$.

12. 设二维随机变量 $(X，Y)$ 的概率密度为

$$p(x,y)=\begin{cases}\dfrac{3}{4}x^2y，&0\leqslant x\leqslant2,0\leqslant y\leqslant1\\0，&其他\end{cases}.$$

求 (1) $E(X)$ 和 $E(Y)$；(2) $D(X)$ 和 $D(Y)$；(3) $\mathrm{Cov}(X，Y)$；(4) ρ_{XY}.

13. 试证：当 $c=E(X)$ 时，$E(X-c)^2$ 的值最小，并求出其最小值.

14. 设随机变量 X 仅在区间 $[a，b]$ 上取值，试证：(1) $a\leqslant E(X)\leqslant b$；(2) $D(X)\leqslant\left(\dfrac{b-a}{2}\right)^2$.

15. 设 A、B 是两随机事件，随机变量

$$X=\begin{cases}1，&若A出现\\-1，&若A不出现\end{cases}，\qquad Y=\begin{cases}1，&若B出现\\-1，&若B不出现\end{cases}.$$

试证明随机变量 X 和 Y 不相关的充分必要条件是 A 与 B 相互独立.

第五章

常用分布

本章将介绍几个在日常生活、社会经济活动和科学研究中常用的重要随机变量的分布. 要求掌握这些分布规律和数字特征（数学期望和方差等），以及其他特性.

§5.1 两点分布与二项分布

§5.1.1 两点分布

定义 1 如果随机变量 X 的概率分布为

X	x_1	x_2
P	$1-p$	p

则称 X 服从**两点分布**（two-point distribution），其中 $0<p<1$.

● 特别地，当 $x_1=0$，$x_2=1$ 时，称 X 服从参数为 p 的（0—1）分布，记作 $X \sim B(1, p)$. 其概率分布为

$$P\{X=x\}=p^x (1-p)^{1-x}, \quad x=0,1.$$

例 5—1 一批种子的发芽率为 95%，从中任意抽取一粒进行实验，用随机变量 X 表示抽出的一粒种子发芽的个数，求 X 的分布律及分布函数.

解 显然 X 只取两个值 0 和 1，且概率分布为

$$P\{X=1\}=0.95, \quad P\{X=0\}=1-0.95=0.05,$$

于是 X 的分布函数为

$$F(x)=P\{X\leqslant x\}=\begin{cases}0, & x<0 \\ 0.05, & 0\leqslant x<1. \\ 1, & x\geqslant 1\end{cases}$$

§5.1.2 二项分布

定义 2 如果随机变量 X 的概率分布为

$$P\{X=k\}=C_n^k p^k (1-p)^{n-k}, \quad k=0,1,2,\cdots,n,$$

则称随机变量 X 服从参数为 n，p 的**二项分布**（binomial distribution），记为 $X \sim B(n, p)$. 特别地，当 $n=1$ 时，二项分布就是参数为 p 的两点分布.

二项分布产生于 n 重伯努利（Bernoulli）试验. 事实上，设 X 表示 n 重伯努利试验中 A 发生的次数，p 为 A 发生的概率，则 $X \sim B(n, p)$.

例 5—2 一办公室内有 8 台计算机，在任一时刻每台计算机被使用的概率为 0.6，计算机是否被使用相互独立，问在同一时刻：

（1）恰有 3 台计算机被使用的概率是多少？

（2）至多有 2 台计算机被使用的概率是多少？

（3）至少有 2 台计算机被使用的概率是多少？

解 设 X 为在同一时刻 8 台计算机中被使用的台数，则 $X \sim B(8, 0.6)$，于是

（1）$P\{X=3\}=C_8^3 \, 0.6^3 \times 0.4^5 \approx 0.123\,9.$

（2）$P\{X\leqslant 2\}=P_8(0)+P_8(1)+P_8(2)$

$$=C_8^0 \, 0.6^0 \times 0.4^8 + C_8^1 0.6 \times 0.4^7 + C_8^2 \, 0.6^2 \times 0.4^6 \approx 0.049\,8.$$

（3）$P\{X\geqslant 2\}=1-P_8(0)-P_8(1)=1-C_8^0 \, 0.6^0 \times 0.4^8 -C_8^1 0.6 \times 0.4^7 \approx 0.991\,5.$

§5.1.3 实验：二项分布函数 BINOMDIST

打开【Excel】→点击【插入(I)】→选择【函数(F)】→在【选择类别(C)】中选择【统计】→在【选择函数(N)】中选择【BINOMDIST】→点击【确定】按钮. 出现如图 5—1 所示的对话框.

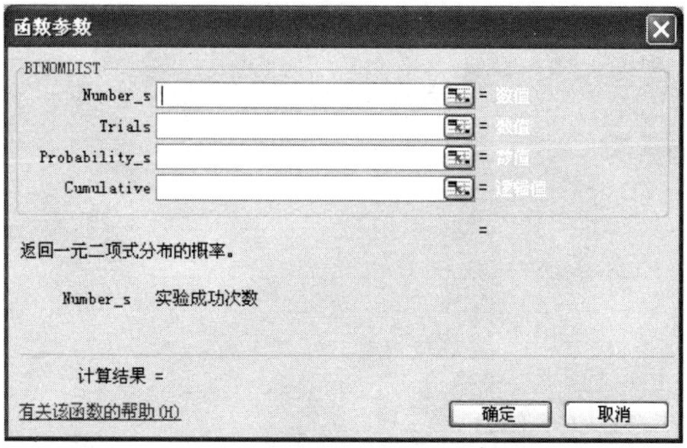

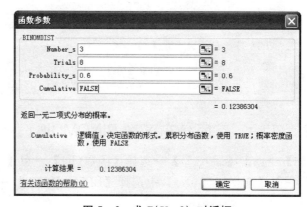

图 5—1　【BINOMDIST】函数对话框

关于【BINOMDIST】函数对话框：

● Number＿s：试验成功的次数；

● Trials：独立试验的次数；

● Probability＿s：每次试验中成功的概率；

● Cumulative：逻辑值，用于确定函数的形式；

● 返回二项分布的概率值. 如果 Cumulative 为 TRUE，返回分布函数，即至多 Number＿s 次成功的概率；如果为 FALSE，返回概率密度函数，即 Number＿s 次成功的概率.

例 5—3　设 $X \sim B(8, 0.6)$，求 $P\{X=3\}$ 和 $P\{X \leqslant 2\}$.

解　打开【Excel】→点击【插入(I)】→选择【函数(F)】→在【选择类别(C)】中选择【统计】→在【选择函数(N)】中选择【BINOMDIST】→点击【确定】按钮. 输入相关数据，如图 5—2 所示，得到 $P\{X=3\}=0.123\,863\,04$.

图 5—2　求 $P\{X=3\}$ 对话框

输入相关数据，如图5—3所示，得到 $P\{X\leqslant 2\}=0.049\,807\,36$.

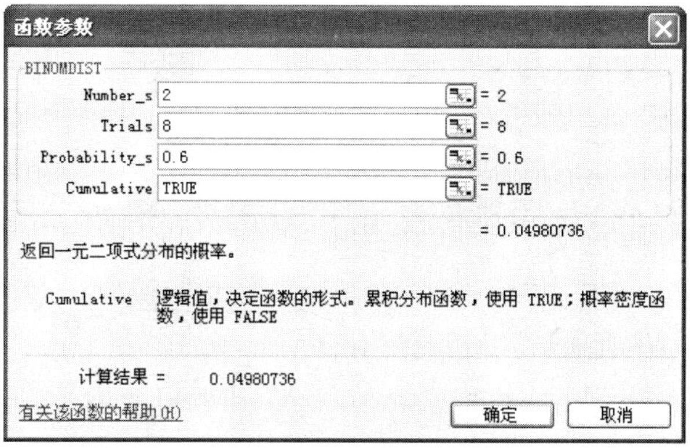

图5—3 求 $P\{X\leqslant 2\}$ 对话框

§5.1.4 二项分布与（0-1）分布之间的关系

在 n 重伯努利试验中，若每次试验中事件 A 发生的概率为 $p(0<p<1)$，设 X 表示 n 重伯努利试验中 A 发生的次数，则 $X\sim B(n, p)$. 如果令 X_i 为第 i 次试验中件 A 发生的次数，则每一个 $X_i(i=1, 2, \cdots, n)$ 都服从（0-1）分布，且有相同的分布律：

X_i	0	1
P	$1-p$	p

易知随机变量 X 与 X_i 有如下关系：

$$X=X_1+X_2+\cdots+X_n,$$

即二项分布的随机变量 $X\sim B(n, p)$，可以分解成 n 个（0-1）分布的随机变量 $X_i\sim B(1, p)$ 之和，而且这 n 个随机变量的取值互不影响. 反之，n 个取值互不影响的（0-1）分布的随机变量 $X_i\sim B(1, p)$ 之和服从二项分布 $X\sim B(n, p)$.

§5.1.5 二项分布的数学期望和方差

定理1 若 $X\sim B(n, p)$，即 $P\{X=k\}=C_n^k p^k q^{n-k}$，$k=0, 1, 2, \cdots, n$. 则

（1）X 的数学期望为 $E(X)=np$；

（2）X 的方差为 $D(X)=np(1-p)$.

证明 易证若 $X \sim B(1, p)$，则 $E(X)=p$，$D(X)=p(1-p)$.

设 X_1，X_2，$\cdots$，X_n 为 n 个独立同分布的随机变量 $X_i \sim B(1, p)$，则有

$$X=X_1+X_2+\cdots+X_n,$$

而且

$$E(X_i)=p, \quad D(X_i)=p(1-p), \quad i=1, 2, \cdots, n,$$

所以

$$E(X)=E(X_1)+E(X_2)+\cdots+E(X_n)=np,$$
$$D(X)=D(X_1)+D(X_2)+\cdots+D(X_n)=np(1-p).$$

例 5—4 一载有 30 名乘客的机场班车自机场开出，途中有 8 个车站可以下车，如果到达一个车站没有人下车则不停车，用 X 表示班车的停车次数. 假设每位乘客在每个车站下车是等可能的，且是否下车相互独立，求 X 的数学期望及方差.

解 依题意，每位乘客在第 $i(i=1, 2, \cdots, 8)$ 个车站下车的概率为 $1/8$，不下车的概率为 $7/8$，则班车在第 $i(i=1, 2, \cdots, 8)$ 个车站不停车的概率为 $(7/8)^{30}$，所以

$$X \sim B\left(8, 1-\left(\frac{7}{8}\right)^{30}\right),$$

从而

$$E(X)=8 \times \left(1-\left(\frac{7}{8}\right)^{30}\right) \approx 7.854,$$
$$D(X)=8 \times \left(1-\left(\frac{7}{8}\right)^{30}\right) \times \left(\frac{7}{8}\right)^{30} \approx 0.143.$$

例 5—5 某工厂有一套重要的机器设备，该设备在一天内发生故障的概率为 0.2，设备发生故障时全天停止工作. 若一周 5 个工作日无故障，可获利 10 万元；若发生一次故障可获利 5 万元；若发生两次故障则不获利；若发生三次或三次以上故障则亏损 2 万元，问一周内的期望利润是多少？

解 以 X 表示一周内发生故障的天数，则 $X \sim B(5, 0.2)$. 即

$$P\{X=k\}=C_5^k \, 0.2^k \, 0.8^{5-k}, \quad k=0, 1, 2, 3, 4, 5,$$

用 Y 表示所获利润，则

$$Y=\begin{cases} 10, & X=0 \\ 5, & X=1 \\ 0, & X=2 \\ -2, & X\geqslant 3 \end{cases}.$$

所以 Y 的分布律为

Y	-2	0	5	10
P	0.057 92	0.204 8	0.409 6	0.327 68

$$E(Y)=10\times0.327\,68+5\times0.409\,6-2\times0.057\,92=5.208\,96(万元),$$

即一周内的期望利润是 5.208 96 万元.

例5—6 将一枚均匀的硬币投掷 n 次，以 X 和 Y 分别表示正面朝上和背面朝上的次数，试求 X 和 Y 的协方差和相关系数.

解 由题意可知，$X\sim B\left(n,\dfrac{1}{2}\right)$，$Y\sim B\left(n,\dfrac{1}{2}\right)$，$X+Y=n$.

$$E(X)=E(Y)=\frac{1}{2}n,$$

$$D(X)=D(Y)=\frac{1}{4}n,$$

$$\begin{aligned} \mathrm{Cov}(X,Y)&=E\{[X-E(X)][Y-E(Y)]\} \\ &=E\{[X-E(X)][(n-X)-E(n-X)]\} \\ &=-E[X-E(X)]^2=-D(X)=-\frac{1}{4}n. \end{aligned}$$

X 和 Y 的相关系数为

$$\rho_{XY}=\frac{\mathrm{Cov}(X,Y)}{\sqrt{D(X)}\cdot\sqrt{D(Y)}}=-1$$

相关系数等于 -1，这是因为 $X+Y=n$，或 $Y=n-X$ 总是成立.

§5.2　泊松（Poisson）分布

§5.2.1　泊松（Poisson）分布

定义3 如果随机变量 X 的概率分布为

$$P\{X=k\}=\frac{\lambda^k}{k!}\mathrm{e}^{-\lambda}, \quad k=0, 1, 2, \cdots,$$

其中 $\lambda>0$ 为常数, 则称 X 服从参数为 λ 的 **泊松分布** (Poisson distribution), 记作 $X\sim P(\lambda)$.

泊松分布可描述客观世界中大量存在的类似稀疏流的随机现象, 比如一段时间内, 电话交换台收到的电话呼唤次数, 售票口买票的人数, 原子放射的粒子数, 织布机上断头的次数, 动物物种的数量等, 它们都近似地服从泊松分布. 因此泊松分布在实际应用中都占有很突出的地位.

例 5—7 一本畅销书共 100 页, 如果每页上印刷错误的数目服从参数为 $\lambda=2$ 的泊松分布, 且各页的印刷错误的数目相互独立, 求该合订本中各页的印刷错误的数目都不超过 4 个的概率.

解 设 X 表示每页上印刷错误的数目, 则 $X\sim P(2)$,

$$P\{X\leqslant 4\}=P\{X=0\}+P\{X=1\}+P\{X=2\}+P\{X=3\}+P\{X=4\}$$
$$\approx 0.135\,3+0.270\,7+0.270\,7+0.180\,4+0.090\,2=0.947\,3.$$

因为各页的印刷错误的数目相互独立, 因此, 100 页的合订本中各页的印刷错误的数目都不超过 4 个的概率是 $(0.947\,3)^{100}\approx 0.004\,5$.

例 5—8 某商店某种商品日销量 $X\sim P(5)$, 试求以下事件的概率:

(1) 日销 3 件的概率;

(2) 日销量不超过 10 件的概率;

(3) 在已售出 1 件的条件下, 求当日至少售出 3 件的概率.

解 (1) $P\{X=3\}=\dfrac{5^3}{3!}\mathrm{e}^{-5}=\dfrac{125}{6}\mathrm{e}^{-5}=P\{X\leqslant 3\}-P\{X\leqslant 2\}$

$$=0.265-0.125=0.140.$$

(2) $P\{X\leqslant 10\}=\displaystyle\sum_{k=0}^{10}\frac{5^k}{k!}\cdot\mathrm{e}^{-5}=0.986.$

(3) $P\{X\geqslant 3\,|\,X\geqslant 1\}=\dfrac{P\{(X\geqslant 3)\bigcap(X\geqslant 1)\}}{P\{X\geqslant 1\}}=\dfrac{P\{X\geqslant 3\}}{P\{X\geqslant 1\}}$

$$=\frac{1-P\{X\leqslant 2\}}{1-P\{X\leqslant 1\}}=\frac{1-0.125}{1-0.040}\approx 0.911.$$

§5.2.2 实验: 泊松分布函数 POISSON 介绍

打开【Excel】→点击【插入(I)】→选择【函数(F)】→在【选择类别(C)】中选择【统计】→在【选择函数(N)】中选择【POISSON】→点击【确定】按

钮. 出现如图 5—4 所示的对话框.

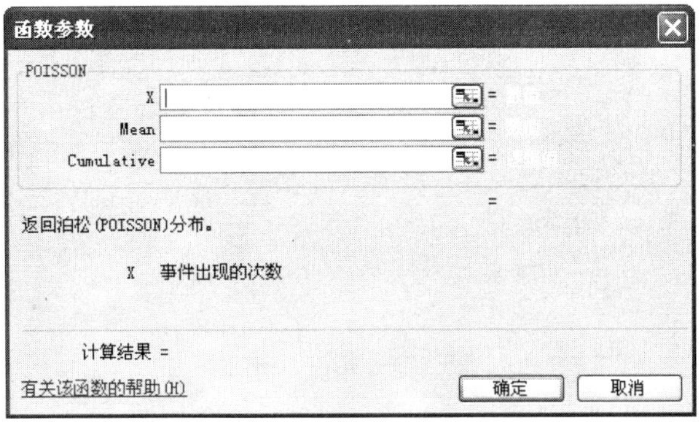

图 5—4 【POISSON】函数对话框

关于【POISSON】函数对话框：

- X：事件出现的次数；
- Mean：期望值 λ；
- Cumulative：逻辑值，确定所返回的概率分布形式；
- 返回泊松分布. 如果 Cumulative 为 TRUE，函数 POISSON 返回泊松分布函数值，即随机事件发生的次数在 $0 \sim x$ 之间（包含 0 和 1）的概率；如果为 FALSE，则返回泊松分布概率密度函数，即随机事件发生的次数恰好为 x.

例 5—9 设 $X \sim P(5)$，求 $P\{X=3\}$ 和 $P\{X \leqslant 10\}$.

解 打开【Excel】→点击【插入（I）】→选择【函数（F）】→在【选择类别（C）】中选择【统计】→在【选择函数（N）】中选择【POISSON】→点击【确定】按钮. 输入相关数据，如图 5—5 所示，得到 $P\{X=3\} = 0.140\,373\,896$.

图 5—5 求 $P\{X=3\}$ 对话框

输入相关数据，如图 5—6 所示，得到 $P\{X\leqslant10\}=0.986\,304\,731$.

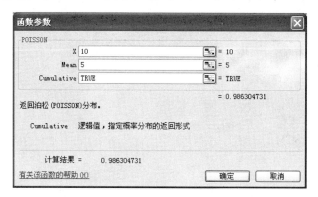

图 5—6 求 $P\{X\leqslant10\}$ 对话框

§5.2.3 泊松定理

用二项分布 $B(n,\ p)$ 的分布律 $P\{X=k\}=C_n^k p^k q^{n-k}$ 计算概率时，只要 n 稍大，计算就显得十分困难. 为了解决这个问题，下面给出了一个近似计算方法.

例 5—10 某人进行射击训练，每次射中的概率为 0.02，独立射击 400 次，求至少击中 1 次的概率.

解 将每次射击看作一次独立试验，则整个试验可看作一个 400 次的伯努利试验. 设击中的次数为 X，则 $X\sim B(400,\ 0.02)$，X 的概率分布为

$$P\{X=k\}=C_{400}^k (0.02)^k (0.98)^{400-k},\quad k=0,1,2,\cdots,400,$$

则所求概率为

$$P\{X\geqslant1\}=1-P\{X=0\}=1-(0.98)^{400}\approx0.999\,7.$$

这个例子的实际意义十分有趣：（1）正常情况下计算 $(0.98)^{400}$ 的近似值很不方便；（2）这个射击手每次命中的概率只有 0.02，绝对不是个天才，但他坚持射击 400 次，则击中目标的概率近似为 1，几乎成为必然事件. 这说明，由量的积累，会达到质的飞跃. 因此，不要认为成功的希望小而放弃，只要我们锲而不舍地努力，就一定会达到理想的彼岸.

定理 2（泊松定理） 设随机变量 X_n 服从二项分布 $B(n,\ p_n)$，$n=1$，2，$\cdots$，其中 p_n 与 n 有关，若数列 $\{p_n\}$ 满足 $\lim\limits_{n\to\infty}np_n=\lambda$（$\lambda>0$ 为常数），则

$$\lim_{n\to\infty}P\{X_n=k\}=\lim_{n\to\infty}C_n^k p_n^k (1-p_n)^{n-k}=\frac{\lambda^k}{k\,!}e^{-\lambda},\quad 0\leqslant k\leqslant n.$$

证明 记 $\lambda_n = np_n$，则 $\lim\limits_{n\to\infty}\lambda_n = \lambda$，$\lim\limits_{n\to\infty}p_n = \lim\limits_{n\to\infty}\dfrac{\lambda_n}{n} = 0$. 由于

$$C_n^k p_n^k (1-p_n)^{n-k} = \frac{n(n-1)\cdots(n-k+1)}{k!}\left(\frac{\lambda_n}{n}\right)^k\left(1-\frac{\lambda_n}{n}\right)^{n-k}$$

$$= \frac{\lambda_n^k}{k!}\left(1-\frac{1}{n}\right)\left(1-\frac{2}{n}\right)\cdots\left(1-\frac{k-1}{n}\right)\left(1-\frac{\lambda_n}{n}\right)^{n-k}.$$

对固定的 k，利用重要极限 $\lim\limits_{x\to\infty}\left(1+\dfrac{1}{x}\right)^x = e$，有

$$\lim_{n\to\infty}\left(1-\frac{\lambda_n}{n}\right)^{n-k} = \lim_{n\to\infty}\left[\left(1-\frac{\lambda_n}{n}\right)^{-\frac{n}{\lambda_n}}\right]^{-\frac{n-k}{n}\lambda_n} = e^{-\lambda},$$

而

$$\lim_{n\to\infty}\left(1-\frac{i}{n}\right) = 1, \quad i=1,\ 2,\ \cdots,\ k-1.$$

因此

$$\lim_{n\to\infty}C_n^k p_n^k (1-p_n)^{n-k} = \frac{\lambda^k}{k!}e^{-\lambda}.$$

泊松定理表明，若随机变量 X 服从二项分布 $B(n,\ p)$，当 n 很大，p 或 $1-p$ 较小时（通常 $n\geqslant 20$，$p\leqslant 0.1$），可直接利用下面的近似公式

$$C_n^k p^k (1-p)^{n-k} \approx \frac{(np)^k}{k!}e^{-np}.$$

例 5—11 用步枪射击飞机，每次击中的概率为 0.001，今独立地射击 $6\,000$ 次，试求击中不少于两弹的概率.

解 设 X 为击中的次数，则 $X \sim B(6\,000,\ 0.001)$，于是所求概率为

$$P\{X\geqslant 2\} = 1 - P\{X<2\} = 1 - P\{X\leqslant 1\}.$$

利用泊松定理计算结果如下：

因 $np = 6\,000 \times 0.001 = 6$，查表得 $P\{X\leqslant 1\} = 0.017$，故所求概率为

$$P\{X\geqslant 2\} = 1 - 0.017 = 0.983.$$

§5.2.4 泊松分布的数字特征

定理 3 设随机变量 X 服从参数为 $\lambda(\lambda>0)$ 的泊松分布 $X\sim P(\lambda)$，则 X 的数学期望 $E(X)=\lambda$，X 的方差 $D(X)=\lambda$.

证明 由于 $P\{X=k\} = \dfrac{\lambda^k}{k!}e^{-\lambda}$，$k=0,\ 1,\ 2,\ \cdots$.

（1）因而 X 的数学期望为

$$E(X) = \sum_{k=1}^{+\infty} k \cdot \frac{\lambda^k}{k!} e^{-\lambda} = \lambda e^{-\lambda} \sum_{k=1}^{+\infty} \frac{\lambda^{k-1}}{(k-1)!} = \lambda e^{-\lambda} \cdot e^{\lambda} = \lambda.$$

（2）由于

$$E(X^2) = \sum_{k=0}^{+\infty} k^2 P\{X=k\} = \sum_{k=1}^{+\infty} k^2 \cdot \frac{\lambda^k}{k!} e^{-\lambda} = e^{-\lambda} \sum_{k=1}^{+\infty} k \cdot \frac{\lambda^k}{(k-1)!}$$

$$= \lambda e^{-\lambda} \sum_{k=0}^{+\infty} (k+1) \frac{\lambda^k}{k!} = \lambda e^{-\lambda} \sum_{k=0}^{+\infty} k \frac{\lambda^k}{k!} + \lambda e^{-\lambda} \sum_{k=0}^{+\infty} \frac{\lambda^k}{k!}$$

$$= \lambda^2 e^{-\lambda} \sum_{k-1=0}^{+\infty} \frac{\lambda^{k-1}}{(k-1)!} + \lambda e^{-\lambda} \sum_{k=0}^{+\infty} \frac{\lambda^k}{k!} = \lambda^2 + \lambda.$$

而 $E(X)=\lambda$，因此

$$D(X)=E(X^2)-(EX)^2=\lambda^2+\lambda-\lambda^2=\lambda.$$

例 5—12 设 X，Y 相互独立，$X \sim P(\lambda_1)$，$Y \sim P(\lambda_2)$，求 $Z=X+Y$ 的分布律.

解 由题意知，X 和 Y 的分布律分别为 $P\{X=k\}=\frac{\lambda_1^k}{k!}e^{-\lambda_1}$，$k=0，1，2，\cdots$，

及 $P\{Y=k\}=\frac{\lambda_2^k}{k!}e^{-\lambda_2}$，$k=0，1，2，\cdots$，显然，随机变量 Z 可取一切非负整数.

$$P\{Z=n\} = P\{X+Y=n\}$$

$$= \sum_{k=0}^{n} P\{X=k\}P\{Y=n-k\}$$

$$= \sum_{k=0}^{n} \frac{\lambda_1^k}{k!}e^{-\lambda_1} \frac{\lambda_2^{n-k}}{(n-k)!}e^{-\lambda_2}$$

$$= \frac{1}{n!}e^{-(\lambda_1+\lambda_2)} \sum_{k=0}^{n} \frac{n!}{k!(n-k)!}\lambda_1^k \lambda_2^{n-k}$$

$$= \frac{(\lambda_1+\lambda_2)^n}{n!}e^{-(\lambda_1+\lambda_2)}, \quad n=0,1,2,\cdots.$$

即 $Z \sim P(\lambda_1+\lambda_2)$.

§5.3 均匀分布

§5.3.1 均匀分布

定义 4 如果随机变量 X 的概率密度函数 $p(x)$ 为

$$p(x)=\begin{cases} \dfrac{1}{b-a}, & a\leqslant x\leqslant b, \\ 0, & 其他 \end{cases}$$

则称随机变量 X 在区间 $[a,b]$ 上服从**均匀分布**（uniform distribution），记为 $X\sim U(a,b)$. 均匀分布的概率密度函数 $p(x)$ 的曲线如图 5—7 所示.

若随机变量 $X\sim U(a,b)$，则质点落在 $[a,b]$ 上任一等长度的子区间内的概率是相同的，且与这个子区间长度成正比，而与它落在区间 $[a,b]$ 内的具体位置无关. 事实上，对于任一长度为 l 的子区间 $(c,c+l)$，$a\leqslant c<c+l\leqslant b$，有

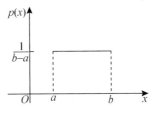

图 5—7 均匀分布的概率密度函数

$$P\{c<X\leqslant c+l\}=\int_c^{c+l}p(x)\mathrm{d}x=\int_c^{c+l}\frac{1}{b-a}\mathrm{d}x=\frac{l}{b-a}.$$

可求随机变量 $X\sim U(a,b)$ 的分布函数为

$$F(x)=\begin{cases} 0, & x<a \\ \dfrac{1}{b-a}(x-a), & a\leqslant x<b. \\ 1, & x\geqslant b \end{cases}$$

均匀分布的分布函数 $F(x)$ 的曲线如图 5—8 所示.

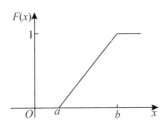

图 5—8 均匀分布的分布函数

例 5—13 设随机变量 $X\sim U(-2,3)$，求 X 的概率密度及 $P\{-1<X\leqslant 4\}$ 的概率.

解 依题意知，X 的概率密度为

$$p(x)=\begin{cases} \dfrac{1}{5}, & -2\leqslant x\leqslant 3. \\ 0, & 其他 \end{cases}$$

故有

$$P\{-1 < X \leqslant 4\} = \int_{-1}^{3} \frac{1}{5} \mathrm{d}x = \frac{4}{5} = 0.8 .$$

§5.3.2 均匀分布的数字特征

定理 4 设随机变量 X 服从区间 $[a, b]$ 上的均匀分布 $X \sim U(a, b)$，则其数学期望为 $E(X) = \frac{a+b}{2}$，方差为 $D(X) = \frac{(b-a)^2}{12}$.

证明 由于均匀分布的概率密度为

$$p(x) = \begin{cases} \dfrac{1}{b-a}, & a \leqslant x \leqslant b \\ 0, & \text{其他} \end{cases}.$$

则（1）X 的数学期望为

$$E(X) = \int_{-\infty}^{+\infty} x f(x) \mathrm{d}x = \int_{a}^{b} x \cdot \frac{1}{b-a} \mathrm{d}x = \frac{a+b}{2} .$$

(2) $E(X^2) = \int_{a}^{b} x^2 \cdot \frac{1}{b-a} \mathrm{d}x = \frac{b^2 + ab + a^2}{3}$，而 $E(X) = \frac{a+b}{2}$，因此，

$$D(X) = E(X^2) - (EX)^2 = \frac{b^2 + ab + a^2}{3} - \left(\frac{b+a}{2}\right)^2 = \frac{(b-a)^2}{12} .$$

例 5—14 设风速 V 服从 $[0, a]$ 上的均匀分布，试求飞机机翼受到的正压力 $W = kV^2$（$k > 0$，为常数）的数学期望.

解 因风速 V 具有概率密度 $p(v) = \begin{cases} \dfrac{1}{a}, & 0 \leqslant v \leqslant a \\ 0, & \text{其他} \end{cases}$，所以

$$E(W) = E(kV^2) = \int_{-\infty}^{+\infty} kv^2 p(v) \mathrm{d}v = \int_{0}^{a} kv^2 \cdot \frac{1}{a} \mathrm{d}v = \frac{1}{3} ka^2 .$$

§5.4 指数分布

§5.4.1 指数分布

定义 5 如果随机变量 X 的概率密度为

$$p(x)=\begin{cases}\lambda \mathrm{e}^{-\lambda x}, & x>0 \\ 0, & x\leqslant0,\end{cases}$$

其中 $\lambda>0$ 是常数，则称随机变量 X 服从参数为 λ 的**指数分布**（exponential distribution），记为 $X\sim E(\lambda)$．指数分布的概率密度 $p(x)$ 的曲线如图 5—9 所示．

易求得指数分布 $X\sim E(\lambda)$ 的分布函数为

$$F(x)=\begin{cases}1-\mathrm{e}^{-\lambda x}, & x>0 \\ 0, & x\leqslant0\end{cases}.$$

指数分布的分布函数 $F(x)$ 的曲线如图 5—10 所示．

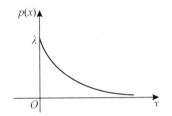

图 5—9　指数分布的概率密度

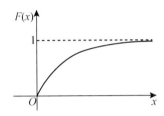

图 5—10　指数分布的分布函数

指数分布常用来做各种"寿命"分布的近似．如随机服务系统中的服务时间、某些消耗性产品（如电子元件等）的寿命等都常被假定服从指数分布．

例 5—15　某型号电子计数器，无故障地工作的总时间 X（单位：小时）服从参数为 $\lambda=\dfrac{1}{1\,000}$ 的指数分布，求：

（1）3 个元件使用 1 000 小时后都没有损坏的概率；

（2）一个元件已使用了 s 小时后能再用 t 小时的概率．

解　（1）由题意知，X 的分布函数为

$$F(x)=\begin{cases}1-\mathrm{e}^{-\frac{1}{1\,000}x}, & x>0 \\ 0, & x\leqslant0\end{cases}.$$

设 $A_i=\{$第 i 个元件正常使用 1 000 小时没有损坏$\}$，$i=1$，2，3，从而可得

$$P(A_i)=P\{X>1\,000\}=1-P\{X\leqslant1\,000\}=1-F(1\,000)=\mathrm{e}^{-1}.$$

而各元件的寿命是否超过 1 000 小时是独立的，于是有

$$P(A_1A_2A_3)=[P(A_1)]^3=\mathrm{e}^{-3}\approx0.049\,8.$$

（2）在元件已使用了 s 小时后再使用 t 小时的概率为

$$P\{X \geqslant s+t \mid X > s\} = \frac{P(X \geqslant s+t)}{P(X > s)} = \frac{e^{-\lambda(s+t)}}{e^{-\lambda s}} = e^{-\lambda t} = P\{X > t\}.$$

从上例结果可知，在元件正常使用 s 小时没有损坏的条件下，总共能使用 $s+t$ 小时的条件概率与新元件至少能使用 t 小时的概率相等，即元件对它已使用过的 s 小时没有记忆，这就是指数分布的无记忆性.

§5.4.2 实验： 指数分布函数 EXPONDIST 介绍

打开【Excel】→点击【插入(I)】→选择【函数(F)】→在【选择类别(C)】中选择【统计】→在【选择函数(N)】中选择【EXPONDIST】→点击【确定】按钮. 出现如图 5—11 所示的对话框.

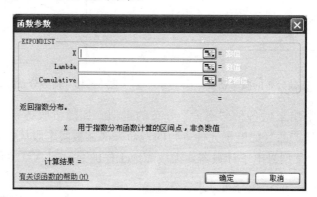

图 5—11 【EXPONDIST】函数对话框

关于【EXPONDIST】函数对话框：

- X：函数的数值；
- Lambda：参数值 λ；
- Cumulative：逻辑值，指定指数函数的形式；
- 返回指数分布. 如果 Cumulative 为 TRUE，函数 EXPONDIST 返回分布函数值；如果 Cumulative 为 FALSE，返回概率密度函数值.

例 5—16 设 $X \sim E\left(\frac{1}{1\,000}\right)$，求 $P\{X > 1\,000\}$.

解 打开【Excel】→点击【插入(I)】→选择【函数(F)】→在【选择类别(C)】中选择【统计】→在【选择函数(N)】中选择【EXPONDIST】→点击【确定】按钮. 输入相关数据，如图 5—12 所示，得到 $P\{X \leqslant 1\,000\} = 0.632\,120\,559$，

从而 $P\{X>1\,000\}=1-0.632\,120\,559=0.367\,879\,441.$

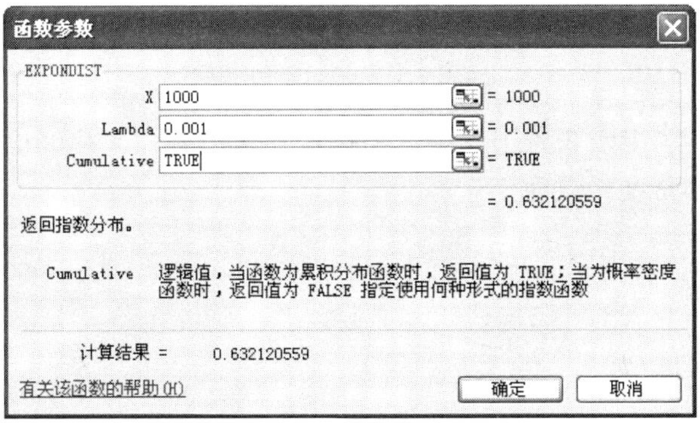

图 5—12　求 $P\{X>1\,000\}$ 对话框

§5.4.3　指数分布的数字特征

定理 5　设随机变量 X 服从参数为 $\lambda(\lambda>0)$ 的指数分布 $X\sim E(\lambda)$，则其数学期望 $E(X)=\dfrac{1}{\lambda}$，方差 $D(X)=\dfrac{1}{\lambda^2}$.

证明　由于指数分布的概率密度为

$$p(x)=\begin{cases}\lambda e^{-\lambda x}, & x\geqslant 0\\ 0, & x<0\end{cases}.$$

则（1）X 的数学期望为

$$E(X)=\int_{-\infty}^{+\infty}xp(x)\mathrm{d}x=\int_0^{+\infty}\lambda x e^{-\lambda x}\mathrm{d}x=-\int_0^{+\infty}x\mathrm{d}(e^{-\lambda x})$$

$$=-xe^{-\lambda x}\Big|_0^{+\infty}+\int_0^{+\infty}e^{-\lambda x}\mathrm{d}x=-\frac{1}{\lambda}e^{-\lambda x}\Big|_0^{+\infty}=\frac{1}{\lambda}.$$

（2）$E(X^2)=\int_{-\infty}^{+\infty}x^2p(x)\mathrm{d}x=\int_0^{+\infty}x^2\lambda e^{-\lambda x}\mathrm{d}x=\dfrac{2}{\lambda^2}$，而 $E(X)=\dfrac{1}{\lambda}$，因此

$$D(X)=E(X^2)-(EX)^2=\frac{2}{\lambda^2}-\frac{1}{\lambda^2}=\frac{1}{\lambda^2}.$$

例 5—17　有 3 个相互独立工作的电子装置，它们的寿命 $X_k(k=1,2,3)$ 服从同一指数分布，（1）若将这 3 个电子装置串联组成整机，求整机寿命 Y 的数学期望；（2）若将这 3 个电子装置并联组成整机，求整机寿命 Z 的数学期望.

解 $X_k(k=1，2，3)$ 的分布函数为

$$F(x) = \begin{cases} 1-\mathrm{e}^{-\lambda x}, & x \geqslant 0 \\ 0, & x < 0 \end{cases}.$$

(1) 将这 3 个电子装置串联组成整机，则整机寿命 $Y = \min(X_1，X_2，X_3)$，可求得它的概率密度函数为

$$p_{\min}(y) = \begin{cases} 3\lambda \mathrm{e}^{-3\lambda y}, & y \geqslant 0 \\ 0, & y < 0 \end{cases},$$

所以 X 的数学期望为

$$E(Y) = \int_{-\infty}^{+\infty} y p_{\min}(y)\mathrm{d}y = \int_{0}^{+\infty} 3\lambda y\,\mathrm{e}^{-3\lambda y}\mathrm{d}y = \frac{1}{3\lambda}.$$

(2) 将这 3 个电子装置并联组成整机，则整机寿命 $Z = \max(X_1，X_2，X_3)$，它的概率密度函数为

$$p_{\max}(z) = \begin{cases} 3\lambda\,(1-\mathrm{e}^{-\lambda z})^2\,\mathrm{e}^{-\lambda z}, & z \geqslant 0 \\ 0, & z < 0 \end{cases},$$

所以 Z 的数学期望为

$$E(Z) = \int_{-\infty}^{+\infty} z p_{\max}(z)\mathrm{d}z = \int_{0}^{+\infty} 3\lambda z\,(1-\mathrm{e}^{-\lambda z})^2\,\mathrm{e}^{-\lambda z}\mathrm{d}z = \frac{11}{6\lambda}.$$

由此可知

$$\frac{E(Z)}{E(Y)} = \frac{33}{6} = 5.5,$$

即 3 个电子装置并联联接工作的平均寿命是串联联接工作的平均寿命的 5.5 倍.

§5.5 正态分布

§5.5.1 正态分布

定义 6 如果随机变量 X 的概率密度为

$$p(x) = \frac{1}{\sqrt{2\pi}\sigma}\mathrm{e}^{-\frac{(x-\mu)^2}{2\sigma^2}}, \quad -\infty < x < +\infty,$$

其中 μ 及 σ（$\sigma>0$）都是常数，则称随机变量 X 服从参数为 μ 和 σ^2 的**正态分布**（normal distribution），记为 $X\sim N(\mu,\sigma^2)$. 正态分布的概率密度 $p(x)$ 的图形如图 5—13 所示，称该曲线为**正态曲线**，它是一条钟形曲线.

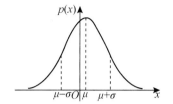

图 5—13 正态分布的概率密度函数

在自然现象和社会现象中，大量的随机变量都服从或近似服从正态分布. 例如，人的身高、体重、血压；测量误差；产品的长度、宽度、高度；砖块的抗断强度等都服从正态分布. 在概率论的发展历史上，标准正态分布是作为极限分布首先由法国数学家棣莫弗和拉普拉斯发现的. 此外，德国数学家、天文学家高斯（Carl Friedrich Gauss，1777—1855）在研究误差理论时，也发现了正态分布的随机变量并详尽地研究了正态分布随机变量的性质. 因此有时也称正态分布为高斯（Gauss）分布.

下面先来验证 $p(x)$ 是一个概率密度函数.

显然 $p(x)>0$，作积分变换 $\dfrac{x-\mu}{\sigma}=t$，有

$$\int_{-\infty}^{+\infty}p(x)\mathrm{d}x=\int_{-\infty}^{+\infty}\frac{1}{\sqrt{2\pi}\sigma}\mathrm{e}^{-\frac{(x-\mu)^2}{2\sigma^2}}\mathrm{d}x=\frac{1}{\sqrt{2\pi}}\int_{-\infty}^{+\infty}\mathrm{e}^{-\frac{t^2}{2}}\mathrm{d}t$$

而由

$$\int_{-\infty}^{+\infty}\mathrm{e}^{-\frac{1}{2}y^2}\mathrm{d}y\cdot\int_{-\infty}^{+\infty}\mathrm{e}^{-\frac{1}{2}z^2}\mathrm{d}z=\int_{-\infty}^{+\infty}\int_{-\infty}^{+\infty}\mathrm{e}^{-\frac{1}{2}(y^2+z^2)}\mathrm{d}y\mathrm{d}z$$

$$-\int_{0}^{2\pi}\int_{0}^{+\infty}\mathrm{e}^{-\frac{1}{2}r^2}r\mathrm{d}r\mathrm{d}\theta=2\pi,$$

可知 $\displaystyle\int_{-\infty}^{+\infty}\mathrm{e}^{-\frac{t^2}{2}}\mathrm{d}t=\sqrt{2\pi}$，从而 $\displaystyle\int_{-\infty}^{+\infty}p(x)\mathrm{d}x=1$.

然后来讨论正态分布的概率密度函数的性质.

正态分布的概率密度函数的图形具有以下特征：

（1）曲线 $p(x)$ 关于 $x=\mu$ 对称；

（2）当 $x=\mu$ 时，函数达到最大值 $p(\mu)=\dfrac{1}{\sqrt{2\pi}\sigma}$；

（3）x 轴是曲线 $p(x)$ 的渐近线；

（4）当 $x=\mu\pm\sigma$ 时曲线 $p(x)$ 上有拐点；

（5）如果固定参数 σ^2 的值不变，改变参数 μ 的值，则 $p(x)$ 的曲线沿着 x 轴平行移动而形状不改变（如图 5—14 所示），故 μ 被称为**位参**；

（6）如果固定参数 μ 的值，改变参数 σ^2 的值，则 $p(x)$ 的形状会改变，故 σ^2 被称为**形参**；σ 的值越小，$\dfrac{1}{\sqrt{2\pi}\sigma}$ 值越大，$p(x)$ 的图形越尖峭，因而 X 的取值在点 $x=\mu$ 附近的概率越大，即 X 的分布集中．反之，σ^2 的值越大，$p(x)$ 的图形越平坦，X 的分布就越分散，如图 5—15 所示．

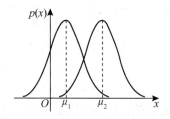

图 5—14　正态曲线位参作用示意图

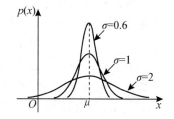

图 5—15　正态曲线形参作用示意图

定义 7　当正态分布的参数 $\mu=0$，$\sigma=1$ 时，称为**标准正态分布**（standard normal distribution），记作 $X\sim N(0,1)$．其概率密度和分布函数通常分别用 $\varphi(x)$，$\Phi(x)$ 表示，即

$$\varphi(x)=\frac{1}{\sqrt{2\pi}}\mathrm{e}^{-\frac{x^2}{2}},\quad -\infty<x<+\infty,$$

$$\Phi(x)=\int_{-\infty}^{x}\varphi(t)\mathrm{d}t=\frac{1}{\sqrt{2\pi}}\int_{-\infty}^{x}\mathrm{e}^{-\frac{t^2}{2}}\mathrm{d}t,\quad -\infty<x<+\infty.$$

因为 $\varphi(x)$ 的曲线关于 y 轴对称，见图 5—16，故有

$$\Phi(-x)=1-\Phi(x),\quad P\{|X|\leqslant x\}=2\Phi(x)-1$$

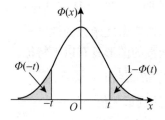

图 5—16　标准正态分布概率密度曲线

对标准正态分布的分布函数 $\Phi(x)$，利用近似计算方法求出其近似值，并编制成表，称为**标准正态分布表**，供计算时查用．

§5.5.2　正态分布与标准正态分布的关系

定理 6　设 $X \sim N(\mu, \sigma^2)$，分布函数为 $F(x)$，则有

$$F(x) = P\{X \leqslant x\} = \Phi\left(\frac{x-\mu}{\sigma}\right),$$

其中 $\Phi(x)$ 是标准正态分布的分布函数.

证明　作变换 $y = \frac{t-\mu}{\sigma}$，有

$$F(x) = \frac{1}{\sqrt{2\pi}\sigma} \int_{-\infty}^{x} \mathrm{e}^{\frac{-(t-\mu)^2}{2\sigma^2}} \mathrm{d}t = \frac{1}{\sqrt{2\pi}} \int_{-\infty}^{\frac{x-\mu}{\sigma}} \mathrm{e}^{-\frac{y^2}{2}} \mathrm{d}y = \Phi\left(\frac{x-\mu}{\sigma}\right),$$

所以

$$F(x) = \Phi\left(\frac{x-\mu}{\sigma}\right).$$

推论　若 $X \sim N(\mu, \sigma^2)$，则

(1) 设 $Y = \dfrac{X-\mu}{\sigma}$，$Y \sim N(0, 1)$；

(2) $P\{a < X \leqslant b\} = F(b) - F(a) = \Phi\left(\dfrac{b-\mu}{\sigma}\right) - \Phi\left(\dfrac{a-\mu}{\sigma}\right)$.

因此任何一个一般的正态分布都可能通过线性变换转化为标准正态分布. 若 $X \sim N(\mu, \sigma^2)$，则有

$$P\{\mu - \sigma < X \leqslant \mu + \sigma\} = 2\Phi(1) - 1 = 0.682\ 6,$$
$$P\{\mu - 2\sigma < X \leqslant \mu + 2\sigma\} = 2\Phi(2) - 1 = 0.954\ 4,$$
$$P\{\mu - 3\sigma < X \leqslant \mu + 3\sigma\} = 2\Phi(3) - 1 = 0.997\ 4.$$

由此注意到，对于正态随机变量来说，它的值几乎全部落在区间 $[\mu - 3\sigma, \mu + 3\sigma]$ 内，超出这个范围的可能性不到 0.3%，这就是所谓的"3σ 规则"，它在质量控制等领域有着十分广泛的应用.

例 5—18　设 $X \sim N(3.4, 2^2)$，计算 $P\{X \leqslant 5.8\}$，$P\{0 < X \leqslant 6\}$.

解　$P\{X \leqslant 5.8\} = \Phi\left(\dfrac{5.8 - 3.4}{2}\right) = \Phi(1.2) = 0.884\ 9.$

$$P\{0 < X \leqslant 6\} = \Phi\left(\frac{6 - 3.4}{2}\right) - \Phi\left(\frac{0 - 3.4}{2}\right)$$
$$= \Phi(1.3) - \Phi(-1.7)$$

$$=\Phi(1.3)-[1-\Phi(1.7)]$$
$$=0.903\,2-(1-0.955\,4)$$
$$=0.858\,6$$

例 5—19 设 $X\sim N(40,36)$.

(1) 求 x_1，使 $P\{X>x_1\}=0.14$；

(2) 求 x_2，使 $P\{X<x_2\}=0.45$.

解 (1) 由 $P\{X>x_1\}=1-F(x_1)=1-\Phi\left(\dfrac{x_1-40}{6}\right)=0.14$，知

$$\Phi\left(\frac{x_1-40}{6}\right)=0.86.$$

查表得 $\dfrac{x_1-40}{6}=1.08$，从而得 $x_1=1.08\times6+40=46.48$.

(2) $P\{X<x_2\}=F(x_2)=\Phi\left(\dfrac{x_2-40}{6}\right)=0.45$，由标准正态分布的对称性知 Φ $\left(-\dfrac{x_2-40}{6}\right)=0.55$，查表得，$-\dfrac{x_2-40}{6}=0.13$，所以 $x_2=-0.13\times6+40=$ 39.22.

由正态分布还可以推导出另外一些常用分布，如数理统计中最常用的三种分布：χ^2 分布、t 分布、F 分布. 因此，在概率论及数理统计的理论研究和实际应用中，正态分布都起着特别重要的作用.

例 5—20 将一温度调节器放置在贮存着某种液体的容器内，调节器稳定在 $d\,℃$，液体的温度 T（以 ℃计）是一个随机变量，并且 $T\sim N(d,0.5^2)$.

(1) 若 $d=90$，求 T 小于 89℃的概率；

(2) 若要求保持液体的温度至少为 80℃的概率不低于 0.99，问 d 至少为多少？

解 (1) 因 $T\sim N(90,0.5^2)$，故所求概率为

$$P\{T<89\}=\Phi\left(\frac{89-90}{0.5}\right)=\Phi(-2)=1-\Phi(2)=1-0.977\,2=0.022\,8.$$

(2) 依题意，d 需满足

$$P\{T\geqslant80\}=1-P\{T\leqslant80\}=1-\Phi\left(\frac{80-d}{0.5}\right)\geqslant0.99,$$

即 $\qquad\Phi\left(\dfrac{d-80}{0.5}\right)\geqslant0.99,$

查附表得 $\Phi(2.327)=0.99$，由于分布函数为单调增函数，所以

$$\frac{d-80}{0.5} \geqslant 2.327$$

故需 $d \geqslant 81.163\ 5$.

§5.5.3　实验：正态分布统计函数介绍

1. 标准正态分布的分布函数

打开【Excel】→点击【插入(I)】→选择【函数(F)】→在【选择类别(C)】中选择【统计】→在【选择函数(N)】中选择【NORMSDIST】→点击【确定】按钮. 出现如图 5—17 所示的对话框.

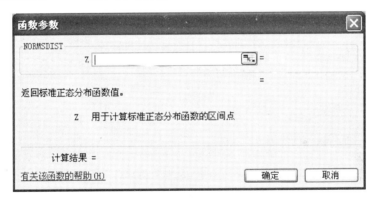

图 5—17　【NORMSDIST】函数对话框

关于【NORMSDIST】函数对话框：
- Z：为需要计算其分布的数值 z_p.
- 返回标准正态分布函数值 p. 设 $Z \sim N(0,1)$，则 $P\{Z \leqslant z_p\}=p$.

例 5—21　设 $Z \sim N(0,1)$，求 $P\{Z \leqslant -0.12\}$.

解　打开【Excel】→点击【插入(I)】→选择【函数(F)】→在【选择类别(C)】中选择【统计】→在【选择函数(N)】中选择【NORMSDIST】→点击【确定】按钮. 如图 5—18 所示，输入相关数据，由此得 $P\{Z \leqslant -0.12\}=0.452\ 241\ 574$.

2. 标准正态分布的分位数

打开【Excel】→点击【插入(I)】→选择【函数(F)】→在【选择类别(C)】中选择【统计】→在【选择函数(N)】中选择【NORMSINV】→点击【确定】按钮. 出现如图 5—19 所示的对话框.

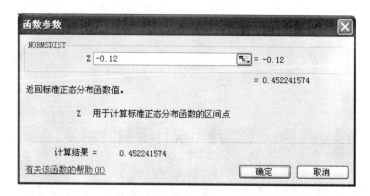

图 5—18　例 5—21【NORMSDIST】函数对话框

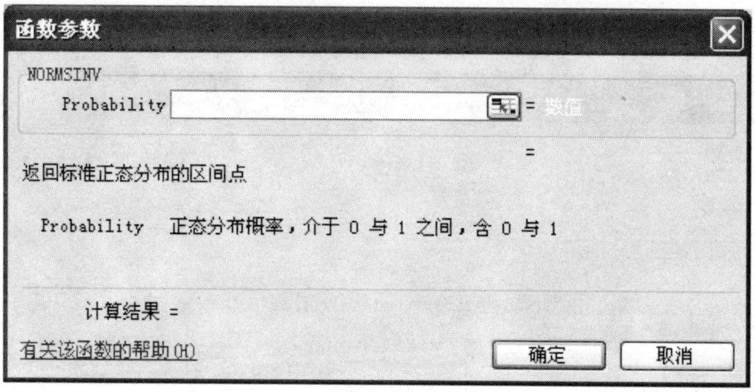

图 5—19　【NORMSINV】函数对话框

关于【NORMSINV】函数对话框：

● Probability：对应于标准正态分布的概率.

● 返回标准正态分布的反函数值 z_p. 设 $Z \sim N(0, 1)$，则 $P\{Z \leqslant z_p\} = p$，其中 p 为框【Probability】中输入的值.

例 5—22　设 $Z \sim N(0, 1)$，$P\{Z \leqslant z_{0.95}\} = 0.95$，求 $z_{0.95}$.

解　打开【Excel】→点击【插入(I)】→选择【函数(F)】→在【选择类别(C)】中选择【统计】→在【选择函数(N)】中选择【NORMSINV】→点击【确定】按钮. 如图 5—20 所示，输入相关数据，由此得 $z_{0.95} = 1.644\,853\,627$.

3. 正态分布的分布函数

打开【Excel】→点击【插入(I)】→选择【函数(F)】→在【选择类别(C)】中选择【统计】→在【选择函数(N)】中选择【NORMDIST】→点击【确定】按钮. 出现如图 5—21 所示的对话框.

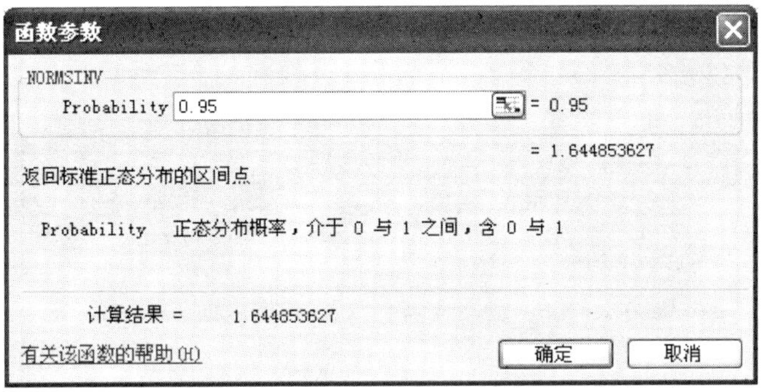

图 5—20 例 5—22【NORMSINV】函数对话框

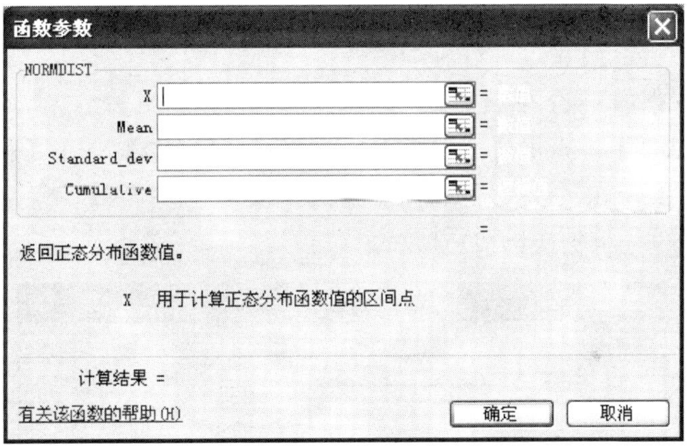

图 5—21 【NORMDIST】函数对话框

关于【NORMDIST】函数对话框：

- X：需要计算其分布的数值；
- Mean：正态分布的算术平均值；
- Standard _ dev：正态分布的标准差；
- Cumulative：逻辑值，指明函数的形式.
- 返回正态分布函数值. 如果 Cumulative 为 TRUE，函数 NORMDIST 返回分布函数值；如果为 FALSE，返回概率密度函数值.

例 5—23 设 $X \sim N(90, 0.5^2)$，求 $P\{X < 89\}$.

解 打开【Excel】→点击【插入（I）】→选择【函数（F）】→在【选择类别（C）】中选择【统计】→在【选择函数（N）】中选择【NORMDIST】→点击【确定】按钮. 如图 5—22 所示，输入相关数据，得到 $P\{X < 89\} = 0.022\,750\,132$.

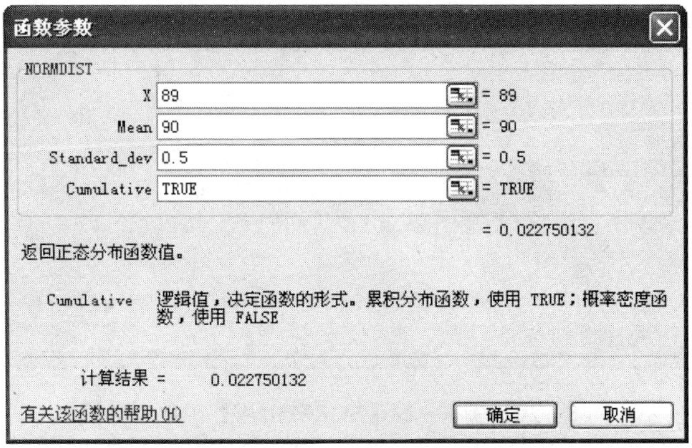

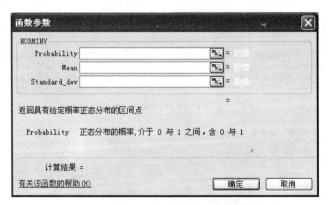

图5—22　例5—23【NORMDIST】函数对话框

4．正态分布的分位数

打开【Excel】→点击【插入(I)】→选择【函数(F)】→在【选择类别(C)】中选择【统计】→在【选择函数(N)】中选择【NORMINV】→点击【确定】按钮. 出现如图5—23所示的对话框.

图5—23　【NORMINV】函数对话框

关于【NORMINV】函数对话框：

- Probability：正态分布的概率值；
- Mean：正态分布的算术平均值；
- Standard_dev：正态分布的标准偏差；
- 返回指定平均值和标准偏差的正态分布函数的反函数.

例5—24　设 $X \sim N(40, 36)$，$P\{X < x\} = 0.45$，求 x.

解　打开【Excel】→点击【插入(I)】→选择【函数(F)】→在【选择类别(C)】中选择【统计】→在【选择函数(N)】中选择【NORMINV】→点击【确定】按钮. 如图 5—24 所示，输入相关数据，得到 $x=39.246\,031\,92$

图 5—24　例 5—24【NORMINV】函数对话框

§5.5.4　正态分布的数字特征

定理 7　设 $X \sim N(0，1)$，则 $E(X)=0$，$E(X^2)=1$，$E(X^4)=3$.

证明　因为 $X \sim N(0，1)$，其概率密度函数 $p(x)=\dfrac{1}{\sqrt{2\pi}}\mathrm{e}^{-\frac{x^2}{2}}$.

（1）$E(X)=\displaystyle\int_{-\infty}^{+\infty} x \cdot \frac{1}{\sqrt{2\pi}}\mathrm{e}^{-\frac{x^2}{2}}\mathrm{d}x=0$.

（2）$E(X^2)=\displaystyle\int_{-\infty}^{+\infty} x^2 \cdot \frac{1}{\sqrt{2\pi}}\mathrm{e}^{-\frac{x^2}{2}}\mathrm{d}x=-\int_{-\infty}^{+\infty} x \cdot \frac{1}{\sqrt{2\pi}}\mathrm{d}(\mathrm{e}^{-\frac{x^2}{2}})$

$\qquad\qquad=-x \cdot \dfrac{1}{\sqrt{2\pi}}\mathrm{e}^{-\frac{x^2}{2}}\Big|_{-\infty}^{+\infty}+\displaystyle\int_{-\infty}^{+\infty} \frac{1}{\sqrt{2\pi}}\mathrm{e}^{-\frac{x^2}{2}}\mathrm{d}x=1$.

（3）类似可得 $E(X^4)=\displaystyle\int_{-\infty}^{+\infty} x^4 \cdot \frac{1}{\sqrt{2\pi}}\mathrm{e}^{-\frac{x^2}{2}}\mathrm{d}x=3$.

例 5—25　设 $X_i \sim N(0，1)$，$i=1，2，\cdots，n$，X_1，X_2，$\cdots$，X_n 相互独立，求 $E(X_1^2+X_2^2+\cdots+X_n^2)$.

解　因为 $X_i \sim N(0，1)$，$i=1，2，\cdots，n$，因而 $E(X_i^2)=1$，$i=1，2，\cdots，n$，故

$$E(X_1^2+X_2^2+\cdots+X_n^2)=E(X_1^2)+E(X_2^2)+\cdots+E(X_n^2)=n.$$

例 5—26 设随机变量 $X \sim N(0, 1)$，求 $D(X^2)$.

解 因为 $X \sim N(0, 1)$，因而 $E(X^2)=1$，$E(X^4)=3$.

所以 $D(X^2)=E(X^4)-[E(X^2)]^2=2$.

定理 8 设随机变量 $X \sim N(\mu, \sigma^2)$，则其数学期望 $E(X)=\mu$，方差 $D(X)=\sigma^2$.

证明 令 $Y=\dfrac{X-\mu}{\sigma}$，则 $Y \sim N(0, 1)$，$E(Y)=0$，$D(Y)=1$，$X=\sigma Y+\mu$，

所以

$$E(X)=E(\sigma Y+\mu)=\sigma E(Y)+\mu=\mu,$$
$$D(X)=D(\sigma Y+\mu)=\sigma^2 D(Y)=\sigma^2.$$

由此可见，正态分布由它的数学期望和标准差完全确定.

例 5—27 设随机变量 $X \sim N(0, 1)$，$Y=e^X$，求 Y 的概率密度函数.

解法 1 由题意知 X 的概率密度为

$$p_X(x)=\frac{1}{\sqrt{2\pi}}e^{-\frac{x^2}{2}}, \quad -\infty<x<+\infty,$$

因为 $y=e^x$ 在 $(-\infty, +\infty)$ 内严格单调增加、可导，于是

$$\alpha=\min\{y=e^x\}=0, \quad \beta=\max\{y=e^x\}=+\infty.$$

$y=g(x)=e^x$ 的反函数为 $x=h(y)=\ln y$，$|h'(y)|=\dfrac{1}{|y|}=\dfrac{1}{y}$，所以由前面讲述的定理，可得 $Y=e^X$ 的概率密度为

$$p_Y(y)=\begin{cases}\dfrac{1}{\sqrt{2\pi}y}e^{-\frac{(\ln y)^2}{2}}, & y>0 \\ 0, & y\leqslant 0\end{cases}.$$

解法 2 当 $y\leqslant 0$ 时，$F_Y(y)=P\{Y\leqslant y\}=0$；

当 $y>0$ 时，$F_Y(y)=P\{Y\leqslant y\}=P\{e^X\leqslant y\}=P\{X\leqslant \ln y\}$

$$=\int_{-\infty}^{\ln y}\frac{1}{\sqrt{2\pi}}e^{-\frac{x^2}{2}}dx.$$

由分布函数与概率密度函数的关系，可得 Y 的概率密度函数为

$$p_Y(y)=F'_Y(y)=\begin{cases}\dfrac{1}{\sqrt{2\pi}y}e^{-\frac{(\ln y)^2}{2}}, & y>0 \\ 0, & y\leqslant 0\end{cases}.$$

通常称此例中的 Y 服从对数正态分布，它也是一种常用的寿命分布.

§5.6　常用二维分布

§5.6.1　二维均匀分布

定义 8　如果二维随机变量 (X, Y) 的联合概率密度函数为

$$p(x,y)=\begin{cases}\dfrac{1}{S_D}, & (x,y)\in D, \\ 0, & (x,y)\notin D\end{cases}$$

其中 D 为 R^2 中的一个有界区域，面积为 S_D，则称 (X, Y) 服从**二维均匀分布**（two-dimension uniform distribution），记为 $(X, Y)\sim U(D)$.

不难算出：若 $(X, Y)\sim U(D)$，则 (X, Y) 落在区域 D 的子区域 G 中的概率为

$$P\{(X,Y)\in G\}=\iint\limits_G p(x,y)\mathrm{d}x\mathrm{d}y=\iint\limits_G\frac{1}{S_D}\mathrm{d}x\mathrm{d}y=\frac{S_G}{S_D},$$

即向区域 D 内投点 (X, Y)，落在区域 D 的子区域 G 的概率只与 G 的面积有关，而与 G 的位置无关，上式结果恰好就是几何概率的计算公式.

例 5—28　设二维随机变量 (X, Y) 服从正方形 $\{(x,y)|0\leqslant x\leqslant 1,0\leqslant y\leqslant 1\}$ 上的均匀分布，（1）写出 (X, Y) 的联合概率密度；（2）求 (X, Y) 的联合分布函数.

解　（1）由均匀分布的定义易得 (X, Y) 的联合概率密度为

$$p(x,y)=\begin{cases}1, & 0\leqslant x\leqslant 1,0\leqslant y\leqslant 1 \\ 0, & \text{其他}\end{cases}.$$

（2）当 $x<0$ 或 $y<0$ 时，$F(x,y)=0$.

当 $0\leqslant x\leqslant 1$，$0\leqslant y\leqslant 1$ 时，$F(x, y)=\int_0^x\int_0^y\mathrm{d}x\mathrm{d}y=xy$.

当 $0\leqslant x\leqslant 1$，$y>1$ 时，$F(x, y)=\int_0^x\int_0^1\mathrm{d}x\mathrm{d}y=x$.

当 $x>1$，$0\leqslant y\leqslant 1$ 时，$F(x, y)=\int_0^1\int_0^y\mathrm{d}x\mathrm{d}y=y$.

当 $x>1$，$y>1$ 时，$F(x, y)=\int_0^1\int_0^1\mathrm{d}x\mathrm{d}y=1$.

故 $(X，Y)$ 的联合分布函数为

$$F(x, y)=\begin{cases}0, & x<0 \text{ 或 } y<0 \\ xy, & 0\leqslant x\leqslant 1, 0\leqslant y\leqslant 1 \\ x, & 0\leqslant x\leqslant 1, y>1 \\ y, & x>1, 0\leqslant y\leqslant 1 \\ 1, & x>1, y>1\end{cases}.$$

例 5—29 设 $(X，Y)$ 服从区域 D（如图 5—25 所示）上的均匀分布，求 X 和 Y 的边缘概率密度，并判断 $X，Y$ 是否相互独立.

解 由均匀分布的定义知，$(X，Y)$ 的联合概率密度为

$$p(x, y)=\begin{cases}1, & (x,y)\in D \\ 0, & \text{其他}\end{cases}.$$

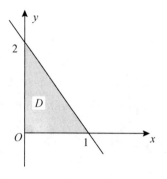

图 5—25　例 5—29 区域图

X 的边缘概率密度为

$$p_X(x)=\int_{-\infty}^{+\infty}p(x,y)\mathrm{d}y$$

$$=\begin{cases}\int_0^{2(1-x)}\mathrm{d}y, & 0<x<1 \\ 0, & \text{其他}\end{cases}$$

$$=\begin{cases}2(1-x), & 0<x<1 \\ 0, & \text{其他}\end{cases}.$$

Y 的边缘概率密度为

$$p_Y(y)=\int_{-\infty}^{+\infty}p(x,y)\mathrm{d}x$$

$$=\begin{cases}\int_0^{1-\frac{y}{2}}\mathrm{d}x, & 0<y<2 \\ 0, & \text{其他}\end{cases}$$

$$=\begin{cases}1-\dfrac{y}{2}, & 0<y<2 \\ 0, & \text{其他}\end{cases}.$$

由于 $p(x, y)=1 \neq p_X(x)p_Y(y)$，因此 X，Y 不相互独立.

§5.6.2　二维正态分布

定义 9　如果二维随机变量 (X, Y) 的联合概率密度为

$$p(x,y)=\frac{1}{2\pi\sigma_1\sigma_2\sqrt{1-\rho^2}}\exp\left\{-\frac{1}{2(1-\rho^2)}\left[\left(\frac{x-\mu_1}{\sigma_1}\right)^2-2\rho\frac{(x-\mu_1)(y-\mu_2)}{\sigma_1\sigma_2}\right.\right.$$
$$\left.\left.+\left(\frac{y-\mu_2}{\sigma_2}\right)^2\right]\right\},\quad -\infty<x,y<+\infty,$$

其中参数 μ_1，μ_2，$\sigma_1>0$，$\sigma_2>0$，$|\rho|<1$ 为常数，则称 (X, Y) 服从参数为 μ_1，μ_2，σ_1，σ_2，ρ 的**二维正态分布**（two-dimension normal distribution），记为 $(X, Y)\sim N(\mu_1, \mu_2, \sigma_1^2, \sigma_2^2, \rho)$.

这里 $\exp(x)$ 表示指数函数 e^x. 如图 5—26 所示，二维正态分布在中心 (μ_1, μ_2) 附近密度较高，离中心越远，密度越小.

例 5—30　设 $(X, Y)\sim N(\mu_1, \mu_2, \sigma_1^2, \sigma_2^2, \rho)$，求 (X, Y) 关于 X 和关于 Y 的边缘概率密度.

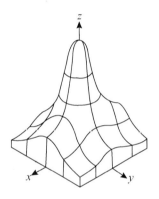

图 5—26　二维正态分布概率密度曲面图

解　作变量代换 $t=\dfrac{y-\mu_2}{\sigma_2}$，得

$$p_X(x)$$
$$=\int_{-\infty}^{+\infty}p(x,y)\mathrm{d}y$$
$$=\int_{-\infty}^{+\infty}\frac{1}{2\pi\sigma_1\sqrt{1-\rho^2}}\exp\left\{-\frac{1}{2(1-\rho^2)}\left[\frac{(x-\mu_1)^2}{\sigma_1^2}-\frac{2\rho(x-\mu_1)t}{\sigma_1}+t^2\right]\right\}\mathrm{d}t$$
$$=\int_{-\infty}^{+\infty}\frac{1}{2\pi\sigma_1\sqrt{1-\rho^2}}\exp\left\{-\frac{1}{2(1-\rho^2)}\left[(1-\rho^2+\rho^2)\frac{(x-\mu_1)^2}{\sigma_1^2}-\frac{2\rho(x-\mu_1)t}{\sigma_1}+t^2\right]\right\}\mathrm{d}t$$
$$=\frac{1}{\sqrt{2\pi}\sigma_1}e^{-\frac{(x-\mu_1)^2}{2\sigma_1^2}}\int_{-\infty}^{+\infty}\frac{1}{\sqrt{2\pi}\sqrt{1-\rho^2}}\exp\left\{-\frac{1}{2(1-\rho^2)}\left[t-\frac{\rho(x-\mu_1)}{\sigma_1}\right]^2\right\}\mathrm{d}t.$$

注意到上式积分号内的被积函数恰好是正态分布 $N\left(\dfrac{\rho(x-\mu_1)}{\sigma_1}, 1-\rho^2\right)$ 的概率密度，根据概率密度性质知该积分值为 1，于是有

$$p_X(x) = \frac{1}{\sqrt{2\pi}\sigma_1}\mathrm{e}^{-\frac{(x-\mu_1)^2}{2\sigma_1^2}}.$$

由对称性, 可得 $p_Y(y) = \dfrac{1}{\sqrt{2\pi}\sigma_2}\mathrm{e}^{-\frac{(y-\mu_2)^2}{2\sigma_2^2}}$, 因此 $X \sim N(\mu_1, \sigma_1^2)$, $Y \sim N(\mu_2,$ $\sigma_2^2)$. 这说明二维正态分布的边缘分布是一维正态分布. 由于这两个边缘概率密度中都不含参数 ρ, 这就说明了: 联合分布决定了边缘分布, 但边缘分布一般不能决定联合分布. 同时以 $N(\mu_1, \sigma_1^2)$ 和 $N(\mu_2, \sigma_2^2)$ 作为边缘分布, 参数 ρ 在区间 $(-1, 1)$ 任意取一个值, 就可得到一个不同的联合正态分布. 今后我们会知道, 参数 ρ 确实反映了两个分量 X 与 Y 的相依程度. 即联合概率密度所反映的信息, 不仅包含了各自的特征, 还包含着二者之间某种关系的信息.

例 5—31 设 $(X, Y) \sim N(\mu_1, \mu_2, \sigma_1^2, \sigma_2^2, \rho)$, 求 X 和 Y 的协方差和相关系数.

解 因为 $X \sim N(\mu_1, \sigma_1^2)$, $Y \sim N(\mu_2, \sigma_2^2)$. 所以, $E(X) = \mu_1$, $E(Y) = \mu_2$, $D(X) = \sigma_1^2$, $D(Y) = \sigma_2^2$. 而

$$\begin{aligned}
\mathrm{Cov}(X,Y) &= \int_{-\infty}^{+\infty}\int_{-\infty}^{+\infty}(x-\mu_1)(y-\mu_2)p(x,y)\mathrm{d}x\mathrm{d}y \\
&= \frac{1}{2\pi\sigma_1\sigma_2\sqrt{1-\rho^2}}\int_{-\infty}^{+\infty}\int_{-\infty}^{+\infty}(x-\mu_1)(y-\mu_2) \\
&\quad \cdot \exp\left\{-\frac{(x-\mu_1)^2}{2\sigma_1^2}\right\}\exp\left\{-\frac{1}{2(1-\rho^2)}\left(\frac{y-\mu_2}{\sigma_2}-\rho\frac{x-\mu_1}{\sigma_1}\right)^2\right\}\mathrm{d}y\mathrm{d}x.
\end{aligned}$$

令 $t = \dfrac{1}{\sqrt{1-\rho^2}}\left(\dfrac{y-\mu_2}{\sigma_2}-\rho\dfrac{x-\mu_1}{\sigma_1}\right), u = \dfrac{x-\mu_1}{\sigma_1}$, 则有

$$\begin{aligned}
&\mathrm{Cov}(X,Y) \\
&= \frac{1}{2\pi}\int_{-\infty}^{+\infty}\int_{-\infty}^{+\infty}(\sigma_1\sigma_2\sqrt{1-\rho^2}tu+\rho\sigma_1\sigma_2u^2)\mathrm{e}^{-\frac{u^2}{2}-\frac{t^2}{2}}\mathrm{d}t\mathrm{d}u \\
&= \frac{\rho\sigma_1\sigma_2}{2\pi}\left(\int_{-\infty}^{+\infty}u^2\mathrm{e}^{-\frac{u^2}{2}}\mathrm{d}u\right)\left(\int_{-\infty}^{+\infty}\mathrm{e}^{-\frac{t^2}{2}}\mathrm{d}t\right)+\frac{\sigma_1\sigma_2\sqrt{1-\rho^2}}{2\pi}\left(\int_{-\infty}^{+\infty}u\mathrm{e}^{-\frac{u^2}{2}}\mathrm{d}u\right)\left(\int_{-\infty}^{+\infty}t\mathrm{e}^{-\frac{t^2}{2}}\mathrm{d}t\right) \\
&= \frac{\rho\sigma_1\sigma_2}{2\pi}\sqrt{2\pi}\cdot\sqrt{2\pi} = \rho\sigma_1\sigma_2,
\end{aligned}$$

即

$$\mathrm{Cov}(X,Y) = \rho\sigma_1\sigma_2.$$

于是

$$\rho_{XY} = \frac{\mathrm{Cov}(X,Y)}{\sqrt{D(X)}\,\sqrt{D(Y)}} = \rho\;.$$

这就是说二维正态随机变量（X，Y）的概率密度的参数 ρ 就是 X 和 Y 的相关系数，因而二元正态随机变量的分布完全由 X 和 Y 的数学期望、方差以及它们的相关系数所确定.

例 5—32 设（X，Y）$\sim N(\mu_1，\mu_2，\sigma_1^2，\sigma_2^2，\rho)$，证明 X，Y 独立的充要条件是 $\rho = 0$.

证明 （1）如果 X，Y 相互独立，有

$$p(x，y) = p_X(x) \cdot p_Y(y) = \frac{1}{2\pi\sigma_1\sigma_2} \exp\left\{-\frac{1}{2}\left[\left(\frac{x-\mu_1}{\sigma_1}\right)^2 + \left(\frac{y-\mu_2}{\sigma_2}\right)^2\right]\right\},$$

而

$$p(x，y) = \frac{1}{2\pi\sigma_1\sigma_2\sqrt{1-\rho^2}} \exp\left\{-\frac{1}{2(1-\rho^2)}\left[\left(\frac{x-\mu_1}{\sigma_1}\right)^2\right.\right.$$
$$\left.\left. -2\rho\frac{(x-\mu_1)(y-\mu_2)}{\sigma_1\sigma_2} + \left(\frac{y-\mu_2}{\sigma_2}\right)^2\right]\right\}.$$

令 $x = \mu_1$，$y = \mu_2$，比较两式可得 $\sqrt{1-\rho^2} = 1$，即 $\rho = 0$.

（2）如果 $\rho = 0$，将它代入 $p(x，y)$ 的表达式，即得 $p(x，y) = p_X(x) \cdot p_Y(y)$.

综上所述，二维正态分布（X，Y）中 X，Y 相互独立的充要条件是 $\rho = 0$.

因此，对于二维正态随机变量（X，Y），X 和 Y 不相关与 X 和 Y 相互独立是等价的.

例 5—33 设 X 与 Y 相互独立且都服从标准正态分布，求 $Z = X + Y$ 的分布.

解法 1 （1）求 Z 的分布函数 $F_Z(z)$

$$F_Z(z) = P\{Z \leqslant z\} = P\{X+Y \leqslant z\} = \iint\limits_{x+y\leqslant z} p_X(x)p_Y(y)\mathrm{d}x\mathrm{d}y$$
$$= \int_{-\infty}^{+\infty}\mathrm{d}x\int_{-\infty}^{z-x}\frac{1}{2\pi}\mathrm{e}^{-\frac{x^2+y^2}{2}}\mathrm{d}y.$$

（2）求 Z 的概率密度函数 $p_Z(z)$

$$p_Z(z) = \frac{\mathrm{d}}{\mathrm{d}z}(F_Z(z)) = \frac{\mathrm{d}}{\mathrm{d}z}\left(\int_{-\infty}^{+\infty}\mathrm{d}x\int_{-\infty}^{z-x}\frac{1}{2\pi}\mathrm{e}^{-\frac{x^2+y^2}{2}}\mathrm{d}y\right)$$

$$= \int_{-\infty}^{+\infty}\frac{1}{2\pi}\mathrm{e}^{-\frac{x^2+(z-x)^2}{2}}\mathrm{d}x = \frac{1}{2\pi}\mathrm{e}^{-\frac{z^2}{4}}\int_{-\infty}^{+\infty}\mathrm{e}^{-\left(x-\frac{z}{2}\right)^2}\mathrm{d}x$$

$$= \frac{1}{\sqrt{2\pi}\cdot\sqrt{2}}\mathrm{e}^{-\frac{z^2}{4}}\cdot\frac{1}{\sqrt{2\pi}\cdot\frac{1}{\sqrt{2}}}\int_{-\infty}^{+\infty}\mathrm{e}^{-\frac{1}{2}\left(\frac{x-z/2}{1/\sqrt{2}}\right)^2}\mathrm{d}x$$

$$= \frac{1}{\sqrt{2\pi}\cdot\sqrt{2}}\mathrm{e}^{-\frac{z^2}{4}}, \quad -\infty < z < +\infty.$$

$$\left(\text{如果 } X\sim N(\mu,\ \sigma^2),\ \text{则}\ \frac{1}{\sqrt{2\pi}\sigma}\int_{-\infty}^{+\infty}\mathrm{e}^{-\frac{1}{2}\left(\frac{x-\mu}{\sigma}\right)^2}\mathrm{d}x = 1,\ \text{此处}\ \mu = \frac{z}{2},\ \sigma^2 = \frac{1}{2}\right).$$

解法 2　由 X 与 Y 相互独立,得

$$p_Z(z) = \int_{-\infty}^{+\infty}\varphi_X(x)\varphi_Y(z-x)\mathrm{d}x = \int_{-\infty}^{+\infty}\frac{1}{2\pi}\mathrm{e}^{-\frac{x^2+(z-x)^2}{2}}\mathrm{d}x$$

$$= \frac{1}{\sqrt{2\pi}\cdot\sqrt{2}}\mathrm{e}^{-\frac{z^2}{4}}, \quad -\infty < z < +\infty.$$

显然 $Z\sim N(0,\ 2)$. 这一结论不是偶然的,更一般地,我们有

定理 9　设随机变量 $X_i\sim N(\mu_i,\ \sigma_i^2)$, $i=1$, 2, $\cdots$, n, 且相互独立, $a_i(i=1$, 2, $\cdots$, $n)$ 为任意常数,则随机变量

$$a_1X_1 + a_2X_2 + \cdots + a_nX_n = \sum_{i=1}^{n}a_iX_i \sim N(\mu, \sigma^2)$$

其中, $\mu = a_1\mu_1 + a_2\mu_2 + \cdots + a_n\mu_n = \displaystyle\sum_{i=1}^{n}a_i\mu_i$,

$$\sigma^2 = a_1^2\sigma_1^2 + a_2^2\sigma_2^2 + \cdots + a_n^2\sigma_n^2$$

$$= \sum_{i=1}^{n}a_i^2\sigma_i^2.$$

定理不予证明. 定理表明,相互独立且都服从正态分布的随机变量的线性组合也服从正态分布. 这是正态分布的又一优良特性. 此结论非常重要,请大家牢记.

 习题五

1. 某一大型超市装有 5 台同类型的紧急供电设备,设每台设备是否被使用相互独立. 经调查得知任一时刻每台设备被使用的概率为 0.1,问在同一时刻,

(1) 恰好有 2 台设备被使用的概率是多少?

(2) 至少有 1 台设备被使用的概率是多少?

(3) 至多有 3 台设备被使用的概率是多少?

2. 某一消防队在长度为 t 的时间间隔内收到的紧急求助的次数 X 服从参数为 $\frac{t}{3}$ 的泊松分布,而与时间间隔的起点无关(时间以小时计).

(1) 求某一天上午 8 时至中午 12 时未收到紧急求助的概率;

(2) 求某一天下午 2 时至下午 5 时至少收到 1 次紧急求助的概率.

3. 设随机变量 X 服从泊松分布,且知 $P\{X=1\}=P\{X=2\}$,求 $P\{X=4\}$.

4. 一本 500 页的书中总共有 500 个印刷错误,若每一个印刷错误等可能地出现在任一页中,求在某指定页至少有一个印刷错误的概率.(利用泊松定理近似计算.)

5. 有一繁忙的汽车站,每天有大量汽车通过,设一辆汽车在一天的某段时间内出事故的概率为 0.000 1. 在某天的该时间段内有 1 000 辆汽车通过,问出事故的车辆数不小于 2 的概率是多少?(利用泊松定理计算.)

6. 设电话交换台每分钟接到的呼唤次数 X 服从参数为 $\lambda=3$ 的泊松分布.

(1) 求在一分钟内接到超过 7 次呼唤的概率;

(2) 若一分钟内一次呼唤需要占用一条线路. 求该交换台至少要设置多少条线路才能以不低于 90% 的概率使用户得到及时服务.

7. 假设某元件使用寿命 X(单位:小时)服从参数为 $\lambda=0.002$ 的指数分布,试求

(1) 该元件在 100 小时内需要维修的概率是多少?

(2) 该元件能正常使用 600 小时以上的概率是多少?

8. 设 $X\sim N(4, 2^2)$,查表计算 $P\{X\leqslant 6\}$,$P\{|X-5|\leqslant 2\}$,$P\{X\geqslant 5\}$,$P\{|x|\leqslant 2\}$.

9. 设 $X\sim N(2, 2^2)$,试

(1) 确定常数 c,使得 $P\{X>c\}=P\{X\leqslant c\}$,

(2) 寻找最小的 d,使得 $P\{X<d\}\geqslant 0.99$ 成立.

10. 测量某零件长度的误差 X 是随机变量,已知 $X\sim N(3, 4)$,

(1) 求误差不超过 3 的概率;

(2) 求误差的绝对值不超过 3 的概率;

(3) 如果测量两次,求至少有一次误差的绝对值不超过 3 的概率.

11. 一般认为各种考试成绩服从正态分布,假定在一次公务员资格考试中,

只有考试人数的 5% 能通过考试，而考生的成绩 X 近似服从 $N(60，100)$，问至少要多少分才可能通过这次资格考试？

12. 设 $X \sim N(0，\sigma^2)$，求 $Y = X^2$ 的分布.

13. 设随机变量 X 服从参数为 λ 的指数分布，试求 $Y = e^X$ 的概率密度函数.

14. 设随机变量 X 的概率密度为

$$p(x) = \begin{cases} e^{-x}, & x > 0 \\ 0, & x \leqslant 0 \end{cases}.$$

试求以下 Y 的概率密度函数：

(1) $Y = 2X + 3$；　　(2) $Y = X^2$.

15. 设随机变量 $(X，Y)$ 在由曲线 $y = x^2$，$y = \sqrt{x}$ 所围成的区域 G 内均匀分布. 求条件概率密度 $p(y \mid x)$，并写出当 $x = 0.5$ 时的条件概率密度.

16. 设 X 与 Y 相互独立，且 X 服从 $\lambda = 3$ 的指数分布，Y 服从 $\lambda = 4$ 的指数分布，试求：

(1) $(X，Y)$ 联合概率密度与联合分布函数；

(2) $P\{X < 1，Y < 1\}$；

(3) $(X，Y)$ 在 $D = \{(x，y) \mid x > 0，y > 0，3x + 4y < 3\}$ 内取值的概率.

17. 设 $X，Y$ 是两个相互独立的随机变量，X 在 $(0，1)$ 上服从均匀分布，Y 的概率密度为 $p_Y(y) = \begin{cases} \dfrac{1}{2} e^{-\frac{y}{2}}, & y > 0 \\ 0, & y \leqslant 0 \end{cases}$，试求 λ 的二次方程 $\lambda^2 + 2X\lambda + Y = 0$ 有实根的概率.

18. 设随机变量 X 与 Y 独立，都服从 $(0，a)$ 上的均匀分布，求 $Z = \dfrac{X}{Y}$ 的概率密度.

19. 设 X 的概率分布为 $B(4，p)$，求 $Y = \sin\left(\dfrac{\pi}{2} X\right)$ 的数学期望.

20. 设二维随机变量 $(X，Y)$ 服从 D 上的均匀分布，其中 D 是直线 $y = x$ 和抛物线 $y = x^2$ 所围成的区域，试求它的联合分布和边缘分布函数.

第六章

大数定律及中心极限定理

大数定律和中心极限定理都属于极限定理，是概率论的基本理论，在理论研究和应用中起着重要作用. 大数定律说明在一定条件下，随机变量序列的前面一些项的平均值收敛到这些项的数学期望的平均值；中心极限定理则说明随机变量之和的分布近似服从正态分布. 本章介绍了几个常见的大数定律和中心极限定理.

§6.1 大数定律

在概率的统计定义中，曾提到事件发生的频率具有稳定性，即事件发生的频率趋于事件发生的概率，其中所指的是：当试验的次数无限增大时，事件发生的频率在某种收敛意义下逼近某一定数（事件发生的概率）. 在实践中人们还认识到大量测量值的算术平均值也具有稳定性. 大数定律对上述情况从理论的高度进行了论证.

§6.1.1 切比雪夫（Chebyshev）不等式

定理 1 （切比雪夫不等式）设随机变量 X 具有数学期望 $E(X)=\mu$，方差 $D(X)=\sigma^2$，则对于任意常数 $\varepsilon>0$，都有

$$P\{|X-\mu|\geqslant\varepsilon\}\leqslant\frac{\sigma^2}{\varepsilon^2}.$$

证明　这里只证明 X 为连续型随机变量的情形. 设随机变量 X 的概率密度为 $p(x)$，则有

$$
\begin{aligned}
P\{|X-\mu| \geqslant \varepsilon\} &= \int_{|x-\mu| \geqslant \varepsilon} p(x)\mathrm{d}x \\
&\leqslant \int_{|x-\mu| \geqslant \varepsilon} \frac{|x-\mu|^2}{\varepsilon^2} p(x)\mathrm{d}x \\
&\leqslant \frac{1}{\varepsilon^2}\int_{-\infty}^{+\infty}(x-\mu)^2 p(x)\mathrm{d}x = \frac{\sigma^2}{\varepsilon^2}.
\end{aligned}
$$

注　切比雪夫不等式也可以写成

$$
P\{|X-\mu|<\varepsilon\} \geqslant 1-\frac{\sigma^2}{\varepsilon^2}.
$$

切比雪夫不等式表明：随机变量 X 的方差越小，则事件 $\{|X-\mu|<\varepsilon\}$ 发生的概率越大，即 X 的取值基本上集中在它的期望 μ 附近. 由此可见方差刻画了随机变量取值的离散程度.

在方差已知的情况下，切比雪夫不等式给出了 X 与它的期望 μ 的偏差不小于 ε 的概率的估计式. 如取 $\varepsilon=3\sigma$，则有

$$
P\{|X-E(X)|>3\sigma\} \leqslant \frac{\sigma^2}{(3\sigma)^2} \approx 0.111.
$$

于是，对于任意给定的分布，只要期望和方差存在，则随机变量 X 落在 $(E(X)-3\sigma, E(X)+3\sigma)$ 外的概率不超过 0.111.

此外，切比雪夫不等式作为一个理论工具，它的应用是普遍的.

例 6—1　根据过去统计资料知道，某产品的废品率为 0.01，现从该产品的某批中抽取 100 件检查，试用切比雪夫不等式估计这 100 件产品的废品率与 0.01 之差的绝对值小于 0.02 的概率.

解　设 X 表示 100 件产品中的废品数，由题意知，$X \sim B(100, 0.01)$，因为

$$
E\left(\frac{X}{100}\right)=\frac{1}{100}\times 100 \times 0.01 = 0.01.
$$

$$
D\left(\frac{X}{100}\right)=\frac{1}{10\,000}\times 100 \times 0.99 \times 0.01 = \frac{0.99}{10\,000}.
$$

由切比雪夫不等式，得

$$
\begin{aligned}
P\left\{\left|\frac{X}{100}-0.01\right|<0.02\right\} &= P\left\{\left|\frac{X}{100}-E\left(\frac{X}{100}\right)\right|<0.02\right\} \geqslant 1-\frac{D\left(\dfrac{X}{100}\right)}{0.02^2} \\
&= 0.752\,5.
\end{aligned}
$$

§6.1.2　切比雪夫大数定律

定义 1　设 $\{X_k\}$ 是随机变量序列, 数学期望 $E(X_k)$, $k=1$, 2, …存在, 若对于任意 $\varepsilon>0$, 有

$$\lim_{n\to\infty}P\left\{\left|\frac{1}{n}\sum_{k=1}^{n}X_k-\frac{1}{n}\sum_{k=1}^{n}E(X_k)\right|<\varepsilon\right\}=1,$$

则称随机变量序列 $\{X_k\}$ 服从大数定律.

定理 2　（切比雪夫大数定律）设随机变量 X_1, X_2, …, X_n, …两两不相关, 且它们的方差有界, 即存在常数 $C>0$, 使

$$D(X_i)\leqslant C, i=1, 2, \cdots,$$

则对于任意 $\varepsilon>0$, 有

$$\lim_{n\to\infty}P\left\{\left|\frac{1}{n}\sum_{i=1}^{n}X_i-\frac{1}{n}\sum_{i=1}^{n}E(X_i)\right|<\varepsilon\right\}=1.$$

证明　因为 X_1, X_2, …, X_n, …两两不相关, 故

$$D\left(\frac{1}{n}\sum_{i=1}^{n}X_i\right)=\frac{1}{n^2}\sum_{i=1}^{n}D(X_i)\leqslant\frac{nC}{n^2}=\frac{C}{n}.$$

又 $E\left(\frac{1}{n}\sum_{i=1}^{n}X_i\right)=\frac{1}{n}\sum_{i=1}^{n}E(X_i)$, 利用切比雪夫不等式有

$$1\geqslant P\left\{\left|\frac{1}{n}\sum_{i=1}^{n}X_i-\frac{1}{n}\sum_{i=1}^{n}E(X_i)\right|<\varepsilon\right\}\geqslant 1-\frac{D\left(\frac{1}{n}\sum_{i=1}^{+\infty}X_i\right)}{\varepsilon^2}\geqslant 1-\frac{C}{n\varepsilon^2}.$$

在上式中令 $n\to\infty$, 由夹逼准则知

$$\lim_{n\to\infty}P\left\{\left|\frac{1}{n}\sum_{i=1}^{n}X_i-\frac{1}{n}\sum_{i=1}^{n}E(X_i)\right|<\varepsilon\right\}=1.$$

n 个随机变量 X_1, X_2, …, X_n 的算术平均值 $\frac{1}{n}\sum_{i=1}^{n}X_i$ 仍然是随机变量, 但是, 切比雪夫大数定律说明了, 当 n 足够大时, 只要满足定理的条件, $\frac{1}{n}\sum_{i=1}^{n}X_i$ 几乎变成一个常数, 这个常数就是它的数学期望 $\frac{1}{n}\sum_{i=1}^{n}E(X_i)$.

例 6—2 设 X_1，X_2，$\cdots$，X_n，$\cdots$是相互独立的随机变量序列，且

$$P(X_n=0)=1-\frac{2}{n^2},\ P(X_n=n)=\frac{1}{n^2},\ P(X_n=-n)=\frac{1}{n^2},\ n=1,2,\cdots,$$

问 X_1，X_2，$\cdots$，X_n，$\cdots$是否服从大数定律？

解 因 $E(X_n)=0\times\left(1-\frac{2}{n^2}\right)+n\times\frac{1}{n^2}+(-n)\times\frac{1}{n^2}=0,$

$$E(X_n^2)=0^2\times\left(1-\frac{2}{n^2}\right)+n^2\times\frac{1}{n^2}+(-n)^2\times\frac{1}{n^2}=2,$$

$$D(X_n)=E(X_n^2)-[E(X_n)]^2=2-0=2.$$

故 X_1，X_2，$\cdots$，X_n，$\cdots$满足切比雪夫大数定律的条件，从而服从大数定律.

§6.1.3 伯努利大数定律

定理 3 （伯努利大数定律）设 n_A 是 n 重伯努利试验中事件 A 出现的次数，p 是事件 A 在每次试验中出现的概率，则对任意 $\varepsilon>0$，有

$$\lim_{n\to\infty}P\left\{\left|\frac{n_A}{n}-p\right|<\varepsilon\right\}=1.$$

证明 令 $X_n=\begin{cases}1,\ 在第\ n\ 次试验中\ A\ 出现\\0,\ 在第\ n\ 次试验中\ A\ 不出现\end{cases}$，则 X_1，X_2，$\cdots$，X_n，$\cdots$是独立同分布的随机变量序列，且

$$E(X_n)=p,\ D(X_n)=p(1-p)=\frac{1}{4}-\left(p-\frac{1}{2}\right)^2<\frac{1}{4}.$$

又因为 $n_A=\sum_{i=1}^{n}X_i$，因此满足切比雪夫大数定律的条件，从而 $\lim_{n\to\infty}P\left\{\left|\frac{n_A}{n}-p\right|<\varepsilon\right\}=1$ 成立.

伯努利大数定律表明：当试验次数 n 趋于无穷大时，"事件出现的频率与事件出现的概率相等"这一事件成立的概率为 1. 也就是说，当 n 很大时，事件出现的频率与概率有较大偏差的可能性很小. 因此，在实际应用中，当试验次数很大时，我们常常以事件出现的频率来代替事件出现的概率.

§6.1.4 辛钦大数定律

切比雪夫不等式中要求随机变量 X_1，X_2，$\cdots$，X_n，$\cdots$的方差存在. 但在这

些随机变量服从相同分布的场合，并不需要这一要求，我们有以下的定理.

定理 4 （辛钦大数定律）设 X_1，X_2，$\cdots$，X_n，$\cdots$是独立同分布的随机变量，且数学期望 $E(X_i)=\mu(i=1, 2, \cdots)$，则对于任意 $\varepsilon>0$，有

$$\lim_{n\to\infty}P\left\{\left|\frac{1}{n}\sum_{i=1}^{n}X_i-\mu\right|<\varepsilon\right\}=1.$$

证明略.

显然，伯努利大数定律是辛钦大数定律的特殊情况. 辛钦大数定律提供了求随机变量数学期望的近似值的方法. 设想对随机变量 X 独立重复地观察 n 次，第 i 次的观察结果记为 X_i，则 X_1，X_2，$\cdots$，X_n 相互独立，且每个 X_i 与 X 的分布相同. 若得到 X_1，X_2，$\cdots$，X_n 的观察值 x_1，x_2，$\cdots$，x_n，在 $E(X)$ 存在的条件下，根据辛钦大数定律，当 n 足够大时，有 $E(X)\approx\frac{1}{n}\sum_{k=1}^{n}x_k$. 这样做法的优点是我们在求数学期望时，可以不必去管 X 的分布究竟是怎样的.

§6.2　中心极限定理

在客观实际中有许多随机变量，它们是由大量相互独立的随机因素的综合影响所形成的. 而其中每一个因素在总的影响中所起的作用是微小的. 这类随机变量往往近似地服从正态分布. 这种现象就是中心极限定理的客观背景.

以一门大炮的射程为例，影响大炮的射程的随机因素包括：大炮炮身结构导致的误差，炮弹及炮弹内炸药质量导致的误差，瞄准时的误差，受风速、风向的干扰而造成的误差等. 其中每一种误差造成的影响在总的影响中所起的作用是微小的，并且可以看成是相互独立的. 人们关心的是这众多误差因素对大炮射程所造成的总的影响. 因此，需要讨论大量独立随机变量和的问题.

中心极限定理是棣莫弗（De Moivre）在 18 世纪首先提出的. 该定理在很一般的条件下证明了无论随机变量 $X_i(i=1, 2, \cdots)$ 服从什么分布，当 $n\to\infty$ 时，n 个随机变量的和 $\sum_{i=1}^{n}X_i$ 的极限分布是正态分布. 利用这些结论，数理统计中许多复杂随机变量的分布都可以用正态分布近似，而正态分布有许多完美的结论，从而可以获得既实用又简单的统计分析结果.

§6.2.1 中心极限定理

在研究许多随机因素产生的总影响时，一般可以归结为研究相互独立的随机变量之和的分布问题，而通常这种和的项数都很大. 因此，需要构造一个项数越来越多的随机变量和的序列：

$$Y_n = \sum_{i=1}^{n} X_i, \ n = 1, 2, \cdots.$$

我们关心的是当 $n \to \infty$ 时，随机变量和 $Y_n = \sum_{i=1}^{n} X_i$ 的极限分布是什么. 由于直接研究 $Y_n = \sum_{i=1}^{n} X_i$ 的极限分布不方便，故先将其标准化为：

$$Y_n^* = \frac{Y_n - E(Y_n)}{\sqrt{D(Y_n)}} = \frac{\sum_{i=1}^{n} X_i - \sum_{i=1}^{n} E(X_i)}{\sqrt{D(\sum_{i=1}^{n} X_i)}}.$$

再来研究随机变量序列 $\{Y_n^*\}$ 的极限分布.

定义 2 设 $\{X_k\}$ 为相互独立的随机变量序列，数学期望 $E(X_k) = \mu_k$ 和方差 $D(X_k) = \sigma_k^2$ 都存在，令

$$Y_n^* = \frac{\sum_{i=1}^{n} X_i - \sum_{i=1}^{n} E(X_i)}{\sqrt{D(\sum_{i=1}^{n} X_i)}},$$

若对于一切实数 x，有

$$\lim_{n \to \infty} P\{Y_n^* \leqslant x\} = \frac{1}{\sqrt{2\pi}} \int_{-\infty}^{x} e^{-\frac{t^2}{2}} dt = \Phi(x),$$

则称随机变量序列 $\{X_k\}$ 服从**中心极限定理**.

§6.2.2 独立同分布的中心极限定理

定理 5 （独立同分布的中心极限定理）设随机变量序列 $\{X_k\}$ 独立同分布，且 $E(X_i) = \mu$，$D(X_i) = \sigma^2 > 0$，$i = 1, 2, \cdots$，若记

$$Y_n^* = \frac{\sum\limits_{i=1}^{n} X_i - E(\sum\limits_{i=1}^{n} X_i)}{\sqrt{D(\sum\limits_{i=1}^{n} X_i)}} = \frac{\sum\limits_{i=1}^{n} X_i - n\mu}{\sqrt{n}\sigma},$$

则对于任意实数 x 有

$$\lim_{n\to\infty} F_n(x) = \lim_{n\to\infty} P\{Y_n^* \leqslant x\} = \int_{-\infty}^{x} \frac{1}{\sqrt{2\pi}} e^{-\frac{t^2}{2}} \, dt = \Phi(x).$$

证明略.

在实际问题中，我们常常遇到有限个随机变量的和 $\sum\limits_{i=1}^{n} X_i$，且 X_i 的分布是任意的情况，所以 $\sum\limits_{i=1}^{n} X_i$ 的确切分布往往很难求得．定理告诉我们，n 个独立同分布且数学期望和方差都存在的随机变量之和 $\sum\limits_{i=1}^{n} X_i$，不论 X_i 服从什么分布，当 n 足够大时，$\sum\limits_{i=1}^{n} X_i$ 近似地服从正态分布 $N(n\mu, n\sigma^2)$．从而

$$P\left\{ \sum_{i=1}^{n} X_i \leqslant b \right\} = P\left\{ \frac{\sum\limits_{i=1}^{n} X_i - n\mu}{\sqrt{n}\sigma} \leqslant \frac{b - n\mu}{\sqrt{n}\sigma} \right\} \approx \Phi\left(\frac{b - nu}{\sqrt{n}\sigma} \right).$$

实际中，如果 $n \geqslant 30$，上面正态分布的近似效果一般是好的；如果 $n < 30$，只有 X_i 的分布不太异于正态分布的情况下才是好的；如果 X_i 服从正态分布，则不论 n 多小，$\sum\limits_{i=1}^{n} X_i$ 都会精确地服从正态分布.

例 6—3 一保险公司有 1 万个投保人，每个投保人的索赔金额的数学期望为 250 元，标准差为 500 元，求索赔总金额不超过 260 万元的概率.

解 设第 i 个投保人的索赔金额为随机变量 $X_i (i=1, 2, \cdots, 10\,000)$，则 $X_1, X_2, \cdots, X_{10\,000}$ 独立同分布，且

$$E(X_i) = 250, \quad D(X_i) = 500^2, \quad i = 1, 2, \cdots, 10\,000.$$

索赔总金额不超过 $2\,600\,000$ 元可表示为事件 $\left\{ \sum\limits_{i=1}^{10\,000} X_i \leqslant 2\,600\,000 \right\}$.

由中心极限定理有

$$P\left\{\sum_{i=1}^{10\,000} X_i \leqslant 2\,600\,000\right\} \approx \Phi\left(\frac{2\,600\,000 - 10\,000 \times 250}{\sqrt{10\,000} \times 500}\right) = \Phi(2) = 0.977\,2.$$

例 6—4 对于一个学校而言：来参加家长会的家长人数是一个随机变量，设一个学生无家长，1 名家长，2 名家长来参加会议的概率分别为 0.05，0.8，0.15. 假设学校共有 400 名学生，各学生参加会议的家长数相互独立，且服从同一分布. 求参加会议的家长数 X 超过 450 的概率.

解 用 $X_i (i=1, 2, \cdots, 400)$ 记第 i 个学生来参加会议的家长数，则 X_i 的概率分布为

X_i	0	1	2
P	0.05	0.8	0.15

易知 X_1，X_2，$\cdots$，X_{400} 相互独立，$E(X_i)=1.1$，$D(X_i)=0.19$，$i=1, 2, \cdots$, 400，参加会议的家长数 $X = \sum_{i=1}^{400} X_i$. 由中心极限定理有

$$P\{X > 450\} = P\left\{\sum_{i=1}^{400} X_i > 450\right\} = 1 - P\left\{\sum_{i=1}^{400} X_i \leqslant 450\right\}$$

$$\approx 1 - \Phi\left(\frac{450 - 400 \times 1.1}{\sqrt{400}\sqrt{0.19}}\right) \approx 1 - \Phi(1.147) = 0.125\,7.$$

特别地，如果定理中的 X_1，X_2，$\cdots$ 独立同分布，且均服从参数为 p 的（0—1）分布，则 $Z_n = \sum_{i=1}^{n} X_i \sim B(n, p)$，于是有如下定理.

定理 6 （棣莫弗-拉普拉斯中心极限定理）设随机变量 $Z_n \sim B(n, p)$，$n = 1, 2, \cdots$，则对于任意实数 x，有

$$\lim_{n \to \infty} P\left\{\frac{Z_n - np}{\sqrt{np(1-p)}} \leqslant x\right\} = \int_{-\infty}^{x} \frac{1}{\sqrt{2\pi}} e^{-\frac{t^2}{2}} dt = \Phi(x).$$

德莫弗-拉普拉斯中心极限定理告诉我们，二项分布收敛于正态分布. 泊松定理则告诉我们，二项分布收敛于泊松分布. 同样一个二项分布序列，一个定理说是收敛于泊松分布，另一个定理又说收敛于正态分布，两者不是有矛盾吗？比较两个定理的条件和结论，就可知没有矛盾. 泊松定理要求 $np \to \lambda$，而棣莫弗-拉普拉斯定理要求 $np \to \infty$. 在实际应用中，如果 n 很大，而 np 或 $n(1-p)$ 不大时，用泊松定理；如果 n，np 和 $n(1-p)$ 都很大，则用棣莫弗-拉普拉斯定理.

根据棣莫弗-拉普拉斯中心极限定理，设随机变量 $X \sim B(n, p)$，如果 n，np 和 $n(1-p)$ 都很大，则有

$$P\{X \leqslant b\} \approx \Phi\left(\frac{b-np}{\sqrt{np(1-p)}}\right).$$

例 6—5　某市保险公司开办一年人身保险业务，投保人每年需交保险金 160 元，若一年内发生重大人身事故，其本人或家属可获 2 万元赔偿金. 已知该市人员一年内发生重大人身事故的概率为 0.005，现有 5 000 人参加此项保险，问保险公司一年内从此项业务所得到的总收益在 20 万～40 万元之间的概率是多少？

解　设 X 是 5 000 个被保险人中一年内发生重大人身事故的人数，保险公司一年内从此项业务所得到的总收益为

$$Y = 0.016 \times 5\,000 - 2X = 80 - 2X \text{（万元）}.$$

易知 $X \sim B(5\,000, 0.005)$，由中心极限定理，得

$$P\{20 \leqslant Y \leqslant 40\} = P\{20 \leqslant X \leqslant 30\} \approx \Phi\left(\frac{30-25}{\sqrt{25 \times 0.995}}\right) - \Phi\left(\frac{20-25}{\sqrt{25 \times 0.995}}\right)$$

$$\approx \Phi(1) - \Phi(-1) = 0.682\,6.$$

例 6—6　某单位设置一电话总机，共有 200 个电话分机，若每个分机有 5% 的时间要使用外线通话，假设每个分机是否使用外线通话是相互独立的. 问总机要有多少条外线才能保证每个分机正常使用外线的概率不小于 90%？

解　设 X 为 200 个电话分机中要使用外线通话的分机数，则 $X \sim B(200, 0.05)$，如果有外线 n 条，则 $P\{X \leqslant n\} \geqslant 0.9$. 由中心极限定理得

$$P\{X \leqslant n\} \approx \Phi\left(\frac{n - 200 \times 0.05}{\sqrt{200 \times 0.05 \times 0.95}}\right) = \Phi\left(\frac{n-10}{\sqrt{9.5}}\right) \geqslant 0.90.$$

查正态分布表，知 $\Phi(1.28) \geqslant 0.90$，所以 $\dfrac{n-10}{\sqrt{9.5}} \geqslant 1.28$，解得 $n \geqslant 13.945$. 因此总机应配备 14 条外线才能保证各分机正常使用外线的概率不小于 90%.

习题六

1. 设供电网站有 10 000 盏灯，夜间每一盏灯开灯的概率都是 0.7，而假设电灯开关时彼此独立，用切比雪夫不等式估计同时开着的灯数在 6 800～7 200 盏

的概率.

2. 设 X_1，X_2，$\cdots$，X_n，$\cdots$是相互独立的随机变量，$P\{X_n=0\}=1-\dfrac{2}{n}$，$P\{X_n=n\}=\dfrac{1}{n}$，$P\{X_n=-n\}=\dfrac{1}{n}$，$n=1$，2，$\cdots$，问 X_1，X_2，$\cdots$，X_n，$\cdots$是否服从切比雪夫大数定律？

3. 设 $X_i(i=1, 2, \cdots, 100)$是相互独立的随机变量，且它们都服从参数为 $\lambda=1$ 的泊松分布，计算概率 $P\left\{\displaystyle\sum_{i=1}^{100}X_i<120\right\}$.

4. 一盒同型号螺丝钉共有 100 个，已知该型号的螺丝钉的重量是一个随机变量，数学期望值是 100g，标准差是 10g，求一盒螺丝钉的重量超过 10.2kg 的概率.

5. 一公寓有 200 户住户，一户拥有汽车 0，1，2 辆的概率分别为 0.1，0.6，0.3. 问需要多少车位，才能使每辆汽车具有一个车位的概率至少为 0.95.

6. 设供电网站有 10 000 盏灯，夜间每一盏灯开灯的概率都是 0.7，而假设电灯开关时彼此独立，用中心极限定理计算同时开着的灯数在 6 800～7 200 盏的概率.

7. 某校有 1 000 名学生，每人以 80% 的概率去图书馆自习，问图书馆至少应设多少座位，才能以 99% 的概率保证去上自习的同学有座位？

8. 银行为支付某日即将到期的债券需准备一笔现金. 设这批债券共发放了 500 张，每张债券到期之日需付本息 1 000 元. 若持券人（一人一券）于债券到期之日到银行领取本息的概率为 0.4，问银行于该日应至少准备多少现金才能以 99.9% 的把握满足持券人的兑换？

第七章

数理统计基础

在概率论中,我们知道,随机变量的概率分布(分布函数、分布律、概率密度函数等)完整地描述了随机变量的统计规律性. 在概率论的许多问题中,常常假定概率分布是已知的,而一切有关的计算与推理均基于这个已知的概率分布. 但在实际问题中,情况并非如此,看一个例子.

引例 某单位要采购一批产品,设该批产品的合格率为 p. 据此,若从该批产品中随机重复抽取 10 件,用 X 表示所取 10 件产品中的合格品数,则 X 服从二项分布 $B(10, p)$,但分布中的参数 p 是未知的. 显然,p 的大小决定了该批产品的质量,它也影响采购行为的经济效益或社会效益. 因此,人们会对 p 提出一些问题,比如:

(1) p 的大小如何?

(2) p 大概在什么范围内?

(3) 能否认为 p 满足规定要求(如 $p \geqslant 0.90$)?

诸如上例所研究的问题属于数理统计的范畴. 在数理统计中,对这些问题的研究,不是对所研究的对象全体(称为总体)进行观察,而是抽取其中的一部分(称为样本)进行观察从而获得数据(抽样),并通过这些数据对总体进行推断. 由此可知要解决以下两个问题:

一是怎样进行抽样,使抽得的样本更合理,并有更好的代表性? 这是抽样方法和试验设计问题,最简单易行的方法是进行随机抽样.

二是怎样从取得的样本去推断总体? 这种推断具有多大的可靠性? 这是统计推断问题. 本课程着重讨论第二个问题,即最常用的统计推断方法.

由于推断是基于抽样数据,抽样数据又不能包括研究对象的全部信息,因而由此获得的结论必然包含不确定性.

统计方法具有"部分推断整体"的特征,是从一小部分样本观察值去推断该全体对象(总体)的情况,即由部分推断全体.这里使用的推断方法是"归纳推理".这种归纳推理不同于数学中的"演绎推理",它在作出结论时,不是从一些假设、命题、已知的事实等出发,按一定的逻辑推理得出来的,而是根据所观察到的大量个别情况,归纳起来所得.

例如,在几何学中要证明"等腰三角形底角相等"只需从"等腰"这个前提出发,运用几何公理,一步一步推出这个结论.若用数理统计的思维方式考虑同样的问题,就可能想出这样的方法:做很多大小形状不一的等腰三角形,实地测量其底角,看差距如何,根据所得资料看看可否得出"底角相等"的结论.这样做就是归纳式的方法.

§7.1 数理统计的基本概念

§7.1.1 总体与个体

定义 1 在数理统计中,研究对象的全体称为**总体**(collectivity),把组成总体的每个基本单元称为**个体**.

如研究某公司生产的电子元件的使用寿命的有关情况,则总体为该公司生产的所有电子元件,而每一个该公司生产的电子元件都是一个个体.

定义 2 若总体中包含有限个个体,则称为**有限总体**;若总体中包含无限个个体,则称为**无限总体**.

当有限总体中所包含的个体数量很大时,就把它近似看作无限总体.本书将以无限总体作为主要研究对象.

在实际问题中,我们研究总体不是笼统地对它进行研究,而是研究它的某一个或某几个数量指标,比如,对电子元件我们主要关心的是其使用寿命这一数量指标,而对其他指标暂不关心.这样,每个电子元件(个体)所具有的数量指标值——使用寿命就是个体,而将所有电子元件的使用寿命看成总体.由此,若抛开实际背景,总体就是一堆数,这堆数有大有小,有的出现机会多,有的出现机会少,因此用一个概率分布去描述和归纳总体是恰当的,从这个意义上看,总体就是服从某种分布的随机变量,常用 X 表示.为方便起见,今后我们把总体与随机变量 X 等同起来看,即总体就是某随机变量 X 可能取值的全体,它客观上存在一个分布，但我们对其分布一无所知，或部分未知，正因为如此，才有必要对总体进行研究.

§7.1.2　样本

对总体进行研究，首先需要获取总体的有关信息. 一般采用两种方法：一是全面调查，如人口普查. 该方法常要耗费大量的人力、物力、财力，有时甚至是不可能的，如测试某公司生产的所有电子产品的使用寿命. 因此，在绝大多数场合采用抽样调查的方法. 抽样调查是按照一定的规则，从总体 X 中抽取 n 个个体. 这是我们掌握的唯一信息. 数理统计就是要利用这一信息，对总体进行分析和推断. 因此，要求抽取的这 n 个个体应具有很好的代表性.

定义 3　简单随机抽样就是从总体中独立且随机地抽样；而这样抽得的 n 个个体称为一个**简单随机样本**（simple random sample），记为 $(X_1, X_2, \cdots, X_n)$ 或 $X_1, X_2, \cdots, X_n$. 其观测值记为 $(x_1, x_2, \cdots, x_n)$ 或 $x_1, x_2, \cdots, x_n$. n 称为**样本容量**. 一个简单随机样本与其观测值，常统一简称为一个**样本**. 样本中的个体称为**样品**.

除非特别指明，本书中的样本皆为简单随机样本.

这里必须指出，样本具有二重性：一方面，由于样本是从总体 X 中随机抽取的，抽取前无法预知它们的数值，因此，样本 $(X_1, X_2, \cdots, X_n)$ 是随机变量；另一方面，样本在抽取以后经观测就有确定的观测值，因此，样本 $(x_1, x_2, \cdots, x_n)$ 又是一组数值.

简单随机抽样要求总体 X 中的每一个个体都有同等机会被选入样本，这就意味着每一个样本 X_i 与总体 X 有相同的分布；同时，简单随机抽样要求样本中每一样品的取值不影响其他样品的取值，这意味着样本 $X_1, X_2, \cdots, X_n$ 之间相互独立. 由此可知简单随机样本 $(X_1, X_2, \cdots, X_n)$ 具有以下两条重要性质：

（1）样本中每个 $X_i(i=1, 2, \cdots, n)$ 与总体 X 具有相同的分布；

（2）随机变量 $X_1, X_2, \cdots, X_n$ 之间相互独立.

定义 4　样本观测值 $(x_1, x_2, \cdots, x_n)$ 可以看成随机试验的一个结果，它的所有可能结果构成的集合称为**子样空间**或**样本空间**（sample space），记为 $\Omega = \{(x_1, x_2, \cdots, x_n)\}$.

如果每个 x_i 都有具体的观测值，则 $(x_1, x_2, \cdots, x_n)$ 称为**完全样本**.

如果样本观测值没有具体的数值，只有一个范围，则这样的样本称为**分组样本**.

例7—1 设总体 X 的可能取值为 0，1，2. 取一个容量为 3 的样本 X_1，X_2，X_3，则其样本空间为 $\{(x_1，x_2，x_3)：x_i = 0，1，2；i = 1，2，3\}$，具体如表 7—1 所示：

表 7—1 样本空间

x_1	x_2	x_3	x_1	x_2	x_3	x_1	x_2	x_3
0	0	0	1	1	0	2	2	0
0	0	1	0	1	2	1	1	2
0	1	0	0	2	1	1	2	1
1	0	0	1	0	2	2	1	1
0	0	2	2	0	1	1	2	2
0	2	0	1	2	0	2	1	2
2	0	0	2	1	0	2	2	1
0	1	1	0	2	2	1	1	1
1	0	1	2	0	2	2	2	2

例7—2 啤酒厂生产的瓶装啤酒规定净含量为 640 克. 由于随机性，事实上不可能使得所有的啤酒净含量均为 640 克. 现从某厂生产的啤酒中随机抽取 10 瓶测定其净含量，得到如下结果：

$641，635，640，637，642，638，645，643，639，640$

这是一个容量为 10 的样本的观测值，是一个完全样本. 对应的总体为该厂生产的瓶装啤酒的净含量.

例7—3 考察某厂生产的某种电子元件的寿命（单位：小时），选了 100 只进行寿命试验，得到如表 7—2 所示的数据.

表 7—2 寿命试验数据

寿命范围	元件数	寿命范围	元件数	寿命范围	元件数
$(0，24]$	4	$(192，216]$	6	$(384，408]$	4
$(24，48]$	8	$(216，240]$	3	$(408，432]$	4
$(48，72]$	6	$(240，264]$	3	$(432，456]$	1
$(72，96]$	5	$(264，288]$	5	$(456，480]$	2
$(96，120]$	3	$(288，312]$	5	$(480，504]$	2
$(120，144]$	4	$(312，336]$	3	$(504，528]$	3
$(144，168]$	5	$(336，360]$	5	$(528，552]$	1
$(168，192]$	4	$(360，384]$	1	>552	13

这是一个容量为 100 的样本，样本观测值没有具体的数值，只有一个范围，

是一个分组样本.

定义5 离散型随机变量 X 的分布律 $P\{X=x_k\}=p(x_k)$，$k=1$，2，…，以及连续型随机变量 X 的概率密度函数 $p(x)$，统称为**概率函数**，记为 $p(x)$.

定理1 如果总体 X 的分布函数为 $F(x)$，概率函数为 $p(x)$. 而 $(X_1$，X_2，…，$X_n)$ 为来自总体 X 的样本，则

(1) 样本 $(X_1$，X_2，…，$X_n)$ 的联合分布函数为：

$$F(x_1,x_2,\cdots,x_n) = F(x_1)F(x_2)\cdots F(x_n) = \prod_{i=1}^{n} F(x_i).$$

(2) 样本 $(X_1$，X_2，…，$X_n)$ 的联合概率函数为：

$$p(x_1,x_2,\cdots,x_n) = p(x_1)p(x_2)\cdots p(x_n) = \prod_{i=1}^{n} p(x_i).$$

证明 (1) 样本 $(X_1$，X_2，…，$X_n)$ 的联合分布函数为

$$
\begin{aligned}
F(x_1,x_2,\cdots,x_n) &= P\{X_1 \leqslant x_1, X_2 \leqslant x_2, \cdots, X_n \leqslant x_n\} \\
&= P\{X_1 \leqslant x_1\}P\{X_2 \leqslant x_2\}\cdots P\{X_n \leqslant x_n\} \\
&= F(x_1)F(x_2)\cdots F(x_n) = \prod_{i=1}^{n} F(x_i).
\end{aligned}
$$

(2) 样本 $(X_1$，X_2，…，$X_n)$ 的联合概率函数为

$$
\begin{aligned}
p(x_1,x_2,\cdots,x_n) &= \frac{\partial^n \prod\limits_{i=1}^{n} F(x_i)}{\partial x_1 \partial x_2 \cdots \partial x_n} = \frac{\partial F(x_1)}{\partial x_1}\frac{\partial F(x_2)}{\partial x_2}\cdots\frac{\partial F(x_n)}{\partial x_n} \\
&= p(x_1)p(x_2)\cdots p(x_n) = \prod_{i=1}^{n} p(x_i).
\end{aligned}
$$

例7—4 设总体 X 服从参数为 $\lambda(\lambda>0)$ 的指数分布，$(X_1$，X_2，…，$X_n)$ 是来自总体的样本，求 $(X_1$，X_2，…，$X_n)$ 的联合概率密度函数.

解 总体 X 的概率密度函数为

$$p(x)=\begin{cases} \lambda e^{-\lambda x}, & x>0 \\ 0, & x \leqslant 0 \end{cases},$$

则 $(X_1$，X_2，…，$X_n)$ 的联合概率密度函数为

$$p_n(x_1,x_2,\cdots,x_n) = \prod_{i=1}^{n} p(x_i) = \begin{cases} \lambda^n e^{-\lambda \sum\limits_{i=1}^{n} x_i}, & x_i>0 \\ 0, & \text{其他} \end{cases}.$$

例 7—5 设总体 X 服从两点分布 $B(1,p)$，其中 $0<p<1$．$(X_1, X_2, \cdots, X_n)$ 是来自总体的样本，求 $(X_1, X_2, \cdots, X_n)$ 的联合分布律．

解 总体 X 的分布律为

$$P\{X=i\}=p^i(1-p)^{1-i}, i=0,1,$$

所以 $(X_1, X_2, \cdots, X_n)$ 的联合分布律为

$$P\{X_1=x_1, X_2=x_2, \cdots, X_n=x_n\}$$
$$= P\{X_1=x_1\}P\{X_2=x_2\}\cdots P\{X_n=x_n\}$$
$$= p^{\sum\limits_{i=1}^{n}x_i}(1-p)^{n-\sum\limits_{i=1}^{n}x_i},$$

其中 $x_1, x_2, \cdots, x_n$ 在集合 $\{0,1\}$ 中取值．

§7.1.3 统计量与常用统计量

通过抽样得来的原始样本数据，一般是杂乱无章的，难以直接从中得到有意义的信息．因此要加以整理，以便提取我们需要的信息，并用简明醒目的方式加以表达．对样本整理的主要方式之一就是构造统计量．

定义 6 设 $(X_1, X_2, \cdots, X_n)$ 为来自总体 X 的一个样本，$(x_1, x_2, \cdots, x_n)$ 是该样本的观测值．若样本函数 $g(X_1, X_2, \cdots, X_n)$ 不包含任何未知参数，则称它为一个**统计量**（statistic）．而 $g(x_1, x_2, \cdots, x_n)$ 称为**统计量的观测值**．

显然，统计量是一个随机变量．而统计量的观测值 $g(x_1, x_2, \cdots, x_n)$ 是一个具体数值．

下面介绍数理统计中常用的统计量．

定义 7 样本的算术平均值

$$\overline{X} = \frac{1}{n}\sum_{i=1}^{n}X_i$$

称为**样本均值**（sample average）．其观测值记为 $\overline{X} = \frac{1}{n}\sum_{i=1}^{n}x_i$．

样本均值就是一个刻画样本数据平均取值情况的统计量．

定义 8 统计量

$$S^2 = \frac{1}{n-1}\sum_{i=1}^{n}(X_i-\overline{X})^2$$

称为**样本方差**（sample variance）．其观测值记为 $s^2 = \dfrac{1}{n-1}\displaystyle\sum_{i=1}^{n}(x_i-\bar{x})^2$．样本方差刻画了样本数据的分散程度．

定理 2　$S^2 = \dfrac{1}{n-1}\left(\displaystyle\sum_{i=1}^{n}X_i^2 - n\overline{X}^2\right)$．

证明　由于

$$\sum_{i=1}^{n}(X_i-\overline{X})^2 = \sum_{i=1}^{n}(X_i^2 - 2X_i\overline{X} + \overline{X}^2) = \sum_{i=1}^{n}X_i^2 - n\overline{X}^2,$$

所以

$$S^2 = \frac{1}{n-1}\left(\sum_{i=1}^{n}X_i^2 - n\overline{X}^2\right).$$

定义 9　样本方差的算术平方根

$$S = \sqrt{\frac{1}{n-1}\sum_{i=1}^{n}(X_i-\overline{X})^2}$$

称为**样本标准差**（sample standard variance）．其观测值记为 $s = \sqrt{\dfrac{1}{n-1}\displaystyle\sum_{i=1}^{n}(x_i-\bar{x})^2}$．样本标准差更好地刻画了样本数据的分散程度，因为它与样本均值 $\overline{X}$ 具有相同的度量单位．

定义 10　统计量

$$A_k = \frac{1}{n}\sum_{i=1}^{n}X_i^k,\ k=1,2,\cdots$$

称为**样本 k 阶原点矩**（sample k order origin moment），其观测值记为 $a_k = \dfrac{1}{n}\displaystyle\sum_{i=1}^{n}x_i^k,\ k=1,2,\cdots$．特别地，样本一阶原点矩就是样本均值．

定义 11　统计量

$$B_k = \frac{1}{n}\sum_{i=1}^{n}(X_i-\overline{X})^k,\ k=1,2,\cdots$$

称为**样本 k 阶中心矩**（sample k order central moment），其观测值记为 $b_k = \dfrac{1}{n}\displaystyle\sum_{i=1}^{n}(x_i-\bar{x})^k,\ k=1,2,\cdots$．

总体均值 $E(X)$ 是常数，而样本均值 $\overline{X}$ 是随机变量，是两个不同的概念，不能混淆. 当然两者之间有一定的关系. 同样，总体方差 $D(X)$ 与样本方差 S^2、总体矩与样本矩也是不同的概念. 容易得到下面的结论：

定理 3 若总体均值 $E(X)=\mu$，总体方差 $D(X)=\sigma^2$，总体 k 阶矩 $E(X^k)=\mu_k$ 存在，则有

$$E(X_1)=E(X_2)=\cdots=E(X_n)=\mu,$$
$$D(X_1)=D(X_2)=\cdots=D(X_n)=\sigma^2,$$
$$E(X_1^k)=E(X_2^k)=\cdots=E(X_n^k)=\mu_k.$$

定理 4 设 X_1，X_2，$\cdots$，X_n 是来自总体 X 的样本，且总体均值 $E(X)=\mu$，总体方差 $D(X)=\sigma^2$，则

(1) $E(\overline{X})=\mu$；

(2) $D(\overline{X})=\dfrac{\sigma^2}{n}$；

(3) $E(S^2)=\sigma^2$.

证明 由样本的独立性、同分布性及数学期望和方差的性质，可得

(1) $E(\overline{X}) = E(\frac{1}{n}\sum\limits_{i=1}^{n}X_i) = \frac{1}{n}\sum\limits_{i=1}^{n}E(X_i) = \frac{1}{n}\cdot n\cdot\mu = \mu.$

(2) $D(\overline{X}) = D(\frac{1}{n}\sum\limits_{i=1}^{n}X_i) = \frac{1}{n^2}\sum\limits_{i=1}^{n}D(X_i) = \frac{1}{n^2}\cdot n\cdot\sigma^2 = \frac{\sigma^2}{n}.$

(3) $E(S^2) = E\left\{\frac{1}{n-1}\sum\limits_{i=1}^{n}(X_i-\overline{X})^2\right\}$

$= E\left\{\frac{1}{n-1}\sum\limits_{i=1}^{n}\left[(X_i-\mu)-(\overline{X}-\mu)\right]^2\right\}$

$= E\left\{\frac{1}{n-1}\left[\sum\limits_{i=1}^{n}(X_i-\mu)^2-n(\overline{X}-\mu)^2\right]\right\}$

$= \frac{1}{n-1}\left[\sum\limits_{i=1}^{n}E(X_i-\mu)^2-nE(\overline{X}-\mu)^2\right]$

$= \frac{1}{n-1}\left[\sum\limits_{i=1}^{n}D(X_i)-nD(\overline{X})\right]$

$= \frac{1}{n-1}\left(n\sigma^2-n\cdot\frac{\sigma^2}{n}\right)=\sigma^2.$

§7.2 数理统计中常用的三大分布

数理统计中常用的分布，除正态分布外，还有 χ^2 分布、t 分布、F 分布. 以

后我们将看到这些分布在数理统计中有哪些重要的应用.

§7.2.1 χ^2 分布

定义 12 若 X_1，X_2，$\cdots$，X_n 相互独立，都服从 $N(0, 1)$ 分布，则称

$$X = X_1^2 + X_2^2 + \cdots + X_n^2$$

服从自由度为 n 的 χ^2 **分布**（χ^2-distribution），记为 $X \sim \chi^2(n)$.

若随机变量 $X \sim \chi^2(n)$，则 X 具有概率密度函数

$$p(x) = \begin{cases} \dfrac{1}{2^{\frac{n}{2}} \Gamma\left(\dfrac{n}{2}\right)} x^{\frac{n}{2}-1} \mathrm{e}^{-\frac{x}{2}}, & x > 0 \\ 0, & x \leqslant 0 \end{cases},$$

其中，$\Gamma(m) = \displaystyle\int_0^{+\infty} t^{m-1} \mathrm{e}^{-t} \mathrm{d}t$ 称为 Γ 函数.

几个不同自由度的 χ^2 分布的概率密度函数 $p(x)$ 的图形如图 7—1 所示.

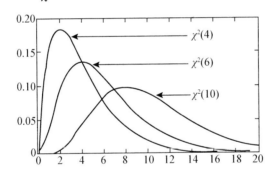

图 7—1 χ^2 分布概率密度函数曲线

可以证明 χ^2 分布有如下性质：

（1）若 $X \sim \chi^2(n)$，则有 n 个相互独立的 $X_i \sim N(0, 1)$，$i = 1, 2, \cdots, n$，使得 $X = X_1^2 + X_2^2 + \cdots + X_n^2$；

（2）若 $X \sim \chi^2(n)$，则 $E(X) = n$，$D(X) = 2n$；

（3）若 $X \sim \chi^2(n)$，$Y \sim \chi^2(m)$，且相互独立，则 $X + Y \sim \chi^2(n+m)$.

在此不加证明地给出后面要用到的柯赫伦分解定理.

定理 5（柯赫伦分解定理）设 X_1，X_2，$\cdots$，X_n 相互独立，都服从 $N(0, 1)$ 分布，Q_j 是某些 X_1，X_2，$\cdots$，X_n 线性组合的平方和，其自由度分别为 f_j，如果 $Q_1 + Q_2 + \cdots + Q_k \sim \chi^2(m)$ 且 $f_1 + f_2 + \cdots + f_k = m$，则

$$Q_j \sim \chi^2(f_j), j=1, 2, \cdots, k$$

且 Q_1，Q_2，$\cdots$，Q_k 相互独立.

定义 13 对于给定的 $\alpha(0<\alpha<1)$，满足 $P\{X>x\}=\alpha$ 的点 x 称为随机变量 X 的上侧分位点，记为 x_α，即 $P\{X>x_\alpha\}=\alpha$，如图 7—2 所示.

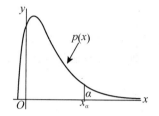

图 7—2 上侧分位点

定义 14 设 $X \sim N(0, 1)$，对于给定的 $\alpha(0<\alpha<1)$，满足 $P\{X>z_\alpha\}=\alpha$ 的点 z_α 称为标准正态分布的上侧分位点，如图 7—3 所示.

标准正态分布的上侧分位点 z_α 与标准正态分布的分布函数 $\Phi(x)$ 之间的关系为 $\Phi(z_\alpha)=1-\alpha$，因此，可利用标准正态分布查出正态分布的上侧分位点 z_α，如由 $\Phi(1.645)=0.95$ 得 $z_{0.05}=1.645$，由 $\Phi(1.96)=0.975$ 得 $z_{0.025}=1.96$.

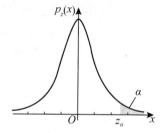

图 7—3 标准正态分布的上侧分位点

定义 15 设 $X \sim \chi^2(n)$，对于给定的 $\alpha(0<\alpha<1)$，满足 $P\{X>\chi_\alpha^2(n)\}=\alpha$ 的点 $\chi_\alpha^2(n)$ 称为 χ^2 分布的上侧分位点，如图 7—4 所示.

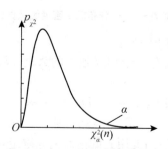

图 7—4 χ^2 分布的上侧分位点

上侧分位点可根据 n 和下标的值，从附表中查到. 如 $\chi_{0.99}^2(10)=2.558$，$\chi_{0.01}^2(10)=23.209$.

§7.2.2　实验：χ^2 分布统计函数介绍

1. χ^2 分布的分布函数

打开【Excel】→点击【插入(I)】→选择【函数(F)】→在【选择类别(C)】中选择【统计】→在【选择函数(N)】中选择【CHIDIST】→点击【确定】按钮. 出现如图 7—5 所示的对话框.

图 7—5　【CHIDIST】函数对话框

关于【CHIDIST】函数对话框：
- X：为用来计算分布的数值；
- Deg_freedom：χ^2 分布的自由度；
- 返回 χ^2 分布的单尾概率 α.

例 7—6　设 $X \sim \chi^2(9)$，求 $P\{X > 10.23\}$

解　打开【Excel】→点击【插入(I)】→选择【函数(F)】→在【选择类别(C)】中选择【统计】→在【选择函数(N)】中选择【CHIDIST】→点击【确定】按钮. 如图 7—6 所示，输入相关数据，得到 $P\{X > 10.23\} = 0.332\,188\,436$.

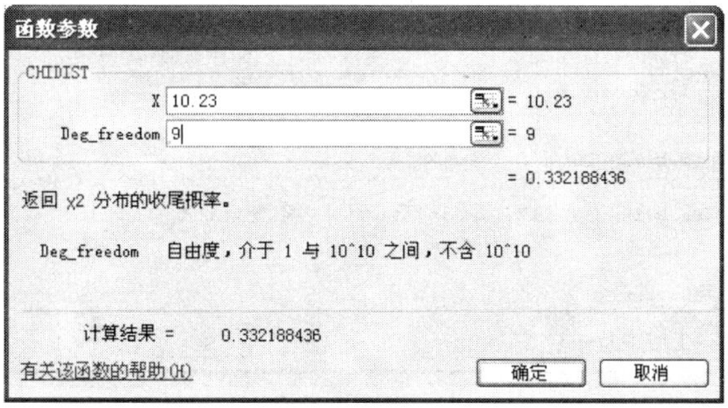

图 7—6　例 7—6【CHIDIST】函数对话框

2. χ^2 分布的分位数

打开【Excel】→点击【插入(I)】→选择【函数(F)】→在【选择类别(C)】中选择【统计】→在【选择函数(N)】中选择【CHIINV】→点击【确定】按钮. 出现如图 7—7 所示的对话框.

图 7—7 【CHIINV】函数对话框

关于【CHIINV】函数对话框:

- Probability:χ^2 分布的单尾概率;
- Deg_freedom:χ^2 分布的自由度;
- 返回 χ^2 分布单尾概率的反函数值 $\chi_\alpha^2(n)$. 如果 $\chi^2 \sim \chi^2(n)$,则

$P\{\chi^2 > \chi_\alpha^2(n)\} = \alpha$,其中 α 为框【Probability】中输入的值.

例 7—7 设 $X \sim \chi^2(9)$,$P\{X > x\} = 0.05$,求 x.

解 打开【Excel】→点击【插入(I)】→选择【函数(F)】→在【选择类别(C)】中选择【统计】→在【选择函数(N)】中选择【CHIINV】→点击【确定】按钮. 如图 7—8 所示,输入相关数据,得到 $x = 16.918\ 977\ 62$.

图 7—8 例 7—7【CHIINV】函数对话框

§7.2.3　t 分布

定义 16　设 $X \sim N(0，1)$，$Y \sim \chi^2(n)$，且 X 与 Y 相互独立，则称

$$T = \frac{X}{\sqrt{Y/n}}$$

服从自由度为 n 的 **t 分布**（t-distribution），记为 $T \sim t(n)$.

若随机变量 $T \sim t(n)$，则 T 具有概率密度函数

$$p(x) = \frac{\Gamma\left(\frac{n+1}{2}\right)}{\sqrt{n\pi}\,\Gamma\left(\frac{n}{2}\right)}\left(1 + \frac{x^2}{n}\right)^{-\frac{n+1}{2}}, \quad -\infty < x < +\infty.$$

几个不同自由度的 t 分布的概率密度函数 $p(x)$ 的图形如图 7—9 所示.

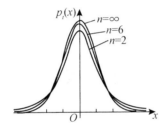

图—9　t 分布的概率密度曲线

t 分布具有以下性质：

（1）若 $T \sim t(n)$，则有相互独立的 $X \sim N(0，1)$，$Y \sim \chi^2(n)$ 使 $T = \dfrac{X}{\sqrt{Y/n}}$；

（2）$\lim\limits_{n \to \infty} p(x) = \dfrac{1}{\sqrt{2\pi}}\mathrm{e}^{-\frac{x^2}{2}} = \varphi(x)$，即 t 分布的极限分布是标准正态分布；

（3）若 $T \sim t(n)$，则 $n > 1$ 时，$E(T) = 0$（因为 $p(x)$ 关于 y 轴对称）；$n > 2$ 时，$D(X) > 1$（因为 t 分布的概率密度函数 $p(x)$ 比标准正态分布的概率密度函数的图形要平坦一些，见图 7—10）.

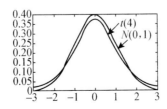

图 7—10　t 分布与 $N(0，1)$ 的概率密度曲线比较

定义 17 设 $T \sim t(n)$，对于给定的 $\alpha(0 < \alpha < 1)$，满足 $P\{T > t_\alpha(n)\} = \alpha$ 的点 $t_\alpha(n)$ 称为 t 分布的上侧分位点，如图 7—11 所示.

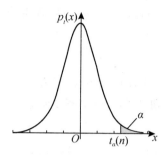

图 7—11 t 分布的上侧分位点

t 分布的上侧分位点可根据自由度 n 和下标的值从附表中查到. 如 $t_{0.05}(10) = 1.8125$. 另外注意到，当自由度 $n \to \infty$ 时，t 分布趋于标准正态分布，所以对于给定的 $\alpha(0 < \alpha < 1)$，我们有 $z_\alpha = t_\alpha(\infty)$. 在具体应用中，当 $n > 45$ 时，可用 $N(0, 1)$ 分布代替 t 分布，$t_\alpha(n) \approx z_\alpha$.

§7.2.4   实验：t 分布统计函数介绍

1. t 分布的分布函数

打开【Excel】→点击【插入(I)】→选择【函数(F)】→在【选择类别(C)】中选择【统计】→在【选择函数(N)】中选择【TDIST】→点击【确定】按钮. 出现如图 7—12 所示的对话框.

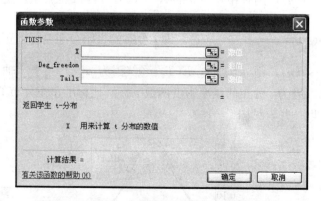

图 7—12   【TDIST】函数对话框

关于【TDIST】函数对话框：

- X：为需要计算分布的数字；
- Deg _ freedom：t 分布的自由度；
- Tails：指明返回的分布函数是单尾分布还是双尾分布.
- 返回学生 t 分布的概率. 如果 Tails＝1，函数 TDIST 返回单尾分布；如果 Tails＝2，函数 TDIST 返回双尾分布.

例 7—8　设 $T \sim t(10)$，求 $P\{T > 1.812\,5\}$.

解　打开【Excel】→点击【插入(I)】→选择【函数(F)】→在【选择类别(C)】中选择【统计】→在【选择函数(N)】中选择【TDIST】→点击【确定】按钮. 如图 7—13 所示，输入相关数据，得到 $P\{T > 1.812\,5\} = 0.049\,996\,827$.

图 7—13　例 7—8【TDIST】函数对话框

2. t 分布的分位数

打开【Excel】→点击【插入(I)】→选择【函数(F)】→在【选择类别(C)】中选择【统计】→在【选择函数(N)】中选择【TINV】→点击【确定】按钮. 出现如图 7—14 所示的对话框.

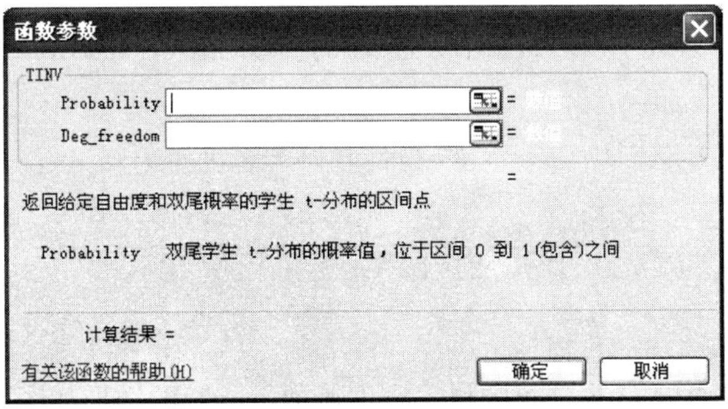

图 7—14　【TINV】函数对话框

关于【TINV】函数对话框：

- Probability：对应于双尾学生 t 分布的概率.
- Deg _ freedom：t 分布的自由度.
- 返回 t 分布的双尾反函数值 $t_{\alpha/2}(n)$. 设 $T \sim t(n)$，则 $P\{\mid T \mid > t_{\alpha/2}(n)\} = \alpha$.

例7—9　设 $T \sim t(10)$，$P\{T > t\} = 0.01$，求 t.

解　打开【Excel】→点击【插入(I)】→选择【函数(F)】→在【选择类别(C)】中选择【统计】→在【选择函数(N)】中选择【TINV】→点击【确定】按钮. 如图 7—15 所示输入相关数据，得到 $t = 2.763\,769\,458$.

图7—15　例7—9【TINV】函数对话框

§7.2.5　F 分布

定义 18　若 $X \sim \chi^2(n_1)$，$Y \sim \chi^2(n_2)$，且 X 与 Y 相互独立，则称

$$F = \frac{X/n_1}{Y/n_2},$$

服从第一自由度为 n_1，第二自由度为 n_2 的 **F 分布**（F-distribution），记为 $F \sim F(n_1, n_2)$.

设随机变量 $F \sim F(n_1, n_2)$，则 F 具有概率密度函数：

$$p(x) = \begin{cases} \dfrac{\Gamma[(n_1 + n_2)/2](n_1/n_2)^{n_1/2} x^{(n_1/2)-1}}{\Gamma(n_1/2)\Gamma(n_2/2)[1 + (n_1 x/n_2)]^{(n_1+n_2)/2}}, & x > 0 \\ 0, & x \leqslant 0 \end{cases}.$$

几个不同自由度的 F 分布的概率密度函数 $p(x)$ 的图形如图 7—16 所示.

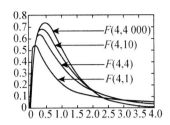

图 7—16 F 分布的概率密度曲线

定义 19 设 $F \sim F(n_1, n_2)$，对于给定的 α，满足 $P\{F > F_\alpha(n_1, n_2)\} = \alpha$ 的点 $F_\alpha(n_1, n_2)$ 称为 F 分布的上侧分位点，如图 7—17 所示. F 分布的上侧分位点 $F_\alpha(n_1, n_2)$ 可根据 n_1，n_2 和下标的值从附表中查到，如 $F_{0.05}(3, 4) = 6.59$，$F_{0.05}(4, 3) = 9.12$.

F 分布具有以下性质：

（1）若 $F \sim F(n_1, n_2)$，则有相互独立的 $X \sim \chi^2(n_1)$，$Y \sim \chi^2(n_2)$，使 $F = \dfrac{X/n_1}{Y/n_2}$；

（2）若 $F \sim F(n_1, n_2)$，则 $\dfrac{1}{F} \sim F(n_2, n_1)$；

（3）$F_{1-\alpha}(n_1, n_2) = \dfrac{1}{F_\alpha(n_2, n_1)}$.

如 $F_{0.95}(3, 4) = \dfrac{1}{F_{0.05}(4, 3)} = \dfrac{1}{9.12} \approx 0.109\,6$.

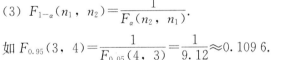

图 7—17 F 分布的上侧分位点

§7.2.6 实验：F 分布统计函数介绍

1. F 分布的分布函数

打开【Excel】→点击【插入(I)】→选择【函数(F)】→在【选择类别(C)】中选择【统计】→在【选择函数(N)】中选择【FDIST】→点击【确定】按钮. 出现如图 7—18 所示的对话框.

关于【FDIST】函数对话框：

● X：参数值；

● Deg_freedom1：F 分布的第一自由度；

● Deg_freedom2：F 分布的第二自由度；

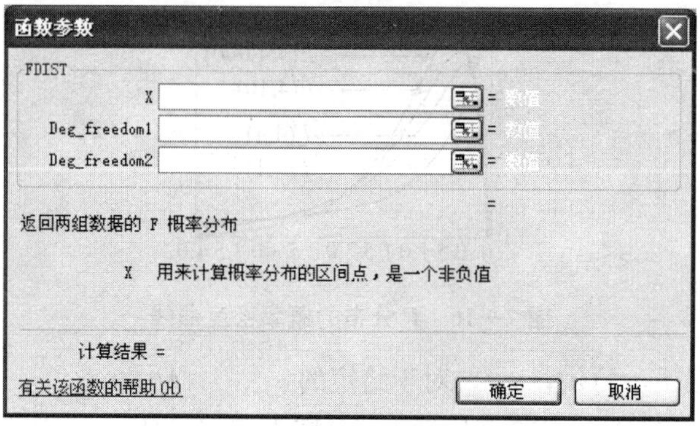

图 7—18　【FDIST】函数对话框

● 返回 F 分布单尾概率值.

例 7—10　设 $F \sim F(3，4)$，求 $P\{F>6.59\}$.

解　打开【Excel】→点击【插入（I）】→选择【函数（F）】→在【选择类别（C）】中选择【统计】→在【选择函数（N）】中选择【FDIST】→点击【确定】按钮. 如图 7—19 所示，输入相关数据，得到 $P\{F>6.59\}=0.050\,016\,889$.

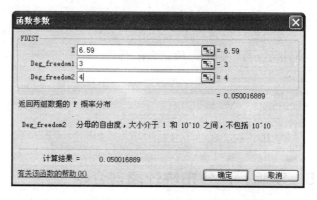

图 7—19　例 7—10【FDIST】函数对话框

2. F 分布的分位数

打开【Excel】→点击【插入（I）】→选择【函数（F）】→在【选择类别（C）】中选择【统计】→在【选择函数（N）】中选择【FINV】→点击【确定】按钮. 出现如图 7—20 所示的对话框.

关于【FINV】函数对话框：

● Probability：与 F 累积分布相关的概率值；

● Deg_freedom1：F 分布的第一自由度；

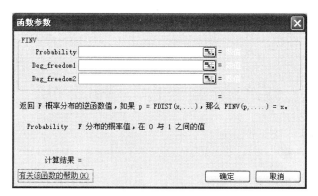

图 7—20 【FINV】函数对话框

- Deg_freedom2：F 分布第二自由度；
- 返回 F 分布函数的单尾反函数值 $F_\alpha(m, n)$. 如果 $F \sim F(m, n)$, $P\{F > F_\alpha(m, n)\} = \alpha$, 则 FINV 的返回值为 $F_\alpha(m, n)$.

例 7—11 设 $F \sim F(4, 3)$, $P\{F > f\} = 0.05$, 求 f.

解 打开【Excel】→点击【插入(I)】→选择【函数(F)】→在【选择类别(C)】中选择【统计】→在【选择函数(N)】中选择【FINV】→点击【确定】按钮. 如图 7—21 所示，输入相关数据，得到 $f = 9.117\,182\,253$.

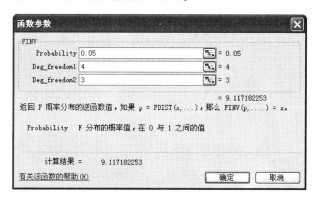

图 7—21 例 7—11【FINV】函数对话框

例 7—12 设 X_1, X_2, $\cdots$, X_{10} 是来自总体 $N(0, 0.3^2)$ 的样本，求 $P\{\sum\limits_{i=1}^{10} X_i^2 > 1.44\}$.

解 由正态分布的标准化：若 $X \sim N(\mu, \sigma^2)$, 则 $\dfrac{X-\mu}{\sigma} \sim N(0, 1)$.

可知 $\dfrac{X_1}{0.3}$, $\dfrac{X_2}{0.3}$, $\cdots$, $\dfrac{X_{10}}{0.3}$ 都服从 $N(0, 1)$, 由 χ^2 分布的构造知，

$$\sum_{i=1}^{10} \left(\frac{X_i}{0.3}\right)^2 \sim \chi^2(10).$$

因此有

$$P\left\{\sum_{i=1}^{10} X_i^2 > 1.44\right\}$$

$$= P\left\{\sum_{i=1}^{10} \left(\frac{X_i}{0.3}\right)^2 > \frac{1.44}{0.09}\right\}$$

$$= P\left\{\sum_{i=1}^{10} \left(\frac{X_i}{0.3}\right)^2 > 16\right\} = 0.1. \qquad (查 \chi^2 分布表)$$

例 7—13 设 X_1，X_2，$\cdots$，X_9 和 Y_1，Y_2，$\cdots$，Y_9 是来自同一总体 $N(0，9)$ 的两个独立的样本，统计量 $Z = (\sum_{i=1}^{9} X_i) / \sqrt{\sum_{i=1}^{9} Y_i^2}$，试确定 Z 的分布.

解 由样本的同分布性知：$X_i \sim N(0，9)$，$Y_i \sim N(0，9)$，$i=1，2，\cdots$，9；由样本的独立性及独立正态变量的线性函数的正态性得：

$$\frac{1}{9}\sum_{i=1}^{9} X_i \sim N(0,1),$$

而 $\dfrac{Y_i}{3} \sim N(0，1)$，由 χ^2 分布的构造知：

$$\sum_{i=1}^{9} \left(\frac{Y_i}{3}\right)^2 = \sum_{i=1}^{9} \frac{Y_i^2}{9} \sim \chi^2(9),$$

由 t 分布的构造知：

$$Z = \frac{\dfrac{1}{9}\sum_{i=1}^{9} X_i}{\sqrt{\sum_{i=1}^{9} \dfrac{Y_i^2}{9} \big/ 9}} = \frac{\sum_{i=1}^{9} X_i}{\sqrt{\sum_{i=1}^{9} Y_i^2}} \sim t(9),$$

即 $Z \sim t(9)$.

§7.3 正态总体下的抽样分布

在研究数理统计问题时，往往需要知道所讨论的统计量 $g(X_1，X_2，\cdots$，

X_n) 的分布. 一般说来, 要确定某个统计量的分布是困难的, 有时甚至是不可能的. 然而, 一方面大多数实际问题中的总体是服从或近似服从正态分布, 另一方面当总体 X 服从正态分布时有关统计量的分布已有了详尽的研究. 因此, 本节介绍正态总体下, 最重要的统计量的分布, 不加证明地给出下面重要的结论.

定理 6 设 (X_1, X_2, …, X_n) 是来自总体 $X \sim N(\mu, \sigma^2)$ 的样本, 样本均值和样本方差分别为: $\overline{X} = \frac{1}{n} \sum\limits_{i=1}^{n} X_i$, $S^2 = \frac{1}{n-1} \sum\limits_{i=1}^{n} (X_i - \overline{X})^2$, 则

(1) $\overline{X}$ 与 S^2 相互独立;

(2) $\overline{X} \sim N(\mu, \frac{\sigma^2}{n})$;

(3) $\frac{(n-1)S^2}{\sigma^2} \sim \chi^2(n-1)$.

定理 7 $\dfrac{\overline{X} - \mu}{S/\sqrt{n}} \sim t(n-1)$.

证明 由于

$$\frac{\overline{X} - \mu}{\sigma/\sqrt{n}} \sim N(0,1), \quad \frac{(n-1)S^2}{\sigma^2} \sim \chi^2(n-1),$$

且 $\overline{X}$ 与 S^2 是相互独立的, 显然 $\dfrac{\overline{X} - \mu}{\sigma/\sqrt{n}}$ 与 $\dfrac{(n-1)S^2}{\sigma^2}$ 也相互独立.

根据 t 分布的构造:

$$\frac{\dfrac{\overline{X} - \mu}{\sigma/\sqrt{n}}}{\sqrt{\dfrac{(n-1)S^2}{\sigma^2}/(n-1)}} \sim t(n-1),$$

即 $\dfrac{\overline{X} - \mu}{S/\sqrt{n}} \sim t(n-1)$.

例 7—14 从正态总体 $N(\mu, 25)$ 中抽取容量为 16 的样本, 试求样本均值 $\overline{X}$ 与总体均值 μ 之差的绝对值小于 2 的概率.

解 由样本的性质知, $\overline{X} = \frac{1}{n} \sum\limits_{i=1}^{n} X_i$ 是 n 个相互独立的正态随机变量的线性组合, 故 $\overline{X}$ 服从正态分布. 又因为, $E(\overline{X}) = \mu$, $D(\overline{X}) = 25/16$, 则 $\overline{X} \sim N(\mu, 25/16)$, 从而统计量 $Z = \dfrac{\overline{X} - \mu}{\sqrt{25/16}} \sim N(0, 1)$.

$$P\{|\overline{X}-\mu|<2\}=P\left\{\frac{|\overline{X}-\mu|}{\sqrt{25/16}}<\frac{2}{\sqrt{25/16}}\right\}=P\{|Z|<1.6\}$$
$$=\Phi(1.6)-\Phi(-1.6)=2\Phi(1.6)-1$$
$$=2\times0.945\,2-1=0.890\,4.$$

例 7—15 设总体 $X\sim N(3,\sigma^2)$，有 $n=10$ 的样本，样本方差 $S^2=4$，求样本均值 $\overline{X}$ 落在 $2.125\,3\sim3.874\,7$ 的概率.

解 因为，$\dfrac{\overline{X}-3}{S/\sqrt{10}}\sim t(9)$，所以

$$P\{2.125\,3\leqslant\overline{X}\leqslant3.874\,7\}=P\left\{\frac{2.125\,3-3}{2/\sqrt{10}}\leqslant\frac{\overline{X}-3}{2/\sqrt{10}}\leqslant\frac{3.874\,7-3}{2/\sqrt{10}}\right\}$$
$$=P\left\{-1.383\,0\leqslant\frac{\overline{X}-3}{2/\sqrt{10}}\leqslant1.383\,0\right\}.$$

由分布表得 $t_{0.1}(9)=1.383\,0$，由 t 分布的对称性及 α 分位点的意义，上述概率为：

$$P\{2.125\,3\leqslant\overline{X}\leqslant3.874\,7\}=1-2\times0.1=0.8.$$

例 7—16 设总体 $X\sim N(\mu,4)$，有样本 X_1，X_2，$\cdots$，X_n，当样本容量 n 为多大时，使 $P\{|\overline{X}-\mu|\leqslant0.1\}=0.95$.

解 因为，$\dfrac{\overline{X}-\mu}{\sigma/\sqrt{n}}\sim N(0,1)$，所以

$$P\{|\overline{X}-\mu|\leqslant0.1\}=P\left\{\frac{-0.1}{2/\sqrt{n}}\leqslant\frac{\overline{X}-\mu}{2/\sqrt{n}}\leqslant\frac{0.1}{2/\sqrt{n}}\right\}.$$
$$=\Phi(0.05\sqrt{n})-\Phi(-0.05\sqrt{n})=2\Phi(0.05\sqrt{n})-1.$$

因 $P\{|\overline{X}-\mu|\leqslant0.1\}=0.95$，即 $2\Phi(0.05\sqrt{n})-1=0.95$，得

$$\Phi(0.05\sqrt{n})=(1+0.95)/2=0.975.$$

由 $\Phi(1.96)=0.975$，可得 $0.05\sqrt{n}=1.96$，于是得 $n\approx1\,536.6\approx1\,537$.

例 7—17 设 X_1，X_2，$\cdots$，X_{10} 是来自总体 $X\sim N(\mu,4)$ 的样本，求样本方差 S^2 大于 2.622 的概率.

解 由于，$\dfrac{(10-1)S^2}{4}\sim\chi^2(9)$，所以

$$P\{S^2>2.622\}=P\left\{\frac{9}{4}S^2>\frac{9}{4}\times2.622\right\}=P\left\{\frac{9}{4}S^2>5.899\,5\right\}.$$

由 χ^2 分布表 $\chi^2_{0.75}(9)=5.899$，则有 $P(S^2>2.622)\approx0.75$.

§7.4 两个正态总体下的抽样分布

本节讨论在两个总体下常用的重要统计量的分布. 设样本 X_1，X_2，$\cdots$，X_{n_1} 来自总体 $X\sim N(\mu_1,\sigma_1^2)$，样本均值和样本方差分别为：

$$\overline{X}=\frac{1}{n_1}\sum_{i=1}^{n_1}X_i,\ S_1^2=\frac{1}{n_1-1}\sum_{i=1}^{n_1}(X_i-\overline{X})^2.$$

又设样本 Y_1，Y_2，$\cdots$，Y_{n_2} 来自总体 $Y\sim N(\mu_2,\sigma_2^2)$，样本均值和样本方差分别为：

$$\overline{Y}=\frac{1}{n_2}\sum_{i=1}^{n_2}Y_i,\ S_2^2=\frac{1}{n_2-1}\sum_{i=1}^{n_2}(Y_i-\overline{Y})^2,$$

且两个样本相互独立，于是有如下定理.

定理 8 $\dfrac{(\overline{X}-\overline{Y})-(\mu_1-\mu_2)}{\sqrt{\sigma_1^2/n_1+\sigma_2^2/n_2}}\sim N(0,1)$.

证明 由于

$$\overline{X}\sim N\left(\mu_1,\frac{\sigma_1^2}{n_1}\right),\overline{Y}\sim N\left(\mu_2,\frac{\sigma_2^2}{n_2}\right).$$

由样本的独立性，知 $\overline{X}$ 与 $\overline{Y}$ 相互独立，且相互独立的正态随机变量的线性组合仍是正态分布，且

$$E(\overline{X}-\overline{Y})=E(\overline{X})-E(\overline{Y})=\mu_1-\mu_2,$$
$$D(\overline{X}-\overline{Y})=D(\overline{X})+D(\overline{Y})=\frac{\sigma_1^2}{n_1}+\frac{\sigma_2^2}{n_2},$$

于是得到

$$\overline{X}-\overline{Y}\sim N\left(\mu_1-\mu_2,\frac{\sigma_1^2}{n_1}+\frac{\sigma_2^2}{n_2}\right).$$

经标准化得：

$$\frac{(\overline{X}-\overline{Y})-(\mu_1-\mu_2)}{\sqrt{\sigma_1^2/n_1+\sigma_2^2/n_2}}\sim N(0,1).$$

定理 9 当 σ_1^2, σ_2^2 未知，但两者相等时，

$$\frac{(\overline{X}-\overline{Y})-(\mu_1-\mu_2)}{S_W\sqrt{\dfrac{1}{n_1}+\dfrac{1}{n_2}}}\sim t(n_1+n_2-2),$$

其中 $\quad S_W^2=\dfrac{(n_1-1)S_1^2+(n_2-1)S_2^2}{n_1+n_2-2}.$

证明 设 σ_1^2, σ_2^2 都等于 σ^2，由于

$$\frac{(n_1-1)S_1^2}{\sigma^2}\sim\chi^2(n_1-1),\ \frac{(n_2-1)S_2^2}{\sigma^2}\sim\chi^2(n_2-1),$$

且相互独立，由 χ^2 分布的可加性得：

$$\frac{(n_1-1)S_1^2}{\sigma^2}+\frac{(n_2-1)S_2^2}{\sigma^2}\sim\chi^2(n_1+n_2-2).$$

又因为 $\dfrac{(\overline{X}-\overline{Y})-(\mu_1-\mu_2)}{\sqrt{\sigma_1^2/n_1+\sigma_2^2/n_2}}\sim N(0,1)$，再由 t 分布的构造得

$$\frac{\dfrac{(\overline{X}-\overline{Y})-(\mu_1-\mu_2)}{\sqrt{\sigma^2/n_1+\sigma^2/n_2}}}{\sqrt{\left[\dfrac{(n_1-1)S_1^2}{\sigma^2}+\dfrac{(n_2-1)S_2^2}{\sigma^2}\right]/(n_1+n_2-2)}}\sim t(n_1+n_2-2).$$

经化简整理即可得定理.

定理 10 $\dfrac{S_1^2}{S_2^2}\cdot\dfrac{\sigma_2^2}{\sigma_1^2}\sim F(n_1-1,\ n_2-1).$

证明 由于

$$\frac{(n_1-1)S_1^2}{\sigma^2}\sim\chi^2(n_1-1),\ \frac{(n_2-1)S_2^2}{\sigma^2}\sim\chi^2(n_2-1),$$

且相互独立，由 F 分布的构造可得

$$\frac{\dfrac{(n_1-1)S_1^2}{\sigma_1^2}/(n_1-1)}{\dfrac{(n_2-1)S_2^2}{\sigma_2^2}/(n_2-1)}\sim F(n_1-1,n_2-1).$$

即 $\quad \dfrac{S_1^2}{S_2^2}\cdot\dfrac{\sigma_2^2}{\sigma_1^2}\sim F(n_1-1,\ n_2-1).$

一个正态总体和两个正态总体下，常用的几个统计量很重要，它们不仅可以用来计算有关事件的概率，更主要的是在后面的参数的区间估计和假设检验的讨论中起着关键的作用.

例 7—18 设总体 $X \sim N(6, \sigma_1^2)$，$Y \sim N(5, \sigma_2^2)$ 有 $n_1 = n_2 = 10$ 的两个独立样本，求两个样本均值之差 $\overline{X} - \overline{Y}$ 小于 1.3 的概率，若：

(1) 已知 $\sigma_1^2 = 1$，$\sigma_2^2 = 1$；

(2) σ_1^2，σ_2^2 未知，但两者相等，样本方差分别为 $S_1^2 = 0.913\,0$，$S_2^2 = 0.981\,6$.

解 (1) 由于

$$\frac{(\overline{X} - \overline{Y}) - (6-5)}{\sqrt{1/10 + 1/10}} \sim N(0,1),$$

所以

$$P\{\overline{X} - \overline{Y} < 1.3\} = P\left\{\frac{(\overline{X} - \overline{Y}) - (6-5)}{\sqrt{1/10 + 1/10}} < \frac{1.3 - (6-5)}{\sqrt{1/10 + 1/10}}\right\}$$

$$= P\left\{\frac{(\overline{X} - \overline{Y}) - (6-5)}{\sqrt{1/10 + 1/10}} < 0.67\right\} = \Phi(0.67) = 0.748\,6.$$

(2) 由于

$$\frac{(\overline{X} - \overline{Y}) - (6-5)}{S_W \sqrt{1/10 + 1/10}} \sim t(18),$$

其中 $S_W^2 = \dfrac{(n_1-1)S_1^2 + (n_2-1)S_2^2}{n_1 + n_2 - 2} = \dfrac{9 \times 0.913\,0 + 9 \times 0.981\,6}{18} \approx 0.973\,3^2.$

则

$$P\{\overline{X} - \overline{Y} < 1.3\} = P\left\{\frac{(\overline{X} - \overline{Y}) - (6-5)}{0.973\,3 \sqrt{1/10 + 1/10}} < \frac{1.3 - (6-5)}{0.973\,3 \sqrt{1/10 + 1/10}}\right\}$$

$$= P\left\{\frac{(\overline{X} - \overline{Y}) - (6-5)}{0.973\,3 \sqrt{1/10 + 1/10}} < 0.689\,2\right\}.$$

由 t 分布表查得 $t_{0.25}(18) = 0.688\,4$，于是 $P\{\overline{X} - \overline{Y} < 1.3\} = 1 - 0.25 = 0.75$.

例 7—19 从总体 $X \sim N(\mu, 3)$，$Y \sim N(\mu, 5)$ 中分别抽取 $n_1 = 10$，$n_2 = 15$ 的两独立样本，求两个样本方差之比 S_1^2 / S_2^2 大于 1.272 的概率.

解 由于，$\dfrac{S_1^2}{S_2^2} \cdot \dfrac{5}{3} \sim F(9, 14)$，于是

$$P\left\{\frac{S_1^2}{S_2^2}>1.272\right\}=P\left\{\frac{S_1^2}{S_2^2}\cdot\frac{5}{3}>1.272\times\frac{5}{3}\right\}=P\left\{\frac{S_1^2}{S_2^2}\cdot\frac{5}{3}>2.12\right\}.$$

由 F 分布表查得 $F_{0.1}(9, 14)=2.12$，于是 $P\left\{\dfrac{S_1^2}{S_2^2}>1.272\right\}=0.1$.

 习题七

1. 已知样本观察值为：

15.8，24.2，14.5，17.4，13.2，20.8，

17.9，19.1，21.0，18.5，16.4，22.6.

计算样本均值、样本标准差、样本方差.

2. 设总体 X 的概率密度为 $p(x)=\dfrac{1}{2}\mathrm{e}^{-|x|}$，$(-\infty<x<+\infty)$，$X_1$，$X_2$，…，$X_n$ 为总体 X 的样本，其样本方差为 S^2，求 $E(S^2)$.

3. 设 X_1，X_2，…，$X_n(n>2)$ 为来自总体 $N(0, \sigma^2)$ 的样本，其样本均值为 $\overline{X}$，记 $Y_i=X_i-\overline{X}$，$i=1, 2, \cdots, n$. （1）求 $D(Y_i)$，$i=1, 2, \cdots, n$；（2）求 $\mathrm{Cov}(Y_1, Y_n)$.

4. 设总体 $X\sim N(1, 4)$，X_1，X_2，X_3 是来自 X 的容量为 3 的样本，其中 S^2 为样本方差，求

(1) $E(X_1^2 X_2^2 X_3^2)$；   (2) $D(X_1 X_2 X_3)$；

(3) $E(S^2)$；   (4) $D(S^2)$.

5. 设总体 $X\sim N(12, 4)$，有 $n=5$ 的样本 X_1，X_2，…，X_5，求：

(1) 样本均值与总体均值之差大于 1 的概率；

(2) $P\{\min(X_1, X_2, \cdots, X_5)\leqslant 10\}$.

6. 设总体 $X\sim N(75, 100)$，X_1，X_2，X_3 是来自总体 X 的容量为 3 的样本，求

(1) $P\{\max(X_1, X_2, X_3)<85\}$.

(2) $P\{(60<X_1<80)\bigcup(75<X_3<90)\}$.

(3) $P\{X_1+X_2\leqslant 148\}$.

7. 在天平上重复称一重量为 a 的物品，假设各次称量结果相互独立且都服从正态分布 $N(a, 0.2^2)$. 若以 $\overline{X}_n$ 表示 n 次称量结果的算术平均值，要使

$$P\{|\overline{X}_n-a|<0.1\}\geqslant 0.95,$$

求 n 的最小值.

8. 设 $F \sim F(n_1, n_2)$，证明：

(1) $\dfrac{1}{F} \sim F(n_2, n_1)$；

(2) $F_{1-\alpha}(n_1, n_2) = \dfrac{1}{F_\alpha(n_2, n_1)}$.

9. 设 $X_1, X_2, \cdots, X_{16}$ 是来自总体 $N(2, 1)$ 的样本，且与 $Z \sim N(0, 1)$ 相互独立，而 $Y = \sum\limits_{i=1}^{16} (X_i - 2)^2$，试求

(1) Y 的分布；

(2) $\dfrac{4Z}{\sqrt{Y}}$ 的分布.

10. 设 $X_1, X_2, \cdots, X_9$ 是来自正态总体 X 的简单随机样本，且

$$Y_1 = \frac{1}{6}(X_1 + \cdots + X_6), \quad Y_2 = \frac{1}{3}(X_7 + X_8 + X_9),$$

$$S^2 = \frac{1}{2} \sum_{i=7}^{9} (X_i - Y_2)^2, \quad Z = \frac{\sqrt{2}(Y_1 - Y_2)}{S},$$

试求统计量 Z 的分布.

11. 总体 $N(50, \sigma^2)$ 中随机抽取一容量为 16 的样本，在下列两种情况下分别求概率 $P\{47.9 \leqslant \overline{X} \leqslant 52.01\}$.

(1) 已知 $\sigma^2 = 5.5^2$；

(2) 未知 σ^2，而样本方差 $S^2 = 36$.

12. 从总体 $X \sim N(\mu, \sigma^2)$ 中抽取 $n_1 = 9$，$n_2 = 12$ 的两个独立样本，试求两个样本均值 $\overline{X}$ 与 $\overline{Y}$ 之差的绝对值小于 1.5 的概率，若

(1) 已知 $\sigma^2 = 4$；

(2) σ^2 未知，但两个样本方差分别为 $S_1^2 = 4.1$，$S_2^2 = 3.7$.

第八章

参数估计

在实际生活中，我们有时需要应用概率论的知识深入分析数据资料，这就逐渐形成了一门科学，即数理统计学，而统计推断是其核心内容之一．由于统计推断是由样本推断总体，其目的是利用问题的基本假定及包含在观测数据中的信息，得出尽量精确和可靠的结论．它的基本问题可以分为两大类：一类是参数估计问题；另一类是假设检验问题．本章介绍参数估计问题．

§8.1 参数估计的概念

总体 X 的分布函数 $F(x; \theta)$ 中，包含未知参数 θ（可能是一个数或一个向量）．若通过简单随机抽样，得到总体 X 的一组样本观测值 $(x_1, x_2, \cdots, x_n)$，我们自然会想到利用这一组观测数据来估计这一个或多个未知参数．

定义 1 总体 X 的分布 $F(x; \theta)$ 中包含的未知参数 θ，称为**待估参数**．参数 θ 所有可能取值构成的集合称为**参数空间**（parameter space），记为 Θ.

定义 2 利用样本 $(X_1, X_2, \cdots, X_n)$ 去估计总体 X 中的未知参数 θ 的问题，称为**参数估计问题**．

这里的参数，可能是总体的概率函数中的参数，如 $X \sim B(1, p)$ 中的 p，$X \sim U(0, \theta)$ 中的 θ 等；也可能是总体 X 的数字特征，如总体的数学期望 $E(X) = \mu$，方差 $D(X) = \sigma^2$ 等．

参数的估计问题有两类，分别是点估计和区间估计．

§8.1.1　点估计的概念

设（X_1，X_2，$\cdots$，X_n）为来自总体 X 的样本容量为 n 的样本，（x_1，x_2，$\cdots$，x_n）是该样本的一组观测值. 所谓参数的点估计就是根据样本的观测值 x_1，x_2，$\cdots$，x_n，求出参数 θ 的估计值，也就是要构造合适的统计量 $\hat{\theta}$（X_1，X_2，$\cdots$，X_n），用它的观测值 $\hat{\theta}$（x_1，x_2，$\cdots$，x_n）来估计未知参数 θ.

定义 3　用来估计总体中的待估参数 θ 的统计量 $\hat{\theta}$（X_1，X_2，$\cdots$，X_n），称为 θ 的一个**估计量**（estimation），该统计量的观测值 $\hat{\theta}$（x_1，x_2，$\cdots$，x_n）称为 θ 的**估计值**. 通常我们统称估计量和估计值为**估计**，并简记为 $\hat{\theta}$.

定义 4　用样本 X_1，X_2，$\cdots$，X_n 的一个合适的统计量 $\hat{\theta}$（X_1，X_2，$\cdots$，X_n）的观测值 $\hat{\theta}$（x_1，x_2，$\cdots$，x_n）来估计总体的未知参数 θ，称为参数 θ 的**点估计**（point estimation）.

本章将介绍构造估计量的矩估计法和最大似然估计法.

§8.1.2　区间估计的概念

点估计量 $\hat{\theta}$ 的一个观测值仅仅是参数 θ 的一个近似值，由于 $\hat{\theta}$ 是一个随机变量，它会随着样本的抽取而随机变化，不会总是和 θ 相等，而存在着或大、或小、或正、或负的误差，即便点估计量具备了很好的性质，它本身也无法反映这种近似的精确度，且无法给出误差的范围. 为了弥补这些不足，需要给出参数 θ 的区间估计.

定义 5　以区间的形式给出参数 θ 的一个范围，同时给出该区间包含参数 θ 真实值的可靠程度. 这种形式的估计称为**区间估计**（interval estimation）.

定义 6　设总体 X 的分布含有未知参数 θ，（X_1，X_2，$\cdots$，X_n）为来自 X 的样本. 对于给定值 $\alpha(0<\alpha<1)$，如果统计量 $\hat{\theta}_1(X_1$，X_2，$\cdots$，$X_n)$ 和 $\hat{\theta}_2(X_1$，X_2，$\cdots$，$X_n)$ 满足

$$P\{\hat{\theta}_1(X_1,X_2,\cdots,X_n)<\theta<\hat{\theta}_2(X_1,X_2,\cdots,X_n)\}\geqslant 1-\alpha,$$

则

（1）区间（$\hat{\theta}_1(X_1$，X_2，$\cdots$，$X_n)$，$\hat{\theta}_2(X_1$，X_2，$\cdots$，$X_n)$）称为 θ 的置信水平为 $1-\alpha$ 的**置信区间**（confidence interval）；

（2）$\hat{\theta}_1(X_1$，X_2，$\cdots$，$X_n)$ 称为**置信下限**（confidence lower limit）；

（3）$\hat{\theta}_2(X_1$，X_2，$\cdots$，$X_n)$ 称为**置信上限**（confidence upper limit）；

(4) $1-\alpha$ 称为**置信水平**（confidence level）;

(5) α 称为**显著水平**.

若 $(x_1, x_2, \cdots, x_n)$ 为样本的一组观测值，在实际应用中，认为参数 θ 的 $1-\alpha$ 的置信区间为观测区间 $(\hat{\theta}_1(x_1, x_2, \cdots, x_n), \hat{\theta}_2(x_1, x_2, \cdots, x_n))$.

由于 $\hat{\theta}_1(X_1, X_2, \cdots, X_n)$ 和 $\hat{\theta}_2(X_1, X_2, \cdots, X_n)$ 都是统计量，因此，由它们构成的区间 $(\hat{\theta}_1(X_1, X_2, \cdots, X_n), \hat{\theta}_2(X_1, X_2, \cdots, X_n))$ 是随机区间，其意义为：$(\hat{\theta}_1, \hat{\theta}_2)$ 包含参数 θ 真值的概率为 $1-\alpha$. 由于参数 θ 不是随机变量，所以不能说参数 θ 以 $1-\alpha$ 的概率落入随机区间 $(\hat{\theta}_1, \hat{\theta}_2)$，只能说随机区间 $(\hat{\theta}_1, \hat{\theta}_2)$ 以 $1-\alpha$ 的概率包含参数 θ.

对于一次具体抽样得到的置信区间 $(\hat{\theta}_1(x_1, x_2, \cdots, x_n), \hat{\theta}_2(x_1, x_2, \cdots, x_n))$ 的意义在于：若重复抽样多次，每个样本确定一个观测区间 $(\hat{\theta}_1, \hat{\theta}_2)$，有时它包含 θ 的真值，有时不包含. 按大数定律，在许多这样的区间中，包含 θ 真值的约占 $100(1-\alpha)\%$. 一般地，α 越小（通常取 0.1, 0.05, 0.01），$1-\alpha$ 越大，即区间 $(\hat{\theta}_1, \hat{\theta}_2)$ 包含 θ 的概率越大，区间 $(\hat{\theta}_1, \hat{\theta}_2)$ 的长度就会越长. 如果区间长度过大，那么区间估计就没有多大的意义了.

用随机模拟方法基于 $X \sim N(15, 4)$ 产生容量为 10 的样本 100 个，如图 8—1 所示，得到 100 个均值为 μ 的置信水平为 0.90 的观测区间 $(\hat{\theta}_1, \hat{\theta}_2)$，由图 8—1 可以看出，这 100 个区间中有 91 个包含参数真值 15，另外 9 个不包含参数真值.

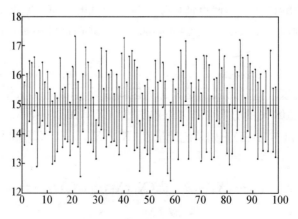

图 8—1　随机模拟得到的 100 个置信区间

通常用估计的精度和信度来评价区间估计的优劣. 其精度可以用区间长度 $\hat{\theta}_2 - \hat{\theta}_1$ 来衡量，长度越长，精度越低；信度可以用置信水平 $1-\alpha$ 来衡量，置信水平越大，信度越高. 在样本容量不变的情况下，精度和信度是一对矛盾关系，当一个增大时，另一个将会减小. 通过增加样本容量可以提高区间估计的精度和信度.

寻求单个未知参数 θ 的置信区间的步骤总结如下：

（1）先取 θ 的一个"好的"点估计量 $\hat{\theta}$，以 $\hat{\theta}$ 为基础构造一个含有未知参数 θ 而不含有其他未知参数的随机变量 $W = W(X_1, X_2, \cdots, X_n; \theta)$，$W$ 是样本函数，且已知其分布或近似分布.

（2）对给定的置信水平 $1-\alpha$，根据 $W(X_1, X_2, \cdots, X_n; \theta)$ 的分布，按精度最高的原则（实际应用中按照"等尾"原则）定出分位点 a 和 b，使得

$$P\{a < W(X_1, X_2, \cdots, X_n) < b\} = 1-\alpha.$$

（3）从不等式 $a < W(X_1, X_2, \cdots, X_n; \theta) < b$ 中解出 θ，得

$$P\{\hat{\theta}_1(X_1, X_2, \cdots, X_n) < \theta < \hat{\theta}_2(X_1, X_2, \cdots, X_n)\} = 1-\alpha.$$

于是 θ 的置信水平为 $1-\alpha$ 的置信区间为：

$$(\hat{\theta}_1, \hat{\theta}_2) = (\hat{\theta}_1(X_1, X_2, \cdots, X_n), \hat{\theta}_2(X_1, X_2, \cdots, X_n)).$$

在实际问题中，最常见的参数估计问题，是求估计总体的均值和方差. 由于正态总体广泛存在，特别是很多产品的指标近似服从正态分布，我们重点讨论正态总体均值和方差的区间估计.

§8.1.3 单侧置信区间

在许多实际问题中，常常会遇到只需要求单侧的置信上限或下限的情况，比如某品牌的冰箱，我们当然希望它的平均寿命越长越好. 因此我们只关心这个品牌的冰箱的平均寿命最低可能是多少，也就是关心平均寿命的下限. 又如一批产品的次品率当然是越低越好，于是我们只关心次品率最高可能是多少，也就是关心次品率的上限.

定义 7 设 $(X_1, X_2, \cdots, X_n)$ 为从总体 X 中抽取的样本，θ 为总体中的未知参数，对给定的 $0 < \alpha < 1$.

（1）若存在 $\hat{\theta}_1 = \hat{\theta}_1(X_1, X_2, \cdots, X_n)$，使得

$$P\{\theta > \hat{\theta}_1(X_1, X_2, \cdots, X_n)\} = 1-\alpha,$$

则称 $\hat{\theta}_1$ 为参数 θ 的置信水平为 $1-\alpha$ 的**单侧置信下限**；

（2）若存在 $\hat{\theta}_2 = \hat{\theta}_2(X_1, X_2, \cdots, X_n)$，使得

$$P\{\theta < \hat{\theta}_2(X_1, X_2, \cdots, X_n)\} = 1 - \alpha,$$

则称 $\hat{\theta}_2$ 为参数 θ 的置信水平为 $1-\alpha$ 的**单侧置信上限**.

对于单侧置信区间估计问题的讨论，基本与双侧区间估计的方法相同，只是要注意对于精度的标准不能像双侧区间一样用置信区间的长度来刻画，而此时对于给定的置信水平 $1-\alpha$，选择置信下限 $\hat{\theta}_1$，应该是 $E(\hat{\theta}_1)$ 越大越好；选择置信上限 $\hat{\theta}_2$，应该是 $E(\hat{\theta}_2)$ 越小越好.

§8.2 矩估计法

矩估计法是由英国统计学家皮尔逊（K. Pearson）于 1894 年提出的，也是最古老的一种估计法之一，由于其直观、简便，可以在不知道总体分布的情况下使用，故在实际中被广泛应用. 它的基本思想源于辛钦大数定律，即简单随机样本的原点矩依概率收敛到相应的总体的原点矩：设总体的 l 阶原点矩 $\mu_l = E(X^l)$ 存在，$X_1, X_2, \cdots, X_n$ 是来自总体 X 的样本，$A_l = \dfrac{1}{n}\sum\limits_{i=1}^{n} X_i^l$ 为 l 阶样本原点矩，对于任意的 $\varepsilon > 0$，则

$$\lim_{n \to \infty} P\left\{\left|\frac{1}{n}\sum_{i=1}^{n} X_i^l - E(X^l)\right| < \varepsilon\right\} = 1.$$

这就启发我们用样本矩替换总体矩，进而找出未知参数 θ 的估计.

定义 8 设样本 $(X_1, X_2, \cdots, X_n)$ 来自总体 X，总体 X 中包含未知参数 θ，若用样本矩替换总体矩，进而得到参数 θ 的点估计，则这样的估计方法称为**矩法估计**（square estimation），简称**矩估计**. 由矩法得到的参数 θ 的估计量 $\hat{\theta}(X_1, X_2, \cdots, X_n)$ 称为**矩估计量**（square estimator），相应的估计值 $\hat{\theta}(x_1, x_2, \cdots, x_n)$ 称为**矩估计值**.

设样本 $X_1, X_2, \cdots, X_n$ 取自含有 k 个未知参数 $\theta_1, \theta_2, \cdots, \theta_k$ 的总体 X，而且总体 X 的 k 阶原点矩 $\mu_k = E(X^k)$ 存在（若不存在，则该方法失效），当样本容量足够大时，用 A_l 估计 μ_l. 求矩估计量的具体步骤如下：

（1）计算总体 X 的 l 阶原点矩 $\mu_l = E(X^l)$，其结果应是 $\theta = (\theta_1, \theta_2, \cdots, \theta_k)$ 的函数，即 $E(X^l) = \mu_l(\theta_1, \theta_2, \cdots, \theta_k)$，$l = 1, 2, \cdots, k$.

- 对连续总体 $X \sim p(x; \theta)$，$E(X^l) = \displaystyle\int_{-\infty}^{+\infty} x^l p(x; \theta)\mathrm{d}x$；

● 对离散总体 $P\{X=x_i\}=p(x_i;\ \theta)$, $i=1,\ 2,\ \cdots,\ E(X^l)=\sum\limits_{i=1}^{+\infty}x_i^l p(x_i;\theta)$.

(2) 令 $\mu_l(\hat{\theta}_1,\hat{\theta}_2,\cdots,\hat{\theta}_k)=\dfrac{1}{n}\sum\limits_{i=1}^{n}X_i^l$, $l=1,\ 2,\ \cdots,\ k$, 即

$$\begin{cases} \mu_1(\hat{\theta}_1,\hat{\theta}_2,\cdots,\hat{\theta}_k)=\dfrac{1}{n}\sum\limits_{i=1}^{n}X_i \\ \mu_2(\hat{\theta}_1,\hat{\theta}_2,\cdots,\hat{\theta}_k)=\dfrac{1}{n}\sum\limits_{i=1}^{n}X_i^2 \\ \cdots\cdots \\ \mu_k(\hat{\theta}_1,\hat{\theta}_2,\cdots,\hat{\theta}_k)=\dfrac{1}{n}\sum\limits_{i=1}^{n}X_i^k \end{cases}.$$

(3) 解方程（组）得参数 $\theta_1,\ \theta_2,\ \cdots,\ \theta_k$ 的矩估计量 $\hat{\theta}_l=\hat{\theta}_l(X_1,\ X_2,\ \cdots,X_n)$, $l=1,\ 2,\ \cdots,\ k$, 即

$$\begin{cases} \hat{\theta}_1=\hat{\theta}_1(X_1,X_2,\cdots,X_n) \\ \hat{\theta}_2=\hat{\theta}_2(X_1,X_2,\cdots,X_n) \\ \cdots\cdots \\ \hat{\theta}_k=\hat{\theta}_k(X_1,X_2,\cdots,X_n) \end{cases}.$$

(4) 将样本观测值 $(x_1,x_2,\cdots,x_n)$ 代入矩估计量 $\hat{\theta}_l=\hat{\theta}_l(X_1,X_2,\cdots,X_n)$ 中, 即得参数 $\theta_1,\theta_2,\cdots,\theta_k$ 的矩估计值

$$\begin{cases} \hat{\theta}_1=\hat{\theta}_1(x_1,x_2,\cdots,x_n) \\ \hat{\theta}_2=\hat{\theta}_2(x_1,x_2,\cdots,x_n) \\ \cdots\cdots \\ \hat{\theta}_k=\hat{\theta}_k(x_1,x_2,\cdots,x_n) \end{cases}.$$

例 8—1 设总体 X 服从参数为 λ 的泊松分布, λ 未知, X_1, X_2, $\cdots$, X_n 是来自总体的一个样本, 求参数 λ 的矩估计量.

解 因为待估参数只有 λ 一个, 且 $\mu_1=E(X)=\lambda$, 因此, 只要令 $\hat{\lambda}=A_1$, 即得 $\hat{\lambda}=A_1=\dfrac{1}{n}\sum\limits_{i=1}^{n}X_i=\overline{X}$, 所以 λ 的矩估计量为 $\hat{\lambda}=\overline{X}$.

例 8—2 设总体 X 服从区间 $[0,\ \theta]$ 上的均匀分布, θ 为未知参数, X_1, X_2, $\cdots$, X_n 为来自该总体 X 的一个样本, 其观测值为 x_1, x_2, $\cdots$, x_n, 试求 θ 的矩估计值.

解 总体 X 的概率密度函数为

$$p(x;\theta) = \begin{cases} \dfrac{1}{\theta}, & 0 \leqslant x \leqslant \theta \\ 0, & \text{其他} \end{cases}.$$

因为待估参数只有 θ 一个，且 $\mu_1 = E(X) = \dfrac{0+\theta}{2} = \dfrac{\theta}{2}$，因此，只要令 $\dfrac{\hat{\theta}}{2} = A_1$，解之得 $\theta = 2A_1 = 2\left(\dfrac{1}{n}\sum\limits_{i=1}^{n}X_i\right) = 2\overline{X}$，即得到 θ 的矩估计量为 $\hat{\theta} = 2\overline{X}$.

将样本的观测值 x_1，x_2，$\cdots$，x_n 代入 θ 的矩估计量，得其矩估计值为 $\hat{\theta} = 2\bar{x}$.

例 8—3 设总体 X 的均值与方差分别为 μ 与 σ^2，且均未知，X_1，X_2，$\cdots$，X_n 为来自该总体的样本，求 μ 与 σ^2 的矩估计量.

解 因为待估参数有两个，因此，计算总体的一阶、二阶原点矩得

$$\begin{cases} \mu_1 = E(X) = \mu \\ \mu_2 = E(X^2) = D(X) + [E(X)]^2 = \sigma^2 + \mu^2 \end{cases}.$$

令 $\begin{cases} \hat{\mu} = A_1 \\ \hat{\sigma}^2 + \hat{\mu}^2 = A_2 \end{cases}$，解之得

$$\begin{cases} \hat{\mu} = A_1 \\ \hat{\sigma}^2 = A_2 - A_1^2 \end{cases},$$

即得 μ 与 σ^2 的矩估计量为

$$\begin{cases} \hat{\mu} = \overline{X} \\ \hat{\sigma}^2 = \dfrac{1}{n}\sum\limits_{i=1}^{n}X_i^2 - \overline{X}^2 = \dfrac{1}{n}\sum\limits_{i=1}^{n}(X_i - \overline{X})^2 \end{cases}.$$

矩估计法虽然直观简便，无须知道总体的分布，适用性广，但对原点矩不存在的总体（如柯西分布）不适用，而且当总体分布类型已知时，矩估计未能充分利用总体分布所提供的信息，这可能导致所得估计的精度比别的方法获得的低.

§8.3 最大似然估计法

如果总体 $X \sim F(x;\theta)$ 的分布类型已知，但含有未知参数 θ. 若能同时利用

总体分布类型的信息与样本提供的信息，可获得参数估计的更充分的信息. 德国数学家高斯最早提出该思想，英国的统计学家费雪（R. A. Fisher）爵士 1912 年重新提出，并证明了其优良性质，并首次将这种估计命名为**最大似然估计法**（maximum likelihood estimation）. 这种方法在理论上具有优良性质，在实际中有非常广泛的应用. 但应用这种方法的前提是，总体 X 的分布形式必须已知. 下面通过实例来说明最大似然估计的基本思想.

引例　根据经验，A 能一枪命中猎物的概率 $p_1 = 0.98$，B 能一枪命中猎物的概率 $p_2 = 0.28$. 在一次狩猎中，A、B 中有一人向猎物打一枪，猎物被击中倒下，问猎物是哪个猎手击中的？

若设 $X = \begin{cases} 1, & \text{猎物被击中} \\ 0, & \text{猎物未被击中} \end{cases}$，则 $X \sim B(1, p)$，$p \in \{0.98, 0.28\}$. 现取一个容量为 1 的样本 X_1，知 X_1 的观测值为 $x_1 = 1$（猎物被击中），原问题相当于问 $p = p_1 = 0.98$，还是 $p = p_2 = 0.28$？

因为 $P\{X_1 = 1; p = 0.98\} = 0.98 > 0.28 = P\{X_1 = 1; p = 0.28\}$，所以，应取 $p = p_1 = 0.98$，即认为猎物是 A 击中的.

最大似然的直观想法是：一个随机试验如果有若干个可能结果 A，B，C，…，在一次试验中结果 A 出现了，则认为 A 出现的概率最大，并且认为试验的环境应该使事件 A 发生的概率最大.

定义 9　设总体 X 的概率函数为 $p(x_i; \theta_1, \theta_2, \cdots, \theta_k)$，其中 θ_1，θ_2，…，θ_k 为未知参数，x_1，x_2，…，x_n 为来自总体 X 的样本观测值，则样本的联合概率函数

$$p(x_1, x_2, \cdots, x_n; \theta_1, \theta_2, \cdots, \theta_k) = \prod_{i=1}^{n} p(x_i; \theta_1, \theta_2, \cdots, \theta_k)$$

称为参数 θ_1，θ_2，…，θ_k 的**似然函数**（likelihood function），简记作 $L(\theta_1, \theta_2, \cdots, \theta_k) = \prod_{i=1}^{n} p(x_i; \theta_1, \theta_2, \cdots, \theta_k)$.

对于固定的 θ_1，θ_2，…，θ_k，L 作为 x_1，x_2，…，x_n 的函数，是样本的联合概率函数；但对于已经取得的样本观测值 x_1，x_2，…，x_n，L 便成了 θ_1，θ_2，…，θ_k 的函数，就称之为似然函数.

定义 10　在已经取得的样本观测值 x_1，x_2，…，x_n 的条件下，若点 $\tilde{\theta}_i = \tilde{\theta}_i(x_1, x_2, \cdots, x_n)$，$i = 1, 2, \cdots, k$，使似然函数 $L(\theta_1, \theta_2, \cdots, \theta_k)$ 达到最大值，即

$$L(\tilde{\theta}_1, \tilde{\theta}_2, \cdots, \tilde{\theta}_k) = \max_{(x_i; \theta_1, \theta_2, \cdots, \theta_k) \in \Theta} L(\theta_1, \theta_2, \cdots, \theta_k),$$

则 $\tilde{\theta}_1$，$\tilde{\theta}_2$，$\cdots$，$\tilde{\theta}_k$ 称为参数 θ_1，θ_2，$\cdots$，θ_k 的**最大似然估计值**. 相应的估计量 $\tilde{\theta}_i = \tilde{\theta}_i(X_1，X_2，\cdots，X_n)$，$i=1，2，\cdots，k$，称为参数 θ_1，θ_2，$\cdots$，θ_k 的**最大似然估计量**（maximum likelihood estimator）.

由于似然函数通常是一些函数的乘积或指数函数，而对数函数是单调上升函数，即 L 与 $\ln(L)$ 在相同点取到最大值，故有时可将求 L 的最大值点的问题转化为求 $\ln(L)$ 的最大值点的问题. 由微分学知，当 L 或 $\ln(L)$ 具有一阶连续偏导数时，最大似然估计常常是满足下述方程组的一组解.

定义 11 方程（组）

$$\begin{cases} \dfrac{\partial L(\theta_1,\cdots,\theta_k)}{\partial \theta_1} = 0 \\[2mm] \dfrac{\partial L(\theta_1,\cdots,\theta_k)}{\partial \theta_2} = 0 \\[2mm] \cdots\cdots \\[2mm] \dfrac{\partial L(\theta_1,\cdots,\theta_k)}{\partial \theta_k} = 0 \end{cases}$$

称为**似然方程（组）**（likelihood equation (group)）. 方程（组）

$$\begin{cases} \dfrac{\partial \ln L(\theta_1,\cdots,\theta_k)}{\partial \theta_1} = 0 \\[2mm] \dfrac{\partial \ln L(\theta_1,\cdots,\theta_k)}{\partial \theta_2} = 0 \\[2mm] \cdots\cdots \\[2mm] \dfrac{\partial \ln L(\theta_1,\cdots,\theta_k)}{\partial \theta_k} = 0 \end{cases}$$

称为**对数似然方程（组）**，仍简称似然方程（组）.

求最大似然估计的一般步骤归纳如下：

(1) 先写出似然函数 $L(\theta_1,\theta_2,\cdots,\theta_k) = \prod\limits_{i=1}^{n} p(x_i;\theta_1,\theta_2,\cdots,\theta_k)$；

(2) 再整理出**对数似然函数**（logarithm likelihood function）$\ln L(\theta)$；

(3) 最后令似然方程 $\dfrac{\mathrm{d}}{\mathrm{d}\theta}\ln L(\tilde{\theta}) = 0$，如果有解，即可解此方程得极大似然估计值 $\tilde{\theta} = \tilde{\theta}(x_1，x_2，\cdots，x_n)$；如果无解，那么根据定义找使得 $L(\theta)$ 最大的 $\tilde{\theta}$ 作为 θ 的最大似然估计.

例 8—4 设总体 X 服从参数为 λ 的指数分布，其中 λ 未知，概率密度函

数为

$$p(x;\theta)=\begin{cases}\lambda e^{-\lambda x}, & x>0 \\ 0, & x\leqslant 0\end{cases},$$

x_1，x_2，$\cdots$，x_n 为其样本 X_1，X_2，$\cdots$，X_n 的观测值，试求参数 λ 的最大似然估计值和估计量.

解 由 X_i 与总体 X 同分布，可知有概率密度函数

$$p(x_i;\theta)=\begin{cases}\lambda e^{-\lambda x_i}, & x_i>0 \\ 0, & x_i\leqslant 0\end{cases}, i=1,2,\cdots,n,$$

所以，似然函数为

$$L(\lambda)=\lambda^n e^{-\lambda\sum\limits_{i=1}^{n}x_i}, \quad x_1,x_2,\cdots,x_n>0,$$

对数似然函数为

$$\ln L(\lambda) = n\ln\lambda - \lambda\sum_{i=1}^{n}x_i,$$

对数似然方程为

$$\frac{\mathrm{d}}{\mathrm{d}\tilde{\lambda}}\ln L(\tilde{\lambda}) = \frac{n}{\tilde{\lambda}} - \sum_{i=1}^{n}x_i = 0,$$

解得 λ 的最大似然估计值为：

$$\tilde{\lambda}=\frac{n}{\sum\limits_{i=1}^{n}x_i}=\frac{1}{\bar{x}},$$

其最大似然估计量为

$$\tilde{\lambda}=\frac{n}{\sum\limits_{i=1}^{n}X_i}=\frac{1}{\bar{X}}.$$

例 8—5 设 X 的分布律为

X	1	2	3
P	θ^2	$2\theta(1-\theta)$	$(1-\theta)^2$

其中 θ 为未知参数，$0<\theta<1$，已知取得一组样本观测值 $(x_1,x_2,x_3)=(1,2,1)$，求参数 θ 的最大似然估计值.

解 已知取得一组样本观测值 $(x_1, x_2, x_3) = (1, 2, 1)$，所以似然函数为

$$L(\theta) = \prod_{i=1}^{3} p(x_i;\theta) = p(x_1 = 1;\theta) \times p(x_2 = 2;\theta) \times p(x_3 = 1;\theta)$$
$$= \theta^2 \times 2\theta(1-\theta) \times \theta^2 = 2\theta^5(1-\theta),$$

对数似然函数为

$$\ln L(\theta) = \ln 2 + 5\ln\theta + \ln(1-\theta),$$

对数似然方程为

$$\frac{\mathrm{d}}{\mathrm{d}\tilde{\theta}}\ln L(\tilde{\theta}) = \frac{5}{\tilde{\theta}} - \frac{1}{1-\tilde{\theta}} = 0,$$

解之得参数 θ 的最大似然估计值为

$$\tilde{\theta} = \frac{5}{6}.$$

例 8—6 设总体 $X \sim N(\mu, \sigma^2)$，其中 μ, σ^2 为未知参数，$X_1, X_2, \cdots, X_n$ 是来自 X 的样本，其一组观测值为 $x_1, x_2, \cdots, x_n$，试求 μ, σ^2 的最大似然估计量.

解 因为总体 X 的概率密度为

$$p(x;\mu,\sigma^2) = \frac{1}{\sigma\sqrt{2\pi}}\mathrm{e}^{-\frac{(x-\mu)^2}{2\sigma^2}},$$

因此，样本中 X_i 的概率密度为

$$p(x_i;\mu,\sigma^2) = \frac{1}{\sigma\sqrt{2\pi}}\mathrm{e}^{-\frac{(x_i-\mu)^2}{2\sigma^2}}.$$

可写出似然函数为

$$L(\mu,\sigma^2) = \prod_{i=1}^{n} \frac{1}{\sigma\sqrt{2\pi}}\mathrm{e}^{-\frac{(x_i-\mu)^2}{2\sigma^2}} = (2\pi)^{-\frac{n}{2}}(\sigma^2)^{-\frac{n}{2}}\mathrm{e}^{-\frac{1}{2\sigma^2}\sum_{i=1}^{n}(x_i-\mu)^2}.$$

对数似然函数为

$$\ln L = -\frac{n}{2}\ln(2\pi) - \frac{n}{2}\ln\sigma^2 - \frac{1}{2\sigma^2}\sum_{i=1}^{n}(x_i-\mu)^2.$$

对数似然方程为

$$\begin{cases} \dfrac{\partial \ln L}{\partial \tilde\mu} = \dfrac{1}{\tilde\sigma^2}\left(\sum_{i=1}^n x_i - n\tilde\mu\right) = 0 \\ \dfrac{\partial \ln L}{\partial \tilde\sigma^2} = -\dfrac{n}{2\tilde\sigma^2} + \dfrac{1}{2\,(\tilde\sigma^2)^2}\sum_{i=1}^n (x_i - \tilde\mu)^2 = 0 \end{cases},$$

解得，最大似然估计值为

$$\tilde\mu = \frac{1}{n}\sum_{i=1}^n x_i = \bar x,\ \tilde\sigma^2 = \frac{1}{n}\sum_{i=1}^n (x_i - \bar x)^2,$$

因此，μ,σ^2 的最大似然估计量分别为

$$\tilde\mu = \frac{1}{n}\sum_{i=1}^n X_i = \bar X,\ \tilde\sigma^2 = \frac{1}{n}\sum_{i=1}^n (X_i - \bar X)^2.$$

请注意，并不是所有最大似然估计问题都可以通过（对数）似然方程（组）来求解.

例 8—7 设总体 X 服从区间 $[0,\theta]$ 上的均匀分布，θ 为未知参数，X_1，X_2，$\cdots$，X_n 为来自该总体 X 的一个样本，其观测值为 x_1，x_2，$\cdots$，x_n，试求参数 θ 的最大似然估计.

解 由题意可知，样本中 X_i 的概率密度为

$$p(x_i;\theta) = \begin{cases} \dfrac{1}{\theta}, & 0 \leq x_i \leq \theta \\ 0, & \text{其他} \end{cases}, i=1,2,\cdots,n,$$

似然函数为

$$L(\theta) = \begin{cases} \dfrac{1}{\theta^n}, & 0 \leq x_1, x_2, \cdots, x_n \leq \theta \\ 0, & \text{其他} \end{cases}.$$

显然，似然方程无解，只能直接根据最大似然估计的定义寻找使得 $L(\theta)$ 最大的 $\hat\theta$ 作为 θ 的最大似然估计. 因为每一个 x_i 都小于或等于 θ，等价于 $\max_{1\leq i\leq n}\{x_i\} \leq \theta$；另一方面，$\dfrac{1}{\theta^n}$ 随 θ 的增大而减小，因此 θ 应尽量地小，所以当 $\theta = \max_{1\leq i\leq n}\{x_i\}$ 时，似然函数 L 达到最大，故 θ 的最大似然估计量为

$$\tilde{\theta} = \max_{1 \leqslant i \leqslant n} \{X_i\}$$

最大似然估计充分利用了总体分布形式和样本的信息，具有优良的统计性质，因而有着广泛的应用. 最大似然估计具有**不变性**：若 $\tilde{\theta}$ 是未知参数 θ 的最大似然估计，函数 $g(u)$ 是 u 的单调函数，具有单值反函数，则 $g(\tilde{\theta})$ 是 $g(\theta)$ 的最大似然估计. 比如例8—6中 σ^2 的最大似然估计为 $\tilde{\sigma}^2 = \dfrac{1}{n} \sum_{i=1}^{n} (X_i - \overline{X})^2$，函数 $g(u) = u^{\frac{1}{2}}$ 是 u 的单调递增函数，具有单值反函数，则 $g(\tilde{\sigma}^2) = \tilde{\sigma} = \sqrt{\dfrac{1}{n} \sum_{i=1}^{n} (X_i - \overline{X})^2}$ 是 $g(\sigma^2) = \sigma$ 的最大似然估计量. 值得注意的是同一问题的最大似然估计有时也不唯一，而且有时也不存在.

§8.4   点估计优劣的评价标准

实际上，用于估计 θ 的估计量有很多，比如，样本均值和样本中位数都可作为总体均值的估计量，那么究竟采用哪一个估计量作为总体参数的估计更好呢？自然要用估计效果较优的那种估计量，这就涉及用什么标准来评价估计量的优劣. 统计学家给出了一些评价标准，主要有：无偏性、有效性和一致性.

§8.4.1   无偏性

定义 12   设 $\hat{\theta} = \hat{\theta}(X_1, X_2, \cdots, X_n)$ 为未知参数 θ 的一个估计量，若 $\hat{\theta}$ 的数学期望存在，记

$$E(\hat{\theta}) - \theta = b_n$$

则 b_n 称为估计量 $\hat{\theta}$ 的**偏差**（affect），或**系统误差**.

(1) 若 $b_n = 0$，则 $\hat{\theta}$ 称为 θ 的一个**无偏估计量**（unbiased estimator），称统计量 $\hat{\theta}$ 具有**无偏性**（unbiased）；

(2) 若 $b_n \neq 0$，则 $\hat{\theta}$ 称为 θ 的一个**有偏估计**；

(3) 若 $\lim\limits_{n \to \infty} b_n = 0$，则 $\hat{\theta}$ 称为 θ 的一个**渐近无偏估计**（approximation unbiased estimator）.

$\hat{\theta}$ 是 θ 的无偏估计的意义可解释为：取多个样本 $(x_1^k, x_2^k, \cdots, x_n^k)$，$k = 1, 2, \cdots$，得到 θ 的多个估计值 $\hat{\theta}(x_1^k, x_2^k, \cdots, x_n^k)$，$k = 1, 2, \cdots$，这些估计

值围绕参数 θ 的真值上下波动，则 $\lim\limits_{n\to\infty}\dfrac{1}{n}\sum\limits_{k=1}^{n}\hat{\theta}(x_1^k,x_2^k,\cdots,x_n^k)=\theta$.

例 8—8 设总体 X 的期望为 μ，X_1，X_2，$\cdots$，X_n 为来自总体 X 的一个样本，试判断下列统计量是否为 μ 的无偏估计.

(1) X_i，$i=1$，2，$\cdots$，n；

(2) $\overline{X}=\dfrac{1}{n}\sum\limits_{i=1}^{n}X_i$；

(3) $\dfrac{1}{2}X_1+\dfrac{1}{3}X_2+\dfrac{1}{4}X_3$.

解 (1) 因为 $E(X_i)=E(X)=\mu$，所以，$X_i(i=1$，2，$\cdots$，$n)$ 是 μ 的无偏估计.

(2) 因为 $E(\overline{X})=E\left(\dfrac{1}{n}\sum\limits_{i=1}^{n}X_i\right)=\dfrac{1}{n}\sum\limits_{i=1}^{n}E(X_i)=\dfrac{1}{n}n\mu=\mu$，所以，$\overline{X}$ 是 μ 的无偏估计.

(3) 因为 $E\left(\dfrac{1}{2}X_1+\dfrac{1}{3}X_2+\dfrac{1}{4}X_3\right)=\dfrac{1}{2}E(X_1)+\dfrac{1}{3}E(X_2)+\dfrac{1}{4}E(X_3)=\dfrac{13}{12}\mu\neq\mu$，所以，$\dfrac{1}{2}X_1+\dfrac{1}{3}X_2+\dfrac{1}{4}X_3$ 不是 μ 的无偏估计.

例 8—9 设 μ，σ^2 分别为总体 X 的均值和方差，X_1，X_2，$\cdots$，X_n 为总体 X 的一个样本，证明样本二阶中心距 $\hat{\sigma}^2=\dfrac{1}{n}\sum\limits_{i=1}^{n}(X_i-\overline{X})^2$ 不是 σ^2 的无偏估计量.

证明 因为 $E(\hat{\sigma}^2)=E\left[\dfrac{1}{n}\sum\limits_{i=1}^{n}(X_i-\overline{X})^2\right]$

$$=E\left[\dfrac{1}{n}\sum\limits_{i=1}^{n}((X_i-\mu)-(\overline{X}-\mu))^2\right]$$

$$=\dfrac{1}{n}\sum\limits_{i=1}^{n}E(X_i-\mu)^2-E(\overline{X}-\mu)^2$$

$$=\dfrac{1}{n}\sum\limits_{i=1}^{n}D(X_i)-D(\overline{X}),$$

由于 $D(X_i)=D(X)=\sigma^2(i=1$，2，$\cdots$，$n)$，

$$D(\overline{X})=D\left(\dfrac{1}{n}\sum\limits_{i=1}^{n}X_i\right)=\dfrac{1}{n^2}\sum\limits_{i=1}^{n}D(X_i)=\dfrac{\sigma^2}{n},$$

所以，$E(\hat{\sigma}^2)=\dfrac{1}{n}n\sigma^2-\dfrac{\sigma^2}{n}=\dfrac{n-1}{n}\sigma^2\neq\sigma^2$，故 $\hat{\sigma}^2$ 不是 σ^2 的无偏估计. 但

$$\lim_{n\to\infty}E(\hat{\sigma}^2)=\lim_{n\to\infty}\frac{n-1}{n}\sigma^2=\sigma^2，故 \hat{\sigma}^2 是 \sigma^2 的渐近无偏估计.$$

因为 $E(S^2)=E(\frac{n}{n-1}\hat{\sigma}^2)=\frac{n}{n-1}E(\hat{\sigma}^2)=\frac{n}{n-1}\frac{n-1}{n}\sigma^2=\sigma^2$，所以，样本方差

$S^2=\frac{1}{n-1}\sum_{i=1}^{n}(X_i-\overline{X})^2$ 是 σ^2 的无偏估计.

由此可知，样本均值 $\overline{X}$ 和样本方差 S^2 分别是总体期望 μ 和方差 σ^2 的无偏估计.

§8.4.2 有效性

$\overline{X}$ 和 $X_i(i=1，2，\cdots，n)$ 都是总体均值 μ 的无偏估计量，但根据日常经验，用多次观测所得平均值去估计总体均值一定比用一次观测值去估计总体均值的效果好些，这是因为当 $n\geqslant2$ 时，$D(\overline{X})=\frac{\sigma^2}{n}<D(X_i)=\sigma^2$，即作为 μ 的无偏估计 $\overline{X}$ 比 X_i 更有效，这就是另外一个评价标准——有效性.

定义 13 设 $\hat{\theta}_1$ 与 $\hat{\theta}_2$ 都是 θ 的无偏估计量，如果

$$D(\hat{\theta}_1)<D(\hat{\theta}_2)，$$

则称 $\hat{\theta}_1$ 是较 $\hat{\theta}_2$ **有效**的估计.

例 8—10 设总体 X 服从参数为 λ 的泊松分布，X_1，X_2，$\cdots$，X_n 是来自该总体 X 的一个样本，其中 $n>2$. 证明：

(1) $\hat{\lambda}_1=\overline{X}$ 和 $\hat{\lambda}_2=\frac{1}{2}(X_1+X_2)$ 都是 λ 的无偏估计量；

(2) $\hat{\lambda}_1$ 比 $\hat{\lambda}_2$ 更有效.

证明 (1) 由题意可知

$$E(X)=\lambda，D(X)=\lambda，$$

又由于 X_1，X_2，$\cdots$，X_n 相互独立且都服从泊松分布，于是有

$$E(\hat{\lambda}_1)=E(\overline{X})=E\left(\frac{1}{n}\sum_{i=1}^{n}X_i\right)=\frac{1}{n}\sum_{i=1}^{n}E(X)=\frac{1}{n}n\lambda=\lambda.$$

同理

$$E(\hat{\lambda}_2)=E\left(\frac{X_1+X_2}{2}\right)=\lambda.$$

所以 $\hat{\lambda}_1$ 和 $\hat{\lambda}_2$ 都是 λ 的无偏估计量.

(2) 由于

$$D(\hat{\lambda}_1)=D(\bar{X})=\frac{D(X)}{n}=\frac{\lambda}{n},$$

$$D(\hat{\lambda}_2)=\frac{D(X)}{2}=\frac{\lambda}{2},$$

由 $n>2$ 得，$D(\hat{\lambda}_1)<D(\hat{\lambda}_2)$，从而 $\hat{\lambda}_1$ 比 $\hat{\lambda}_2$ 更有效.

值得注意的是在判断参数的估计量的有效性时，必须在估计量为无偏估计的前提下，再判断其方差大小.

§8.4.3　一致性

一般来讲，在估计一个参数时，样本容量越大，误差越小. 于是，当样本容量 n 足够大（趋于无穷大）时，估计误差应该接近于 0，这就引出了第三个评价标准——一致性，也叫相合性.

定义 14　设 $\hat{\theta}_n=\hat{\theta}(X_1,X_2,\cdots,X_n)$ 为总体未知参数 θ 的估计，若当 $n\to\infty$ 时，$\hat{\theta}_n\xrightarrow{p}\theta$，即对任意给定的 $\varepsilon>0$，有

$$\lim_{n\to\infty}P\{|\hat{\theta}_n-\theta|<\varepsilon\}=1,$$

则 $\hat{\theta}_n$ 称为 θ 的**一致估计**，即统计量 $\hat{\theta}_n$ 具有**一致性**（或相合性）.

一致估计从理论上保证了样本容量越大，估计的误差就会越小. 因此，在实际应用中，若估计量满足一致性，常常采用增大样本容量的方法来提高估计的精度. 因此，一致估计属点估计的大样本性质.

由切比雪夫不等式 $P\{|\hat{\theta}_n-\theta|>\varepsilon\}\leqslant\dfrac{D(\hat{\theta}_n)}{\varepsilon^2}$ 可知：若 $E(\hat{\theta}_n)=\theta$ 且 $\lim_{n\to\infty}D(\hat{\theta}_n)=0$，则估计量 $\hat{\theta}_n$ 为参数 θ 的一致估计. 不加证明地给出如下更进一步的结论：

定理 1　设 $\hat{\theta}_n=\hat{\theta}_n(X_1,X_2,\cdots,X_n)$ 为参数 θ 的一个估计量，若

$$\lim_{n\to\infty}E(\hat{\theta}_n)=\theta,\quad\lim_{n\to\infty}D(\hat{\theta}_n)=0,$$

则 $\hat{\theta}_n$ 是参数 θ 的一致估计.

例 8—11　设总体 X 的均值为 μ，$X_1,X_2,\cdots,X_n$ 是来自 X 的一个样本，则 $\bar{X}$ 为 μ 的一致估计.

显然 $E(\bar{X})=\mu$，而 $D(\bar{X})=\dfrac{\sigma^2}{n}\to0(n\to\infty)$，因此 $\bar{X}$ 为 μ 的一致估计.

例 8—12　设总体 $X\sim N(\mu,\sigma^2)$，$X_1,X_2,\cdots,X_n$ 是来自 X 的一个样本，则样本方差 S^2 是 σ^2 的一致估计.

证明 因为 $E(S^2)=\sigma^2$，$\dfrac{(n-1)S^2}{\sigma^2}\sim\chi^2(n-1)$，由 χ^2 分布的性质知

$$D\left(\frac{(n-1)S^2}{\sigma^2}\right)=2(n-1),$$

所以 $D(S^2)=\dfrac{2\sigma^4}{n-1}\to 0(n\to\infty)$，故 S^2 是 σ^2 的一致估计.

事实上，对一般总体 X 而言，样本均值 $\overline{X}$ 和样本方差 S^2 分别为总体均值 μ 和方差 σ^2 的无偏估计和一致估计.

§8.5　正态总体参数的置信区间

§8.5.1　总体方差已知的情况下均值的置信区间

设总体 $X\sim N(\mu,\ \sigma^2)$，其中 σ^2 已知，$X_1,\ X_2,\ \cdots,\ X_n$ 为来自 X 的一个样本，$x_1,\ x_2,\ \cdots,\ x_n$ 为样本的观测值，求 μ 的置信水平为 $1-\alpha$ 的置信区间.

我们知道 $E(\overline{X})=\mu$，即 $\overline{X}$ 为 μ 的无偏估计量，且有 $Z=\dfrac{\overline{X}-\mu}{\sigma/\sqrt{n}}\sim N(0,\ 1)$. 因此，如图 8—2 所示，对于给定的显著水平 α，有：

$$P\left\{|Z|=\frac{|\overline{X}-\mu|}{\sigma/\sqrt{n}}<z_{\alpha/2}\right\}=1-\alpha,$$

$$P\left\{\overline{X}-z_{\alpha/2}\frac{\sigma}{\sqrt{n}}<\mu<\overline{X}+z_{\alpha/2}\frac{\sigma}{\sqrt{n}}\right\}=1-\alpha,$$

于是得到 μ 的置信水平为 $1-\alpha$ 的置信区间为

$$\left(\overline{x}-z_{\alpha/2}\frac{\sigma}{\sqrt{n}},\ \overline{x}+z_{\alpha/2}\frac{\sigma}{\sqrt{n}}\right),$$

简记为 $\overline{x}\pm z_{\alpha/2}\dfrac{\sigma}{\sqrt{n}}$，其中 $z_{\alpha/2}$ 可查表.

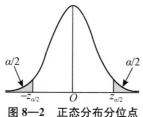

图 8—2　正态分布分位点

例 8—13　已知某工厂生产的某种零件其长度 $X \sim N(\mu, 0.06)$，现从某日生产的一批零件中随机抽取 6 只，测得直径的数据（单位：mm）为

14.6，15.1，14.9，14.8，15.2，15.1

试求该批零件长度的置信水平为 0.95 的置信区间.

解　$\sigma = \sqrt{0.06}$，$n=6$，经计算可得 $\bar{x} = \dfrac{1}{6} \sum_{i=1}^{6} x_i = 14.95$.

当 $\alpha = 0.05$ 时，查标准正态分布表可得 $z_{\alpha/2} = z_{0.025} = 1.96$，计算得

置信下限：$\bar{x} - \dfrac{\sigma}{\sqrt{n}} z_{\alpha/2} = 14.95 - \dfrac{\sqrt{0.06}}{\sqrt{6}} \times 1.96 \approx 14.75$，

置信上限：$\bar{x} + \dfrac{\sigma}{\sqrt{n}} z_{\alpha/2} = 14.95 + \dfrac{\sqrt{0.06}}{\sqrt{6}} \times 1.96 \approx 15.15$，

故所求置信区间为（14.75，15.15）.

§8.5.2　实验：单个正态总体均值 Z 估计活动表

利用【Excel】中提供的统计函数【NORMSINV】和平方根函数【SQRT】，编制【单个正态总体均值 Z 估计活动表】，如图 8—3 所示，在【单个正态总体均值 Z 估计活动表】中，只要分别引用或输入【置信水平】、【样本容量】、【样本均值】和【总体标准差】的具体值，就可得到相应的统计分析结果.

图 8—3　【单个正态总体均值 Z 估计活动表】

注 在【置信水平】、【样本容量】、【样本均值】和【总体标准差】引用或输入具体值前,【单个正态总体均值 Z 估计活动表】显示的并不是图 8—3 的样式,而是图 8—4 的样式,显示出错信息. 后面介绍的其他活动表类似,不再说明.

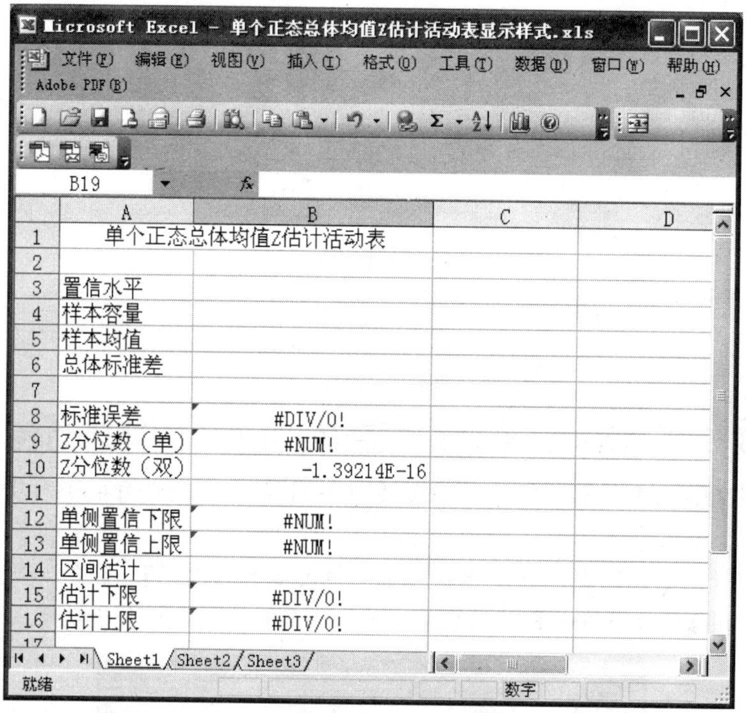

图 8—4 【单个正态总体均值 Z 估计活动表】显示样式

例 8—14 假设样本取自 50 名乘车上班的旅客,他们花在路上的平均时间为 $\bar{x}=30$ 分钟,总体标准差为 $\sigma=2.5$ 分钟. 试求旅客乘车上班花在路上的平均时间的置信水平为 0.95 的置信区间.

解 第 1 步:打开【单个正态总体均值 Z 估计活动表】.

第 2 步:在单元格【B3】中输入 0.95,在单元格【B4】中输入 50,在单元格【B5】中输入 30,在单元格【B6】中输入 2.5,则返回如图 8—5 所示的统计分析结果.

由此可知,旅客乘车上班花在路上的平均时间的置信水平为 0.95 的置信区间为 (29.307 048 09,30.692 951 91).

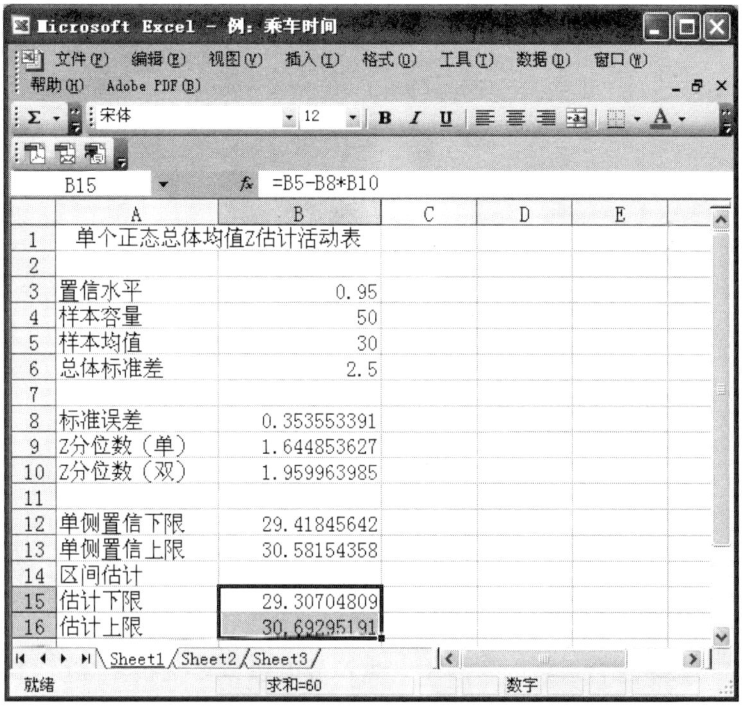

Microsoft Excel - 例：乘车时间

B15 =B5-B8*B10

	A	B	C	D	E
1	单个正态总体均值Z估计活动表				
2					
3	置信水平	0.95			
4	样本容量	50			
5	样本均值	30			
6	总体标准差	2.5			
7					
8	标准误差	0.353553391			
9	Z分位数（单）	1.644853627			
10	Z分位数（双）	1.959963985			
11					
12	单侧置信下限	29.41845642			
13	单侧置信上限	30.58154358			
14	区间估计				
15	估计下限	29.30704809			
16	估计上限	30.69295191			

Sheet1 / Sheet2 / Sheet3

就绪 求和=60 数字

图 8—5 例 8—14【乘车时间】统计分析结果

§8.5.3 总体方差未知的情况下均值的置信区间

设总体 $X \sim N(\mu, \sigma^2)$，其中 σ^2 未知，X_1，X_2，…，X_n 为来自 X 的一个样本，x_1，x_2，…，x_n 为样本的观测值，求 μ 的置信水平为 $1-\alpha$ 的置信区间.

我们知道 $E(\overline{X})=\mu$，即 $\overline{X}$ 为 μ 的无偏估计量，且有

$$T=\frac{\overline{X}-\mu}{S/\sqrt{n}} \sim t(n-1).$$

对于给定的 α，由 t 分布的对称性，如图 8—6 所示，有下式成立

$$P\left\{-t_{\alpha/2}(n-1)<\frac{\overline{X}-\mu}{S/\sqrt{n}}<t_{\alpha/2}(n-1)\right\}=1-\alpha,$$

整理得

$$P\left\{\overline{X}-t_{\alpha/2}(n-1)\frac{S}{\sqrt{n}}<\mu<\overline{X}+t_{\alpha/2}(n-1)\frac{S}{\sqrt{n}}\right\}=1-\alpha,$$

故总体均值 μ 的置信水平为 $1-\alpha$ 的置信区间为

$$\left(\bar{x}-t_{\alpha/2}(n-1)\frac{s}{\sqrt{n}},\ \bar{x}+t_{\alpha/2}(n-1)\frac{s}{\sqrt{n}}\right),$$

简记为 $\bar{x}\pm t_{\alpha/2}(n-1)\dfrac{s}{\sqrt{n}}$.

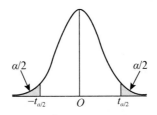

图 8—6 t 分布分位点

由此可知，总体均值的置信区间由两部分组成：点估计和描述估计量精度的"±值"，这个"±值"称为估计误差，而且一般此时估计区间长度最小，即精度最高.

例 8—15 某胶合板厂以新的工艺生产胶合板以增强抗压强度，现抽取 10 个试件，做抗压力试验，获得数据（单位：kg/cm^2）如下：

48.2，49.3，51.0，44.6，43.5，41.8，39.4，46.9，45.7，47.1，

试求该胶合板平均抗压强度 μ 的置信水平为 0.95 的置信区间（设胶合板抗压强度服从正态分布）.

解 由样本数据计算得

$$\bar{x}=\frac{1}{10}\sum_{i=1}^{10}x_i=45.75,$$

$$s=\sqrt{\frac{1}{10-1}\sum_{i=1}^{10}(x_i-\bar{x})^2}\approx 3.522.$$

对于 $1-\alpha=0.95$，即 $\alpha=0.05$，自由度 $n-1=10-1=9$ 查表得 $t_{0.025}=2.262$，故得 μ 的置信区间为

$$\left(\bar{x}-t_{0.025}(9)\frac{s}{\sqrt{10}},\ \bar{x}+t_{0.025}(9)\frac{s}{\sqrt{10}}\right)$$

$$=\left(45.75-2.262\times\frac{3.522}{\sqrt{10}},\ 45.75+2.262\times\frac{3.522}{\sqrt{10}}\right)\approx(43.23,\ 48.27).$$

这就是说该胶合板平均抗压强度为 $43.23 \sim 48.27 \mathrm{kg/cm^2}$，此估计的可信程度为 95%. 若以此区间内任何一值作为 μ 的近似值，其估计误差不超过 $2.262 \times \frac{3.522}{\sqrt{10}} \approx 2.519\ 3$.

在实际问题中，总体方差 σ^2 未知的情况较多.

例 8—16 从一批灯泡中随机地取 5 只做寿命测试，测得寿命（以小时计）为

$$1\ 050,\ 1\ 100,\ 1\ 120,\ 1\ 250,\ 1\ 280.$$

设灯泡寿命服从正态分布，求灯泡寿命平均值的置信水平为 0.95 的单侧置信下限.

解 因为

$$T = \frac{\overline{X} - \mu}{S/\sqrt{n}} \sim t(n-1),$$

于是

$$P\left\{ \frac{\overline{X} - \mu}{S/\sqrt{n}} < t_\alpha(n-1) \right\} = 1 - \alpha,$$

即

$$P\left\{ \mu > \overline{X} - \frac{S}{\sqrt{n}} t_\alpha(n-1) \right\} = 1 - \alpha,$$

本例中 $1-\alpha=0.95$，$n=5$，$\overline{x}=1\ 160$，$s^2=9\ 950$，$t_{0.05}(4)=2.131\ 8$，故

$$\underline{\hat{\mu}} = \overline{x} - \frac{s}{\sqrt{n}} t_\alpha(n-1) = 1\ 160 - \frac{\sqrt{9\ 950}}{\sqrt{5}} \times 2.131\ 8 \approx 1\ 065.$$

此即为灯泡寿命平均值的置信水平为 0.95 的单侧置信下限.

§8.5.4　实验：单个正态总体均值 t 估计活动表

利用【Excel】中提供的统计函数【TINV】和平方根函数【SQRT】，编制【单个正态总体均值 t 估计活动表】，如图 8—7 所示，在【单个正态总体均值 t 估计活动表】中，只要分别引用或输入【置信水平】、【样本容量】、【样本均值】和【样本标准差】的具体值，就可得到相应的统计分析结果.

例 8—17 假设轮胎的寿命 $X \sim N(\mu, \sigma^2)$. 为估计某种轮胎的平均寿命 μ，

图 8—7　【单个正态总体均值 *t* 估计活动表】

现随机地抽取 12 只轮胎试用，测得它们的寿命（单位：万公里）如下：

4.68, 4.85, 4.32, 4.85, 4.61, 5.02, 5.20, 4.60, 4.58, 4.72, 4.38, 4.70

试求平均寿命的置信水平为 0.95 的置信区间.

　　解　第 1 步：打开【单个正态总体均值 *t* 估计活动表】.

　　第 2 步：如图 8—8 所示，在 D 列输入原始数据.

　　第 3 步：点击【工具(T)】→选择【数据分析(D)】→选择【描述统计】→点击【确定】按钮→在【描述统计】对话框中输入相关内容→点击【确定】按钮，得到如图 8—8 所示的 F 列与 G 列的结果.

　　第 4 步：在单元格【B3】中输入 0.95，在单元格【B4】中输入 12，在单元格【B5】中引用 G3，在单元格【B6】中引用 G7，则返回如图 8—8 所示的统计分析结果.

　　由此可知，轮胎的平均寿命的置信水平为 0.95 的置信区间为（4.551 601 079，4.866 732 255）.

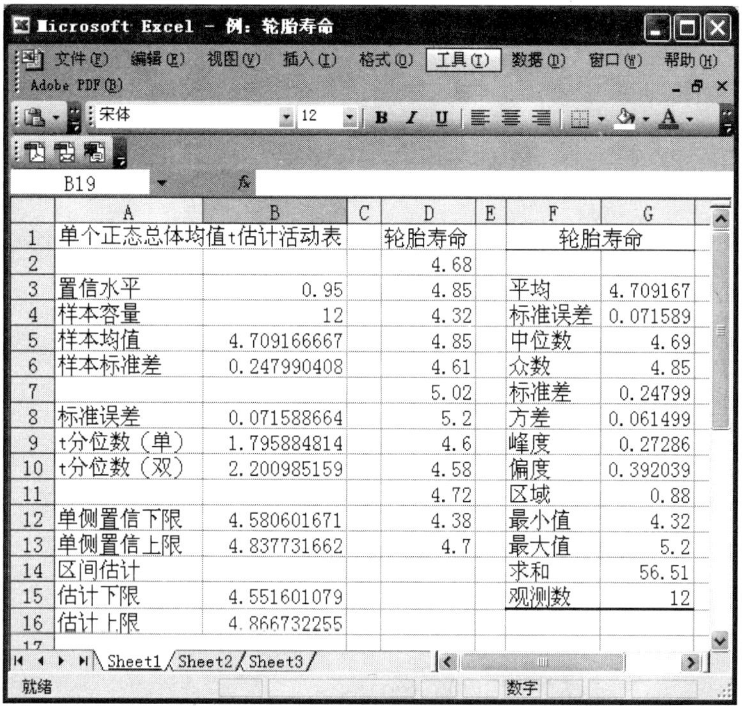

Microsoft Excel - 例：轮胎寿命

	A	B	C	D	E	F	G
1	单个正态总体均值t估计活动表			轮胎寿命		轮胎寿命	
2				4.68			
3	置信水平	0.95		4.85		平均	4.709167
4	样本容量	12		4.32		标准误差	0.071589
5	样本均值	4.709166667		4.85		中位数	4.69
6	样本标准差	0.247990408		4.61		众数	4.85
7				5.02		标准差	0.24799
8	标准误差	0.071588664		5.2		方差	0.061499
9	t分位数（单）	1.795884814		4.6		峰度	0.27286
10	t分位数（双）	2.200985159		4.58		偏度	0.392039
11				4.72		区域	0.88
12	单侧置信下限	4.580601671		4.38		最小值	4.32
13	单侧置信上限	4.837731662		4.7		最大值	5.2
14	区间估计					求和	56.51
15	估计下限	4.551601079				观测数	12
16	估计上限	4.866732255					

图 8—8　例 8—17【轮胎寿命】统计分析结果

§8.5.5　正态总体方差与标准差的置信区间

在许多实际问题中，不仅要对总体均值进行估计，而且需要对总体方差进行区间估计．如评价某种品牌电视机质量好坏时，不仅要估计出其平均寿命，而且也要知道在寿命指标上的方差，平均寿命长且方差小，才能认为该种品牌的质量高．

设总体 $X\sim N(\mu,\sigma^2)$，且总体均值 μ 未知，X_1，X_2，…，X_n 是来自该总体的样本，x_1，x_2，…，x_n 为样本的观测值，求 σ^2（或 σ）的置信水平为 $1-\alpha$ 的置信区间．此时有

$$\chi^2=\frac{(n-1)S^2}{\sigma^2}\sim\chi^2(n-1).$$

对于给定的 α，有 $P\left\{\chi^2_{1-\alpha/2}(n-1)<\frac{(n-1)\ S^2}{\sigma^2}<\chi^2_{\alpha/2}(n-1)\right\}=1-\alpha$，见图

8—9，整理得

$$P\left\{\frac{(n-1)S^2}{\chi_{\alpha/2}^2(n-1)}<\sigma^2<\frac{(n-1)S^2}{\chi_{1-\alpha/2}^2(n-1)}\right\}=1-\alpha,$$

故在总体期望 μ 未知的假设下，总体方差 σ^2 的置信水平为 $1-\alpha$ 的置信区间为

$$\left(\frac{(n-1)s^2}{\chi_{\alpha/2}^2(n-1)},\ \frac{(n-1)s^2}{\chi_{1-\alpha/2}^2(n-1)}\right).$$

类似地，可得标准差 σ 的置信水平为 $1-\alpha$ 的置信区间为

$$\left(\frac{\sqrt{n-1}\,s}{\sqrt{\chi_{\alpha/2}^2(n-1)}},\ \frac{\sqrt{n-1}\,s}{\sqrt{\chi_{1-\alpha/2}^2(n-1)}}\right).$$

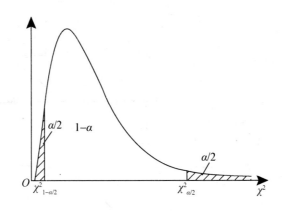

图 8—9 χ^2 分布分位点

例 8—18 某胶合板厂以新的工艺生产胶合板以增强抗压强度，现抽取 10 个试件，做抗压力试验，获得数据（单位：kg/cm²）如下：

48.2，49.3，51.0，44.6，43.5，41.8，39.4，46.9，45.7，47.1，

设胶合板抗压力服从正态分布，试求总体方差 σ^2 和标准差 σ 的置信水平为 0.95 的置信区间.

解 算得 $\bar{x}=45.75$，$s=3.522$，$s^2=12.40$，对于 $\alpha=0.05$，$n-1=9$，查表得 $\chi_{0.975}^2(9)=2.70$，$\chi_{0.025}^2(9)=19.02$. 因此可得 σ^2 的置信区间为

$$\left(\frac{9\times12.40}{19.02},\ \frac{9\times12.40}{2.70}\right)\approx(5.868，41.333)，$$

σ的置信区间为

$$\left(\sqrt{\frac{9\times12.40}{19.02}},\sqrt{\frac{9\times12.40}{2.7}}\right)\approx(2.422,6.429).$$

§8.5.6　实验：单个正态总体方差卡方（χ^2）估计活动表

利用【Excel】中提供的统计函数【CHIINV】，编制【单个正态总体方差卡方估计活动表】，如图8—10所示，在【单个正态总体方差卡方估计活动表】中，只要分别引用或输入【置信水平】、【样本容量】、【样本均值】和【样本方差】的具体值，就可得到相应的统计分析结果.

图8—10　【单个正态总体方差卡方估计活动表】

例8—19　某厂生产的零件重量 $X\sim N(\mu,\sigma^2)$. 现从该厂生产的零件中随机地抽取9个，测得它们的重量（单位：g）如下：

45.3，45.4，45.1，45.3，45.5，45.7，45.4，45.3，45.6，

试求总体方差的置信水平为 0.95 的置信区间.

解 第 1 步：打开【单个正态总体方差卡方估计活动表】.

第 2 步：如图 8—11 所示，输入零件重量数据→点击【工具(T)】→选择【数据分析(D)】→选择【描述统计】→点击【确定】按钮.

第 3 步：在【描述统计】对话框中输入相关内容→点击【确定】按钮，得到图 8—11 中 F 列与 G 列所示结果.

第 4 步：在单元格【B3】中输入 0.95，在单元格【B4】中输入 9，在单元格【B5】中引用 G3，在单元格【B6】中引用 G8，则返回如图 8—11 所示的统计分析结果.

由此可知 σ^2 的置信区间为 (0.014 827 872，0.119 280 787).

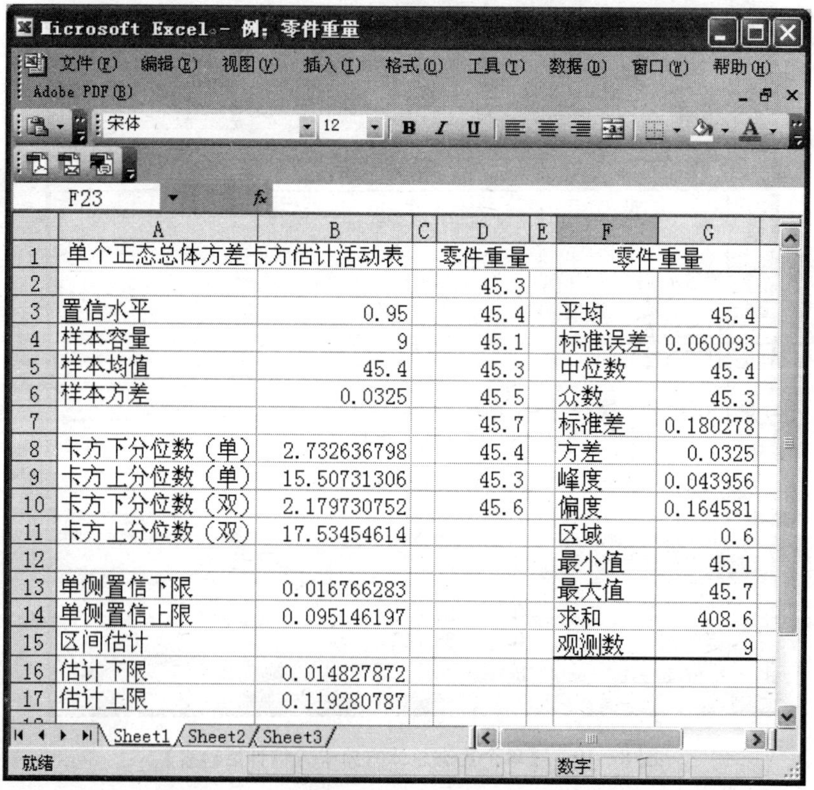

	A	B	C	D	E	F	G
1	单个正态总体方差卡方估计活动表			零件重量		零件重量	
2				45.3			
3	置信水平	0.95		45.4		平均	45.4
4	样本容量	9		45.1		标准误差	0.060093
5	样本均值	45.4		45.3		中位数	45.4
6	样本方差	0.0325		45.5		众数	45.3
7				45.7		标准差	0.180278
8	卡方下分位数（单）	2.732636798		45.4		方差	0.0325
9	卡方上分位数（单）	15.50731306		45.3		峰度	0.043956
10	卡方下分位数（双）	2.179730752		45.6		偏度	0.164581
11	卡方上分位数（双）	17.53454614				区域	0.6
12						最小值	45.1
13	单侧置信下限	0.016766283				最大值	45.7
14	单侧置信上限	0.095146197				求和	408.6
15	区间估计					观测数	9
16	估计下限	0.014827872					
17	估计上限	0.119280787					

图 8—11 例 8—19【零件重量】统计分析结果

现将单个正态总体参数 μ，σ^2 的置信区间总结如下（见表 8—1).

表 8—1 单个正态总体参数置信区间表

待估参数	条件	抽样分布	置信区间
μ	σ^2 已知	$Z = \dfrac{\overline{X}-\mu}{\sigma/\sqrt{n}} \sim N(0,\ 1)$	$\left(\overline{x} - z_{\alpha/2} \dfrac{\sigma}{\sqrt{n}},\ \overline{x} + z_{\alpha/2} \dfrac{\sigma}{\sqrt{n}} \right)$
	σ^2 未知	$T = \dfrac{\overline{X}-\mu}{S/\sqrt{n}} \sim t(n-1)$	$\left(\overline{x} - t_{\alpha/2}(n-1) \dfrac{s}{\sqrt{n}},\ \overline{x} + t_{\alpha/2}(n-1) \dfrac{s}{\sqrt{n}} \right)$
σ^2	μ 未知	$\chi^2 = \dfrac{(n-1)S^2}{\sigma^2} \sim \chi^2(n-1)$	$\left(\dfrac{(n-1)s^2}{\chi^2_{\alpha/2}(n-1)},\ \dfrac{(n-1)s^2}{\chi^2_{1-\alpha/2}(n-1)} \right)$
σ			$\left(\dfrac{\sqrt{n-1}\,s}{\sqrt{\chi^2_{\alpha/2}(n-1)}},\ \dfrac{\sqrt{n-1}\,s}{\sqrt{\chi^2_{1-\alpha/2}(n-1)}} \right)$

§8.6 两个正态总体参数的置信区间

在实际中经常会遇见这样的问题，已知某产品的质量指标 $X \sim N(\mu,\ \sigma^2)$，但由于工艺改变、原料不同、设备不同或者操作人员的更换等原因，总体均值 μ 和总体方差 σ^2 会有所改变．我们要了解这些改变究竟有多大，这就需要考虑两个正态总体均值差和总体方差比的区间估计．

设样本 $(X_1,\ X_2,\ \cdots,\ X_{n_1})$ 来自正态总体 $X \sim N(\mu_1,\ \sigma_1^2)$，其样本均值和样本方差分别为

$$\overline{X} = \frac{1}{n_1} \sum_{i=1}^{n_1} X_i,\ S_1^2 = \frac{1}{n_1-1} \sum_{i=1}^{n_1} (X_i - \overline{X})^2.$$

样本 $(Y_1,\ Y_2,\ \cdots,\ Y_{n_2})$ 来自正态总体 $Y \sim N(\mu_2,\ \sigma_2^2)$，其样本均值和样本方差分别为

$$\overline{Y} = \frac{1}{n_2} \sum_{j=1}^{n_2} Y_j,\ S_2^2 = \frac{1}{n_2-1} \sum_{j=1}^{n_2} (Y_j - \overline{Y})^2,$$

且两个正态总体 $X \sim N(\mu_1,\ \sigma_1^2)$ 和 $Y \sim N(\mu_2,\ \sigma_2^2)$ 相互独立．

§8.6.1 两个正态总体均值差的置信区间

在实际问题中，往往两总体方差 σ_1^2 和 σ_2^2 都未知，为了讨论方便，我们假定 $\sigma_1^2 = \sigma_2^2$，求两总体均值差 $\mu_1 - \mu_2$ 的置信水平为 $1-\alpha$ 的置信区间．此时有

$$T=\frac{\overline{X}-\overline{Y}-(\mu_1-\mu_2)}{S_W\sqrt{\dfrac{1}{n_1}+\dfrac{1}{n_2}}}\sim t(n_1+n_2-2),$$

其中 $S_W^2=\dfrac{(n_1-1)S_1^2+(n_2-1)S_2^2}{n_1+n_2-2}.$

对于给定的置信水平 $1-\alpha$, 有

$$P\{\,|T|<t_{\alpha/2}(n_1+n_2-2)\,\}=1-\alpha,$$

解不等式

$$\frac{|(\overline{X}-\overline{Y})-(\mu_1-\mu_2)|}{S_W\sqrt{\dfrac{1}{n_1}+\dfrac{1}{n_2}}}<t_{\alpha/2}(n_1+n_2-2)$$

得 $\mu_1-\mu_2$ 的置信水平为 $1-\alpha$ 的置信区间为

$$\left(\,(\bar{x}-\bar{y})-t_{\alpha/2}(n_1+n_2-2)s_w\sqrt{\frac{1}{n_1}+\frac{1}{n_2}},\ (\bar{x}-\bar{y})+t_{\alpha/2}(n_1+n_2-2)s_w\sqrt{\frac{1}{n_1}+\frac{1}{n_2}}\,\right)$$

简记为 $(\bar{x}-\bar{y})\pm t_{\alpha/2}(n_1+n_2-2)s_w\sqrt{\dfrac{1}{n_1}+\dfrac{1}{n_2}}$, 其中 $s_w=\sqrt{\dfrac{(n_1-1)s_1^2+(n_2-1)s_2^2}{n_1+n_2-2}}.$

例 8—20 随机地从甲、乙两厂生产的蓄电池中抽取一些样本，测得蓄电池的电容量（A·h）如下：

甲厂：144，141，138，142，141，143，138，137；

乙厂：142，143，139，140，138，141，140，138，142，136.

设两厂生产的蓄电池电容量分别服从正态总体 $N(\mu_1,\ \sigma_1^2)$，$N(\mu_2,\ \sigma_2^2)$，两样本独立，若已知 $\sigma_1^2=\sigma_2^2=\sigma^2$，但 σ^2 未知. 求 $\mu_1-\mu_2$ 的置信水平为 0.95 的置信区间.

解 $n_1=8$，$n_2=10$，计算得 $\bar{x}=140.5$，$s_1^2=\dfrac{1}{n_1-1}\left(\sum\limits_{i=1}^{n_1}x_i^2-n_1\times\bar{x}^2\right)\approx6.57$，

$\bar{y}=139.9$，$s_2^2=\dfrac{1}{n_2-1}\left(\sum\limits_{j=1}^{n_2}y_j^2-n_2\times\bar{y}^2\right)=4.77$，

又 $s_w=\sqrt{\dfrac{7s_1^2+9s_2^2}{16}}\approx2.36$，$\alpha=0.05$，$t_{0.025}(16)=2.119\,9$，因此计算得 $\mu_1-\mu_2$ 的置信水平为 0.95 的置信区间约为（-1.77，2.97）.

§8.6.2 实验：两个正态总体均值差 t 估计活动表

可利用【Excel】中提供的统计函数【TINV】和平方根函数【SQRT】，编

制【两个正态总体均值差 t 估计活动表】，如图 8—12 所示，在【两个正态总体均值差 t 估计活动表】中，只要分别引用或输入【置信水平】、【样本 1 容量】、【样本 1 均值】、【样本 1 方差】的具体值以及【样本 2 容量】、【样本 2 均值】、【样本 2 方差】的具体值，就可得到相应的统计分析结果.

图 8—12 【两个正态总体均值差 t 估计活动表】

例 8—21 为了比较两个小麦品种的产量，选择 18 块条件相似的试验田，采用相同的耕作方法做试验，结果播种品种甲的 8 块试验田的单位面积产量和播种品种乙的 10 块试验田的单位面积产量（单位：kg）分别为：

品种甲：628，583，510，554，612，523，530，615；

品种乙：535，433，398，470，567，480，498，560，503，426.

假定每个品种的单位面积产量服从正态分布，方差相同，试确定两个品种平均单位面积产量之差的置信水平为 0.95 的置信区间.

図 8—13 例 8—21【小麦品种】统计分析结果

	A	B	C	D	E	F	G
1	个正态总体均值差t估计活动			品种甲产量	品种乙产量		
2				628	535		
3	置信水平	0.95		583	433		
4	样本1容量	8		510	398		
5	样本1均值	569.375		554	470		
6	样本1方差	2140.5536		612	567		
7				523	480		
8	样本2容量	10		530	498		
9	样本2均值	487		615	560		
10	样本2方差	3256.2222			503		
11					426		
12	总方差	2768.1172					
13	t分位数（单）	1.7458837		品种甲产量		品种乙产量	
14	t分位数（双）	2.1199053					
15				平均	569.375	平均	487
16	单侧置信下限	38.803873		标准误差	16.357542	标准误差	18.0450055
17	单侧置信上限	125.94613		中位数	568.5	中位数	489
18	区间估计			众数	#N/A	众数	#N/A
19	估计下限	29.469606		标准差	46.266117	标准差	57.0633177
20	估计上限	135.28039		方差	2140.5536	方差	3256.22222
21				峰度	-1.982161	峰度	-1.0473797
22				偏度	0.0051924	偏度	-0.0580294
23				区域	118	区域	169
24				最小值	510	最小值	398
25				最大值	628	最大值	567
26				求和	4555	求和	4870
27				观测数	8	观测数	10

B19 = B5-B9-B14*SQRT(B12)*SQRT((B4+B8)/(B4*B8))

解 第 1 步：打开【两个正态总体均值差 t 估计活动表】.

第 2 步：如图 8—13 所示，输入原始数据→做【描述统计】→得到描述统计结果.

第 3 步：在【B3】输入 0.95，在【B4】输入 8，在【B5】引用 E15，在【B6】引用 E20；在【B8】输入 10，在【B9】引用 G15，在【B10】引用 G20.

由图 8—13 可知，两个品种平均单位面积产量之差的置信水平为 0.95 的置信区间为（29.469 606，135.280 39）.

§8.6.3 两个正态总体方差比的置信区间

在实际问题中，经常遇到比较两个总体方差的问题，比如，希望比较用两种不同方法生产的产品性能的稳定性，比较不同测量工具的精度等.

设有两个正态总体 $X \sim N(\mu_1, \sigma_1^2)$，$Y \sim N(\mu_2, \sigma_2^2)$，且 μ_1，μ_2，σ_1^2，σ_2^2 都未知，其中 $(X_1, X_2, \cdots, X_{n_1})$ 和 $(Y_1, Y_2, \cdots, Y_{n_2})$ 是分别来自 X 和 Y 的两个独立样本. 求方差比 $\dfrac{\sigma_1^2}{\sigma_2^2}$ 的置信水平为 $1-\alpha$ 的置信区间. 样本方差分别为

$$S_1^2 = \frac{1}{n_1-1} \sum_{i=1}^{n_1} (X_i - \overline{X})^2, \ S_2^2 = \frac{1}{n_2-1} \sum_{j=1}^{n_2} (Y_j - \overline{Y})^2.$$

因为

$$F = \frac{S_1^2}{S_2^2} \cdot \frac{\sigma_2^2}{\sigma_1^2} \sim F(n_1-1, n_2-1),$$

对于已给的置信水平 $1-\alpha$，见图 8—14，有

$$P\{F_{1-\alpha/2}(n_1-1, n_2-1) < F < F_{\alpha/2}(n_1-1, n_2-1)\} = 1-\alpha,$$

故 $\dfrac{\sigma_1^2}{\sigma_2^2}$ 的置信水平为 $1-\alpha$ 的置信区间为

$$\left(\frac{s_1^2/s_2^2}{F_{\alpha/2}(n_1-1, n_2-1)}, \ \frac{s_1^2/s_2^2}{F_{1-\alpha/2}(n_1-1, n_2-1)} \right).$$

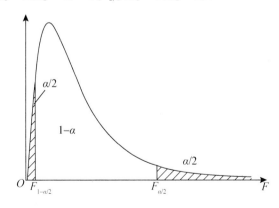

图 8—14　F 分布分位点

现将两个正态总体均值差和方差比的置信区间总结如表 8—2 所示.

表 8—2　　　　　　　　　两个正态总体均值差与方差比的置信区间表

待估参数	条件	抽样分布	置信区间
$\mu_1-\mu_2$	$\sigma_1^2=\sigma_2^2$ 未知	$T=\dfrac{\overline{X}-\overline{Y}-(\mu_1-\mu_2)}{S_w\sqrt{\dfrac{1}{n_1}+\dfrac{1}{n_2}}}\sim t(n_1+n_2-2)$ $s_w=\sqrt{\dfrac{(n_1-1)s_1^2+(n_2-1)s_2^2}{n_1+n_2-2}}$	$(\overline{x}-\overline{y})\pm t_{\alpha/2}(n_1+n_2-2)s_w\sqrt{\dfrac{1}{n_1}+\dfrac{1}{n_2}}$
$\dfrac{\sigma_1^2}{\sigma_2^2}$	μ_1, μ_2, σ_1^2, σ_2^2 都未知	$F=\dfrac{S_1^2/\sigma_1^2}{S_2^2/\sigma_2^2}\sim F(n_1-1,\ n_2-1)$	$\left(\dfrac{s_1^2/s_2^2}{F_{\alpha/2}(n_1-1,\ n_2-1)},\ \dfrac{s_1^2/s_2^2}{F_{1-\alpha/2}(n_1-1,\ n_2-1)}\right)$

例 8—22　随机地从甲、乙两厂生产的蓄电池中抽取一些样本，测得蓄电池的电容量（A·h）如下：

甲厂：144，141，138，142，141，143，138，137；

乙厂：142，143，139，140，138，141，140，138，142，136.

设两厂生产的蓄电池电容量分别服从正态分布 $N(\mu_1,\sigma_1^2)$，$N(\mu_2,\sigma_2^2)$，两样本独立，试求 $\dfrac{\sigma_1^2}{\sigma_2^2}$ 的置信水平为 0.95 的置信区间.

解　计算得知 $s_1^2\approx6.57$，$s_2^2\approx4.77$，又查表得

$$F_{0.025}(7,9)=4.20,\ F_{0.975}(7,9)=\frac{1}{F_{0.025}(9,7)}=\frac{1}{4.82}\approx0.21.$$

由此计算得 $\dfrac{\sigma_1^2}{\sigma_2^2}$ 的置信水平为 0.95 的置信区间约为 (0.33，6.56).

§8.6.4　实验：两个正态总体方差比 F 估计活动表

可利用【Excel】中提供的统计函数【FINV】，编制【两个正态总体方差比 F 估计活动表】，如图 8—15 所示，在【两个正态总体方差比 F 估计活动表】中，只要分别引用或输入【置信水平】、【样本 1 容量】、【样本 1 方差】的具体值以及【样本 2 容量】、【样本 2 方差】的具体值，就可得到相应的统计分析结果.

例 8—23　某车间有两台自动车床加工一类套筒，假设套筒直径服从正态分

图 8—15 【两个正态总体方差比 F 估计活动表】

布，现从两个班次的产品分别检查了 5 个和 6 个套筒，得其直径（单位：cm）数据分别为：

甲班：5.05，5.08，5.03，5.00，5.07；

乙班：4.98，5.03，4.97，4.99，5.02，4.95.

试求两班加工套筒直径的方差比的置信水平为 0.95 的置信区间.

解 第 1 步：打开【两个正态总体方差比 F 估计活动表】.

第 2 步：如图 8—16 所示，输入原始数据→做【描述统计】→得到描述统计结果.

第 3 步：在【B3】输入 0.95，在【B4】输入 5，在【B5】引用 E17；在【B7】输入 6，在【B8】引用 G17.

由图 8—16 可知，两班次加工套筒直径的方差比的置信水平为 0.95 的置信区间为 (0.157 425 753，10.891 286 71).

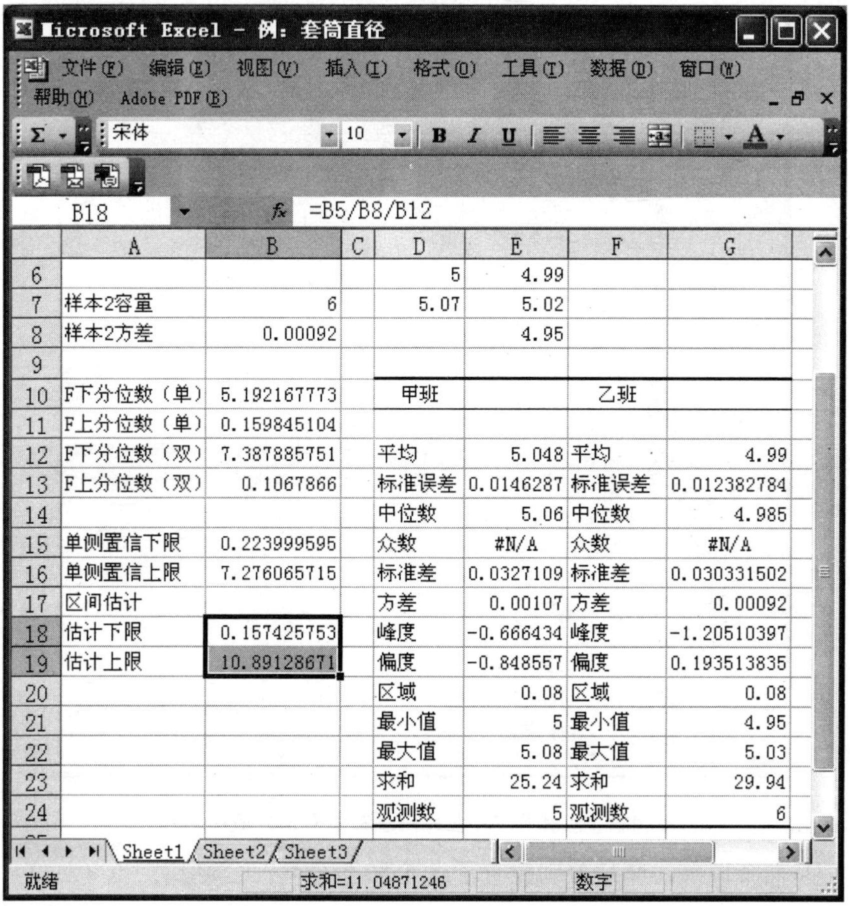

	A	B	C	D	E	F	G
6				5	4.99		
7	样本2容量	6		5.07	5.02		
8	样本2方差	0.00092			4.95		
9							
10	F下分位数（单）	5.192167773		甲班		乙班	
11	F上分位数（单）	0.159845104					
12	F下分位数（双）	7.387885751		平均	5.048	平均	4.99
13	F上分位数（双）	0.1067866		标准误差	0.0146287	标准误差	0.012382784
14				中位数	5.06	中位数	4.985
15	单侧置信下限	0.223999595		众数	#N/A	众数	#N/A
16	单侧置信上限	7.276065715		标准差	0.0327109	标准差	0.030331502
17	区间估计			方差	0.00107	方差	0.00092
18	估计下限	0.157425753		峰度	-0.666434	峰度	-1.20510397
19	估计上限	10.89128671		偏度	-0.848557	偏度	0.193513835
20				区域	0.08	区域	0.08
21				最小值	5	最小值	4.95
22				最大值	5.08	最大值	5.03
23				求和	25.24	求和	29.94
24				观测数	5	观测数	6

图 8—16　例 8—23【套筒直径】统计分析结果

习题八

1. 设 X_1，X_2，$\cdots$，X_n 是来自二项分布 $B(m, p)$ 总体的一个样本，x_1，x_2，$\cdots$，x_n 为其样本观测值，其中 m 是正整数且已知，$p(0 < p < 1)$ 是未知参数，求未知参数 p 的矩估计和最大似然估计.

2. 设总体 X 的概率密度函数为 $p(x; \theta) = \begin{cases} (\theta+1)x^\theta, & 0 < x < 1 \\ 0, & \text{其他} \end{cases}$，其中 θ 未知，X_1，X_2，$\cdots$，X_n 是来自该总体的一个样本，x_1，x_2，$\cdots$，x_n 为其样本观测值，求未知参数 θ 的矩估计值和最大似然估计值.

3. 设总体 X 的概率密度函数为 $p(x;\theta)=\begin{cases}\dfrac{1}{\theta}, & \theta\leqslant x\leqslant 2\theta \\ 0, & \text{其他}\end{cases}$ ，其中 $\theta>0$，且

θ 未知，求未知参数 θ 的最大似然估计值.

4. 设 X_1，X_2，X_3 是来自总体 X 的样本，μ 和 σ^2 分别是总体均值和总体方差，证明下列三个统计量

$$\hat{\mu}_1=\frac{2}{5}X_1+\frac{2}{5}X_2+\frac{1}{5}X_3,$$

$$\hat{\mu}_2=\frac{1}{6}X_1+\frac{1}{2}X_2+\frac{1}{3}X_3,$$

$$\hat{\mu}_3=\frac{1}{3}X_1+\frac{1}{3}X_2+\frac{1}{3}X_3$$

都是总体均值 μ 的无偏估计量；并指出它们中哪个估计量最有效.

5. 设总体 $X\sim N(\mu,\sigma^2)$，X_1，X_2，X_3 是来自 X 的样本，试证估计量

$$\hat{\mu}_1=\frac{1}{5}X_1+\frac{3}{10}X_2+\frac{1}{2}X_3,$$

$$\hat{\mu}_2=\frac{1}{3}X_1+\frac{1}{4}X_2+\frac{5}{12}X_3,$$

$$\hat{\mu}_3=\frac{1}{3}X_1+\frac{1}{6}X_2+\frac{1}{2}X_3$$

都是 μ 的无偏估计，并指出它们中哪一个最有效.

6. 设 $(X_1，X_2，\cdots，X_n)$ 是来自总体 $X\sim N(\mu,\sigma^2)$ 的一个样本，试选择适当的常数 C，使得 $\hat{\sigma}^2=C\sum\limits_{i=1}^{n-1}(X_{i+1}-X_i)^2$ 是 σ^2 的无偏估计量.

7. 设总体 $X\sim U(\theta,2\theta)$，其中 $\theta>0$ 是未知参数，随机取一样本 X_1，X_2，$\cdots$，X_n，样本均值为 $\overline{X}$. 试证 $\hat{\theta}=\dfrac{2}{3}\overline{X}$ 是参数 θ 的无偏估计和一致估计.

8. 假设你为某种子公司开发一种快速生长的洋葱新品种. 现拟确定该品种洋葱从播种到成熟（可从外观上判断球茎发育，顶端弯曲等）所需的平均时间 μ（天数）. 假定从初步的研究知道，平均时间服从 $\sigma=8.3$ 天的正态分布，抽取了 67 个成熟期的洋葱作为样本，且样本均值 $\overline{x}=71.2$ 天，试求 μ 的置信水平 95% 的置信区间.

9. 零件尺寸与规定尺寸的偏差 $X\sim N(\mu,\sigma^2)$，今测得 10 个零件，得偏差值（单位：微米）2，1，-2，3，2，4，-2，5，3，4，试求

(1) μ 的置信水平为 0.90 的置信区间;

(2) σ^2 的置信水平为 0.90 的置信区间.

10. 一个容量为 $n=16$ 的随机样本取自总体 $X \sim N(\mu, \sigma^2)$，其中 μ, σ^2 均未知，如果样本有均值 $\bar{x}=27.9$，标准差 $s=3.23$，试求 μ 的置信水平为 99% 的置信区间.

11. 一位专门从事人类进化研究的人类学家在非洲某地发现了 7 具成年的直立行走猿人的骨骸，这类猿人骨骸以前从未在该地区发现过. 人类学家测量了它们的头盖骨容量（头骨的大脑区域，且通常服从正态分布），以 cm³ 为单位，得到以下结果：925，892，900，875，910，906 和 899. 试求总体均值 μ 的置信水平为 95% 的置信区间.

12. 从一批电视机显像管中随机抽取 6 个测试其使用寿命（单位：kh），得到样本观测值为

$$15.6, 14.9, 16.0, 14.8, 15.3, 15.5.$$

设显像管使用寿命 $X \sim N(\mu, \sigma^2)$，求

(1) 使用寿命均值 μ 的置信水平为 95% 的单侧置信下限;

(2) 使用寿命方差 σ^2 的置信水平为 90% 的单侧置信上限.

13. 设灯泡寿命 $X \sim N(\mu, \sigma^2)$，为了估计未知参数 σ^2，测试 10 个灯泡，得样本标准差 $s=20$ 小时，试求 σ^2 和 σ 的置信水平为 95% 的置信区间.

14. 如果你在食品公司就职，要求估计一标准袋薯片的平均总脂肪量（单位：克）. 现分析了 11 袋，并得下列结果：$\bar{x}=18.2$g，$s^2=0.56$g². 如果假定总脂肪量服从正态分布，试给出 σ^2 和 σ 的置信水平为 90% 的置信区间.

15. 测得 16 头某品种牛的体高，得到 $\bar{x}_1=133$cm，$s_1=4.07$cm；而测量另外一品种 20 头牛的体高，得 $\bar{x}_2=131$cm，$s_2=2.92$cm. 假设两个品种牛的体高都服从正态分布，试求该两品种牛体高差的置信水平为 95% 的置信区间.

16. 对某农作物两个品种计算了 8 个地区的单位面积产量如下：

品种 A：86，87，56，93，84，93，75，79；

品种 B：80，79，58，91，77，82，74，66.

假定两个品种的单位面积产量分别服从正态分布，且方差相等，试求平均单位面积产量之差的置信水平为 95% 的置信区间.

17. 设总体 $X \sim N(\mu_1, \sigma_1^2)$，$Y \sim N(\mu_2, \sigma_2^2)$，从中分别抽取容量为 $n_1=10$，$n_2=15$ 的独立样本，可计算得 $\bar{x}=82$，$s_x^2=56.5$，$\bar{y}=76$，$s_y^2=52.4$.

(1) 若 $\sigma_1^2=\sigma_2^2=\sigma^2$，$\sigma^2$ 未知，求 $\mu_1-\mu_2$ 的置信水平为 95% 的置信区间;

(2) 求 σ_1^2/σ_2^2 的置信水平为 95% 的置信区间.

18. 为检测某种激素对失眠的影响，诊所的医生给两组睡眠不规律的病人在临睡前服用不同剂量的激素，然后测量他们从服药到入睡（电脑电波确定）的时间. 第一组服用的是 5mg 的剂量，第二组服用的是 15mg 的剂量，样本是独立的. 结果为 $n_1 = 10$，$\bar{x} = 14.8\text{min}$，$s_1^2 = 4.36 \text{ min}^2$；第二组 $n_2 = 13$，$\bar{y} = 10.2\text{min}$，$s_2^2 = 4.66 \text{ min}^2$. 假定两个条件下的总体是正态分布，试求两总体方差比 σ_1^2/σ_2^2 的置信水平为 90% 的置信区间.

第九章

假设检验

在实际问题中，需要估计总体中的未知参数时，可用参数估计法解决问题. 可是还有许多实际问题，参数估计无法解决.

例如某工厂生产的产品的某项指标服从 $N(\mu_0, \sigma^2)$，经过技术改造后，μ_0 是否发生了变化？问题变成了 $\mu = \mu_0$ 是否成立？显然参数估计无法回答这类问题. 对这个问题，往往先提出假设，然后抽取样本进行观察，根据样本所提供的信息去检验这个假设是否合理，从而做出拒绝或接受假设的判断. 这就是本章要讨论的假设检验问题.

§9.1 假设检验的基本概念

§9.1.1 假设检验的概念

引例 1 据报载，某商店为搞促销，对购买一定数额商品的顾客给予一次摸球抽奖的机会，规定从装有红、绿两色球各 10 个的暗箱中连续摸 10 次（摸后放回），若 10 次都摸得绿球，则中大奖. 某人摸 10 次，皆为绿球，商店认定此人作弊，拒付大奖，此人不服，最后引出官司.

在此并不关心此人是否真正作弊，也不关心官司的最后结果，但从统计的观点看，商店的怀疑是有道理的. 因为，如果此人摸球完全是随机的，则在 10 次摸球中均摸到绿球的概率为 $\left(\dfrac{1}{2}\right)^{10} = \dfrac{1}{1\,024}$，这是一个很小的数，根据小概率事件原理：概率很小的事件在一次试验中是不可能发生的. 如在一次试验中，小概率事件竟然发生了，则认为该事件的前提条件值得怀疑. 现在既然概率这么小的事件都发生了，就有理由怀疑此人摸球不是随机的，换句话说此人有作弊之嫌.

下面用假设检验的语言来模拟商店的推断.

（1）提出假设.

H_0：此人未作弊，即此人是完全随机地摸球.

（2）构造统计量，在 H_0 下，确定统计量 N 的分布.

统计量取为 10 次摸球中摸中绿球的个数 N. 在 H_0 下，$N \sim B(10, 1/2)$. 其分布律为 $P\{N=k\}=p_k=C_{10}^k \left(\dfrac{1}{2}\right)^{10}$，$k=0$，1，2，…，10.

（3）按照自我认可的小概率 α（如 $\alpha=0.01$），确定对 H_0 不利的小概率事件.

如果此人作弊的话，不可能故意少摸绿球，因此，对 H_0 不利的小概率事件是："绿球数 N 大于某个较大的数"，即取一数 $n(\alpha)$ 使得 $P\{N>n(\alpha)\} \leqslant \alpha$. 由分布律算出：

$$p_{10}=1/1\,024 \approx 0.001, \qquad p_9=10/1\,024 \approx 0.01, \qquad p_9+p_{10} \approx 0.011$$

因此取 $n(0.01)=9$，即当 H_0 成立时，$\{N>9\}$ 是满足要求的小概率事件.

（4）由抽样结果得出结论.

由抽样结果知，N 的观测值为 $n=10$，即 $\{N>9\}$ 发生了，而 $\{N>9\}$ 被视为对 H_0 不利的小概率事件，它在一次试验中是不应该发生的，现在 $\{N>9\}$ 居然发生了，只能认为 H_0 是不成立的，即 "H_1：此人作弊" 成立.

例 9—1 某产品的生产商声称，他的产品单位重量平均为 0.5 千克，并且重量均匀，误差很小，标准差等于 0.015 千克. 为确认这一点，承销商在这批产品中随机地抽取 9 个，得单位重量数据如下：

$$0.413, \ 0.586, \ 0.548, \ 0.525, \ 0.427, \ 0.529, \ 0.471, \ 0.457, \ 0.551.$$

由以上数据计算出样本均值 $\bar{x} \approx 0.500\,8$，它与 0.5 相差很小，又由于样本均值 $\bar{X}$ 是总体均值 μ 的优良估计，因此销售商不能否认生产商关于"产品单位重量平均为 0.5 千克"的断言. 但是经计算，样本方差为 $s^2=0.003\,669$，从而样本标准差为 $s=0.060\,6$，远大于 0.015. 为了有说服力地拒绝生产商关于产品单位重量的"标准差等于 0.015 千克"的断言，承销商作了如下的说明.

假设产品单位重量 $X \sim N(\mu, \sigma^2)$，由抽取的样本来判断 $\sigma^2=\sigma_0^2=0.015^2$ 是否成立.

由于样本方差 S^2 是总体方差 σ^2 的优良估计，所以，当样本方差观测值 s^2 比

σ_0^2 大得多时，就有理由拒绝 H_0：$\sigma^2=\sigma_0^2=0.015^2$ 而接受 H_1：$\sigma^2>\sigma_0^2$. 就是说，对于某个特定的足够大的 $\lambda>1$，如果 $\frac{S^2}{\sigma_0^2}>\lambda$，就应拒绝 H_0.

样本方差 S^2 是样本 $(X_1，X_2，\cdots，X_n)$ 的函数，即 S^2 是一个随机变量，不论 λ 取多大的值，事件 $\left\{\frac{S^2}{\sigma_0^2}>\lambda\right\}$ 总能以一定的概率发生. 因此必须约定："小概率事件在一次观察中不会发生"，即给出一个小的正数 α（$0<\alpha<1$），找出一个 λ，使事件 $\left\{\frac{S^2}{\sigma_0^2}>\lambda\right\}$ 发生的概率不超过 α，如果在一次观察中，这个小概率事件发生了，那么只能拒绝 H_0.

如果 H_0：$\sigma^2=\sigma_0^2$ 成立，则 $\chi^2=\frac{(n-1)S^2}{\sigma_0^2}\sim\chi^2(n-1)$，且有 $P\left\{\frac{(n-1)S^2}{\sigma_0^2}>\chi_\alpha^2(n-1)\right\}=\alpha$. 记 $W=\left\{(x_1,x_2,\cdots,x_n):\frac{(n-1)s^2}{\sigma_0^2}>\chi_\alpha^2(n-1)\right\}$，则当 $(x_1,x_2,\cdots,x_n)\in W$，即 $\frac{(n-1)s^2}{\sigma_0^2}>\chi_\alpha^2(n-1)$ 时，就拒绝 H_0.

对于例 9—1，查表得 $\chi_{0.05}^2(8)=15.507$（如图 9—1 所示），从而有 $\chi^2=\frac{(n-1)s^2}{\sigma_0^2}=\frac{8\times0.003\ 669}{0.015^2}\approx130.453>15.507=\chi_{0.05}^2(8)$，也就是说，承销商所取的样本落在 H_0 的拒绝域内，因此可以拒绝 H_0 而接受 H_1，即认为产品单位重量的标准差大于 0.015 千克.

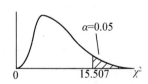

图 9—1 例 9—1 检验示意图

下面给出在假设检验中常用的几个概念.

定义 1 一个待检验其真实性的命题，称为**原假设**或**零假设**（null hypothesis），记为 H_0；与 H_0 相对立的命题，称为**备择假设**（alternative hypothesis）或**对立假设**（opposite hypothesis），记为 H_1.

在例 9—1 中，原假设为 H_0：$\sigma^2=0.015^2$，备择假设为 H_1：$\sigma^2>0.015^2$.

定义 2 用来检验原假设 H_0 是否成立的统计量，称为**检验统计量**（test statistic）.

在例 9—1 中，问题的检验统计量为 $\chi^2 = \dfrac{8S^2}{0.015^2}$.

定义 3　当样本的观测值落在某个区域 W 中时，就拒绝原假设 H_0，则区域 W 称为 H_0 的**拒绝域**（rejection region），或**否定域**（negation region），$\overline{W}$ 就称为**接受域**，由检验统计量确定的拒绝域的边界点称为**临界点**或**临界值**.

在例 9—1 中，拒绝域 $W = \left\{ (x_1, x_2, \cdots, x_n) \,\middle|\, \dfrac{8s^2}{0.015^2} > 15.507 = \chi^2_{0.05}(8) \right\}$，简记为 $W = \left\{ \dfrac{8s^2}{0.015^2} > 15.507 \right\}$，临界值为 $\chi^2_{0.05}(8) = 15.507$.

定义 4　一个与总体分布或总体分布的参数有关的待判断的命题，称为**统计假设**，包括原假设 H_0 和备择假设 H_1. 使用样本去判断这个假设是否成立，称为**假设检验**（test of hypothesis）.

§9.1.2　两类错误

小概率事件在一次观察或试验中不会发生，这是假设检验采用的一个原则. 由此原则来确定 H_0 的拒绝域 W：$P\{(x_1, x_2, \cdots, x_n) \in W \mid H_0 \text{ 为真}\} \leqslant \alpha$，即当 H_0 成立时，样本观测值落在拒绝域 W 内的概率等于或小于一个小的正数 α. 当拒绝域确定后，检验的判断准则也随之确定.

（1）如果样本观测值 $(x_1, x_2, \cdots, x_n) \in W$，则认为 H_0 不成立，拒绝 H_0；

（2）如果样本观测值 $(x_1, x_2, \cdots, x_n) \notin W$，则没有理由拒绝 H_0，而接受 H_0.

这样，在假设检验中，可能出现的各种情况如表 9—1 所示.

表 9—1　　　　　　　　　假设检验中可能出现的各种情况

观测数据情况	判断决策	总体情况	
		H_0 为真	H_1 为真
$(x_1, x_2, \cdots, x_n) \in W$	拒绝 H_0	决策错误	决策正确
$(x_1, x_2, \cdots, x_n) \notin W$	接受 H_0	决策正确	决策错误

定义 5　当原假设 H_0 为真时，如果样本观测值 $(x_1, x_2, \cdots, x_n) \in W$，而作出拒绝 H_0 的判断，则这样的判断决策是错误的，这种错误称为**第一类错误**（type Ⅰ error）. 要求犯第一类错误的概率等于或小于 α，即

$$P\{\text{拒绝 } H_0 \mid H_0 \text{ 为真}\} = P\{(x_1, x_2, \cdots, x_n) \in W \mid H_0 \text{ 为真}\} \leqslant \alpha.$$

定义 6　用来控制犯第一类错误的概率 α，称为检验的**显著性水平**（signifi-cance level）.

定义 7　当原假设 H_0 不真时，如果样本观测值 $(x_1, x_2, \cdots, x_n) \notin W$，而作出接受 H_0 的判断，则这样的判断决策也是错误的，这种错误称为**第二类错误**（type Ⅱ error）. 犯第二类错误的概率通常记为 β，即

$$P\{\text{接受 } H_0 \mid H_1 \text{ 为真}\} = P\{(x_1, x_2, \cdots, x_n) \notin W \mid H_1 \text{ 为真}\} = \beta.$$

一个好的检验方法，应使检验结果犯这两类错误的概率都尽量地小. 但进一步的讨论将告诉我们：当样本容量一定时，若减少犯某类错误的概率，则犯另一类错误的概率往往增大. 若要使犯两类错误的概率都减小，只能增加样本容量.

由费希尔（R. A. Fisher）提出，在 20 世纪二三十年代经内曼（J. Neyman）和皮尔逊（E. S. Pearson）发展的检验理论提出的原则是：在控制犯第一类错误概率的前提下，使犯第二类错误的概率尽可能地小.

定义 8　对给定的检验问题 H_0 和 H_1，在控制犯第一类错误的概率不超过指定值 α 的条件下，使犯第二类错误的概率 β 尽量地小，这样的检验称为**显著性检验**（significance test）或显著性水平为 α 的检验.

§9.1.3　假设检验的基本步骤

对于实际问题的假设检验，其一般步骤如下：

（1）明确问题：根据实际问题，提出原假设 H_0 和备择假设 H_1.

在假设检验中，原假设 H_0 是受保护的命题，如果没有十分充足的理由，不能否定原假设 H_0. 因此，要求将一个不能轻易否定的命题（或者说，研究者想收集证据予以否定的命题）作为原假设 H_0，与此对立的命题作为备择假设 H_1.

（2）依一定的原则，选取适当的检验统计量，确定拒绝域的形式.

在许多情况下，常常从直观出发，构造合理的检验统计量. 在对正态总体的参数进行的假设检验中，可依据前面已学的抽样分布来选取适当的检验统计量.

（3）对给定的显著性水平 α（一般取 $\alpha = 0.01, 0.05, 0.10$），依据检验统计量的分布，由 $P\{\text{拒绝 } H_0 \mid H_0 \text{ 为真}\} \leqslant \alpha$，给出拒绝域.

（4）获取样本，根据样本观察值，计算出检验统计量的值，从而确定是接受 H_0，还是拒绝 H_0.

例 9—2　某车间用一台包装机包装葡萄糖，每包的重量 $X \sim N(\mu, 0.015^2)$，在包装机正常工作的情况下，其均值为 0.5kg. 某天开工后为检验包装机工作是

否正常，随机地抽取它所包装的 9 袋葡萄糖，测得净重（kg）为：

$$0.497，0.506，0.518，0.498，0.524，0.511，0.520，0.515，0.512.$$

问包装机工作是否正常（显著性水平 $\alpha=0.05$）？

分析 总体 $X \sim N(\mu, 0.015^2)$. 为检验包装机工作是否正常，提出如下的统计假设：

$$H_0 : \mu = \mu_0 = 0.5，H_1 : \mu \neq \mu_0.$$

由于样本均值 $\overline{X} = \dfrac{1}{n}\sum_{i=1}^{n}X_i$ 是总体期望 μ 的无偏估计，在 H_0 为真时，$|\overline{x} - \mu_0|$ 的值应较小，如果 $|\overline{x} - \mu_0|$ 的值太大，就有理由拒绝 H_0，因此 H_0 的拒绝域应有形式 $|\overline{x} - \mu_0| > \lambda$.

在 H_0 成立时，统计量 $Z = \dfrac{\overline{X} - \mu_0}{\sigma_0/\sqrt{n}} \sim N(0, 1)$，对给定的显著性水平 $\alpha(0 < \alpha < 1)$ 有 $P\{|Z| > z_{\alpha/2}\} = \alpha$，于是，取检验统计量 $Z = \dfrac{\overline{X} - \mu_0}{\sigma/\sqrt{n}}$，$H_0$ 的拒绝域为

$$|z| = \frac{|\overline{x} - \mu_0|}{\sigma_0/\sqrt{n}} > z_{\alpha/2}.$$

解 $H_0 : \mu = \mu_0 = 0.5$，$H_1 : \mu \neq \mu_0$，

$$P\left\{\left|\frac{\overline{X} - \mu_0}{\sigma_0/\sqrt{n}}\right| > z_{\alpha/2}\right\} = \alpha,$$

$$|z| = \frac{|\overline{x} - \mu_0|}{\sigma_0/\sqrt{n}} \approx 2.2 > 1.96 = z_{0.025},$$

因此 H_0 被拒绝，即认为该天包装机工作不正常. 示意图见图 9—2.

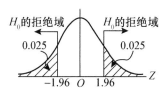

图 9—2 例 9—2 检验示意图

§9.1.4 假设检验的三种基本形式

若总体 X 有概率函数 $p(x; \theta)$，对未知参数 θ 的假设检验有如下三种基本形

式：

(1) H_0：$\theta = \theta_0$，H_1：$\theta \neq \theta_0$；

(2) H_0：$\theta = \theta_0 (\theta \geq \theta_0)$，$H_1$：$\theta < \theta_0$；

(3) H_0：$\theta = \theta_0 (\theta \leq \theta_0)$，$H_1$：$\theta > \theta_0$.

定义 9 备择假设 H_1 分散在原假设 H_0 的两侧的检验称为**双侧检验**（two-sided test），如 H_0：$\theta = \theta_0$，H_1：$\theta \neq \theta_0$. 双侧检验示意图见图 9—3.

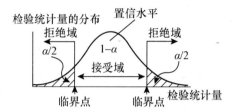

图 9—3　双侧检验示意图

定义 10 备择假设 H_1 分散在原假设 H_0 的左侧的检验称为**左侧检验**，如 H_0：$\theta \geq \theta_0$，H_1：$\theta < \theta_0$. 左侧检验示意图见图 9—4.

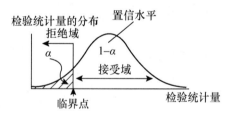

图 9—4　左侧检验示意图

定义 11 备择假设 H_1 分散在原假设 H_0 的右侧的检验称为**右侧检验**，如 H_0：$\theta \leq \theta_0$，H_1：$\theta > \theta_0$. 右侧检验示意图见图 9—5.

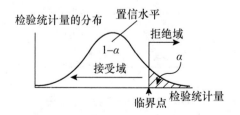

图 9—5　右侧检验示意图

定义 12 左侧检验与右侧检验统称为**单侧检验**（one-sided test）.

§9.2 假设检验问题的 P 值

假设检验的结论通常是简单的:在给定的显著性水平下,不是拒绝原假设就是保留原假设.然而有时也会出现这样的情况:在一个较大的显著性水平(如 $\alpha=0.05$)下得到拒绝原假设的结论,而在一个较小的显著性水平(如 $\alpha=0.01$)下却会得到相反的结论.

这种情况在理论上很容易解释:因为显著性水平变小后会导致检验的拒绝域变小,于是原来落在拒绝域中的观测值就可能落入接受域.

但这种情况在应用中会带来一些麻烦.假如这时一个人主张选择显著性水平 $\alpha=0.05$,而另一个人主张选 $\alpha=0.01$,则有可能形成这样的情况:第一个人的结论是拒绝 H_0,而后一个人的结论是接受 H_0.我们该如何处理这一问题呢?

引例 2 一支香烟中的尼古丁含量 X 服从正态分布 $N(\mu,1)$,质量标准 μ 规定不能超过 1.5 毫克.现从某厂生产的香烟中随机抽取 20 支,测得平均每支香烟的尼古丁含量为 $\bar{x}=1.97$ 毫克,试问该厂生产的香烟尼古丁含量是否符合质量标准的规定?

这是一个假设检验问题:$H_0:\mu\leqslant1.5$,$H_1:\mu>1.5$.

计算得:

$$z=\frac{\bar{x}-\mu_0}{\sigma/\sqrt{n}}=\frac{1.97-1.5}{1/\sqrt{20}}\approx2.10.$$

对于一些显著性水平,下表列出了相应的临界值和检验结论.

表 9—2   **不同显著性水平下引例 2 的结论**

显著性水平 α	观测值与临界值比较	对应的检验结论
0.05	$z=2.10>1.645=z_{0.05}$	拒绝 H_0
0.025	$z=2.10>1.96=z_{0.025}$	拒绝 H_0
0.01	$z=2.10<2.33=z_{0.01}$	接受 H_0
0.005	$z=2.10<2.58=z_{0.005}$	接受 H_0

我们看到,不同的 α 有不同的结论.

现在换一个角度来看,在 $\mu=1.5$ 时,$z=2.10$,设 $Z\sim N(0,1)$,可算得,$P\{Z>2.10\}=0.017\,9$,若以 $0.017\,9$ 为基准来看上述检验问题,可得

(1) 当 $\alpha < 0.0179$ 时，$2.10 < z_a$. 于是 $z = 2.10$ 就不在拒绝域 $\{z > z_a\}$ 中，此时应接受原假设 H_0；

(2) 当 $\alpha > 0.0179$ 时，$2.10 > z_a$. 于是 $z = 2.10$ 就在拒绝域 $\{z > z_a\}$ 中，此时应拒绝原假设 H_0.

由此可以看出，0.0179 是能用观测值 2.10 做出"拒绝 H_0"的最小的显著性水平，这就是 P 值.

定义 13 在一个假设检验问题中，利用观测值能够做出拒绝原假设的最小的显著性水平称为检验的 **P 值**.

如果 $\alpha \geqslant p$，则在显著性水平 α 下拒绝 H_0.

如果 $\alpha < p$，则在显著性水平 α 下接受 H_0.

例 9—3 欣欣儿童食品厂生产的某种盒装儿童食品，规定每盒的重量不低于 368 克. 为检验重量是否符合要求，现从某天生产的一批食品中随机抽取 25 盒进行检查，测得每盒的平均重量为 $\bar{x} = 372.5$ 克. 已知每盒儿童食品的重量服从正态分布，标准差 σ 为 15 克. 试确定假设检验问题的 P 值.

解 $H_0: \mu \geqslant 368$，$H_1: \mu < 368$.

当 $H_0: \mu \geqslant 368$ 为真时，$P\{Z < -z_a\} \leqslant \alpha$，

$$z = \frac{\bar{x} - \mu_0}{\sigma / \sqrt{n}} = \frac{372.5 - 368}{15 / \sqrt{25}} = 1.5,$$

所以，假设检验问题的 P 值为

$$p = P\{Z < 1.5\} = 0.9332.$$

示意图如图 9—6 所示.

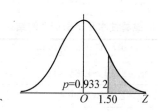

$p = 0.9332$

图 9—6 P 值示意图

例 9—4 欣欣儿童食品厂生产的某种盒装儿童食品，规定每盒的标准重量为 368 克. 为检验重量是否符合要求，现从某天生产的一批食品中随机抽取 25 盒进行检查，测得每盒的平均重量为 $\bar{x} = 372.5$ 克. 已知每盒儿童食品的重量服从正态分布，标准差 σ 为 15 克. 试确定假设检验问题的 P 值.

解　H_0：$\mu = 368$，H_1：$\mu \neq 368$.

当 H_0：$\mu = 368$ 为真时，$Z = \dfrac{\overline{X} - \mu_0}{\sigma / \sqrt{n}} \sim N(0, 1)$，

$$P\{|Z| > z_{\alpha/2}\} = \alpha,$$

$$z = \left| \frac{\overline{x} - \mu_0}{\sigma / \sqrt{n}} \right| = \left| \frac{372.5 - 368}{15 / \sqrt{25}} \right| = 1.5,$$

$$P\{Z > 1.5\} = 0.066\ 8,$$

所以，假设检验问题的 P 值为

$$p = 2P\{Z > 1.5\} = 0.133\ 6.$$

示意图如图 9—7 所示.

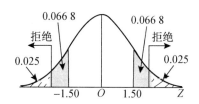

图 9—7　P 值示意图

例 9—5　某工厂两位化验员甲、乙分别独立地用相同方法对某种聚合物的含氯量进行测定. 甲测 9 次，样本方差为 0.729 2；乙测 11 次，样本方差为 0.211 4. 假定测量数据服从正态分布，对两总体方差作一致性检验，计算其 P 值.

解　H_0：$\sigma_{甲}^2 = \sigma_{乙}^2$，$H_1$：$\sigma_{甲}^2 \neq \sigma_{乙}^2$.

当 H_0：$\sigma_{甲}^2 = \sigma_{乙}^2$ 为真时，$F = \dfrac{S_{甲}^2}{S_{乙}^2} \sim F(n_{甲} - 1, n_{乙} - 1)$，

$$P\{(F < F_{1-\alpha/2}(n_{甲} - 1, n_{乙} - 1)) \bigcup (F > F_{\alpha/2}(n_{甲} - 1, n_{乙} - 1))\} = \alpha,$$

$$F = \frac{s_{甲}^2}{s_{乙}^2} = \frac{0.729\ 2}{0.211\ 4} \approx 3.449\ 4,$$

$$P\{F > 3.449\ 4\} = 0.035\ 4,$$

所以，假设检验问题的 P 值为

$$p = 2P\{F > 3.449\ 4\} = 0.070\ 8.$$

示意图如图 9—8 所示.

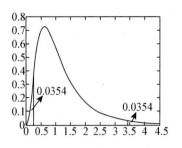

图 9—8 P 值示意图

§9.3 正态总体均值的假设检验

本节讨论正态总体 $X \sim N(\mu, \sigma^2)$ 均值的检验问题，关于总体均值 μ 的假设，表现为对未知参数 μ 和给定值 μ_0 的比较.

设 $(X_1, X_2, \cdots, X_n)$ 是来自总体 X 的容量为 n 的样本，$(x_1, x_2, \cdots, x_n)$ 是样本观测值，样本均值 $\overline{X} = \frac{1}{n} \sum_{i=1}^{n} X_i$，$\overline{X}$ 的观测值为 $\overline{x} = \frac{1}{n} \sum_{i=1}^{n} x_i$，样本方差 $S^2 = \frac{1}{n-1} \sum_{i=1}^{n} (X_i - \overline{X})^2$，$S^2$ 的观测值 $s^2 = \frac{1}{n-1} \sum_{i=1}^{n} (x_i - \overline{x})^2$.

§9.3.1 方差已知时的 z 检验

原假设和备择假设分别为
$$H_0 : \mu = \mu_0, \qquad H_1 : \mu \neq \mu_0,$$
这里 μ_0 是已知常数.

由于 $\overline{X}$ 是 μ 的优良点估计，因此，H_0 的拒绝域的形式为 $|\overline{x} - \mu_0| > \lambda$. 当 $\sigma = \sigma_0$ 已知而且 H_0 成立时，$Z = \dfrac{\overline{X} - \mu_0}{\sigma_0 / \sqrt{n}} \sim N(0, 1)$，并且
$$P\{|Z| > z_{\alpha/2}\} = \alpha,$$
所以，取检验统计量
$$Z = \frac{\overline{X} - \mu_0}{\sigma_0 / \sqrt{n}},$$
H_0 的显著性水平为 α 的拒绝域为

$$|z| = \frac{|\bar{x} - \mu_0|}{\sigma_0 / \sqrt{n}} > z_{\alpha/2}.$$

定义 14 在假设检验中,如果由标准正态分布 $N(0,1)$ 来确定其临界值,则这样的检验方法称为 **z 检验法**(z-test).

§9.3.2 实验:正态总体均值的 z 检验活动表

利用【Excel】中提供的统计函数【NORMSDIST】和平方根函数【SQRT】,编制【正态总体均值的 z 检验活动表】,如图 9—9 所示,在【正态总体均值的 z 检验活动表】中,只要分别引用或输入【期望均值】、【总体标准差】、【样本容量】和【样本均值】,就可得到相应的统计分析结果.

图 9—9 【正态总体均值的 z 检验活动表】

例 9—6 从甲地发送一个信号到乙地,设乙地接收到的信号值是一个服从正态分布 $N(\mu, 0.2^2)$ 的随机变量,其中 μ 为甲地发送的真实信号值. 现甲地重复发送同一信号 5 次,乙地接收到的信号值为

$$8.05,\ 8.15,\ 8.20,\ 8.10,\ 8.25.$$

设接收方猜测甲地发送的信号值为 8,问能否接受这样的猜测($\alpha = 0.05$)?

解 需检验的问题为

$$H_0: \mu = 8, \qquad H_1: \mu \neq 8.$$

用【正态总体均值的 z 检验活动表】进行实验的步骤如下：

第 1 步：打开【正态总体均值的 z 检验活动表】.

第 2 步：如图 9—10 所示，在 D 列输入原始数据.

第 3 步：进行描述性统计分析，如图 9—10 所示.

第 4 步：在单元格 B3 输入 8，在单元格 B4 输入 0.2，在单元格 B5 输入 5，在单元格 B6 引用单元格 E10 得到【样本均值】.

第 5 步：由图 9—10 知检验问题的 P 值 $=0.093\,532\,513>0.05$，所以接受原假设，认为能接受这样的猜测.

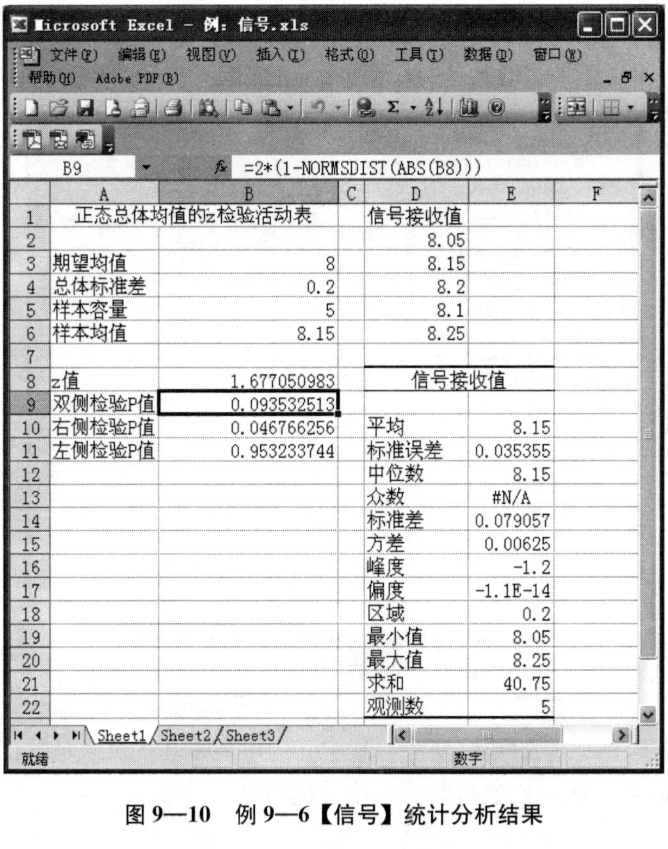

	A	B	C	D	E	F
1	正态总体均值的z检验活动表			信号接收值		
2				8.05		
3	期望均值	8		8.15		
4	总体标准差	0.2		8.2		
5	样本容量	5		8.1		
6	样本均值	8.15		8.25		
7						
8	z值	1.677050983		信号接收值		
9	双侧检验P值	0.093532513				
10	右侧检验P值	0.046766256		平均	8.15	
11	左侧检验P值	0.953233744		标准误差	0.035355	
12				中位数	8.15	
13				众数	#N/A	
14				标准差	0.079057	
15				方差	0.00625	
16				峰度	-1.2	
17				偏度	-1.1E-14	
18				区域	0.2	
19				最小值	8.05	
20				最大值	8.25	
21				求和	40.75	
22				观测数	5	

图 9—10　例 9—6【信号】统计分析结果

§9.3.3　方差未知时的 t 检验

一个正态总体的均值的检验，更常见的是方差 σ^2 未知的情形.

设总体 $X\sim N(\mu,\ \sigma^2)$，其中 σ^2 未知. 要检验统计假设

$$H_0:\mu=\mu_0,\qquad H_1:\mu\neq\mu_0,$$

这里 μ_0 是已知常数.

由于 $\overline{X}$ 是 μ 的优良点估计, 因此, H_0 的拒绝域的形式为 $|\,\overline{x}-\mu_0\,|>\lambda$. 当 σ 未知而 H_0 成立时, $T=\dfrac{\overline{X}-\mu_0}{S/\sqrt{n}}\sim t(n-1)$, 这里 $S^2=\dfrac{1}{n-1}\sum\limits_{i=1}^{n}(X_i-\overline{X})^2$ 为样本方差, 并且

$$P\{\,|\,T\,|>t_{\alpha/2}(n-1)\}=\alpha,$$

由此可以取 $T=\dfrac{\overline{X}-\mu_0}{S/\sqrt{n}}$ 为检验统计量, H_0 的显著性水平为 α 的拒绝域为

$$|t|=\dfrac{|\,\overline{x}-\mu_0\,|}{s/\sqrt{n}}>t_{\alpha/2}(n-1).$$

定义 15　在假设检验中, 如果由 t 分布来确定其临界值, 则这样的检验方法称为 **t 检验法** (t-test).

例 9—7　设某次考试的考生成绩服从正态分布, 从中随机地抽取 36 位考生的成绩, 算得平均成绩为 66.5 分, 标准差为 15 分. 问在显著性水平 0.05 下, 是否可以认为这次考试全体考生的平均成绩为 70 分?

解　$H_0:\mu=\mu_0=70$, $H_1:\mu\neq\mu_0$,

$$P\left\{\left|\dfrac{\overline{X}-\mu_0}{S/\sqrt{n}}\right|>t_{\alpha/2}(n-1)\right\}=\alpha,$$

$$t=\dfrac{\overline{x}-\mu_0}{s/\sqrt{n}}=\dfrac{66.5-70}{15/\sqrt{36}}=-1.4,$$

查表得 $t_{0.025}(35)=2.030\,1$, 因而

$$|t|=1.4<2.030\,1=t_{0.025}(35).$$

即 H_0 不能被拒绝, 可以认为这次考试全体考生的平均成绩为 70 分.

再看下面的一个例子.

例 9—8　某种灯泡在原工艺生产条件下的平均寿命为 1 100h, 现从采用新工艺生产的一批灯泡中随机抽取 16 只, 测试其使用寿命, 测得平均寿命为 1 150h, 样本标准差为 20h. 已知灯泡寿命服从正态分布, 试在 $\alpha=0.05$ 下, 检验采用新工艺后生产的灯泡寿命是否有提高.

分析　这是单侧检验的问题. 总体 $X\sim N(\mu,\sigma^2)$, σ^2 未知. 要检验统计

假设

$$H_0 : \mu \leqslant \mu_0 = 1\,100, \qquad H_1 : \mu > \mu_0,$$

在 H_0 为真的情形下，统计量 $T = \dfrac{\overline{X} - 1\,100}{S/\sqrt{n}}$ 的分布不能确定.

样本函数 $T' = \dfrac{\overline{X} - \mu}{S/\sqrt{n}} \sim t(n-1)$，但含有未知参数 μ，无法直接计算 T' 的观测值. 但当 H_0 成立时，$T \leqslant T'$，因而事件

$$\{ T > t_\alpha(n-1) \} \subset \{ T' > t_\alpha(n-1) \},$$

故

$$P\{ T > t_\alpha(n-1) \} \leqslant P\{ T' > t_\alpha(n-1) \},$$

在 H_0 为真的前提下，由

$$P\left\{ \frac{\overline{X} - \mu}{S/\sqrt{n}} > t_\alpha(n-1) \right\} = \alpha,$$

可知

$$P\left\{ \frac{\overline{X} - 1\,100}{S/\sqrt{n}} > t_\alpha(n-1) \right\} \leqslant \alpha,$$

即当 α 很小时，$\left\{ T = \dfrac{\overline{X} - 1\,100}{S/\sqrt{n}} > t_\alpha(n-1) \right\}$ 是一个小概率事件.

现取检验统计量

$$T = \frac{\overline{X} - \mu_0}{S/\sqrt{n}},$$

在显著性水平 α 下，H_0 的拒绝域为 $t = \dfrac{\overline{x} - \mu_0}{s/\sqrt{n}} > t_\alpha(n-1)$.

    解 $H_0 : \mu \leqslant \mu_0 = 1\,100$，$H_1 : \mu > \mu_0$，

$$P\left\{ \frac{\overline{X} - 1\,100}{S/\sqrt{n}} > t_\alpha(n-1) \right\} \leqslant \alpha,$$

$$t = \frac{\overline{x} - \mu_0}{s/\sqrt{n}} = \frac{1\,150 - 1\,100}{20/\sqrt{16}} = 10 > 1.753 = t_{0.05}(15),$$

拒绝 H_0，认为采用新工艺生产的灯泡平均寿命显著地大于 $1\,100\mathrm{h}$.

§9.3.4 实验：正态总体均值的 t 检验活动表

利用【Excel】中提供的统计函数【TDIST】和平方根函数【SQRT】，编制【正态总体均值的 t 检验活动表】，如图 9—11 所示．在【正态总体均值的 t 检验活动表】中，只要分别引用或输入【期望均值】、【样本容量】、【样本均值】和【样本标准差】，就可得到相应的统计分析结果．

图 9—11 【正态总体均值的 t 检验活动表】

例 9—9 一种汽车配件的标准长度为 12cm，高于或低于该标准均被认为不合格．现对一个汽车配件提供商提供的 10 个样品进行了检验，结果如下：

12.2，10.8，12.0，11.8，11.9，12.4，11.3，12.2，12.0，12.3．

假定供货商生产的配件长度服从正态分布，在 0.05 的显著性水平下，检验该供货商提供的配件是否符合要求．

解 需检验的问题为

$$H_0:\mu=12, \qquad H_1:\mu\neq12.$$

在 Excel 表中计算检验的 P 值，其操作步骤如下：

第 1 步：打开【正态总体均值的 t 检验活动表】．

第 2 步：如图 9—12 所示，在表中 D 列输入原始数据．

第 3 步：进行描述统计分析，其结果如图 9—12 所示.

第 4 步：在 B3 输入 12，在 B4 输入 10，在 B5 引用 G3 得【样本均值】，在 B6 引用 G7 得【样本标准差】.

第 5 步：由图 9—12 可知，问题的 P 值=0.498 453 244>0.05，不拒绝原假设，认为该供货商提供的配件符合要求.

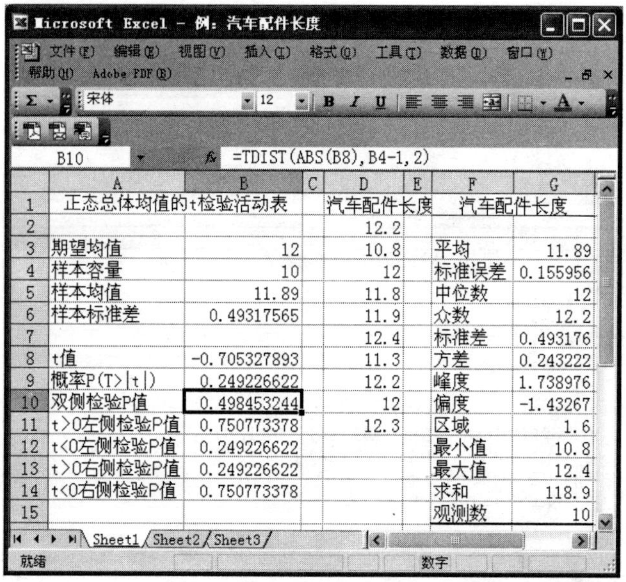
Microsoft Excel - 例：汽车配件长度

B10 =TDIST(ABS(B8),B4-1,2)

	A	B	C	D	E	F	G
1	正态总体均值的t检验活动表			汽车配件长度		汽车配件长度	
2				12.2			
3	期望均值	12		10.8		平均	11.89
4	样本容量	10		12		标准误差	0.155956
5	样本均值	11.89		11.8		中位数	12
6	样本标准差	0.49317565		11.9		众数	12.2
7				12.4		标准差	0.493176
8	t值	-0.705327893		11.3		方差	0.243222
9	概率P(T>|t|)	0.249226622		12.2		峰度	1.738976
10	双侧检验P值	0.498453244		12		偏度	-1.43267
11	t>0左侧检验P值	0.750773378		12.3		区域	1.6
12	t<0左侧检验P值	0.249226622				最小值	10.8
13	t>0右侧检验P值	0.249226622				最大值	12.4
14	t<0右侧检验P值	0.750773378				求和	118.9
15						观测数	10

图 9—12　例 9—9【汽车配件长度】统计分析结果

§9.3.5　正态总体均值检验问题小结

表 9—3　　**正态总体均值的假设检验**

条件	H_0	H_1	检验统计量	拒绝域
方差 $\sigma^2=\sigma_0^2$ 已知	$\mu=\mu_0$	$\mu\neq\mu_0$	$Z=\dfrac{\overline{X}-\mu_0}{\sigma_0/\sqrt{n}}$	$\lvert z\rvert>z_{\alpha/2}$
	$\mu=\mu_0$	$\mu>\mu_0$		$z>z_\alpha$
	$\mu=\mu_0$	$\mu<\mu_0$		$z<-z_\alpha$
方差 σ^2 未知	$\mu=\mu_0$	$\mu\neq\mu_0$	$T=\dfrac{\overline{X}-\mu_0}{S/\sqrt{n}}$	$\lvert t\rvert>t_{\alpha/2}(n-1)$
	$\mu=\mu_0$	$\mu>\mu_0$		$t>t_\alpha(n-1)$
	$\mu=\mu_0$	$\mu<\mu_0$		$t<-t_\alpha(n-1)$

表 9—3 列出了一个正态总体均值检验在不同条件下对各种统计假设的检验统计量和拒绝域，有的在前面已经讨论过，其余的请读者给出讨论或推导.

§9.4　正态总体方差的假设检验

本节讨论正态总体 $X \sim N(\mu, \sigma^2)$ 方差 σ^2 的检验问题. 关于总体方差 σ^2 的假设，表现为对未知参数 σ^2 和给定值 σ_0^2 的比较. 设 $(X_1, X_2, \cdots, X_n)$ 是来自总体 $X \sim (\mu, \sigma^2)$ 的容量为 n 的样本，$(x_1, x_2, \cdots, x_n)$ 是样本的观测值，样本方差 $S^2 = \dfrac{1}{n-1} \sum_{i=1}^{n} (X_i - \overline{X})^2$，$S^2$ 的观测值 $s^2 = \dfrac{1}{n-1} \sum_{i=1}^{n} (x_i - \overline{x})^2$.

§9.4.1　均值未知时的 χ^2 检验

检验统计假设

$$H_0 : \sigma^2 = \sigma_0^2, \qquad H_1 : \sigma^2 \neq \sigma_0^2,$$

这里 σ_0^2 为一个已知正数.

由于样本方差 S^2 是总体方差 σ^2 的无偏点估计，当 $\dfrac{S^2}{\sigma_0^2}$ 太大或太小时，有理由拒绝 H_0. 所以，取检验统计量

$$\chi^2 = \frac{(n-1)S^2}{\sigma_0^2} = \frac{\sum\limits_{i=1}^{n} (X_i - \overline{X})^2}{\sigma_0^2},$$

当 H_0 成立时，$\chi^2 \sim \chi^2(n-1)$，从而有

$$P\{(\chi^2 < \chi_{1-\alpha/2}^2(n-1)) \bigcup (\chi^2 > \chi_{\alpha/2}^2(n-1))\} = \alpha,$$

因此，在显著性水平 α 下，H_0 的拒绝域为

$$\frac{(n-1)s^2}{\sigma_0^2} < \chi_{1-\alpha/2}^2(n-1) \quad \text{或} \quad \frac{(n-1)s^2}{\sigma_0^2} > \chi_{\alpha/2}^2(n-1).$$

定义 16　在假设检验中，如果由 χ^2 分布来确定其临界值，则这样的检验方法称为 **χ^2 检验法**（χ^2-test）.

方差的检验问题，常常是单侧检验问题.

例 9—10　一批混杂的小麦品种，株高的标准差为 12cm，经过对这批品种提纯后，随机抽取 10 株，测得株高（cm）为

90，105，101，95，100，100，101，105，93，97.

设小麦株高服从正态分布，试在显著性水平 $\alpha=0.01$ 下，考察提纯后小麦群体的株高是否比原群体整齐.

分析 本题要检验的统计假设为

$$H_0:\sigma^2\geqslant\sigma_0^2=12^2,\ H_1:\sigma^2<\sigma_0^2.$$

H_0 的拒绝域应有 $\dfrac{s^2}{\sigma_0^2}<\lambda$ 的形式，在 H_0 下，检验统计量 $\chi^2=\dfrac{(n-1)S^2}{\sigma_0^2}\sim$ $\chi^2(n-1)$，从而

$$P\left\{\frac{(n-1)S^2}{\sigma_0^2}<\chi_{1-\alpha}^2(n-1)\right\}\leqslant\alpha,$$

因此，对于显著性水平 α，H_0 的拒绝域为 $\left\{\dfrac{(n-1)s^2}{\sigma_0^2}<\chi_{1-\alpha}^2\ (n-1)\right\}$.

解 $H_0:\ \sigma^2\geqslant\sigma_0^2=12^2$，$H_1:\ \sigma^2<\sigma_0^2$，

$$P\left\{\frac{(n-1)S^2}{\sigma_0^2}<\chi_{1-\alpha}^2(n-1)\right\}\leqslant\alpha,$$

$$\chi^2=\frac{(n-1)s^2}{\sigma_0^2}\approx\frac{9\times24.025}{144}\approx1.512<2.088=\chi_{0.99}^2(9),$$

拒绝 H_0，即认为小麦提纯后群体株高比原群体整齐.

例 9—11 某产品的寿命服从方差 $\sigma_0^2=5\,000\text{h}^2$ 的正态分布，销售商认为该产品的投诉率较高，主要是寿命不稳定，为此从中随机地抽取 26 个产品，测出其样本方差为 $s^2=9\,200\text{h}^2$. 问据此能得出什么样的结论（$\alpha=0.05$）？

解 $H_0:\ \sigma^2\leqslant\sigma_0^2=5\,000$，$H_1:\ \sigma^2>\sigma_0^2$，

$$P\{\chi^2>\chi_\alpha^2(n-1)\}=\alpha,$$

查表得 $\chi_{0.05}^2(25)=37.652$，于是有

$$\chi^2=\frac{(n-1)s^2}{\sigma_0^2}=\frac{25\times9\,200}{5\,000}=46>37.652=\chi_{0.05}^2(25),$$

拒绝 H_0，即这批产品的寿命的方差与 $5\,000\text{h}^2$ 有显著差异，产品寿命不稳定.

§9.4.2 实验：正态总体方差的卡方检验活动表

利用【Excel】中提供的统计函数【CHIDIST】，编制【正态总体方差的卡

方检验活动表】，如图 9—13 所示. 在【正态总体方差的卡方检验活动表】中，只要分别引用或输入【期望方差】、【样本容量】和【样本方差】，就可得到相应的统计分析结果.

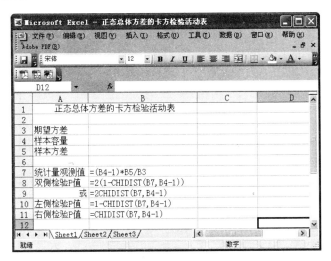

图 9—13　【正态总体方差的卡方检验活动表】

例 9—12　某啤酒生产企业采用自动生产线灌装啤酒，假定生产标准规定每瓶装填量的标准差不超过 4ml. 企业质检部门抽取 10 瓶进行检验，得到样本标准差为 $s=3.8$ml，试以 0.01 的显著性水平检验装填量的标准差是否符合要求.

解　需检验的问题为

$$H_0:\sigma^2 \leqslant 4^2, \qquad H_1:\sigma^2 > 4^2.$$

在 Excel 表中计算检验的 P 值，其操作步骤如下：

第 1 步：打开【正态总体方差的卡方检验活动表】.

第 2 步：如图 9—14 所示，在 B3 输入 12，在 B4 输入 10，在 B5 输入 14.44.

第 3 步：由图 9—14 可知，问题的 P 值 $=0.521\,849\,971 > 0.01$，接受原假设，认为啤酒装填量的标准差符合要求.

§9.4.3　均值已知时的 χ^2 检验

检验统计假设

$$H_0:\sigma^2 = \sigma_0^2, \qquad H_1:\sigma^2 \neq \sigma_0^2,$$

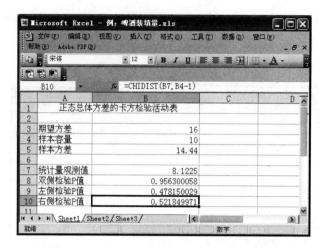

图 9—14　例 9—12【啤酒装填量】统计分析结果

这里 σ_0^2 为一个已知正数. 若已知 $\mu = \mu_0$，则当 H_0 成立时

$$\chi^2 = \frac{\sum_{i=1}^{n} (X_i - \mu_0)^2}{\sigma_0^2} \sim \chi^2(n),$$

$$P\{(\chi^2 < \chi_{1-\alpha/2}^2(n)) \bigcup (\chi^2 > \chi_{\alpha/2}^2(n))\} = \alpha,$$

因此，在显著性水平 α 下，H_0 的拒绝域为

$$\chi^2 < \chi_{1-\alpha/2}^2(n) \quad \text{或} \quad \chi^2 > \chi_{\alpha/2}^2(n).$$

§9.4.4　正态总体方差检验问题小结

表 9—4　　　　　　　　　　　　　　正态总体方差的假设检验

条件	H_0	H_1	检验统计量	拒绝域
均值 μ 未知	$\sigma^2 = \sigma_0^2$	$\sigma^2 \neq \sigma_0^2$	$\chi^2 = \dfrac{(n-1)S^2}{\sigma_0^2}$	$\chi^2 < \chi_{1-\alpha/2}^2(n-1)$ 或 $\chi^2 > \chi_{\alpha/2}^2(n-1)$
	$\sigma^2 = \sigma_0^2$	$\sigma^2 > \sigma_0^2$		$\chi^2 > \chi_\alpha^2(n-1)$
	$\sigma^2 = \sigma_0^2$	$\sigma^2 < \sigma_0^2$		$\chi^2 < \chi_{1-\alpha}^2(n-1)$
均值 $\mu = \mu_0$ 已知	$\sigma^2 = \sigma_0^2$	$\sigma^2 \neq \sigma_0^2$	$\chi^2 = \dfrac{\sum_{i=1}^{n}(X_i - \mu_0)^2}{\sigma_0^2}$	$\chi^2 < \chi_{1-\alpha/2}^2(n)$ 或 $\chi^2 > \chi_{\alpha/2}^2(n)$
	$\sigma^2 = \sigma_0^2$	$\sigma^2 > \sigma_0^2$		$\chi^2 > \chi_\alpha^2(n)$
	$\sigma^2 = \sigma_0^2$	$\sigma^2 < \sigma_0^2$		$\chi^2 < \chi_{1-\alpha}^2(n)$

表 9—4 列出了一个正态总体方差检验在不同条件下对各种统计假设的检验统计量和拒绝域，有的在前面已经讨论过，其余的请读者给出讨论或推导.

§9.5 两个正态总体均值的假设检验

这一节讨论两个正态总体均值的检验问题. 设 $(X_1, X_2, \cdots, X_{n_1})$ 是来自总体 $X \sim N(\mu_1, \sigma_1^2)$ 的样本，$(Y_1, Y_2, \cdots, Y_{n_2})$ 是来自总体 $Y \sim N(\mu_2, \sigma_2^2)$ 的样本，两个样本相互独立. 总体 X 的样本均值和样本方差分别记为

$$\overline{X} = \frac{1}{n_1}\sum_{i=1}^{n_1} X_i \text{ 和 } S_1^2 = \frac{1}{n_1-1}\sum_{i=1}^{n_1}(X_i-\overline{X})^2,$$

它们的观测值分别是

$$\overline{x} \text{ 和 } s_1^2 = \frac{1}{n_1-1}\sum_{i=1}^{n_1}(x_i-\overline{x})^2;$$

总体 Y 的样本均值和样本方差分别记为

$$\overline{Y} = \frac{1}{n_2}\sum_{i=1}^{n_2} Y_i \text{ 和 } S_2^2 = \frac{1}{n_2-1}\sum_{i=1}^{n_2}(Y_i-\overline{Y})^2,$$

它们的观测值分别是 $\overline{y}$ 和 $s_2^2 = \frac{1}{n_2-1}\sum_{i=1}^{n_2}(y_i-\overline{y})^2$.

§9.5.1 方差已知时的 z 检验

设方差 σ_1^2，σ_2^2 已知，要检验统计假设

$$H_0: \mu_1 = \mu_2, \qquad H_1: \mu_1 \neq \mu_2.$$

因为 $\overline{X} = \frac{1}{n_1}\sum_{i=1}^{n_1} X_i$ 和 $\overline{Y} = \frac{1}{n_2}\sum_{i=1}^{n_2} Y_i$ 分别是 μ_1，μ_2 的无偏估计，因此，当 H_0 为真时，$|\overline{x}-\overline{y}|$ 不应太大，当 $|\overline{x}-\overline{y}|$ 太大时，就有理由拒绝 H_0. 因此 H_0 的拒绝域应有形式 $|\overline{x}-\overline{y}| > \lambda$.

由于 $\overline{X} \sim N(\mu_1, \frac{1}{n_1}\sigma_1^2)$，$\overline{Y} \sim N(\mu_2, \frac{1}{n_2}\sigma_2^2)$，且两者相互独立，因此，$\overline{X}-\overline{Y} \sim N(\mu_1-\mu_2, \frac{\sigma_1^2}{n_1}+\frac{\sigma_2^2}{n_2})$，在 H_0 成立时，则有 $Z = \dfrac{\overline{X}-\overline{Y}}{\sqrt{\dfrac{\sigma_1^2}{n_1}+\dfrac{\sigma_2^2}{n_2}}} \sim N(0,1)$.

取检验统计量 $Z = \dfrac{\overline{X} - \overline{Y}}{\sqrt{\dfrac{\sigma_1^2}{n_1} + \dfrac{\sigma_2^2}{n_2}}}$，而 $P\{|Z| > z_{\alpha/2}\} = \alpha$，因此，对于显著性水平

α，H_0 的拒绝域为

$$|z| = \frac{|\overline{x} - \overline{y}|}{\sqrt{\dfrac{\sigma_1^2}{n_1} + \dfrac{\sigma_2^2}{n_2}}} > z_{\alpha/2}.$$

§9.5.2 实验：双样本平均差的 z-检验

打开【Excel】→点击【工具（T）】→选择【数据分析（D）】→选择【z-检验：双样本平均差检验】，即可进入【z-检验：双样本平均差检验】对话框→点击【确定】按钮，出现如图 9—15 所示的【z-检验：双样本平均差检验】对话框.

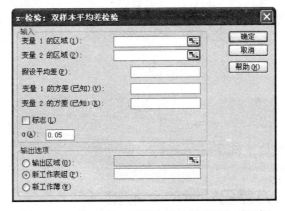

图 9—15　【z-检验：双样本平均差检验】对话框

关于【z-检验：双样本平均差检验】对话框：

● 变量 1 的区域：在此输入需要分析的第一个数据区域的单元格引用. 该区域必须由单列或单行的数据组成.

● 变量 2 的区域：在此输入需要分析的第二个数据区域的单元格引用. 该区域必须由单列或单行的数据组成.

● 假设平均差：在此输入样本平均值的差值. 0（零）值表示假设样本平均值相同.

● 变量 1 的方差（已知）：在此输入已知的变量 1 输入区域的总体方差.

● 变量 2 的方差（已知）：在此输入已知的变量 2 输入区域的总体方差.

● 标志：如果输入区域的第一行或第一列中包含标志，请选中此复选框. 如

果输入区域没有标志，请清除此复选框，Microsoft Excel 将在输出表中生成适宜的数据标志.

- α：在此输入检验的显著性水平 $0<\alpha<1$.
- 输出区域：在此输入对输出表左上角单元格的引用. 如果输出表将覆盖已有的数据，Microsoft Excel 会自动确定输出区域的大小并显示一则消息.
- 新工作表组：单击此选项可在当前工作簿中插入新工作表，并由新工作表的A1 单元格开始粘贴计算结果. 若要为新工作表命名，请在右侧的框中键入名称.
- 新工作簿：单击此选项可创建一新工作簿，并在新工作簿的新工作表中粘贴计算结果.

例 9—13　随机地从甲、乙两厂生产的蓄电池中抽取一些样本，测得蓄电池的电容量（A·h）如下

甲厂：144，141，138，142，141，143，138，137；

乙厂：142，143，139，140，138，141，140，138，142，136.

设两厂生产的蓄电池电容量分别服从正态总体 $N(\mu_1, 2.45)$，$N(\mu_2, 2.25)$，两样本独立. 在 0.05 的显著性水平下，检验甲乙两厂蓄电池的电容量是否有显著差异.

解　需检验的问题为

$$H_0: \mu_1 = \mu_2, \qquad H_1: \mu_1 \neq \mu_2.$$

在 Excel 表中检验的步骤如下：

第 1 步：进入 Excel 表→将原始数据输入 Excel 表中，如图 9—16 所示.

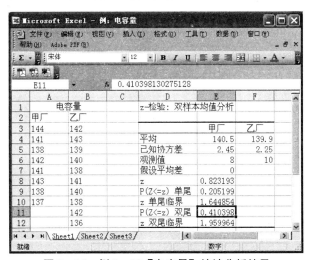

图 9—16　例 9—13【电容量】统计分析结果

第2步：选择【工具(T)】，在下拉菜单中选择【数据分析(D)】→在【数据分析】对话框中选择【z-检验：双样本平均差检验】→点击【确定】按钮.

第3步：在出现的对话框中，如图9—17所示，在【变量1的区域】输入甲厂样本的数据区域，在【变量2的区域】输入乙厂样本的数据区域，在【α】中输入显著性水平（本例为0.05），在【变量1的方差（已知）】输入甲厂总体方差2.45，在【变量2的方差（已知）】输入乙厂总体方差2.25，在【输出选项】中选择计算结果的输出位置→单击【确定】；输出结果如图9—16所示.

从图9—16中知本问题的 P 值=【$P(Z<=z)$ 双尾】=0.410 398>0.05，接受原假设，认为甲乙两厂蓄电池的电容量无显著差异.

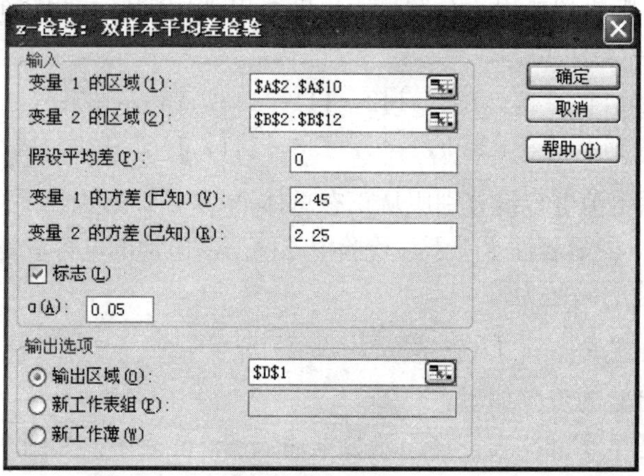

图9—17 例9—13【z-检验：双样本平均差检验】对话框

§9.5.3 方差未知但相等时的 t 检验

方差 σ_1^2，σ_2^2 未知，但 $\sigma_1^2=\sigma_2^2 \overset{\Delta}{=} \sigma^2$ 的情形下，检验统计假设：

$$H_0:\mu_1=\mu_2, \qquad H_1:\mu_1\neq\mu_2.$$

H_0 的拒绝域应有形式 $|\bar{x}-\bar{y}|>\lambda$. 在 H_0 成立时

$$T=\frac{\overline{X}-\overline{Y}}{S_W\sqrt{\dfrac{1}{n_1}+\dfrac{1}{n_2}}}\sim t(n_1+n_2-2),$$

式中 $S_W^2=\dfrac{(n_1-1)S_1^2+(n_2-1)S_2^2}{n_1+n_2-2}$.

$$P\{|T|>t_{a/2}(n_1+n_2-2)\}=\alpha,$$

因此，在显著性水平 α 下，H_0 的拒绝域为

$$|t|=\frac{|\bar{x}-\bar{y}|}{s_w\sqrt{\frac{1}{n_1}+\frac{1}{n_2}}}>t_{a/2}(n_1+n_2-2).$$

例 9—14 试验磷肥对玉米产量的影响，将玉米随机地种植 20 个小区，其中 10 个小区增施磷肥，另 10 个小区作为对照，玉米产量试验结果如下：

增施磷肥组：65，60，62，57，58，63，60，57，60，58；

对　照　组：59，56，56，58，57，57，55，60，57，55.

已知玉米产量服从正态分布，且方差相同，试在显著性水平 $\alpha=0.05$ 下，检验磷肥对玉米产量有无显著影响.

解 设增施磷肥组产量 $X\sim N(\mu_1, \sigma^2)$，对照组产量 $Y\sim N(\mu_2, \sigma^2)$. 检验统计假设

$$H_0:\mu_1=\mu_2, \qquad H_1:\mu_1\neq\mu_2.$$

由样本的观测值得

$$\bar{x}=60, \sum_{i=1}^{10}(x_i-\bar{x})^2=64, s_1^2=\frac{64}{9},$$

$$\bar{y}=57, \sum_{i=1}^{10}(y_i-\bar{y})^2=24, s_2^2=\frac{24}{9},$$

$$s_w^2=\frac{64+24}{10+10-2}\approx4.889, 故$$

$$t=\frac{|\bar{x}-\bar{y}|}{s_w\sqrt{\frac{1}{n_1}+\frac{1}{n_2}}}=\frac{60-57}{\sqrt{4.889}\sqrt{\frac{1}{10}+\frac{1}{10}}}\approx3.03>2.10=t_{0.025}(18).$$

故拒绝 H_0，认为施磷肥对玉米产量有显著影响.

对于单侧检验问题：

$$H_0:\mu_1\leqslant\mu_2, H_1:\mu_1>\mu_2 \quad 或 \quad H_0:\mu_1=\mu_2, H_1:\mu_1>\mu_2.$$

显然，上述问题 H_0 的拒绝域的形式为 $\bar{x}-\bar{y}>\lambda$. 仍取检验统计量

$$T = \frac{\overline{X} - \overline{Y}}{S_W \sqrt{\dfrac{1}{n_1} + \dfrac{1}{n_2}}},$$

容易得到，在显著性水平 α 下，H_0 的拒绝域是

$$t = \frac{\overline{x} - \overline{y}}{s_W \sqrt{\dfrac{1}{n_1} + \dfrac{1}{n_2}}} > t_\alpha(n_1 + n_2 - 2).$$

§9.5.4 实验：双样本等方差的 t-检验

打开【Excel】→点击【工具(T)】→选择【数据分析(D)】→选择【t-检验：双样本等方差假设】→点击【确定】按钮，即可进入【t-检验：双样本等方差假设】对话框，如图 9—18 所示.

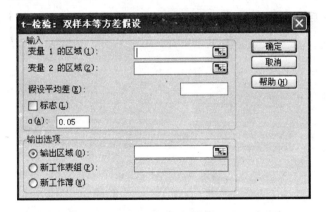

图 9—18 【t-检验：双样本等方差假设】对话框

【t-检验：双样本等方差假设】对话框内容与【z-检验：双样本平均差检验】对话框类似，在此不重新介绍.

例 9—15 已知甲乙两台车床加工的某种类型零件的直径服从正态分布，且方差相同，现独立地从甲乙两台车床加工的零件中各取 8 个和 7 个，测得的数据如下表所示. 在 0.05 的显著性水平下，检验甲乙两台车床加工的零件直径是否一致.

车床	零件的直径（单位：cm）							
甲	20.5	19.8	19.7	20.4	20.1	20.0	19.0	19.9
乙	20.7	19.8	19.5	20.8	20.4	19.6	20.2	

解 需检验的问题为

$$H_0:\mu_1=\mu_2,\qquad H_1:\mu_1\neq\mu_2.$$

在 Excel 表中检验的步骤如下：

第 1 步：进入 Excel 表→将原始数据输入 Excel 表中，如图 9—19 所示.

第 2 步：选择【工具(T)】→在下拉菜单中选择【数据分析(D)】→在【数据分析】对话框中选择【t-检验：双样本等方差假设】→点击【确定】按钮.

第 3 步：在出现的对话框中，如图 9—20 所示，在【变量 1 的区域】输入第一个样本的数据区域，在【变量 2 的区域】输入第二个样本的数据区域，在【假设平均差】中输入两个总体均值之差的假定值（本例为 0），在【α】中输入显著性水平（本例为 0.05），在【输出选项】中选择计算结果的输出位置→点击【确定】按钮；输出结果如图 9—19 所示.

从图 9—19 中知本问题的 P 值=【$P(T<=t)$双尾】=0.408 113 7>0.05，接受原假设，认为甲乙两台车床加工的零件直径一致.

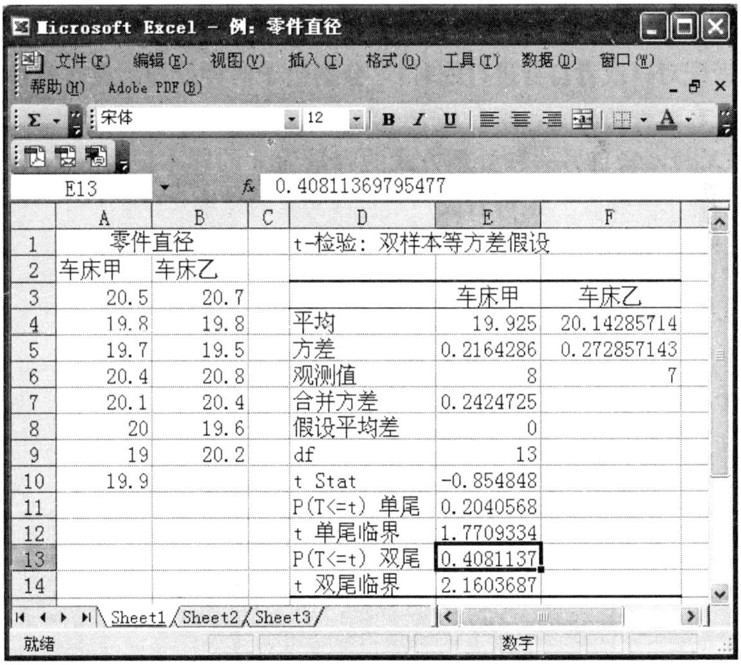

	A	B	C	D	E	F
1	零件直径			t-检验：双样本等方差假设		
2	车床甲	车床乙				
3	20.5	20.7			车床甲	车床乙
4	19.8	19.8		平均	19.925	20.14285714
5	19.7	19.5		方差	0.2164286	0.272857143
6	20.4	20.8		观测值	8	7
7	20.1	20.4		合并方差	0.2424725	
8	20	19.6		假设平均差	0	
9	19	20.2		df	13	
10	19.9			t Stat	-0.854848	
11				P(T<=t) 单尾	0.2040568	
12				t 单尾临界	1.7709334	
13				P(T<=t) 双尾	0.4081137	
14				t 双尾临界	2.1603687	

图 9—19 例 9—15【零件直径】统计分析结果

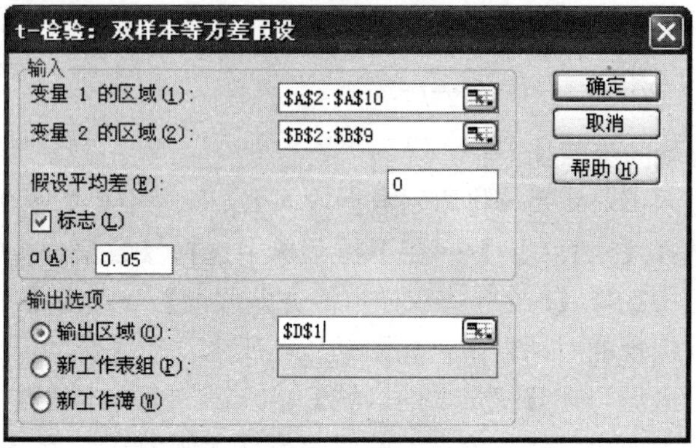

图 9—20　例 9—15【t-检验：双样本等方差假设】对话框

§9.5.5　配对样本的 t 检验

设其中一种处理方式指标 X 的均值为 $E(X)=\mu_1$，另一种处理方式指标 Y 的均值为 $E(Y)=\mu_2$。为了考察两种处理方式的效果是否有差异，常将受试对象按情况相近者配对（或者自身进行配对），分别给予两种处理，观察两种处理情况的指标值．在此种情况下，来自其中一种处理方式的容量为 n 的样本记为（X_{11}，X_{12}，…，X_{1n}），来自另一种处理方式的容量为 n 的样本记为（X_{21}，X_{22}，…，X_{2n}），则其差 $D_i=X_{1i}-X_{2i}$ 可看成一个容量为 n 的样本（D_1，D_2，…，D_n）．一般情况下，可以认为（D_1，D_2，…，D_n）来自正态总体 $D\sim N(\mu,\sigma^2)$，其中 $\mu=\mu_1-\mu_2$，若记 $\overline{D}=\dfrac{1}{n}\sum\limits_{i=1}^{n}D_i$，$S_D^2=\dfrac{1}{n-1}\sum\limits_{i=1}^{n}(D_i-\overline{D})^2$，则

$$T=\frac{\overline{D}-\mu}{S_D/\sqrt{n}}\sim t(n-1).$$

表 9—5　　　　　　　　　　　配对样本数据表

序号	样本 1	样本 2	差值
1	x_{11}	x_{21}	$d_1=x_{11}-x_{21}$
2	x_{12}	x_{22}	$d_2=x_{12}-x_{22}$
⋮	⋮	⋮	⋮
i	x_{1i}	x_{2i}	$d_i=x_{1i}-x_{2i}$
⋮	⋮	⋮	⋮
n	x_{1n}	x_{2n}	$d_n=x_{1n}-x_{2n}$

例 9—16　一个以减肥为主要目标的健美俱乐部声称，参加其训练班至少可以使减肥者平均体重减少 8.5 公斤以上. 为了验证该宣称是否可信，调查人员随机抽取了 10 名参加者，得到他们的体重记录如下表：

训练前	94.5	101	110	103.5	97	88.5	96.5	101	104	116.5
训练后	85	89.5	101.5	96	86	80.5	87	93.5	93	102

在 $\alpha=0.05$ 的显著性水平下，调查结果是否支持该俱乐部的声称？

解　设训练前体重为 X，训练后体重为 Y，则训练前与训练后体重之差 $D=X-Y$，假设 $D \sim N(\mu, \sigma^2)$，则问题归结为假设检验问题：

$$H_0: \mu \geq D_0 = 8.5, \quad H_1: \mu < 8.5.$$

当 $H_0: \mu \geq D_0 = 8.5$ 成立时，

$$P\left\{ T = \frac{\bar{D}-D_0}{S_D/\sqrt{n}} < -t_\alpha(n-1) \right\} \leq \alpha.$$

训练前	94.5	101	110	103.5	97	88.5	96.5	101	104	116.5
训练后	85	89.5	101.5	96	86	80.5	87	93.5	93	102
差值	9.5	11.5	8.5	7.5	11	8	9.5	7.5	11	14.5

由此算得样本均值和样本标准差分别为

$$\bar{d} = \frac{\sum_{i=1}^n d_i}{n} = \frac{98.5}{10} = 9.85,$$

$$s_D = \sqrt{\frac{\sum_{i=1}^n (d_i - \bar{d})^2}{n-1}} = \sqrt{\frac{43.525}{10-1}} \approx 2.199,$$

由于

$$t = \frac{\bar{d} - D_0}{s_D/\sqrt{n}} = \frac{9.85 - 8.5}{2.199/\sqrt{10}} \approx 1.94 > -t_{0.05}(9) = -1.833.$$

接受原假设 H_0，认为该俱乐部的声称是可信的.

§9.5.6　实验：成对二样本平均值的 t-检验

打开【Excel】→点击【工具(T)】→选择【数据分析(D)】→选择【t-检验：平均值的成对二样本分析】→点击【确定】按钮，即可进入【t-检验：平均值的成对二样本分析】对话框，如图 9—21 所示.

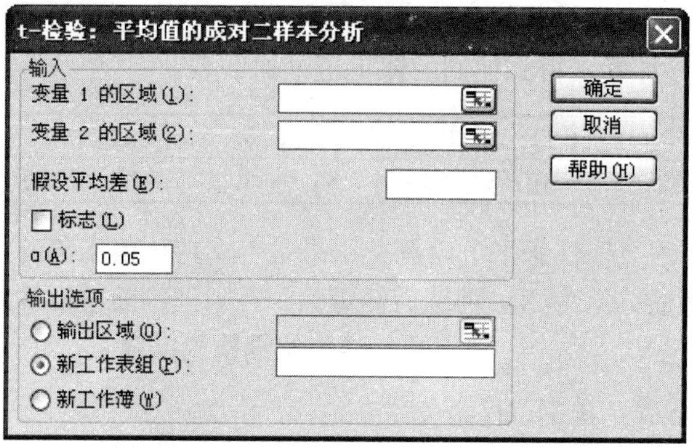

图 9—21 【*t*-检验：平均值的成对二样本分析】对话框

【*t*-检验：平均值的成对二样本分析】对话框的内容与【*z*-检验：双样本平均差检验】对话框类似，在此不重新介绍.

例 9—17 某饮料公司开发研制出一种新产品，为比较消费者对新老产品口感的满意程度，该公司随机抽选 8 名消费者，每人先品尝一种饮料，然后再品尝另一种饮料，两种饮料的品尝次序是随机的，每个消费者对两种饮料评分（0～10 分）结果如下表. 在 0.05 的显著性水平下，该公司能否认为消费者对两种饮料的评分存在显著差异？

消费者		1	2	3	4	5	6	7	8
评价等级	旧款饮料	5	4	7	3	5	8	5	6
	新款饮料	6	6	7	4	3	9	7	6

解 需检验的问题为

$$H_0:\mu_1=\mu_2, \qquad H_1:\mu_1\neq\mu_2.$$

在 Excel 表中检验的步骤如下：

第 1 步：进入 Excel 表→将原始数据输入 Excel 表中，如图 9—22 所示.

第 2 步：选择【工具(T)】，在下拉菜单中选择【数据分析(D)】→在【数据分析】对话框中选择【*t*-检验：平均值的成对二样本分析】→点击【确定】按钮.

第 3 步：在出现的对话框中，如图 9—23 所示，在【变量 1 的区域】输入第一个样本的数据区域，在【变量 2 的区域】输入第二个样本的数据区域，在【假设平均差】中输入两个总体均值之差的假定值（本例为 0），在【α】中输入显著

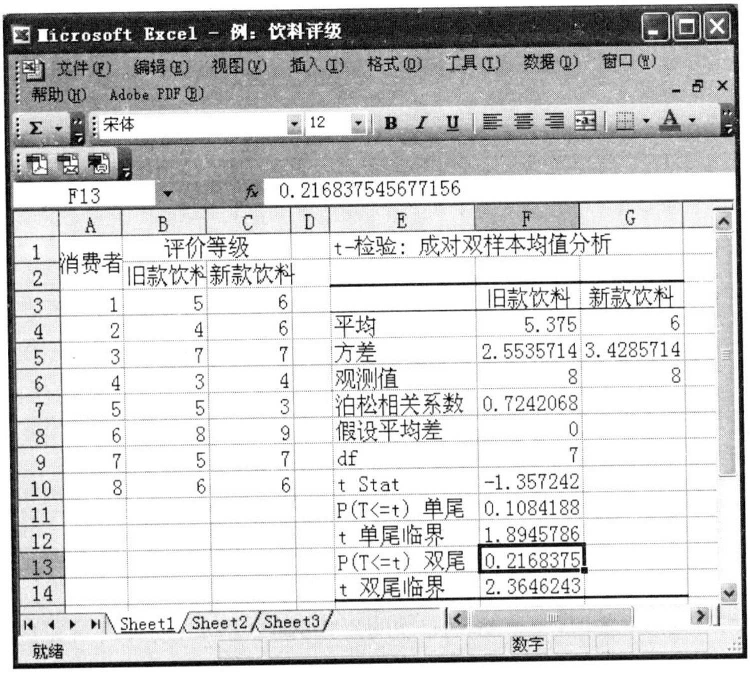

图 9—22 例 9—17【饮料评级】统计分析结果

性水平（本例为 0.05），在【输出选项】中选择计算结果的输出位置→点击【确定】按钮．输出结果如图 9—22 所示．

由于，P 值＝【$P(T<=t)$ 双尾】＝0.216 837 5＞0.05，所以，不拒绝原假设，认为消费者对两种饮料的评分无显著差异．

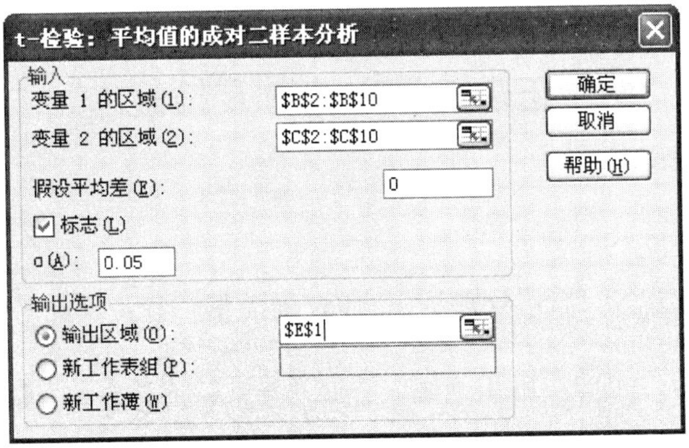

图 9—23 例 9—17【t-检验：平均值的成对二样本分析】对话框

§9.5.7 两个正态总体均值的假设检验问题小结

表 9—6 　　　　　　　　　　　　　　两个正态总体均值检验

条件	H_0	H_1	检验统计量	拒绝域
σ_1^2, σ_2^2 已知	$\mu_1 = \mu_2$	$\mu_1 \neq \mu_2$	$Z = \dfrac{\overline{X} - \overline{Y}}{\sqrt{\dfrac{\sigma_1^2}{n_1} + \dfrac{\sigma_2^2}{n_2}}}$	$\|z\| > z_{\alpha/2}$
	$\mu_1 = \mu_2$	$\mu_1 > \mu_2$		$z > z_\alpha$
	$\mu_1 = \mu_2$	$\mu_1 < \mu_2$		$z < -z_\alpha$
σ_1^2, σ_2^2 未知且 $\sigma_1^2 = \sigma_2^2$	$\mu_1 = \mu_2$	$\mu_1 \neq \mu_2$	$T = \dfrac{\overline{X} - \overline{Y}}{S_W \sqrt{\dfrac{1}{n_1} + \dfrac{1}{n_2}}}$	$\|t\| > t_{\alpha/2}(n_1 + n_2 - 2)$
	$\mu_1 = \mu_2$	$\mu_1 > \mu_2$		$t > t_\alpha(n_1 + n_2 - 2)$
	$\mu_1 = \mu_2$	$\mu_1 < \mu_2$		$t < -t_\alpha(n_1 + n_2 - 2)$
σ_1^2, σ_2^2 未知且 配对试验	$\mu_1 = \mu_2$	$\mu_1 \neq \mu_2$	$T = \dfrac{\overline{D} - \mu}{S_D / \sqrt{n}}$	$\|t\| > t_{\alpha/2}(n - 1)$
	$\mu_1 = \mu_2$	$\mu_1 > \mu_2$		$t > t_\alpha(n - 1)$
	$\mu_1 = \mu_2$	$\mu_1 < \mu_2$		$t < -t_\alpha(n - 1)$

　　表 9—6 列出了两个正态总体均值的检验在不同条件下对各种统计假设的检验统计量和拒绝域,前面没有给出推导的,作为练习,请读者自行完成.

§9.6　两个正态总体方差的假设检验 ↙

　　设总体 $X \sim N(\mu_1, \sigma_1^2)$,$Y \sim N(\mu_2, \sigma_2^2)$,$X$ 与 Y 相互独立,$X_1, X_2, \cdots,$ X_{n_1} 和 $Y_1, Y_2, \cdots, Y_{n_2}$ 分别是来自总体 X 和 Y 的样本,两样本相互独立,μ_1,μ_2 未知.

§9.6.1　两个正态总体方差的 F 检验

检验统计假设

$$H_0 : \sigma_1^2 = \sigma_2^2, \quad H_1 : \sigma_1^2 \neq \sigma_2^2.$$

由于样本方差 S_1^2 和 S_2^2 分别是 σ_1^2 和 σ_2^2 的无偏估计,因此若 $\dfrac{S_1^2}{S_2^2}$ 太大或太小,都有理由拒绝 H_0,即 H_0 的拒绝域应有形式 $\dfrac{s_1^2}{s_2^2} < \lambda_1$ 或 $\dfrac{s_1^2}{s_2^2} > \lambda_2$. 而

$$\frac{(n_1 - 1)S_1^2}{\sigma_1^2} \sim \chi^2(n_1 - 1), \frac{(n_2 - 1)S_2^2}{\sigma_2^2} \sim \chi^2(n_2 - 1),$$

所以当 H_0 成立时，有

$$F=\frac{S_1^2}{S_2^2}\sim F(n_1-1,n_2-1),$$

$$P\{((F<F_{1-\alpha/2}(n_1-1,n_2-1))\bigcup(F>F_{\alpha/2}(n_1-1,n_2-1)))\}=\alpha,$$

因此，对于给定的显著性水平 α，H_0 的拒绝域是

$$F=\frac{s_1^2}{s_2^2}<F_{1-\alpha/2}(n_1-1,n_2-1)\quad\text{或}\quad F=\frac{s_1^2}{s_2^2}>F_{\alpha/2}(n_1-1,n_2-1).$$

定义 17 在假设检验中，如果由 F 分布来确定其临界值，则这样的检验方法称为 **F 检验法**（F-test）.

例 9—18 在甲乙两地段各取 50 块和 52 块岩心进行磁化率测定，算得样本方差分别为 $s_1^2=0.014\,2$ 和 $s_2^2=0.005\,4$. 已知磁化率服从正态分布，试问甲乙两地段磁化率的方差是否有显著差异（$\alpha=0.05$）？

解 H_0：$\sigma_1^2=\sigma_2^2$，H_1：$\sigma_1^2\neq\sigma_2^2$，

$$P\left\{(F=\frac{S_1^2}{S_2^2}<F_{1-\alpha/2}(n_1-1,n_2-1))\bigcup(F=\frac{S_1^2}{S_2^2}>F_{\alpha/2}(n_1-1,n_2-1))\right\}=\alpha,$$

$$F=\frac{s_1^2}{s_2^2}=\frac{0.014\,2}{0.005\,4}\approx2.63,$$

查表得 $F_{0.025}(49,51)=1.749\,4$，$F_{0.025}(51,49)=1.754\,9$，因此有

$$F_{0.975}(49,51)=\frac{1}{F_{0.025}(51,49)}=\frac{1}{1.754\,9}=0.569\,8,$$

而 $F=2.63>F_{0.025}(49,51)=1.749\,4$，拒绝 H_0，认为甲乙两地段岩心磁化率测定的数据方差在 $\alpha=0.05$ 的显著性水平下有显著差异.

§9.6.2 两个正态总体方差的假设检验问题小结

表 9—7　　　　　　　　　　　　两个正态总体方差检验

条件	H_0	H_1	检验统计量	拒绝域
μ_1,μ_2 未知	$\sigma_1^2=\sigma_2^2$	$\sigma_1^2\neq\sigma_2^2$	$F=\frac{S_1^2}{S_2^2}$	$F<F_{1-\alpha/2}(n_1-1,n_2-1)$ 或 $F>F_{\alpha/2}(n_1-1,n_2-1)$
	$\sigma_1^2=\sigma_2^2$	$\sigma_1^2>\sigma_2^2$		$F>F_{\alpha}(n_1-1,n_2-1)$
	$\sigma_1^2=\sigma_2^2$	$\sigma_1^2<\sigma_2^2$		$F<F_{1-\alpha}(n_1-1,n_2-1)$

表 9—7 列出了两个正态总体方差检验在不同条件下对各种统计假设的检验统计量和拒绝域，前面没有给出推导的，作为练习，请读者自行完成.

§9.6.3 实验：双样本方差的 F-检验

打开【Excel】→点击【工具(T)】→选择【数据分析(D)】→选择【F-检验 双样本方差】→点击【确定】按钮，即可进入【F-检验 双样本方差】对话框，如图 9—24 所示.

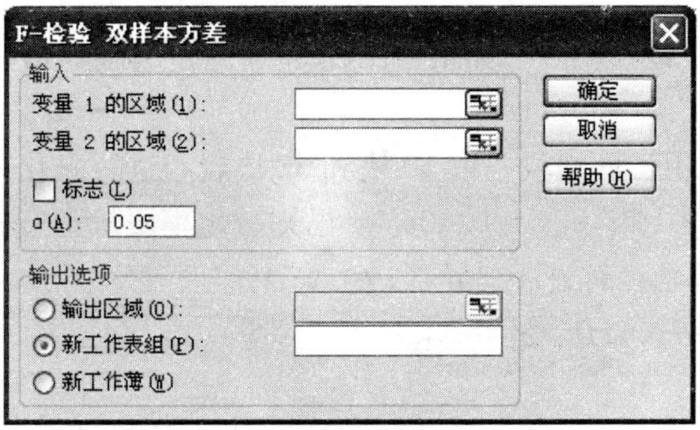

图 9—24 【F-检验 双样本方差】对话框

【F-检验 双样本方差】对话框内容与【z-检验：双样本平均差检验】对话框类似，在此不重复介绍.

例 9—19 一家房地产开发公司准备购进一批灯泡，公司管理人员对两家供货商提供的样品进行检测，得到数据如下表所示. 在 0.05 的显著性水平下，检验甲乙两家供货商的灯泡使用寿命的方差是否有显著差异.

供货商	灯泡使用寿命（单位：小时）									
甲	650	569	622	630	596	637	628	706	617	624
	563	580	711	480	688	723	651	569	709	632
乙	568	681	636	607	555	496	540	539	529	562
	589	646	596	617	584					

解 需检验的问题为

$$H_0: \sigma_1^2 = \sigma_2^2, \qquad H_1: \sigma_1^2 \neq \sigma_2^2.$$

在 Excel 表中检验的步骤如下：

第 1 步：进入 Excel 表→将原始数据输入 Excel 表中，如图 9—25 所示.

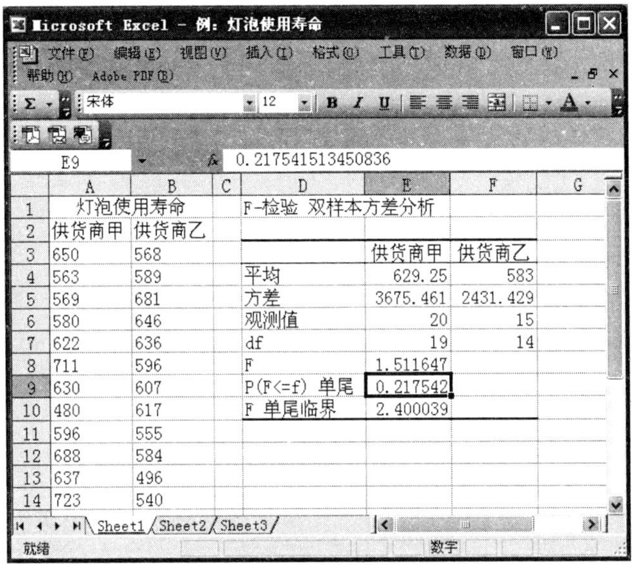

图 9—25　例 9—19【灯泡使用寿命】统计分析结果

第 2 步：选择【工具（T）】→在下拉菜单中选择【数据分析（D）】→在【数据分析】对话框中选择【F-检验 双样本方差】→点击【确定】按钮.

第 3 步：在出现的对话框中，如图 9—26 所示，在【变量 1 的区域】输入第一个样本的数据区域，在【变量 2 的区域】输入第二个样本的数据区域，在【α】中输入显著性水平（本例为 0.05），在【输出选项】中选择计算结果的输出位置→点击【确定】按钮，输出结果如图 9—25 所示.

从图 9—25 中知本问题的 P 值＝2【$P(F <= f)$单尾】＝$2 \times 0.217\,542 = 0.435\,084 > 0.05$，接受原假设，认为甲乙两家供货商的灯泡使用寿命的方差无显著差异.

图 9—26　例 9—19【F-检验 双样本方差】对话框

习题九

1. 设 $(X_1, X_2, \cdots, X_{20})$ 是来自 $N(\mu, 1)$ 的样本, 对假设检验问题: $H_0: \mu=2$, $H_1: \mu=3$, 若检验的拒绝域为 $W=\{\bar{x}>2.6\}$, 求检验犯第一类错误的概率 α 和犯第二类错误的概率 β.

2. 由经验知某零件质量 $X \sim N(15, 0.05^2)$ (单位: g), 技术革新后, 抽出 6 个零件, 测得质量为

$$14.7, 15.1, 14.8, 15.0, 15.2, 14.6,$$

已知方差不变, 问平均质量是否仍为 15g? 试求问题的 P 值, 若取显著性水平 $\alpha=0.05$, 有何结论?

3. 某工厂生产的某种钢索的断裂强度 X 服从分布 $N(\mu, 400^2)$, 现从此种钢索的一批产品中抽取容量为 9 的样本, 测得断裂强度的样本均值 $\bar{x}$ 与以往正常生产时的 μ 相比, $\bar{x}$ 较 μ 大 $200p_a$. 是否可认为这批钢索质量有显著提高? 试求问题的 P 值, 若取显著性水平 $\alpha=0.01$, 有何结论?

4. 根据长期的经验和资料分析, 某砖瓦厂生产的砖抗断强度服从方差为 1.21 的正态分布. 今从该厂生产的一批砖中, 随机地抽取 6 块, 测得抗断强度 (单位: kg/cm^2) 如下:

$$32.56, 29.66, 31.64, 30.00, 31.87, 31.03,$$

问这一批砖的平均抗断强度是否可认为是 $31kg/cm^2$? 取显著性水平 $\alpha=0.05$.

5. 某工厂生产的固体燃料推进器的燃烧率 X 服从正态分布 $N(40, 2^2)$. 现在用新方法生产了一批推进器. 从中随机抽取 25 只, 测得燃烧率的样本均值为 $\bar{x}=41.25cm/s$. 设在新方法下总体标准差仍为 $2cm/s$, 问这批推进器的燃烧率是否较以往生产的推进器的燃烧率有显著改进? 取显著性水平 $\alpha=0.05$.

6. 由于工业排水引起附近水质污染, 测得某鱼样本的蛋白质中含汞的浓度 (p. p. m.) 为:

$$0.037, 0.213, 0.266, 0.228, 0.135, 0.167, 0.095, 0.101, 0.766, 0.054,$$

从工艺过程分析, 推算出理论上的浓度为 0.1, 问从这组数据看, 实测值与理论值是否符合? 取显著性水平 $\alpha=0.10$.

7. 从某批矿砂中, 抽取容量为 5 的一个样本, 测得其含镍量 (%) 为

$$3.25, 3.27, 3.24, 3.26, 3.24,$$

设测量值服从正态分布，问在显著性水平 $\alpha=0.01$ 下，能否认为这批矿砂含镍量的均值为 3.25？

8. 某林场培育某种杨树，树高服从正态分布，五年后随机测得 36 棵杨树的平均树高 $\bar{x}=10.5\text{m}$，已知树高的标准差为 1.6m，试在显著性水平 $\alpha=0.05$ 下，检验此树种的平均树高是否高于 10m.

9. 某苗圃规定平均苗高 60cm 以上方能出圃. 今从某苗床中随机抽取 9 株测得高度（cm）分别为

$$62,\ 61,\ 59,\ 60,\ 62,\ 58,\ 63,\ 62,\ 63,$$

已知苗高服从正态分布，试问在显著性水平 $\alpha=0.05$ 下，这些苗是否可以出圃？

10. 设某地区水稻单位面积产量往年服从标准差为 75 的正态分布，现随机抽取 10 块地，测得单位面积产量（单位：g）如下：

$$540,\ 630,\ 674,\ 680,\ 694,\ 695,\ 708,\ 736,\ 780,\ 845,$$

检验该地区水稻单位面积产量的标准差是否发生显著变化（$\alpha=0.05$）.

11. 某厂生产的某种型号的电池，其寿命长期以来服从方差为 $\sigma^2=5\,000\text{h}^2$ 的正态分布. 现从一批这种电池中随机抽取 26 只，测得其寿命的样本方差 $s^2=9\,200\text{h}^2$. 问这批电池寿命的波动性是否有显著变化（$\alpha=0.02$）？

12. 某苗圃采用两种方案作育苗试验，已知苗高服从正态分布，标准差分别为 $\sigma_1=20\text{cm}$，$\sigma_2=18\text{cm}$. 现各抽取 66 株，算得苗高的平均数分别为 $\bar{x}=59.34\text{cm}$，$\bar{y}=49.16\text{cm}$，试在显著性水平 $\alpha=0.05$ 下，检验两种育苗方案对苗高是否有显著影响.

13. 通过对鸡注射蜂王浆进行产蛋量的试验，将鸡分成试验和对照两组，每组 5 只，试验组每日注射 1 毫克蜂王浆，通过 20 天试验，得到产蛋量如下：

试验组：15，14，4，10，9；

对照组：10，9，5，8，9.

假设鸡的产蛋量服从正态分布，且方差相同，试在显著性水平 $\alpha=0.05$ 下，检验注射蜂王浆对鸡的产蛋量有无显著影响.

14. 某项试验比较冶炼钢的得率，采用标准方法冶炼 10 炉，所得样本均值和样本方差分别为 $\bar{x}=76.23$，$s_1^2=3.325$；采用新方法冶炼 10 炉，所得样本均值和样本方差分别为 $\bar{y}=79.43$，$s_2^2=2.225$. 假设钢的得率服从正态分布，并设两个总体的方差是相等的，问采用新方法能否提高钢的得率（$\alpha=0.05$）？

15. 某一橡胶配方中，原用氧化锌 5 克，现将氧化锌减为 1 克，我们分别对两种配方作抽样试验，结果测得橡胶的伸长率如下：

　　　　原配方：540，533，525，520，545，531，541，529，534；

　　　　新配方：565，577，580，575，556，542，560，532，570，561.

设橡胶伸长率服从正态分布. 问两种配方的橡胶伸长率的总体方差有无显著差异（$\alpha=0.10$）？

　　16. 用两种不同方法冶炼某重金属材料，分别抽样测定其杂质含量百分率，测得原冶炼方法的数据 13 个，样本方差 $s_1^2=5.411$；测得新冶炼方法的数据 9 个，样本方差 $s_2^2=1.459$. 试问这两种冶炼法的杂质含量的方差是否有显著差异（$\alpha=0.05$）？

　　17. 甲乙两车间生产同一型号的滚珠，已知滚珠直径服从正态分布，今分别从两车间随机抽取 8 个和 9 个滚珠，测得甲车间滚珠直径的样本方差 $s_1^2=0.095\ 7$；乙车间滚珠直径的样本方差 $s_2^2=0.026\ 3$. 试问在显著性水平 $\alpha=0.05$ 下，甲车间生产的滚珠直径的方差是否大于乙车间的？

　　18. 用两种方法 A，B 研究冰的潜热，样本都取自 -72℃ 的冰. 用方法 A 做：取 $n_A=13$，算得样本均值 $\bar{x}=80.02$，样本方差 $s_A^2=5.75\times10^{-4}$；用方法 B 做：取 $n_B=8$，算得样本均值 $\bar{y}=79.98$，样本方差 $s_B^2=9.86\times10^{-4}$. 设两种方法测得的数据总体服从正态分布 $N(\mu_A,\sigma_A^2)$，$N(\mu_B,\sigma_B^2)$，试问在显著性水平 $\alpha=0.05$ 下：

　　(1) 两种方法测量的总体的方差是否相等；

　　(2) 两种方法测量的总体的均值是否相等？

　　19. 现比较甲乙两厂生产的同一种元件的质量，从甲厂抽取 9 个元件，算得其寿命的平均值 $\bar{x}=1532\text{h}$，样本标准差 $s_1=432\text{h}$；从乙厂抽取 18 个元件，算得样本均值 $\bar{y}=1\ 412\text{h}$，样本标准差 $s_2=380\text{h}$. 设两厂生产的元件寿命服从正态分布 $N(\mu_1,\sigma_1^2)$，$N(\mu_2,\sigma_2^2)$，试问在显著性水平 $\alpha=0.05$ 下，两厂生产的元件有无显著差异？

第十章

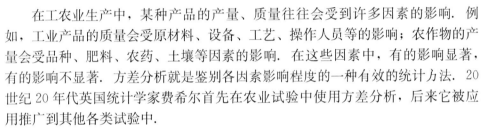

方差分析

在工农业生产中，某种产品的产量、质量往往会受到许多因素的影响．例如，工业产品的质量会受原材料、设备、工艺、操作人员等的影响；农作物的产量会受品种、肥料、农药、土壤等因素的影响．在这些因素中，有的影响显著，有的影响不显著．方差分析就是鉴别各因素影响程度的一种有效的统计方法．20世纪20年代英国统计学家费希尔首先在农业试验中使用方差分析，后来它被应用推广到其他各类试验中．

定义 1　在统计中，可控制的试验条件称为**因素**（factor），而因素所处的状态称为水平（level）．鉴别因素对试验指标是否有影响的统计方法，称为**方差分析**（analysis of variance，ANOVA）．

定义 2　为了考察某个因素 A 对试验指标（即随机变量 X）的影响，在试验时让其他因素保持不变，而仅让因素 A 取不同的水平，这种试验称为**单因素试验**．对应的方差分析，称为**单因素方差分析**（one-way analysis of variance）．

定义 3　为了考察多个因素对试验指标（即随机变量 X）的影响，在试验时让这多个因素取不同的水平，而让其他因素保持不变，这种试验称为**多因素试验**．对应的方差分析，称为**多因素方差分析**（two-way analysis of variance）．

§10.1　单因素方差分析

§10.1.1　基本假定条件

设因素 A 有 a 个水平 A_1，A_2，$\cdots$，A_a，假定在水平 A_i 下的总体 X_i 服从正

态分布 $N(\mu_i, \sigma^2)$，$i=1, 2, \cdots, a$，且总体 $X_1, X_2, \cdots, X_a$ 的方差都等于 σ^2，但总体均值 $\mu_1, \mu_2, \cdots, \mu_a$ 可能不相等. 例如，$X_1, X_2, \cdots, X_a$ 可以是用 a 种不同工艺生产的电子元件的寿命，或者是 a 个不同品种的小麦的单位面积产量，等等.

在水平 A_i 下进行 n_i 次试验，$i=1, 2, \cdots, a$，假定所有试验是相互独立的. 设得到的样本如表 10—1 所示.

表 10—1　　　　　　　　　　　单因素试验样本

因素水平	总体	样本			
A_1	X_1	X_{11}	X_{12}	$\cdots$	X_{1n_1}
A_2	X_2	X_{21}	X_{22}	$\cdots$	X_{2n_2}
$\vdots$	$\vdots$	$\vdots$	$\vdots$	$\cdots$	$\vdots$
A_a	X_a	X_{a1}	X_{a2}	$\cdots$	X_{an_a}

因为在水平 A_i 下的样本 $X_{ij}(j=1, 2, \cdots, n_i)$ 与总体 X_i 服从相同的分布，所以有

$$X_{ij} \sim N(\mu_i, \sigma^2), \quad i=1, 2, \cdots, a.$$

§10.1.2　统计假设

单因素方差分析的任务就是根据这 a 组样本的观测值来检验因素 A 对试验结果（即试验指标）的影响是否显著. 如果因素 A 对试验结果的影响不显著，则所有样本 X_{ij} 就可以看作是来自同一总体 $N(\mu, \sigma^2)$. 因此，单因素方差分析要检验的原假设是

$$H_0: \mu_1 = \mu_2 = \cdots = \mu_a,$$

备择假设是

$$H_1: \mu_1, \mu_2, \cdots, \mu_a \text{ 不全相等}.$$

为了使以后的讨论方便，把总体 X_i 的均值 $\mu_i(i=1, 2, \cdots, a)$ 改写成另一种形式，设试验的总次数为 $n = \sum\limits_{i=1}^{a} n_i$.

定义 4　各个水平下的总体均值 $\mu_1, \mu_2, \cdots, \mu_a$ 的加权平均值 $\mu = \dfrac{1}{n} \sum\limits_{i=1}^{a} n_i \mu_i$，称为**总均值**；总体 X_i 的均值 μ_i 与总均值 μ 的差 $\alpha_i = \mu_i - \mu$，称为**因素**

A 的水平 A_i 的**效应**（effect），$i=1,2,\cdots,a$.

不难得出

$$\sum_{i=1}^{a} n_i \alpha_i = \sum_{i=1}^{a} n_i(\mu_i - \mu) = n\mu - n\mu = 0.$$

另外，显然有

$$\mu_i = \mu + \alpha_i, \quad i=1,2,\cdots,a,$$

因此，单因素方差分析的基本模型为

$$\begin{cases} X_{ij} = \mu + \alpha_i + \varepsilon_{ij}, \quad i=1,2,\cdots,a; \ j=1,2,\cdots,n_i \\ \sum_{i=1}^{a} n_i \alpha_i = 0 \\ \varepsilon_{ij} \sim N(0,\sigma^2),\ \text{且相互独立} \end{cases}$$

从而要检验的原假设可写成：

$$H_0: \ \alpha_1 = \alpha_2 = \cdots = \alpha_a = 0,$$

备择假设可写成：

$$H_1: \ \alpha_1, \alpha_2, \cdots, \alpha_a \ \text{不全为零}.$$

§10.1.3 平方和分解

为了检验上述假设，需要选取恰当的统计量，设第 i 组样本的样本均值为 $\overline{X}_i(i=1,2,\cdots,a)$，即

$$\overline{X}_i = \frac{1}{n_i} \sum_{j=1}^{n_i} X_{ij} = \frac{1}{n_i} \sum_{j=1}^{n_i} (\mu + \alpha_i + \varepsilon_{ij}) = \mu + \alpha_i + \frac{1}{n_i} \sum_{j=1}^{n_i} \varepsilon_{ij},$$

于是总的样本均值

$$\overline{X} = \frac{1}{n} \sum_{i=1}^{a} \sum_{j=1}^{n_i} X_{ij} = \frac{1}{n} \sum_{i=1}^{a} n_i \overline{X}_i$$

$$= \frac{1}{n} \sum_{i=1}^{a} \sum_{j=1}^{n_i} (\mu + \alpha_i + \varepsilon_{ij}) = \mu + \frac{1}{n} \sum_{i=1}^{a} \sum_{j=1}^{n_i} \varepsilon_{ij}.$$

定义 5 全体 X_{ij} 对总的样本均值 $\overline{X}$ 的离差平方和

$$SS_T = \sum_{i=1}^{a} \sum_{j=1}^{n_i} (X_{ij} - \overline{X})^2$$

称为**总离差平方和**（total sum of squares）.

$SS_T = \sum_{i=1}^{a} \sum_{j=1}^{n_i} (X_{ij} - \overline{X})^2$ 的大小反映了所有数据的离散程度.

定义 6 各组的样本均值 $\overline{X}_i$ 对总的样本均值 $\overline{X}$ 的离差平方和

$$SS_A = \sum_{i=1}^{a} n_i (\overline{X}_i - \overline{X})^2$$

称为**组间平方和**（treatment sum of squares）.

因为 $\overline{X}_i - \overline{X} = \alpha_i + \dfrac{1}{n_i} \sum_{j=1}^{n_i} \varepsilon_{ij} - \dfrac{1}{n} \sum_{i=1}^{a} \sum_{j=1}^{n_i} \varepsilon_{ij}$，由此可见，$SS_A$ 的大小与因素 A 的不同水平效应 α_i 有关，反映了各组样本数据之间的差异程度.

定义 7 样本中各个 X_{ij} 对本组样本均值 $\overline{X}_i$ 的离差平方和

$$SS_E = \sum_{i=1}^{a} \sum_{j=1}^{n_i} (X_{ij} - \overline{X}_i)^2$$

称为**误差平方和**（或**组内平方和**）（error sum of squares）.

由于 $X_{ij} - \overline{X}_i = \mu + \alpha_i + \varepsilon_{ij} - (\mu + \alpha_i + \dfrac{1}{n_i} \sum_{j=1}^{n_i} \varepsilon_{ij}) = \varepsilon_{ij} - \dfrac{1}{n_i} \sum_{j=1}^{n_i} \varepsilon_{ij}$，可见，$SS_E$ 的大小只与试验过程中各种随机误差有关，反映了各组组内样本数据之间的差异程度.

定理 1 $SS_T = SS_A + SS_E$.

证明 把总离差平方和 SS_T 分解如下：

$$SS_T = \sum_{i=1}^{a} \sum_{j=1}^{n_i} (X_{ij} - \overline{X})^2 = \sum_{i=1}^{a} \sum_{j=1}^{n_i} (X_{ij} - \overline{X}_i + \overline{X}_i - \overline{X})^2$$

$$= \sum_{i=1}^{a} n_i (\overline{X}_i - \overline{X})^2 + \sum_{i=1}^{a} \sum_{j=1}^{n_i} (X_{ij} - \overline{X}_i)^2 + 2 \sum_{i=1}^{a} \sum_{j=1}^{n_i} (\overline{X}_i - \overline{X})(X_{ij} - \overline{X}_i),$$

因为

$$\sum_{i=1}^{a} \sum_{j=1}^{n_i} (\overline{X}_i - \overline{X})(X_{ij} - \overline{X}_i) = \sum_{i=1}^{a} (\overline{X}_i - \overline{X}) \sum_{j=1}^{n_i} (X_{ij} - \overline{X}_i)$$

$$= \sum_{i=1}^{a} (\overline{X}_i - \overline{X})(n_i \overline{X}_i - n_i \overline{X}_i) = 0,$$

因此有

$$SS_T = \sum_{i=1}^{a} n_i (\overline{X}_i - \overline{X})^2 + \sum_{i=1}^{a} \sum_{j=1}^{n_i} (X_{ij} - \overline{X}_i)^2 = SS_A + SS_E.$$

§10.1.4 方差分析

定理 2 若原假设 H_0：$\alpha_1 = \alpha_2 = \cdots = \alpha_a = 0$ 成立，则

(1) $\dfrac{SS_E}{\sigma^2} \sim \chi^2(n-a)$；

(2) $\dfrac{SS_A}{\sigma^2} \sim \chi^2(a-1)$；

(3) SS_A 与 SS_E 相互独立；

(4) $F = \dfrac{SS_A/(a-1)}{SS_E/(n-a)} \sim F(a-1, n-a)$.

证明 如果原假设 H_0 是正确的，则样本中所有 X_{ij} 可以看作是来自同一正态总体 $N(\mu, \sigma^2)$，并且相互独立，于是有

$$SS_T = \sum_{i=1}^{a} \sum_{j=1}^{n_i} (X_{ij} - \overline{X})^2 = (n-1)S^2,$$

其中 n 与 S^2 分别是由所有 X_{ij} 构成的样本的样本容量及样本方差，从而

$$\frac{SS_T}{\sigma^2} = \frac{(n-1)S^2}{\sigma^2} \sim \chi^2(n-1).$$

而对每一组 X_{i1}，X_{i2}，$\cdots$，X_{in_i} 构成的样本来说，有

$$\sum_{j=1}^{n_i} (X_{ij} - \overline{X}_i)^2 = (n_i - 1)S_i^2,$$

其中 n_i 与 S_i^2 分别是第 i 组由 X_{i1}，X_{i2}，$\cdots$，X_{in_i} 构成的样本的样本容量及样本方差，同理可知

$$\frac{(n_i - 1)S_i^2}{\sigma^2} \sim \chi^2(n_i - 1), \quad i = 1, 2, \cdots, a.$$

因为各组的样本方差 S_1^2，S_2^2，$\cdots$，S_a^2 之间相互独立，所以由 χ^2 分布的可加性，并注意到 $\sum_{i=1}^{a} (n_i - 1) = n - a$，便得

$$\frac{SS_E}{\sigma^2} = \sum_{i=1}^{a} \frac{(n_i-1)S_i^2}{\sigma^2} \sim \chi^2(n-a).$$

又因为 $\frac{SS_T}{\sigma^2}=\frac{SS_A}{\sigma^2}+\frac{SS_E}{\sigma^2}$，且 $f_T=n-1$，$f_E=n-a$，$f_A=a-1$，所以，由柯赫伦分解定理可知，SS_A 与 SS_E 相互独立，并且

$$\frac{SS_A}{\sigma^2} \sim \chi^2(a-1),$$

于是有

$$F = \frac{\dfrac{SS_A}{\sigma^2}/(a-1)}{\dfrac{SS_E}{\sigma^2}/(n-a)} = \frac{SS_A/(a-1)}{SS_E/(n-a)} \sim F(a-1, n-a).$$

如果因素 A 的各水平 A_1，A_2，$\cdots$，A_a 对总体 X 的影响不显著，则组间平方和 SS_A 应较小，因而统计量 F 的观测值也应较小．相反，如果因素 A 的各水平 A_1，A_2，$\cdots$，A_a 对总体 X 的影响显著不同，则组间平方和 SS_A 应较大，因而统计量 F 的观测值也应较大．由此可见，我们可以根据统计量 F 的观测值的大小来检验原假设 H_0。

对于给定的显著性水平 α，由附表可查得临界值 $F_\alpha(a-1, n-a)$．如果由样本观测值计算得到统计量 F 的观测值大于 $F_\alpha(a-1, n-a)$，则在显著性水平 α 下拒绝原假设 H_0，即认为因素 A 的不同水平对总体有显著影响；如果 F 的观测值不大于 $F_\alpha(a-1, n-a)$，则认为因素 A 的不同水平对总体无显著影响．

通常取 $\alpha=0.05$ 或 $\alpha=0.01$．当 $F \leqslant F_{0.05}(a-1, n-a)$ 时，认为影响不显著；当 $F_{0.05}(a-1, n-a) < F \leqslant F_{0.01}(a-1, n-a)$ 时，认为影响显著；当 $F > F_{0.01}(a-1, n-a)$ 时，认为影响极其显著．

若在单因素试验中，得到样本观测值 x_{ij}，记

$$T_{A_i} = \sum_{j=1}^{n_i} x_{ij}, \quad i=1, 2, \cdots, a,$$

$$T = \sum_{i=1}^{a}\sum_{j=1}^{n_i} x_{ij} = \sum_{i=1}^{a} T_{A_i}.$$

将其列入如表 10—2 所示的计算表中。

表 10—2 单因素方差分析计算表

因素水平	样本观测值				行和
A_1	x_{11}	x_{12}	$\cdots$	x_{1n_1}	T_{A_1}
A_2	x_{21}	x_{22}	$\cdots$	x_{2n_2}	T_{A_2}
$\vdots$	$\vdots$	$\vdots$	$\cdots$	$\vdots$	$\vdots$
A_a	x_{a1}	x_{a2}	$\cdots$	x_{an_a}	T_{A_a}
总和					T

不难证明 SS_T，SS_A，SS_E 有如下的计算公式：

若　$C=\dfrac{T^2}{n}$，

则
$$SS_T = \sum_{i=1}^{a}\sum_{j=1}^{n_i} x_{ij}^2 - C,$$
$$SS_A = \sum_{i=1}^{a} \frac{T_{A_i}^2}{n_i} - C,$$
$$SS_E = SS_T - SS_A.$$

通常作方差分析时，一般都要求列出方差分析表（ANOVA table），表 10—3 是单因素方差分析表.

表 10—3 单因素方差分析表

方差来源 (source of variation)	平方和 (sum of squares)	自由度 (df)	均方 MS (mean square)	F 值	临界值
因素 A（treatments）	SS_A	$a-1$	$MSA=\dfrac{SS_A}{a-1}$	$F=\dfrac{MSA}{MSE}$	$F_{0.05}(a-1, n-a)$ $F_{0.01}(a-1, n-a)$
误差（error）	SS_E	$n-a$	$MSE=\dfrac{SS_E}{n-a}$		
总和(total)	SS_T	$n-1$			

有时，为了使计算简化，可以将所有样本观测值 x_{ij} 都减去同一常数 k，然后再进行计算. 显然，这样做不会改变 SS_T，SS_A 和 SS_E 的值，也不会改变 F 的值.

例 10—1 某食品公司对一种食品设计了 4 种不同的新包装，选取了 10 个销售量相近的商店做试验，其中两种包装各指定两个商店销售，另两种包装各指定三个商店销售. 在试验期间，各商店的货架排放位置、空间都尽量一致，营业员也采用相同的促销方式. 一段时间后的销售量记录如表 10—4 所示. 试检验不同的包装对食品销售量是否有显著影响.

表 10—4   销售量数据表

包装类型	样本观测值		
A_1	12	18	
A_2	14	12	13
A_3	19	17	21
A_4	24	30	

解　本题中 $a=4$，$n_1=2$，$n_2=3$，$n_3=3$，$n_4=2$，$n=10$. 首先由样本直接计算有关值，如表 10—5 所示.

表 10—5   计算表

包装类型	样本观测值			T_{A_i}
A_1	12	18		30
A_2	14	12	13	39
A_3	19	17	21	57
A_4	24	30		54
$T = \sum\limits_{i=1}^{4}\sum\limits_{j=1}^{n_i} x_{ij}$				180

$$C = \frac{T^2}{n} = 3\,240,$$

$$SS_T = \sum_{i=1}^{4}\sum_{j=1}^{n_i} x_{ij}^2 - C = 3\,544 - 3\,240 = 304,$$

$$SS_A = \sum_{i=1}^{4} \frac{T_{A_i}^2}{n_i} - C = \frac{30^2}{2} + \frac{39^2}{3} + \frac{57^2}{3} + \frac{54^2}{2} - 3\,240 = 258,$$

$$SS_E = SS_T - SS_A = 304 - 258 = 46.$$

列出相应的方差分析表，见表 10—6.

表 10—6   方差分析表

方差来源	平方和	自由度	均方 MS	F 值	临界值
因素 A	258	3	86		$F_{0.05}(3, 6) = 4.76$
误差	46	6	7.67	11.21	$F_{0.01}(3, 6) = 9.78$
总和	304	9			

由于 $F = 11.21 > F_{0.01}(3, 6)$，认为包装类型对销售量有极其显著的影响.

§10.1.5 实验：单因素方差分析

打开【Excel】→点击【工具(T)】→选择【数据分析(D)】→选择【方差分析：单因素方差分析】→点击【确定】按钮，即可进入【方差分析：单因素方差分析】对话框，如图 10—1 所示．

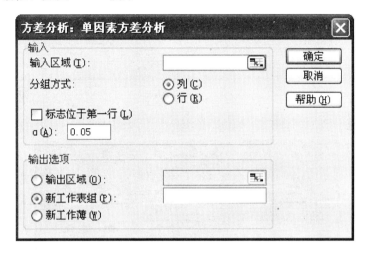

图 10—1 【方差分析：单因素方差分析】对话框

关于【方差分析：单因素方差分析】对话框：

● 输入区域：在此输入待分析数据区域的单元格引用．该引用必须由两个或两个以上按列或按行排列的相邻数据区域组成．

● 分组方式：若要指示输入区域中的数据是按行还是按列排列，请单击"行"或"列"．

● 标志位于第一行/标志位于第一列：如果输入区域的第一行中包含标志项，请选中"标志位于第一行"复选框．如果输入区域的第一列中包含标志项，请选中"标志位于第一列"复选框．如果输入区域没有标志项，该复选框将被清除，Microsoft Excel 将在输出表中生成适宜的数据标志．

● α：在此输入检验的显著性水平，$0<\alpha<1$．

● 输出选项与前相同，不再介绍．

例 10—2 为了对几个行业的服务质量进行评价，消费者协会分别抽取了四个行业的不同企业作为样本，统计出最近一年消费者对企业投诉的次数如表 10—7 所示，试分析这几个服务行业的服务质量是否有显著差异（$\alpha=0.05$）．

表 10—7　　　　　　　　　　　消费者对四个行业的投诉次数

观测值	行业			
	零售业	旅游业	航空公司	家电制造业
1	57	68	31	44
2	66	39	49	51
3	49	29	21	65
4	40	45	34	77
5	34	56	40	58
6	53	51		
7	44			

解　在 Excel 表中进行方差分析的步骤如下：

第 1 步：进入 Excel 表→将原始数据输入 Excel 表中，如图 10—2 上半部分所示.

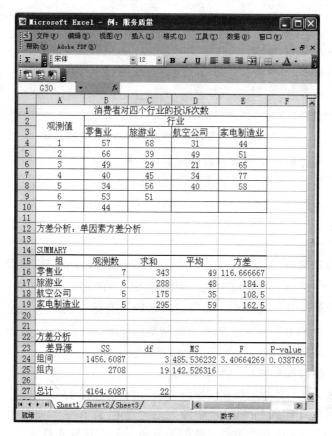

图 10—2　例 10—2【服务质量】方差分析结果

第2步：选择【工具(T)】，在下拉菜单中选择【数据分析(D)】→在【数据分析】对话框中选择【方差分析：单因素方差分析】→点击【确定】按钮.

第3步：在出现的对话框中，如图 10—3 所示，输入相关内容→点击【确定】按钮，得到如图 10—2 所示的方差分析结果. 由图 10—2 可知 P 值＝0.038765＜0.05，所以认为这几个服务行业的服务质量有显著差异.

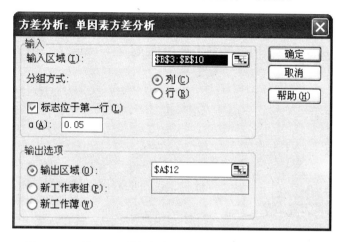

图 10—3　例 10—2【方差分析：单因素方差分析】对话框

§10.2　无交互作用双因素方差分析

上节我们讨论了单因素试验的方差分析，即只考察一个因素对所研究的试验指标（即随机变量 X）是否有显著影响的问题. 如果要同时考察两个因素对所研究的试验指标是否有显著影响，则应讨论双因素试验的方差分析.

§10.2.1　无交互作用双因素方差分析模型

设因素 A 有 a 个水平 A_1, A_2, $\cdots$, A_a，因素 B 有 b 个水平 B_1, B_2, $\cdots$, B_b，在因素 A 与因素 B 的各个水平的每一种搭配 A_iB_j 下的总体 Y_{ij} 服从正态分布 $N(\mu_{ij}, \sigma^2)$, $i=1, 2, \cdots, a$; $j=1, 2, \cdots, b$. 这里我们假定所有的总体 Y_{ij} 的方差都等于 σ^2（虽然是未知的），但总体均值 μ_{ij} 可能不相等.

为了讨论方便起见，我们把总体 Y_{ij} 的均值 μ_{ij} 改写为另一种形式.

定义 8　设 $Y_{ij} \sim N(\mu_{ij}, \sigma^2)$, $i=1, 2, \cdots, a$, $j=1, 2, \cdots, b$, 则

(1) $\mu = \dfrac{1}{ab} \displaystyle\sum_{i=1}^{a} \sum_{j=1}^{b} \mu_{ij}$ 称为总平均；

(2) $\mu_{i\cdot} = \dfrac{1}{b} \displaystyle\sum_{j=1}^{b} \mu_{ij}$ 称为在因素 A 的水平 A_i 下的均值；

(3) $\alpha_i = \mu_{i\cdot} - \mu$ 称为因素 A 的水平 A_i 的效应（$i = 1, 2, \cdots, a$）；

(4) $\mu_{\cdot j} = \dfrac{1}{a} \displaystyle\sum_{i=1}^{a} \mu_{ij}$ 称为在因素 B 的水平 B_j 下的均值；

(5) $\beta_j = \mu_{\cdot j} - \mu$ 称为因素 B 的水平 B_j 的效应（$j = 1, 2, \cdots, b$）.

于是有

$$\sum_{i=1}^{a} \alpha_i = \sum_{i=1}^{a} (\mu_{i\cdot} - \mu) = a\mu - a\mu = 0,$$

$$\sum_{j=1}^{b} \beta_i = \sum_{j=1}^{b} (\mu_{\cdot j} - \mu) = b\mu - b\mu = 0.$$

定义 9 若 $\mu_{ij} = \mu + \alpha_i + \beta_j$，则此种情况下的双因素试验的方差分析，称为**无交互作用双因素方差分析**.

对于无交互作用双因素方差分析，在因素 A 与因素 B 的各个水平的每一种搭配 $A_i B_j (i = 1, 2, \cdots, a; j = 1, 2, \cdots, b)$ 下只需做一次试验，并假定所有的试验都是相互独立的，设得到的样本如表 10—8 所示.

因为在水平搭配 $A_i B_j$ 下的样本 X_{ij} 与总体 Y_{ij} 服从相同的分布，所以有 $X_{ij} \sim N(\mu_{ij}, \sigma^2)$，$i = 1, 2, \cdots, a; j = 1, 2, \cdots, b$. 因此，无交互作用双因素方差分析的基本模型为：

$$\begin{cases} X_{ij} = \mu + \alpha_i + \beta_j + \varepsilon_{ij} \\ \displaystyle\sum_{i=1}^{a} \alpha_i = 0, \quad \sum_{j=1}^{b} \beta_j = 0 \\ \varepsilon_{ij} \sim N(0, \sigma^2), \text{且相互独立} \end{cases}.$$

表 10—8　　　　　　　　　　无交互作用双因素方差分析

因素 A ＼ 因素 B	B_1	B_2	$\cdots$	B_b
A_1	X_{11}	X_{12}	$\cdots$	X_{1b}
A_2	X_{21}	X_{22}	$\cdots$	X_{2b}
$\vdots$	$\vdots$	$\vdots$	$\vdots$	$\vdots$
A_a	X_{a1}	X_{a2}	$\cdots$	X_{ab}

我们的任务就是要根据这些样本的观测值来检验 A 或 B 对试验结果的影响是否显著.

如果因素 A 的影响不显著，则因素 A 的各水平的效应都应该等于零，因此，要检验的原假设是

$$H_{01}: \alpha_1 = \alpha_2 = \cdots = \alpha_a = 0.$$

同样，如果因素 B 的影响不显著，则因素 B 的各水平的效应都应该等于零，因此，要检验的原假设是

$$H_{02}: \beta_1 = \beta_2 = \cdots = \beta_b = 0.$$

§10.2.2　平方和分解

为了检验上述两个原假设，需要选取适当的统计量，设表 10—8 中第 i 行样本的样本均值为 $\overline{X}_{i.}$，即

$$\overline{X}_{i.} = \frac{1}{b} \sum_{j=1}^{b} X_{ij}, \quad i=1, 2, \cdots, a.$$

类似地，设表 10—8 中第 j 列样本的样本均值为 $\overline{X}_{.j}$. 即

$$\overline{X}_{.j} = \frac{1}{a} \sum_{i=1}^{a} X_{ij}, \quad j=1, 2, \cdots, b.$$

于是，总的样本均值为

$$\overline{X} = \frac{1}{ab} \sum_{i=1}^{a} \sum_{j=1}^{b} X_{ij} = \frac{1}{a} \sum_{i=1}^{a} \overline{X}_{i.} = \frac{1}{b} \sum_{j=1}^{b} \overline{X}_{.j}.$$

定义 10　全体样本 X_{ij} 对总的样本均值 $\overline{X}$ 的离差平方和

$$\mathrm{SS}_T = \sum_{i=1}^{a} \sum_{j=1}^{b} (X_{ij} - \overline{X})^2$$

称为**总离差平方和**.

定义 11　因素 A 各组的样本均值 $\overline{X}_{i.}$ 对总的样本均值 $\overline{X}$ 的离差平方和

$$\mathrm{SS}_A = \sum_{i=1}^{a} \sum_{j=1}^{b} (\overline{X}_{i.} - \overline{X})^2 = b \sum_{i=1}^{a} (\overline{X}_{i.} - \overline{X})^2$$

称为**因素 A 的离差平方和**. 它反映了因素 A 的不同水平所引起的系统误差.

定义 12 因素 B 各组的样本均值 $\overline{X}_{.j}$ 对总的样本均值 $\overline{X}$ 的离差平方和

$$SS_B = \sum_{i=1}^{a} \sum_{j=1}^{b} (\overline{X}_{.j} - \overline{X})^2 = a \sum_{i=1}^{b} (\overline{X}_{.j} - \overline{X})^2$$

称为**因素 B 的离差平方和**. 它反映了因素 B 的不同水平所引起的系统误差.

定义 13 $\quad SS_E = \sum_{i=1}^{a} \sum_{j=1}^{b} (X_{ij} - \overline{X}_{i.} - \overline{X}_{.j} + \overline{X})^2$

称为**误差平方和**. 它反映了试验过程中各种随机因素所引起的随机误差.

定理 3 $\quad SS_T = SS_A + SS_B + SS_E$.

证明 我们把 SS_T 分解如下：

$$\begin{aligned}
SS_T &= \sum_{i=1}^{a} \sum_{j=1}^{b} \left[(\overline{X}_{i.} - \overline{X}) + (\overline{X}_{.j} - \overline{X}) + (X_{ij} - \overline{X}_{i.} - \overline{X}_{.j} + \overline{X}) \right]^2 \\
&= \sum_{i=1}^{a} \sum_{j=1}^{b} (\overline{X}_{i.} - \overline{X})^2 + \sum_{i=1}^{a} \sum_{j=1}^{b} (\overline{X}_{.j} - \overline{X})^2 + \sum_{i=1}^{a} \sum_{j=1}^{b} (X_{ij} - \overline{X}_{i.} \\
&\quad - \overline{X}_{.j} + \overline{X})^2 + 2\sum_{i=1}^{a} \sum_{j=1}^{b} (\overline{X}_{i.} - \overline{X})(\overline{X}_{.j} - \overline{X}) + 2\sum_{i=1}^{a} \sum_{j=1}^{b} (\overline{X}_{i.} - \overline{X})(X_{ij} \\
&\quad - \overline{X}_{i.} - \overline{X}_{.j} + \overline{X}) + 2\sum_{i=1}^{a} \sum_{j=1}^{b} (\overline{X}_{.j} - \overline{X})(X_{ij} - \overline{X}_{i.} - \overline{X}_{.j} + \overline{X}).
\end{aligned}$$

容易证明上式最后三项都等于零，所以我们有

$$\begin{aligned}
SS_T &= \sum_{i=1}^{a} \sum_{j=1}^{b} (\overline{X}_{i.} - \overline{X})^2 + \sum_{i=1}^{a} \sum_{j=1}^{b} (\overline{X}_{.j} - \overline{X})^2 \\
&\quad + \sum_{i=1}^{a} \sum_{j=1}^{b} (X_{ij} - \overline{X}_{i.} - \overline{X}_{.j} + \overline{X})^2 \\
&= SS_A + SS_B + SS_E.
\end{aligned}$$

§10.2.3 方差分析

定理 4 若假设 H_{01} 及 H_{02} 都成立，则

(1) $\dfrac{SS_A}{\sigma^2} \sim \chi^2(a-1)$；

(2) $\dfrac{SS_B}{\sigma^2} \sim \chi^2(b-1)$；

(3) $\dfrac{SS_E}{\sigma^2} \sim \chi^2((a-1)(b-1))$；

(4) SS_A，SS_B，SS_E 相互独立；

(5) $F_A = \dfrac{SS_A/(a-1)}{SS_E/((a-1)(b-1))} \sim F(a-1, (a-1)(b-1))$,

$\quad\ F_B = \dfrac{SS_B/(b-1)}{SS_E/((a-1)(b-1))} \sim F(b-1, (a-1)(b-1))$.

证明　如果原假设 H_{01} 及 H_{02} 都成立，则所有 ab 个样本 X_{ij} 可以看作是来自同一个总体 $N(\mu, \sigma^2)$. 于是，我们有

$$SS_T = \sum_{i=1}^{a} \sum_{j=1}^{b} (X_{ij} - \overline{X})^2 = (ab-1)S^2,$$

其中 S^2 是所有 ab 个样本 X_{ij} 的样本方差，由此可知

$$\frac{SS_T}{\sigma^2} = \frac{(ab-1)\ S^2}{\sigma^2} \sim \chi^2(ab-1).$$

如果原假设 H_{01} 及 H_{02} 都成立，则 $\overline{X}_{i\cdot} \sim N\left(\mu, \dfrac{\sigma^2}{b}\right)$；注意到 $\overline{X} = \dfrac{1}{a} \sum_{i=1}^{a} \overline{X}_{i\cdot}$，从而有

$$\sum_{i=1}^{a} (\overline{X}_{i\cdot} - \overline{X})^2 = (a-1)S_A^2,$$

其中 S_A^2 是 a 个数据 $\overline{X}_{1\cdot}$，$\overline{X}_{2\cdot}$，$\cdots$，$\overline{X}_{a\cdot}$ 的样本方差，由此可知

$$\frac{SS_A}{\sigma^2} = \frac{b(a-1)S_A^2}{\sigma^2} = \frac{(a-1)S_A^2}{\sigma^2/b} \sim \chi^2(a-1).$$

如果原假设 H_{01} 及 H_{02} 都成立，则 $\overline{X}_{\cdot j} \sim N\left(\mu, \dfrac{\sigma^2}{a}\right)$；注意到 $X = \dfrac{1}{b} \sum_{j=1}^{b} \overline{X}_{\cdot j}$，从而有

$$\sum_{j=1}^{b} (\overline{X}_{\cdot j} - \overline{X})^2 = (b-1)S_B^2,$$

其中 S_B^2 是 b 个数据 $\overline{X}_{\cdot 1}$，$\overline{X}_{\cdot 2}$，$\cdots$，$\overline{X}_{\cdot b}$ 的样本方差，由此可知

$$\frac{SS_B}{\sigma^2} = \frac{a(b-1)S_B^2}{\sigma^2} = \frac{(b-1)S_B^2}{\sigma^2/a} \sim \chi^2(b-1).$$

又因为 $\dfrac{SS_T}{\sigma^2} = \dfrac{SS_A}{\sigma^2} + \dfrac{SS_B}{\sigma^2} + \dfrac{SS_E}{\sigma^2}$，且 $f_T = n-1$，$f_A = a-1$，$f_B = b-1$，$f_E = (a-1)(b-1)$，所以，由柯赫伦分解定理可知，SS_A，SS_B，SS_E 是相互独立

的，且

$$\frac{SS_E}{\sigma^2} \sim \chi^2((a-1)(b-1)),$$

于是有

$$F_A = \frac{\dfrac{SS_A}{\sigma^2}/(a-1)}{\dfrac{SS_E}{\sigma^2}/((a-1)(b-1))} = \frac{SS_A/(a-1)}{SS_E/((a-1)(b-1))} \sim F(a-1,(a-1)(b-1)),$$

$$F_B = \frac{\dfrac{SS_B}{\sigma^2}/(b-1)}{\dfrac{SS_E}{\sigma^2}/((a-1)(b-1))} = \frac{SS_B/(b-1)}{SS_E/((a-1)(b-1))} \sim F(b-1,(a-1)(b-1)).$$

不加证明地给出更进一步的结论：

定理 5 （1）若假设 H_{01} 成立，则

$$F_A = \frac{SS_A/(a-1)}{SS_E/((a-1)(b-1))} \sim F(a-1,\ (a-1)(b-1));$$

（2）若假设 H_{02} 成立，则

$$F_B = \frac{SS_B/(b-1)}{SS_E/((a-1)(b-1))} \sim F\ (b-1,\ (a-1)(b-1)).$$

如果因素 A 的各水平 A_1，A_2，$\cdots$，A_a 对总体 X 的影响不显著，则组间平方和 SS_A 应较小，因而统计量 F_A 的观测值也应较小．相反，如果因素 A 的各水平 A_1，A_2，$\cdots$，A_a 对总体 X 的影响显著不同，则组间平方和 SS_A 应较大，因而统计量 F_A 的观测值也应较大．由此可见，我们可以根据统计量 F_A 的观测值的大小来检验原假设 H_{01}．若 $F_A > F_{A\alpha} = F_\alpha(a-1,\ (a-1)(b-1))$，则因素 A 对试验结果有显著影响；否则，因素 A 对试验结果无显著影响．

类似地，可以根据统计量 F_B 的观测值的大小来检验原假设 H_{02}．若 $F_B > F_{B\alpha} = F_\alpha(b-1,\ (a-1)(b-1))$，则因素 B 对试验结果有显著影响；否则，因素 B 对试验结果无显著影响．

若在无交互作用双因素试验中，得到样本观测值 x_{ij}，记

$$T_{i\cdot} = \sum_{j=1}^{b} x_{ij}, \quad i=1,\ 2,\ \cdots,\ a,$$

$$T_{.j} = \sum_{i=1}^{a} x_{ij}, \quad j = 1, 2, \cdots, b,$$

$$T = \sum_{i=1}^{a} \sum_{j=1}^{b} x_{ij}.$$

将其列入如表 10—9 所示的计算表中.

表 10—9　　　　　　　　　双因素试验样本数据计算表

因素B 因素A	B_1	B_2	$\cdots$	B_b	行和
A_1	x_{11}	x_{12}	$\cdots$	x_{1b}	$T_1.$
A_2	x_{21}	x_{22}	$\cdots$	x_{2b}	$T_2.$
$\vdots$	$\vdots$	$\vdots$	$\vdots$	$\vdots$	
A_a	x_{a1}	x_{a2}	$\cdots$	x_{ab}	$T_a.$
列和	$T_{.1}$	$T_{.2}$		$T_{.b}$	T

记 $C = \dfrac{T^2}{n} = \dfrac{T^2}{ab}$，从定义出发，不难证明 SS_T，SS_A，SS_B，SS_E 有如下的计算公式：

$$SS_T = \sum_{i=1}^{a} \sum_{j=1}^{b} x_{ij}^2 - C,$$

$$SS_A = \sum_{i=1}^{a} \frac{T_{i.}^2}{b} - C,$$

$$SS_B = \sum_{j=1}^{b} \frac{T_{.j}^2}{a} - C,$$

$$SS_E = SS_T - SS_A - SS_B.$$

最后，根据计算结果，列出无交互作用双因素方差分析表，见表 10—10.

表 10—10　　　　　　　　　无交互作用双因素方差分析表

方差来源	平方和	自由度	均方 MS	F 值	临界值
因素 A	SS_A	$a-1$	$MSA = \dfrac{SS_A}{a-1}$	$F_A = \dfrac{MSA}{MSE}$	$F_{A0.05}$，$F_{A0.01}$
因素 B	SS_B	$b-1$	$MSB = \dfrac{SS_B}{b-1}$	$F_B = \dfrac{MSB}{MSE}$	$F_{B0.05}$，$F_{B0.01}$
误差	SS_E	$(a-1)(b-1)$	$MSE = \dfrac{SS_E}{(a-1)(b-1)}$		
总和	SS_T	$ab-1$			

例 10—3 四个工人分别操作三台机器生产某产品各一天，产品日产量见表 10—11.

表 10—11 日产量

机器 B \ 工人 A	B_1	B_2	B_3
A_1	50	60	55
A_2	47	55	42
A_3	48	52	44
A_4	53	57	49

解 为计算各平方和，列出计算表，如表 10—12 所示.

表 10—12 计算表

机器 B \ 工人 A	B_1	B_2	B_3	$T_i.$
A_1	50	60	55	165
A_2	47	55	42	144
A_3	48	52	44	144
A_4	53	57	49	159
$T._j$	198	224	190	$T=612$

本题中

$$a = 4, b = 3, n = ab = 12,$$

$$C = \frac{T^2}{n} = \frac{612^2}{12} = 31\,212,$$

$$SS_T = \sum_{i=1}^{4} \sum_{j=1}^{3} x_{ij}^2 - C = 31\,526 - 31\,212 = 314,$$

$$SS_A = \sum_{i=1}^{4} \frac{T_{i.}^2}{3} - C = \frac{1}{3}(165^2 + 144^2 + 144^2 + 159^2) - 31\,212 = 114,$$

$$SS_B = \sum_{j=1}^{3} \frac{T_{.j}^2}{4} - C = \frac{1}{4}(198^2 + 224^2 + 190^2) - 31\,212 = 158,$$

$$SS_E = SS_T - SS_A - SS_B = 314 - 114 - 158 = 42.$$

得到相应的无交互作用双因素方差分析表，见表 10—13.

表 10—13　　　　　　　　　无交互作用双因素方差分析表

方差来源	平方和	自由度	均方 MS	F 值	临界值
因素 A（工人）	114	3	38	5.43	$F_{0.05}(3，6)=4.76$ $F_{0.01}(3，6)=9.78$
因素 B（机器）	158	2	79	11.29	$F_{0.05}(2，6)=5.14$ $F_{0.01}(2，6)=10.92$
误差 E	42	6	7		
总和	314	11			

因为 $F_A=5.43>F_{0.05}(3，6)$，认为工人对产量有显著影响；$F_B=11.29>F_{0.01}(2，6)$，认为机器对产量有极其显著的影响.

由方差分析表可知，工人的操作技术对产量有显著影响，而机器对产量有极其显著的影响.

§10.2.4　实验：无重复双因素分析

打开【Excel】→点击【工具(T)】→选择【数据分析(D)】→选择【方差分析：无重复双因素分析】→点击【确定】按钮，即可进入【方差分析：无重复双因素分析】对话框，如图 10—4 所示.

图 10—4　【方差分析：无重复双因素分析】对话框

【方差分析：无重复双因素分析】对话框与【方差分析：单因素方差分析】对话框的相关内容相似，不再重复介绍.

例 10—4　有四个品牌的彩色电视机在五个地区销售量数据如表 10—14 所示，试分析品牌和销售地区对彩色电视机的销售量是否有显著影响（$\alpha=0.05$）.

表 10—14　　　　　　　　不同品牌彩色电视机在各地区销售数据

地区 品牌	地区 1	地区 2	地区 3	地区 4	地区 5
品牌 1	365	350	343	340	323
品牌 2	345	368	363	330	333
品牌 3	358	323	353	343	308
品牌 4	288	280	298	260	298

解　在 Excel 表中进行方差分析的步骤如下：

第 1 步：进入 Excel 表→将原始数据输入 Excel 表中，如图 10—5 上半部分所示.

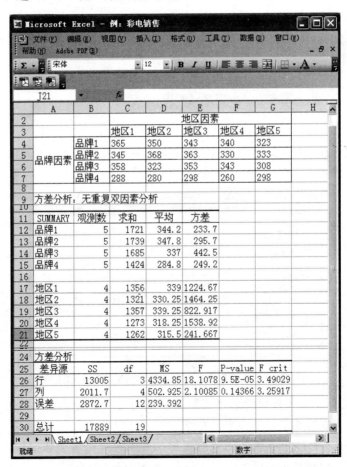

图 10—5　例 10—4【彩电销售】方差分析结果

第2步：选择【工具（T）】，在下拉菜单中选择【数据分析（D）】→在【数据分析】对话框中选择【方差分析：无重复双因素分析】→点击【确定】按钮.

第3步：在出现的对话框中，如图10—6所示，输入相关内容→点击【确定】按钮，得到如图10—5所示的方差分析结果.

由图10—5可知，品牌因素的 P 值＝0.000 095＜0.05，地区因素的 P 值＝0.143 66＞0.05，所以认为不同的品牌对彩色电视机的销售量有显著影响，但彩色电视机在不同地区的销售量无显著差异.

图10—6 例10—4【方差分析：无重复双因素分析】对话框

§10.3 有交互作用双因素方差分析

§10.3.1 有交互作用双因素方差分析

设因素 A 有 a 个水平 A_1，A_2，$\cdots$，A_a，因素 B 有 b 个水平 B_1，B_2，$\cdots$，B_b，在因素 A 与因素 B 的各个水平的每一种搭配 A_iB_j 下的总体 Y_{ij} 服从正态分布 $N(\mu_{ij}, \sigma^2)$，$i=1$，2，$\cdots$，a；$j=1$，2，$\cdots$，b. 在实际问题中，有时候，除了两因素的效应外，还有反映水平搭配 A_iB_j 本身的效应，我们称之为交互效应.

定义 14 若 $\mu_{ij}\neq\mu+\alpha_i+\beta_j$，则此种情况下的双因素试验的方差分析，称为**有交互作用双因素方差分析**. $\gamma_{ij}=\mu_{ij}-\mu-\alpha_i-\beta_j$ 称为因素 A 的第 i 个水平与因素 B 的第 j 个水平的交互效应.

γ_{ij} 满足如下关系式：

$$\sum_{i=1}^{a}\gamma_{ij}=0, \quad j=1, 2, \cdots, b,$$

$$\sum_{j=1}^{b} \gamma_{ij} = 0, \quad i=1, 2, \cdots, a.$$

由此可见，总体 $Y_{ij} \sim N(\mu+\alpha_i+\beta_j+\gamma_{ij}, \sigma^2)$, $i=1, 2, \cdots, a$; $j=1,$ $2, \cdots, b$. 这样一来，上式中增加了未知参数 γ_{ij}，如果仍用上一节所述的方法去做试验，在方差分析时就会遇到困难. 解决的办法是，每一种水平的搭配均做 $t(t \geqslant 2)$ 次重复试验.

设因素 A 有 a 个水平，因素 B 有 b 个水平，每一种水平搭配下均作 t 次重复试验，设因素 A 的第 i 个水平与因素 B 的第 j 个水平组合的第 k 个试验结果为 X_{ijk}，得到样本如表 10—15 所示，则有交互作用双因素方差分析模型为：

$$\begin{cases} X_{ijk}=\mu+\alpha_i+\beta_j+\gamma_{ij}+\varepsilon_{ijk} \\ \varepsilon_{ijk} \sim N(0, \sigma^2), \text{ 对所有的 } i, j, k \text{ 互相独立} \\ \sum_{i=1}^{a}\alpha_i = \sum_{j=1}^{b}\beta_j = 0 \\ \sum_{j=1}^{b}\gamma_{ij}=0, i=1, 2, \cdots, a \\ \sum_{i=1}^{a}\gamma_{ij}=0, j=1, 2, \cdots, b \\ k=1, 2, \cdots, t \end{cases}$$

表 10—15　　　　　　　　　　　有交互作用双因素样本表

因素 B 因素 A	B_1	B_2	$\cdots$	B_b
A_1	$X_{111}, \cdots, X_{11t}$	$X_{121}, \cdots, X_{12t}$	$\cdots$	$X_{1b1}, \cdots, X_{1bt}$
A_2	$X_{211}, \cdots, X_{21t}$	$X_{221}, \cdots, X_{22t}$	$\cdots$	$X_{2b1}, \cdots, X_{2bt}$
$\vdots$	$\vdots$	$\vdots$	$\vdots$	$\vdots$
A_a	$X_{a11}, \cdots, X_{a1t}$	$X_{a21}, \cdots, X_{a2t}$	$\cdots$	$X_{ab1}, \cdots, X_{abt}$

这里要检验统计假设

H_{01}：$\gamma_{ij}=0$, $i=1, 2, \cdots, a$; $j=1, 2, \cdots, b$.

H_{02}：$\alpha_1=\alpha_2=\cdots=\alpha_a=0$.

H_{03}：$\beta_1=\beta_2=\cdots=\beta_b=0$.

为此对总的离差平方和进行分解，引入记号

$$\overline{X}_{ij}. = \frac{1}{t}\sum_{k=1}^{t}X_{ijk}, \ i=1, \ 2, \ \cdots, \ a;\ j=1, \ 2, \ \cdots, \ b.$$

$$\overline{X}_{i}.. = \frac{1}{bt}\sum_{j=1}^{b}\sum_{k=1}^{t}X_{ijk}, \ i=1, \ 2, \ \cdots, \ a.$$

$$\overline{X}_{\cdot j}. = \frac{1}{at}\sum_{i=1}^{a}\sum_{k=1}^{t}X_{ijk}, \ j=1, \ 2, \ \cdots, \ b.$$

$$\overline{X} = \frac{1}{abt}\sum_{i=1}^{a}\sum_{j=1}^{b}\sum_{k=1}^{t}X_{ijk}.$$

可以证明，总的离差平方和可分解为

$$SS_{T} = \sum_{i=1}^{a}\sum_{j=1}^{b}\sum_{k=1}^{t}(X_{ijk}-\overline{X})^2 = SS_A + SS_B + SS_{A\times B} + SS_E.$$

式中，$SS_A = bt\sum_{i=1}^{a}(\overline{X}_i.. - \overline{X})^2$ 称为因素 A 的平方和，它的大小反映了因素 A 各水平间的差异的大小；$SS_B = at\sum_{j=1}^{b}(\overline{X}_{\cdot j}. - \overline{X})^2$ 称为因素 B 的平方和，它的大小反映了因素 B 各水平间的差异的大小；$SS_{A\times B} = t\sum_{i=1}^{a}\sum_{j=1}^{b}(\overline{X}_{ij}. - \overline{X}_i.. - \overline{X}_{\cdot j}. + \overline{X})^2$ 称为交互效应平方和，它的大小反映了不同水平组合交互效应的差异的大小；$SS_E = \sum_{i=1}^{a}\sum_{j=1}^{b}\sum_{k=1}^{t}(X_{ijk}-\overline{X}_{ij}.)^2$ 称为误差平方和，它的大小反映了试验误差的大小.

有交互作用双因素方差分析数据的观测值表，见表 10—16.

表 10—16 　　　　　　　　有交互作用双因素方差分析数据结构表

因素 B 因素 A	B_1	B_2	$\cdots$	B_b
A_1	x_{111}，$\cdots$，x_{11t}	x_{121}，$\cdots$，x_{12t}	$\cdots$	x_{1b1}，$\cdots$，x_{1bt}
A_2	x_{211}，$\cdots$，x_{21t}	x_{221}，$\cdots$，x_{22t}	$\cdots$	x_{2b1}，$\cdots$，x_{2bt}
$\vdots$	$\vdots$	$\vdots$	$\vdots$	$\vdots$
A_a	x_{a11}，$\cdots$，x_{a1t}	x_{a21}，$\cdots$，x_{a2t}	$\cdots$	x_{ab1}，$\cdots$，x_{abt}

如果得到如表 10—16 所示的试验结果，与无交互作用双因素方差分析相似，可按如下公式和步骤计算：

$$\begin{cases} SS_T = \sum_{i=1}^{a}\sum_{j=1}^{b}\sum_{k=1}^{t} x_{ijk}^2 - n\bar{x}^2, & f_T = abt - 1 \\ SS_A = \dfrac{1}{bt}\sum_{i=1}^{a} x_{i\cdot\cdot}^2 - n\bar{x}^2, & f_A = a - 1 \\ SS_B = \dfrac{1}{at}\sum_{j=1}^{b} x_{\cdot j\cdot}^2 - n\bar{x}^2, & f_B = b - 1 \\ SS_{A\times B} = \dfrac{1}{t}\sum_{i=1}^{a}\sum_{j=1}^{b} x_{ij\cdot}^2 - n\bar{x}^2 - SS_A - SS_B, & f_{A\times B} = (a-1)(b-1) \\ SS_E = SS_T - SS_A - SS_B - SS_{A\times B}, & f_E = ab(t-1) \end{cases}$$

$F_{A\times B} = \dfrac{SS_{A\times B}/((a-1)(b-1))}{SS_E/(ab(t-1))}$，如果 $F_{A\times B} > F_\alpha((a-1)(b-1),\ ab(t-1))$，则拒绝 $H_{01}: \gamma_{ij} = 0,\ i=1, 2, \cdots, a;\ j=1, 2, \cdots, b$.

$F_A = \dfrac{SS_A/(a-1)}{SS_E/(ab(t-1))}$，如果 $F_A > F_\alpha(a-1,\ ab(t-1))$，则拒绝 $H_{02}: \alpha_1 = \alpha_2 = \cdots = \alpha_a = 0$.

$F_B = \dfrac{SS_B/(b-1)}{SS_E/(ab(t-1))}$，如果 $F_B > F_\alpha(b-1,\ ab(t-1))$，则拒绝 $H_{03}: \beta_1 = \beta_2 = \cdots = \beta_b = 0$.

有交互作用双因素方差分析表如表 10—17 所示.

表 10—17　　　　　　　　　有交互作用双因素方差分析表

方差来源	平方和	自由度	均方 MS	F 值
因素 A	SS_A	$a-1$	$MSA = SS_A/(a-1)$	$F_A = MSA/MSE$
因素 B	SS_B	$b-1$	$MSB = SS_B/(b-1)$	$F_B = MSB/MSE$
交互效应 A×B	$SS_{A\times B}$	$(a-1)(b-1)$	$MS(A\times B) = \dfrac{SS_{A\times B}}{(a-1)(b-1)}$	$F_{A\times B} = \dfrac{MS(A\times B)}{MSE}$
误差	SS_E	$ab(t-1)$	$MSE = SS_E/(ab(t-1))$	
总和	SS_T	$abt-1$		

例 10—5　在某化工生产中为了提高收率，选了三种不同浓度和四种不同温度做试验. 在同一浓度与同一温度组合下各做两次试验，其收率数据如表 10—18 所示（数据均已减去 75）. 试检验不同浓度、不同温度以及它们间的交互作用对收率有无显著影响（取 $\alpha = 0.05$）.

表 10—18   收率数据表

浓度＼温度	B_1	B_2	B_3	B_4
A_1	14，10	11，11	13，9	10，12
A_2	9，7	10，8	7，11	6，10
A_3	5，11	13，14	12，13	14，10

解 本题中 $a=3$，$b=4$，$t=2$，$n=abt=24$. 计算过程如表 10—19 所示.

表 10—19   收率计算表

浓度＼温度	B_1	B_2	B_3	B_4	$x_i..$	$x_i^2..$
A_1	14，10（24）	11，11（22）	13，9（22）	10，12（22）	90	8 100
A_2	9，7（16）	10，8（18）	7，11（18）	6，10（16）	68	4 624
A_3	5，11（16）	13，14（27）	12，13（25）	14，10（24）	92	8 464
$x_{.j.}$	56	67	65	62	250	21 188
$x_{.j.}^2$	3 136	4 489	4 225	3 844	15 694	

$$\sum_{i=1}^{3}\sum_{j=1}^{4}\sum_{k=1}^{2}x_{ijk}^2 = 2\,752,$$

$$\frac{1}{24}\left(\sum_{i=1}^{3}\sum_{j=1}^{4}\sum_{k=1}^{2}x_{ijk}\right)^2 \approx 2\,604.166\,7,$$

$$\sum_{i=1}^{3}\sum_{j=1}^{4}x_{ij.}^2 = 5\,374,$$

$$SS_T = 2\,752 - 2\,604.166\,7 = 147.833\,3,$$

$$SS_A = \frac{1}{8}\times 21\,188 - 2\,604.166\,7 = 44.333\,3,$$

$$SS_B = \frac{1}{6}\times 15\,694 - 2\,604.166\,7 = 11.500\,0,$$

$$SS_{A\times B} = \frac{1}{2}\times 5\,374 - 2\,604.166\,7 - 44.333\,3 - 11.500\,0 = 27.000\,0,$$

$$SS_E = SS_T - SS_A - SS_B - SS_{A\times B} = 65.000\,0.$$

得方差分析表如表 10—20 所示：

表 10—20　　　　　　　　　有交互作用双因素方差分析表

方差来源	平方和	自由度	均方 MS	F 值
浓度 A	44.333 3	2	22.166 7	4.09
温度 B	11.500 0	3	3.833 3	<1
交互效应 A×B	27.000 0	6	4.500 0	<1
误差	65.000 0	12	5.416 7	
总和	147.833 3	23		

查表得 $F_{0.05}(2, 12)=3.89$，$F_{0.05}(3, 12)=3.49$，$F_{0.05}(6, 12)=3.00$，比较方差分析表中的 F 值，得在 0.05 的显著性水平下，浓度不同将对收率产生显著影响；而温度和交互作用的影响都不显著.

在生产和生活实践中，影响某一指标的因素往往是很多的. 每一因素的改变都可能引起这个指标的改变，有些因素影响大一些，有些因素影响小一些，有些因素可能根本没有影响. 方差分析的目的就是要找出那些对指标影响大的因素，以便求得最佳生产条件或最佳的水平组合. 本章介绍的单因素模型和双因素模型方差分析方法，是最常见也是最基本的方差分析模型和方法. 在实际中，由于问题的目的、条件、要求不同，试验的方法也就不同；试验设计不同，方差分析的方法也不一样，具体的方法，要参考有关文献资料.

§10.3.2　实验：可重复双因素分析

打开【Excel】→点击【工具(T)】→选择【数据分析(D)】→选择【方差分析：可重复双因素分析】→点击【确定】按钮，即可进入【方差分析：可重复双因素分析】对话框，如图 10—7 所示.

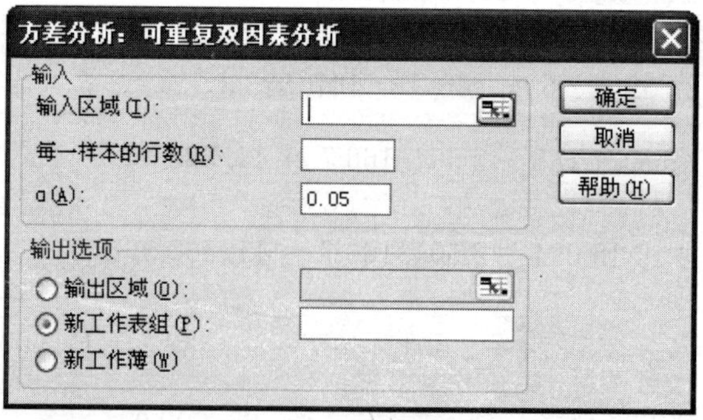

图 10—7　【方差分析：可重复双因素分析】对话框

关于【方差分析：可重复双因素分析】对话框：

- 每一样本的行数：在此输入包含在每个样本中的行数．每个样本必须包含同样的行数，因为每一行代表数据的一个副本．

【方差分析：可重复双因素分析】对话框中其他内容与【方差分析：单因素方差分析】对话框的相关内容类似，不再重复介绍．

例 10—6　某市一名交通警察分别在两个路段的高峰期与非高峰期驾车试验，共获得 20 个行车时间数据，如图 10—8 所示．试分析路段、时段以及路段与时段的交互作用对行车时间的影响（$\alpha=0.05$）．

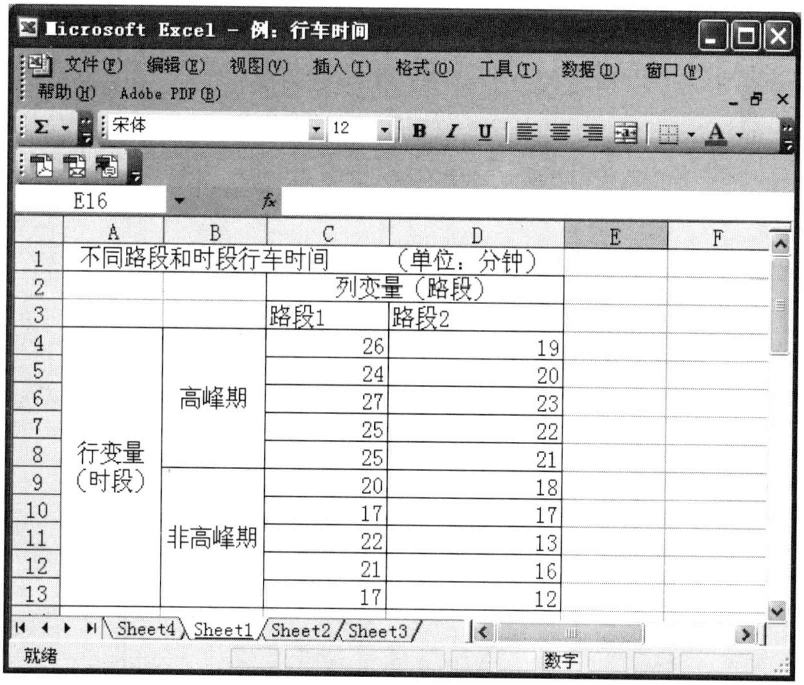

	A	B	C	D
1	不同路段和时段行车时间			（单位：分钟）
2			列变量（路段）	
3			路段1	路段2
4	行变量（时段）	高峰期	26	19
5			24	20
6			27	23
7			25	22
8			25	21
9		非高峰期	20	18
10			17	17
11			22	13
12			21	16
13			17	12

图 10—8　例 10—6【行车时间】数据

解　在 Excel 表中进行方差分析的步骤如下：

第 1 步：打开【例：行车时间】Excel 表→选择【工具(T)】→在下拉菜单中选择【数据分析(D)】→在【数据分析】对话框中选择【方差分析：可重复双因素分析】→点击【确定】按钮．

第 2 步：在出现的对话框中，如图 10—9 所示，输入相关内容→点击【确定】按钮．

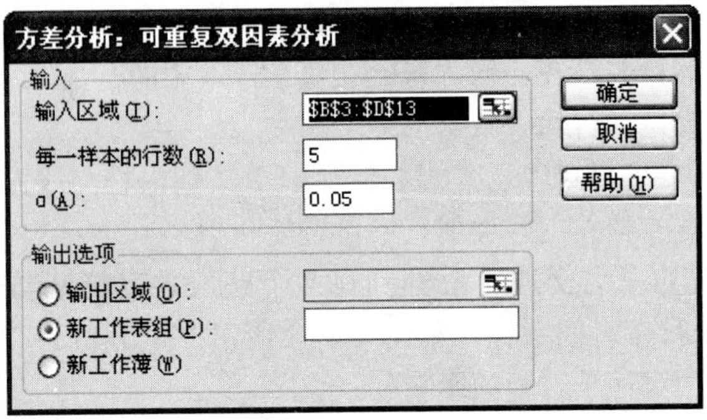

图 10—9　例 10—6【方差分析：可重复双因素分析】对话框

得到如图 10—10 所示的方差分析结果. 由图 10—10 可知，路段因素的 P 值=0.000 182<0.05，时段因素的 P 值=0.000 005 7<0.05，交互作用的 P 值=0.911 819>0.05，所以认为路段与时段因素对行车时间有显著影响，但无交互作用.

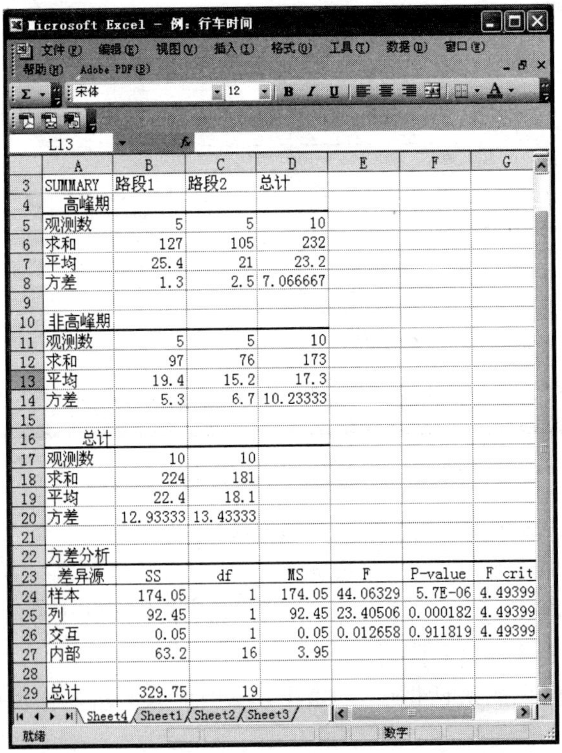

	A	B	C	D	E	F	G
3	SUMMARY	路段1	路段2	总计			
4	高峰期						
5	观测数	5	5	10			
6	求和	127	105	232			
7	平均	25.4	21	23.2			
8	方差	1.3	2.5	7.066667			
9							
10	非高峰期						
11	观测数	5	5	10			
12	求和	97	76	173			
13	平均	19.4	15.2	17.3			
14	方差	5.3	6.7	10.23333			
15							
16	总计						
17	观测数	10	10				
18	求和	224	181				
19	平均	22.4	18.1				
20	方差	12.93333	13.43333				
21							
22	方差分析						
23	差异源	SS	df	MS	F	P-value	F crit
24	样本	174.05	1	174.05	44.06329	5.7E-06	4.49399
25	列	92.45	1	92.45	23.40506	0.000182	4.49399
26	交互	0.05	1	0.05	0.012658	0.911819	4.49399
27	内部	63.2	16	3.95			
28							
29	总计	329.75	19				

图 10—10　例 10—6【行车时间】方差分析结果

 习题十

1. 比较四种肥料 A_1，A_2，A_3，A_4 对作物产量的影响，每一种肥料做 5 次试验，得产量（公斤/小区）如下表，试在 0.05 的显著性水平下检验四种肥料对产量的影响有无显著差异.

肥料	A_1	A_2	A_3	A_4
样	5.5	6.5	8.0	5.5
本	5.0	6.0	6.5	6.5
观	6.0	7.0	7.5	6.0
测	4.5	6.5	7.0	5.0
值	7.0	5.5	6.0	5.5

2. 粮食加工厂用四种不同的方法贮藏粮食，贮藏一段时间后，分别抽样化验，得到粮食含水率如下：

贮藏方法	A_1	A_2	A_3	A_4
样	7.3	5.8	8.1	7.9
本	8.3	7.4	6.4	9.0
观	7.6	7.1	7.0	
测	8.4			
值	8.3			

试检验这四种不同的贮藏方法对粮食的含水率是否有显著影响（取 $\alpha = 0.05$）.

3. 取四个种系未成年雌性大白鼠各三只，每只按一种剂量注射雌激素，一个月后，解剖秤其子宫重量，结果如下表，试在 0.05 的显著性水平下检验不同剂量和不同白鼠种系对子宫重量有无显著影响.

种系 \ 剂量	0.2	0.4	0.8
A_1	106	116	145
A_2	42	68	115
A_3	70	111	133
A_4	42	63	87

4. 进行农业试验，选择四个不同品种的小麦及四块试验田，每块试验田分成四块面积相等的小块，各种植一个品种的小麦，收获量如下表：

试验田 小麦品种	B_1	B_2	B_3	B_4
A_1	26	25	24	21
A_2	30	23	25	21
A_3	22	21	20	17
A_4	20	21	19	16

试检验小麦品种及试验田对收获量是否有显著影响（取 $\alpha = 0.05$）.

5. Horton 等人对三个不同高度：高地（60cm 以上）、斜坡（30～60cm）和洼地（30cm 以下）的土壤的四个不同深度随机取样，各取 2 个样本，考察其传导性质. 下表为其中传导性指标的数据（在 25℃ 下的 mmhos/cm）. 试在 0.05 的显著性水平下检验高度、深度及它们的交互作用对传导性质是否有显著影响.

高度 B 深度 A	高地	斜坡	洼地
0～10cm	1.09, 1.35	2.61, 1.98	0.75, 2.20
10～30cm	1.85, 3.18	3.24, 4.63	5.08, 6.37
30～60cm	5.73, 6.45	7.72, 9.78	10.14, 9.74
60～90cm	10.64, 10.07	11.57, 11.42	12.26, 11.29

第十一章

回归分析

回归分析是研究变量间函数关系的最常用的统计方法．这一统计方法被用于几乎是所有的研究领域，包括社会科学、物理、生物、人文科学等．本章主要介绍了线性回归方程参数的估计、显著性检验和应用，并且介绍可线性化的一元非线性回归．

§11.1 一元线性回归方程

§11.1.1 相关分析与回归分析

无论是自然现象之间还是社会经济现象之间，大多存在着不同程度的联系．

数理统计研究的问题之一就是要探寻各种变量之间的相互联系方式、联系程度及其变化规律．各种变量之间的关系可分为两类：一类是确定的函数关系，另一类是不确定的统计相关关系．

确定性现象间的关系常常表现为函数关系．例如，圆面积 S 与圆半径 r 间的关系，只要半径值 r 给定，与之对应的圆面积 S 也就随之确定：$S = \pi r^2$．

非确定性现象间的关系常常表现为统计相关关系．例如，农作物产量 Y 与施肥量 X 间的关系，其特点是：农作物产量 Y 随着施肥量 X 的变化呈现某种规律性的变化，在适当的范围内，随着 X 的增加，Y 也增加．但与上述函数关系不同的是，给定施肥量 X，与之对应的农作物产量 Y 并不能完全确定．主要原因在于，除了施肥量，还有诸如阳光、气温等其他许多因素都在影响着农作物的产量. 这时, 我们无法确定农作物产量与施肥量间确定的函数关系, 但却能通过统计推断的方法研究它们间的统计相关关系.

当然, 变量间的函数关系与相关关系并不是绝对的, 在一定条件下两者可以相互转化. 例如, 在对确定性现象的观测中, 往往存在测量误差, 这时函数关系常会通过相关关系表现出来; 反之, 如果对非确定性现象的影响因素能够一一辨认出来, 并全部纳入到变量间的依存关系式中, 则变量间的相关关系就会向函数关系转化. 相关分析与回归分析主要研究非确定性现象间的统计相关关系.

变量间的统计相关关系可以通过相关分析与回归分析来研究. 相关分析主要研究随机变量间的相关形式和相关程度.

从变量间相关的表现形式看, 有线性相关与非线性相关之分, 前者往往表现为变量的散点图接近于一条直线. 变量间线性相关程度的大小可通过相关系数来度量, 即两个变量 X 与 Y 的相关系数 ρ_{XY}. 具有相关关系的变量间如果存在因果关系, 那么我们可以通过回归分析来研究它们间具体的依存关系.

回归分析是研究一个变量关于另一个 (些) 变量的依赖关系的分析方法和理论. 其主要作用在于通过后者的已知或设定值, 去估计或预测前者的均值即 $E(Y \mid X)$. 前一个变量称为被解释变量或因变量, 后一个变量称为解释变量或自变量.

相关分析与回归分析既有联系又有区别. 首先, 两者都是研究非确定性变量间的统计依赖关系, 并能测度线性依赖程度的大小. 其次, 两者间又有明显的区别, 相关分析仅仅是从统计数据上测度变量间的相关程度, 而无须考察两者间是否有因果关系, 因此, 变量的地位在相关关系中是对称的, 而且都是随机变量; 回归分析则更关注具有统计相关关系的变量间的因果关系分析, 变量的地位是不对称的, 有解释变量和被解释变量之分, 而且解释变量也往往被假设为非随机变量. 再次, 相关分析只关注变量间的依赖程度, 不关注具体的依赖关系; 而回归分析则更加关注变量间的具体依赖关系, 因此可以进一步通过解释变量的变化来估计或预测被解释变量的变化, 达到深入分析变量间依存关系, 掌握被解释变量的变化规律的目的.

§11.1.2 总体回归函数

由于统计相关的随机性, 回归分析关心的是: 当解释变量的值已知或给定时, 考察被解释变量的总体均值. 即当解释变量取某个确定值时, 与之统计相关的被解释变量所有可能出现的对应值的平均值, 即 $E(Y \mid X = x_0)$.

例 11—1　一个社区由 100 户家庭组成, 研究该社区每月家庭消费支出 Y 与每月家庭可支配收入 X 的关系, 即根据家庭的每月可支配收入, 考察该社区家庭每月消费支出的平均水平. 为研究方便, 将该 100 户家庭组成的总体按可支配收入水平划分为 10 组, 并分别分析每一组的家庭消费支出 (见表 11—1).

表 11—1　　　　　某社区家庭每月可支配收入与消费支出统计表　　　　　单位: 元

X	800	1 100	1 400	1 700	2 000	2 300	2 600	2 900	3 200	3 500
Y	561	638	869	1 023	1 254	1 408	1 650	1 969	2 090	2 299
	594	748	913	1 100	1 309	1 452	1 738	1 991	2 134	2 321
	627	814	924	1 144	1 364	1 551	1 749	2 046	2 178	2 530
	638	847	979	1 155	1 397	1 595	1 804	2 068	2 266	2 629
		935	1 012	1 210	1 408	1 650	1 848	2 101	2 354	2 860
		968	1 045	1 243	1 474	1 672	1 881	2 189	2 486	2 871
			1 078	1 254	1 496	1 683	1 925	2 233	2 552	
			1 122	1 298	1 496	1 712	1 969	2 244	2 585	
			1 155	1 331	1 562	1 749	2 013	2 299	2 640	
			1 188	1 364	1 573	1 771	2 035	2 310		
			1 210	1 408	1 606	1 804	2 101			
				1 430	1 650	1 870	2 112			
				1 485	1 716	1 947	2 200			
						2 002				
平均	605	825	1 045	1 265	1 485	1 705	1 925	2 145	2 365	2 585

由于不确定因素的影响, 对同一可支配收入水平 X, 不同家庭的消费支出不完全相同. 但由于调查的完备性, 给定可支配收入水平 X 的消费支出 Y 的分布是确定的. 如 $P(Y = 594 \mid X = 800) = 1/4$, 因此, 给定收入 X 的值, 可得消费支出 Y 的条件均值. 如 $E(Y \mid X = 800) = 605$.

根据表 11—1 中的数据绘出可支配收入 X 与家庭消费支出 Y 的散点图 (见图 11—1). 从该散点图可以看出, 虽然不同的家庭消费支出存在差异, 但平均来说, 随着可支配收入的增加, 家庭消费支出也在增加. 进一步, 这个例子中 Y 的条件均值恰好落在一根正斜率的直线上, 这条直线称为总体回归线.

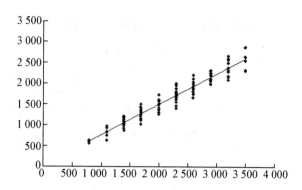

图 11—1 不同可支配收入水平组家庭消费支出的条件分布图

定义 1 在给定解释变量 $X=x$ 的条件下，被解释变量 Y 的期望轨迹称为总体回归线．相应的函数

$$E(Y \mid X = x) = f(x)$$

称为**总体回归函数**（population regression function）．

总体回归函数描述了被解释变量 Y 的平均值随解释变量变化的规律．但对于某个样本，被解释变量 Y_i 不一定恰好是给定解释变量 x_i 下的平均值 $E(Y \mid X=x_i)$，对于每一个样本，Y_i 聚集在给定解释变量 x_i 下的平均值 $E(Y \mid X=x_i)$ 周围．

定义 2 在总体回归函数中，当 $f(x)$ 为线性函数时，称为**线性回归**（linear regression）；当 $f(x)$ 为非线性函数时，称为**非线性回归**（nonlinear regression）；当 $f(x)$ 中的解释变量只有一个时，称为**一元回归**；当 $f(x)$ 中的解释变量多于一个时，称为**多元回归**．

定义 3 若一元线性回归函数为

$$E(Y \mid X = x) = \beta_0 + \beta_1 x,$$

则未知参数 β_0 与 β_1 称为**回归系数**．

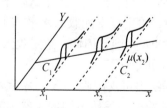

图 11—2 Y 与 x 之间关系示意图

如图 11—2 所示，$\mu(x_2) = E(Y \mid X=x_2)$，线性函数形式最为简单，其中参

数的估计与检验也相对容易，而且很多非线性函数可转换为线性形式，因此，为了研究方便，总体回归函数常设定成线性形式.

定义 4 $\varepsilon_i = Y_i - E(Y \mid X = x_i)$，称为观测值 Y_i 与它的期望值 $E(Y \mid X = x_i)$ 的离差，也称为**随机干扰项**或**随机误差项**（random error term）.

随机误差项是一个不可观测的随机变量. 为了研究方便，假定 $\varepsilon_i \sim N(0, \sigma^2)$，$i = 1, 2, \cdots, n$. 因此总体一元线性回归函数的随机设定形式为：

$$\begin{cases} Y_i = E(Y \mid X = x_i) + \varepsilon_i = \beta_0 + \beta_1 x_i + \varepsilon_i \\ \varepsilon_i \sim N(0, \sigma^2) \end{cases}.$$

§11.1.3 样本回归函数

尽管总体回归函数揭示了所考察总体被解释变量与解释变量间的平均变化规律，但总体的信息往往无法全部获得，因此，总体回归函数实际上是未知的. 现实的情况往往是，通过抽样，得到总体的样本，再通过样本的信息来估计总体回归函数.

例 11—2 为研究某社区家庭可支配收入与消费支出的关系，从该社区家庭中随机抽取 10 个家庭进行观测，得到观测数据如下表.

家庭消费支出与可支配收入的一个随机样本									单位：元
x	800	1 100	1 400	1 700	2 000	2 300	2 600	2 900	3 200	3 500
Y	594	638	1 122	1 155	1 408	1 595	1 969	2 078	2 585	2 530

该样本的散点图如图 11—3 所示，可以看出，该样本散点图近似于一条直线. 画一条直线尽可能地拟合该散点图. 由于样本取自总体，可用该线近似地代表总体回归线，该线称为**样本回归线**. **样本回归函数**形式为

$$\hat{y} = f(x) = \hat{\beta}_0 + \hat{\beta}_1 x.$$

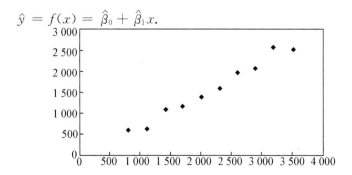

图 11—3   家庭可支配收入与消费支出的样本散点图

$\hat{y} = f(x) = \hat{\beta}_0 + \hat{\beta}_1 x$ 可以看成是 $E(Y \mid X = x) = \beta_0 + \beta_1 x$ 的近似代替，则 $\hat{y}_i$ 就为 $E(Y \mid X = x_i)$ 的估计量，$\hat{\beta}_0$ 为 β_0 估计量，$\hat{\beta}_1$ 为 β_1 的估计量．同样地，样本回归函数也有如下随机形式：

$$\hat{y}_i + \hat{\varepsilon}_i = \hat{\beta}_0 + \hat{\beta}_1 x_i + e_i$$

其中 e_i 称为残差项，代表了其他影响 Y_i 的随机因素的集合，可看成是 ε_i 的估计量 $\hat{\varepsilon}_i$．

回归分析的主要目的，就是根据样本回归函数，估计总体回归函数．也就是根据

$$\hat{y}_i + \hat{\varepsilon}_i = \hat{\beta}_0 + \hat{\beta}_1 x_i + e_i,$$

估计

$$Y_i = E(Y \mid X = x_i) + \varepsilon_i = \beta_0 + \beta_1 x_i + \varepsilon_i,$$

即设计一种"方法"构造样本回归线，使样本回归线尽可能"接近"总体回归线．图 11—4 给出了总体回归线与样本回归线的基本关系．

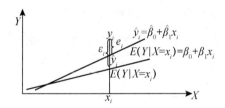

图 11—4 总体回归线与样本回归线的基本关系

§11.1.4 回归系数的最小二乘估计（least squares estimates）

已知一组样本观测值 (x_i, y_i) $(i = 1, 2, \cdots, n)$，要求样本回归函数尽可能好地拟合这组值，即样本回归线上的点 $\hat{y}_i$ 与真实观测点 y_i 的"总体误差"尽可能地小．最小二乘法给出的评判标准是：对于给定的样本观测值，选择出 $\hat{\beta}_0$，$\hat{\beta}_1$ 使 y_i 与 $\hat{y}_i$ 之差的平方和最小．即

$$Q(\hat{\beta}_0, \hat{\beta}_1) = \sum_{i=1}^{n} (y_i - \hat{y}_i)^2 = \sum_{i=1}^{n} (y_i - \hat{\beta}_0 - \hat{\beta}_1 x_i)^2$$

最小.

根据微积分知识，当 Q 对 $\hat{\beta}_0$，$\hat{\beta}_1$ 的一阶偏导数为 0 时，Q 达到最小，即上

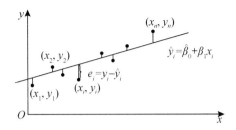

图 11—5 观测值与回归值的关系

式对 $\hat{\beta}_0$，$\hat{\beta}_1$ 求偏导数，并令其为零，即

$$
\begin{cases}
\dfrac{\partial Q}{\partial \hat{\beta}_0} = -2\sum_{i=1}^{n}(y_i - \hat{\beta}_0 - \hat{\beta}_1 x_i) = 0 \\[2mm]
\dfrac{\partial Q}{\partial \hat{\beta}_1} = -2\sum_{i=1}^{n}(y_i - \hat{\beta}_0 - \hat{\beta}_1 x_i)x_i = 0
\end{cases},
$$

整理得：

$$
\begin{cases}
n\hat{\beta}_0 + n\hat{\beta}_1\bar{x} = n\bar{y} \\[2mm]
n\hat{\beta}_0\bar{x} + \hat{\beta}_1\sum_{i=1}^{n}x_i^2 = \sum_{i=1}^{n}x_i y_i
\end{cases},
$$

该方程组称为**正规方程组**（normal equations）. 其中，$\bar{x} = \dfrac{1}{n}\sum_{i=1}^{n}x_i$，$\bar{y} = \dfrac{1}{n}\sum_{i=1}^{n}y_i$.

解得

$$
\begin{cases}
\hat{\beta}_1 = \dfrac{\displaystyle\sum_{i=1}^{n}x_i y_i - n\bar{x}\bar{y}}{\displaystyle\sum_{i=1}^{n}x_i^2 - n\bar{x}^2} \cdot \\[4mm]
\hat{\beta}_0 = \bar{y} - \hat{\beta}_1\bar{x}
\end{cases}
$$

为了计算上的方便，我们引入下述记号：

$$
S_{xx} = \sum_{i=1}^{n}(x_i - \bar{x})^2 = \sum_{i=1}^{n}x_i^2 - n\bar{x}^2,
$$

$$
S_{yy} = \sum_{i=1}^{n}(y_i - \bar{y})^2 = \sum_{i=1}^{n}y_i^2 - n\bar{y}^2,
$$

$$
S_{xy} = \sum_{i=1}^{n}(x_i - \bar{x})(y_i - \bar{y}) = \sum_{i=1}^{n}x_i y_i - n\bar{x}\bar{y},
$$

这样

$$\begin{cases} \hat{\beta}_1 = \dfrac{S_{xy}}{S_{xx}} \\ \hat{\beta}_0 = \bar{y} - \hat{\beta}_1 \bar{x} \end{cases}.$$

例 11—3 为研究某社区家庭可支配收入与消费支出的关系，从该社区家庭中随机抽取 10 个家庭进行观测，得到观测数据如下表所示.

家庭消费支出与可支配收入的一个随机样本　　　单位：元

x	800	1 100	1 400	1 700	2 000	2 300	2 600	2 900	3 200	3 500
Y	594	638	1 122	1 155	1 408	1 595	1 969	2 078	2 585	2 530

求该社区家庭消费支出 Y 关于可支配收入 x 的线性回归方程.

解 参数估计的计算可通过表 11—2 进行.

表 11—2　　　　　　　　　　　　**参数估计的计算表**

序号	x_i	y_i	x_i^2	y_i^2	$x_i y_i$
1	800	594	640 000	352 836	475 200
2	1 100	638	1 210 000	407 044	701 800
3	1 400	1 122	1 960 000	1 258 884	1 570 800
4	1 700	1 155	2 890 000	1 334 025	1 963 500
5	2 000	1 408	4 000 000	1 982 464	2 816 000
6	2 300	1 595	5 290 000	2 544 025	3 668 500
7	2 600	1 969	6 760 000	3 876 961	5 119 400
8	2 900	2 078	8 410 000	4 318 084	6 026 200
9	3 200	2 585	10 240 000	6 682 225	8 272 000
10	3 500	2 530	12 250 000	6 400 900	8 855 000
列和	21 500	15 674	53 650 000	29 157 448	39 468 400

计算可得：

$$S_{yy} = \sum y_i^2 - n\bar{y}^2 = 4\,590\,020,$$

$$S_{xx} = \sum x_i^2 - n\bar{x}^2 = 7\ 425\ 000,$$

$$S_{xy} = \sum x_i y_i - n\bar{x}\bar{y} = 5\ 769\ 300,$$

由此计算得

$$\hat{\beta}_1 = \frac{S_{xy}}{S_{xx}} \approx 0.777,$$

$$\hat{\beta}_0 = \bar{y} - \hat{\beta}_1 \bar{x} = -103.172,$$

因此，由该样本估计的回归方程为 $\bar{y} = -103.172 + 0.777x$.

§11.2 一元线性回归方程的显著性检验

当我们得到一个实际问题的回归方程 $\hat{y} = \hat{\beta}_0 + \hat{\beta}_1 x$ 后，还不能马上就用它去作分析和预测，因为只有当变量 Y 与 x 存在线性关系时 $\hat{y} = \hat{\beta}_0 + \hat{\beta}_1 x$ 才有意义. 因此需要运用统计方法对回归方程进行检验，检验变量 Y 与 x 是否存在线性关系.

关于回归方程的显著性检验，下面介绍三种检验方法——F 检验、t 检验和相关系数 r 检验.

§11.2.1 平方和分解

定理 1 设 $\hat{y}_i = \hat{\beta}_0 + \hat{\beta}_1 x_i$，则

(1) $\dfrac{1}{n} \sum\limits_{i=1}^{n} \hat{y}_i = \bar{y}$；

(2) $\sum\limits_{i=1}^{n} (\hat{y}_i - \bar{y})^2 = \hat{\beta}_1^2 \sum\limits_{i=1}^{n} (x_i - \bar{x})^2$.

证明 (1) $\dfrac{1}{n} \sum\limits_{i=1}^{n} \hat{y}_i = \dfrac{1}{n} \sum\limits_{i=1}^{n} (\hat{\beta}_0 + \hat{\beta}_1 x_i) = \hat{\beta}_0 + \hat{\beta}_1 \dfrac{1}{n} \sum\limits_{i=1}^{n} x_i = \hat{\beta}_0 + \hat{\beta}_1 \bar{x} = \bar{y}$.

$$(2) \sum_{i=1}^{n} (\hat{y}_i - \bar{y})^2 = \sum_{i=1}^{n} \left[(\hat{\beta}_0 + \hat{\beta}_1 x_i) - (\hat{\beta}_0 + \hat{\beta}_1 \bar{x}) \right]^2$$

$$= \sum_{i=1}^{n} \hat{\beta}_1^2 (x_i - \bar{x})^2 = \hat{\beta}_1^2 \sum_{i=1}^{n} (x_i - \bar{x})^2.$$

定义 5 $SS_T = \sum_{i=1}^{n} (y_i - \bar{y})^2$ 称为总偏差平方和；$SS_E = \sum_{i=1}^{n} (y_i - \hat{y}_i)^2$ 称为残差平方和或剩余平方和；$SS_R = \sum_{i=1}^{n} (\hat{y}_i - \bar{y})^2$ 称为回归平方和.

$SS_T = \sum_{i=1}^{n} (y_i - \bar{y})^2$ 反映了数据 y_1，y_2，…，y_n 波动性的大小；$SS_E = \sum_{i=1}^{n} (y_i - \bar{y}_i)^2$ 反映了 Y 与 x 之间的线性关系以外的因素引起的数据 y_1，y_2，…，y_n 的波动. 若 $SS_E = 0$，则每个观测值可由线性关系精确拟合，SS_E 越大，观测值和线性拟合值间的偏差也越大. 因为 $SS_R = \sum_{i=1}^{n} (\hat{y}_i - \bar{y})^2$ 是 $\hat{y}_1$，$\hat{y}_2$，…，$\hat{y}_n$ 的偏差平方和，且 $\sum_{i=1}^{n} (\hat{y}_i - \bar{y})^2 = \hat{\beta}_1^2 \sum_{i=1}^{n} (x_i - \bar{x})^2$，由此可见 $\hat{y}_1$，$\hat{y}_2$，…，$\hat{y}_n$ 的分散性来源于 x_1，x_2，…，x_n 的分散性，且是通过 x 对 Y 的线性关系引起的. 特别地，若 $SS_R = 0$，则每个拟合值均相等，即 $\hat{y}$ 不随 x 的变化而变化，这实质上反映了 Y 与 x 不存在线性关系.

定理 2 $SS_T = SS_R + SS_E$.

证明
$$SS_T = \sum_{i=1}^{n} (y_i - \bar{y})^2$$
$$= \sum_{i=1}^{n} (y_i - \hat{y}_i + \hat{y}_i - \bar{y})^2$$
$$= \sum_{i=1}^{n} (y_i - \hat{y}_i)^2 + \sum_{i=1}^{n} (\hat{y}_i - \bar{y})^2 + 2\sum_{i=1}^{n} (y_i - \hat{y}_i)(\hat{y}_i - \bar{y}).$$

又因为
$$\sum_{i=1}^{n} (y_i - \hat{y}_i)(\hat{y}_i - \bar{y}) = \sum_{i=1}^{n} (y_i - \hat{y}_i)[\hat{\beta}_0 + \hat{\beta}_1 x_i - \bar{y}]$$
$$\xlongequal{\hat{\beta}_0 = \bar{y} - \hat{\beta}_1\bar{x}} \sum_{i=1}^{n} (y_i - \hat{y}_i)[\hat{\beta}_1(x_i - \bar{x})]$$
$$= \hat{\beta}_1\left[\sum_{i=1}^{n} (y_i - \hat{y})x_i - \sum_{i=1}^{n} (y_i - \hat{y})\bar{x}\right] = 0,$$

所以
$$SS_T = \sum_{i=1}^{n} (y_i - \bar{y})^2 = \sum_{i=1}^{n} (y_i - \hat{y}_i)^2 + \sum_{i=1}^{n} (\hat{y}_i - \bar{y})^2 = SS_E + SS_R.$$

§11.2.2 F 检验

因为当 $\beta_1 = 0$ 时，意味着被解释变量 Y 与解释变量 x 之间不存在线性关系. 所以为了检验被解释变量 Y 与解释变量 x 之间的线性关系的显著性，应当检验假设

$$H_0: \beta_1 = 0, \quad H_1: \beta_1 \neq 0$$

是否成立.

为此，需要构造适当的检验统计量. 我们知道观测值 $y_1, y_2, \cdots, y_n$ 之所以有差异，是由下述两个原因引起的：一是当 Y 与 x 之间有显著的线性关系时，由于 x 取值不同，而引起 y_i 值的变化；二是除 Y 与 x 的线性关系以外的因素.

不加证明地给出以下结论：

定理 3 设 $Y_i \sim N(\beta_0 + \beta_1 x_i, \sigma^2)$，$i = 1, 2, \cdots, n$，且相互独立，如果原假设 $H_0: \beta_1 = 0$ 成立，则有

(1) $\dfrac{SS_E}{\sigma^2} \sim \chi^2(n-2)$；

(2) $\dfrac{SS_R}{\sigma^2} \sim \chi^2(1)$；

(3) SS_R 与 SS_E 相互独立；

(4) $F = \dfrac{SS_R}{SS_E/(n-2)} \sim F(1, n-2)$.

由此可知，为了检验 $H_0: \beta_1 = 0$，可构造检验统计量

$$F = \frac{SS_R}{SS_E/(n-2)} \sim F(1, n-2).$$

如果变量 Y 与 x 的线性关系显著，则 SS_R 较大，SS_E 较小，因而统计量 F 的观测值也较大；相反，如果变量 Y 与 x 的线性关系不显著，则 F 的观测值较小. 因此对于给定的显著性水平 α，当 $F > F_\alpha(1, n-2)$ 时，拒绝 H_0，说明回归方程显著，即 Y 与 x 有显著的线性关系；如果 $F \leqslant F_\alpha(1, n-2)$，则接受 H_0，即 Y 与 x 之间的线性关系不显著.

在具体检验过程中，可以利用下面的计算公式：

$$SS_T = \sum_{i=1}^{n}(y_i - \bar{y})^2 = \sum_{i=1}^{n} y_i^2 - n\bar{y}^2 = S_{yy},$$

$$SS_R = \sum_{i=1}^{n} (\hat{y}_i - \bar{y})^2 = \hat{\beta}_1^2 \sum_{i=1}^{n} (x_i - \bar{x})^2 = \frac{S_{xy}^2}{S_{xx}},$$

$$SS_E = SS_T - SS_R = S_{yy} - \frac{S_{xy}^2}{S_{xx}}.$$

将相关的计算结果放在方差分析表中，如表 11—3 所示.

表 11—3   方差分析表

方差来源	平方和	自由度	F 值	临界值
回归	SS_R	1	$F=\dfrac{SS_R}{SS_E/(n-2)}$	$F_{0.05}(1, n-2)$
残差	SS_E	$n-2$		$F_{0.01}(1, n-2)$
总计	SS_T	$n-1$		

一般地，给定两个显著性水平 $\alpha=0.05$ 和 $\alpha=0.01$，如果

(1) 当 $F \leqslant F_{0.05}(1, n-2)$ 时，认为 Y 与 x 之间的线性关系不显著，或不存在线性关系；

(2) 当 $F_{0.05}(1, n-2) < F \leqslant F_{0.01}(1, n-2)$ 时，认为 Y 与 x 之间的线性关系显著；

(3) 当 $F > F_{0.01}(1, n-2)$ 时，认为 Y 与 x 之间的线性关系特别显著.

例 11—4 为研究某社区家庭可支配收入与消费支出的关系，从该社区家庭中随机抽取 10 个家庭进行观测，得到观测数据如下表所示.

家庭消费支出与可支配收入的一个随机样本   单位：元

x	800	1 100	1 400	1 700	2 000	2 300	2 600	2 900	3 200	3 500
Y	594	638	1 122	1 155	1 408	1 595	1 969	2 078	2 585	2 530

检验每月消费支出 Y 关于每月可支配收入 x 的线性关系是否显著.

解 $H_0: \beta_1=0, H_1: \beta_1 \neq 0$. 计算可得

$$SS_T = S_{yy} = 4\,590\,020,$$

$$SS_R = \frac{S_{xy}^2}{S_{xx}} = 4\,482\,804,$$

$$SS_E = SS_T - SS_R = 107\,216,$$

其中 $n=10$，查表可知临界值 $F_{0.05}(1, 8)=5.32$ 和 $F_{0.01}(1, 8)=11.26$. 因此得方差分析表，见表 11—4.

表 11—4   **方差分析表**

方差来源	平方和	自由度	F 值	临界值
回归	4 482 804	1		$F_{0.05}(1,8)=5.32$
残差	107 216	8	334.49	$F_{0.01}(1,8)=11.26$
总计	4 590 020	9		

由表可知 $F=334.49>F_{0.01}(1,8)=11.26$，拒绝 H_0. 可认为每月消费支出 Y 与每月可支配收入 x 的线性关系非常显著.

§11.2.3 t 检验

不加证明地给出以下结论:

定理 4 设 $Y_i \sim N(\beta_0+\beta_1 x_i, \sigma^2)$，$i=1,2,\cdots,n$，且相互独立，如果原假设 $H_0: \beta_1=0$ 成立，则有

(1) $\dfrac{SS_E}{\sigma^2} \sim \chi^2(n-2)$;

(2) $\hat{\beta}_1 \sim N\left(\beta_1, \dfrac{\sigma^2}{S_{xx}}\right)$;

(3) $\hat{\beta}_1$ 与 SS_E 相互独立;

(4) $T=\dfrac{\hat{\beta}_1}{\hat{\sigma}/\sqrt{S_{xx}}} \sim t(n-2)$;

其中 $\hat{\sigma}=\sqrt{SS_E/(n-2)}$，$S_{xx}=\sum\limits_{i=1}^{n}(x_i-\bar{x})^2$.

由此可知，为了检验 $H_0: \beta_1=0$，可构造检验统计量

$$T=\frac{\hat{\beta}_1}{\hat{\sigma}/\sqrt{S_{xx}}} \sim t(n-2).$$

对于给定的显著性水平 α，当 $|t|>t_{\alpha/2}(n-2)$ 时，拒绝 H_0，说明回归方程显著，即 Y 与 x 有显著的线性关系；如果 $|t| \leqslant t_{\alpha/2}(n-2)$，则接受 H_0，即 Y 与 x 之间的线性关系不显著.

注意到 $T^2=F$，因此，t 检验与 F 检验是等同的.

§11.2.4 相关系数检验

由于一元线性回归方程讨论的是变量 X 与 Y 之间的线性关系，所以我们可

以用变量 X 与 Y 之间的相关系数来检验回归方程的显著性.

定义 6 设 (x_i, y_i)，$i=1, 2, \cdots, n$，是 (X, Y) 的一组容量为 n 的样本观测值，则

$$r = \frac{\sum_{i=1}^{n}(x_i-\bar{x})(y_i-\bar{y})}{\sqrt{\sum_{i=1}^{n}(x_i-\bar{x})^2 \sum_{i=1}^{n}(y_i-\bar{y})^2}} = \frac{S_{xy}}{\sqrt{S_{xx}S_{yy}}}$$

称为样本相关系数.

因为样本相关系数是变量 X 与 Y 之间相关系数 ρ_{XY} 的估计值，所以样本相关系数的取值范围为 $|r| \leqslant 1$. 当 $r>0$ 时，称变量 X 与 Y 为正相关；当 $r<0$ 时，称变量 X 与 Y 为负相关. $|r|$ 越接近 1，变量 X 与 Y 之间的线性关系越显著；$|r|$ 越接近 0，变量 X 与 Y 之间的线性关系越不显著.

然而，样本相关系数 r 的绝对值究竟应当多大，才能认为变量 X 与 Y 之间的线性关系显著呢？这个问题可以根据上述 F 检验的结果得到解决. 我们有

$$F = \frac{SS_R}{SS_E/(n-2)} = \frac{(n-2)\frac{S_{xy}^2}{S_{xx}}}{S_{yy}-\frac{S_{xy}^2}{S_{xx}}} = \frac{(n-2)\frac{S_{xy}^2}{S_{xx}S_{yy}}}{1-\frac{S_{xy}^2}{S_{xx}S_{yy}}} = \frac{(n-2)r^2}{1-r^2}.$$

由此得 $|r| = \sqrt{\frac{F}{F+n-2}}$，可知用样本相关系数 r 和用统计量 F 来检验变量 X 与 Y 之间的线性关系是否显著是完全一致的.

因此当变量 X 与 Y 之间的线性关系显著时，有

$$P(F \geqslant F_\alpha(1, n-2)) = P(|r| \geqslant r_\alpha) = \alpha,$$

其中 r_α 为样本相关系数 r 的临界值.

对于给定的显著性水平 α，由 F 的临界值 $F_\alpha(1, n-2)$ 可以计算得到样本相关系数 r 的临界值 $r_\alpha = \sqrt{\frac{F_\alpha(1, n-2)}{F_\alpha(1, n-2)+n-2}}$. 因为 F 分布的第一自由度恒为 1，F 的临界值 $F_\alpha(1, n-2)$ 即由第二自由度 $n-2$ 来确定，所以样本相关系数 r 的临界值 r_α 依赖于自由度 $n-2$，记作 $r_\alpha(n-2)$.

一般地，给定两个显著性水平 $\alpha=0.05$ 和 $\alpha=0.01$. 于是：

(1) 当 $|r| \leqslant r_{0.05}(n-2)$ 时，认为变量 X 与 Y 之间的线性关系不显著或不存在线性关系；

（2）当 $r_{0.05}(n-2)<|r|\leqslant r_{0.01}(n-2)$ 时，认为变量 X 与 Y 之间的线性关系显著；

（3）当 $|r|>r_{0.01}(n-2)$ 时，则认为变量 X 与 Y 之间的线性关系非常显著.

例 11—5　为研究某社区家庭每月可支配收入与每月消费支出的关系，从该社区家庭中随机抽取 10 个家庭进行观测，得到观测数据如下表所示.

家庭每月消费支出与每月可支配收入的一个随机样本　　　单位：元

x	800	1 100	1 400	1 700	2 000	2 300	2 600	2 900	3 200	3 500
Y	594	638	1 122	1 155	1 408	1 595	1 969	2 078	2 585	2 530

利用相关系数 r 检验每月消费支出 Y 与每月可支配收入 x 的线性关系是否显著.

解　可算得

$$r=\frac{S_{xy}}{\sqrt{S_{xx}S_{yy}}}\approx 0.988,$$

并且 $n=10$，查表可得临界值 $r_{0.05}(8)=0.632$，$r_{0.01}(8)=0.765$. 由于

$$r_{0.01}(8)=0.765<0.988,$$

因此每月消费支出 Y 与每月可支配收入 x 的线性关系非常显著.

在一元线性回归场合，三种检验方法是等价的：在相同的显著性水平下，要么都拒绝原假设，要么都接受原假设，不会产生矛盾.

F 检验可以很容易推广到多元回归分析场合，而其他两个则不行，所以，F 检验是最常用的关于回归方程显著性检验的检验方法.

§11.3　估计与预测

当回归方程 $\hat{y}_i=\hat{\beta}_0+\hat{\beta}_1 x_i$ 经过检验是显著的后，可用来做估计和预测.

所谓预测，就是根据给定的自变量的值，预测对应的因变量可能取的值. 这是回归分析最重要的应用之一，因为在线性回归模型中，自变量往往代表一组试验条件、生产条件或社会经济条件. 由于试验或生产等方面的费用或花费时间长等原因，我们在有了回归模型之后，希望对一些感兴趣的试验、生产条件不真正去做试验，就能够对相应的因变量的取值做出预测和分析，因此，预测就常常显得十分必要.

§11.3.1　均值 $E(Y_0)$ 的点估计

因为 β_0，β_1 未知，从而当取定 $x=x_0$ 时，$E(Y_0)=\beta_0+\beta_1 x_0$ 未知，因此可将 $E(Y_0)$ 看作未知参数处理，寻求 $E(Y_0)$ 的点估计和区间估计.

如果 Y 关于 x 的线性关系显著，则根据样本观测值 (x_i, y_i)，$i=1, 2, \cdots, n$，建立回归方程

$$\hat{y} = \hat{\beta}_0 + \hat{\beta}_1 x.$$

当取定 $x=x_0$ 时，直观地得到 $E(Y_0)$ 的一个估计 $\widehat{E(Y_0)}=\hat{\beta}_0+\hat{\beta}_1 x_0$，可以证明 $\widehat{E(Y_0)}=\hat{\beta}_0+\hat{\beta}_1 x_0$ 是 $E(Y_0)=\beta_0+\beta_1 x_0$ 的一个无偏估计. 这个估计常简记为

$$\hat{y}_0 = \hat{\beta}_0 + \hat{\beta}_1 x_0.$$

§11.3.2　均值 $E(Y_0)$ 的区间估计

不加证明地给出以下结论：

定理 5　设 Y 关于 x 的线性回归方程式 $\hat{y}=\hat{\beta}_0+\hat{\beta}_1 x$ 显著，则

(1) $\hat{Y}_0 = \hat{\beta}_0 + \hat{\beta}_1 x_0 \sim N\left(\beta_0+\beta_1 x_0, \left[\dfrac{1}{n}+\dfrac{(x_0-\overline{x})^2}{S_{xx}}\right]\sigma^2\right)$；

(2) SS_E 与 $\hat{Y}_0$ 相互独立；

(3) $\dfrac{(\hat{Y}_0-E(Y_0)) \Big/ \sqrt{\dfrac{1}{n}+\dfrac{(x_0-\overline{x})^2}{S_{xx}}}\sigma}{\sqrt{\dfrac{SS_E}{\sigma^2} \big/ (n-2)}} = \dfrac{\hat{Y}_0-E(Y_0)}{\hat{\sigma}\sqrt{\dfrac{1}{n}+\dfrac{(x_0-\overline{x})^2}{S_{xx}}}} \sim t(n-2).$

记 $\delta_0=t_{\alpha/2}(n-2)\hat{\sigma}\sqrt{\dfrac{1}{n}+\dfrac{(x_0-\overline{x})^2}{S_{xx}}}$，则由此定理可知 $E(Y_0)$ 的置信水平为 $1-\alpha$ 的置信区间为：$(\hat{y}_0-\delta_0,\ \hat{y}_0+\delta_0)$.

可以证明：当 n 充分大时，对于 x 的任一值 x_0，

$$\hat{Y}_0 = \hat{\beta}_0 + \hat{\beta}_1 x_0 \sim AN(\beta_0+\beta_1 x_0, \sigma'^2),$$

其中 $\sigma'^2=\dfrac{SS_E}{n-2}$. 于是，对于 x 的任一值 x_0，$E(Y_0)$ 的置信水平为 $1-\alpha$ 的置信区间近似为：

$$(\hat{y}_0-u_{\alpha/2}\sigma',\ \hat{y}_0+u_{\alpha/2}\sigma').$$

例 11—6 为研究某社区家庭每月可支配收入与每月消费支出的关系，从该社区家庭中随机抽取 10 个家庭进行观测，得到观测数据如下表所示.

家庭每月消费支出与每月可支配收入的一个随机样本 单位：元

x	800	1 100	1 400	1 700	2 000	2 300	2 600	2 900	3 200	3 500
Y	594	638	1 122	1 155	1 408	1 595	1 969	2 078	2 585	2 530

如果每月可支配收入为 3 000 元，求每月消费支出的置信水平为 0.95 的置信区间.

解 在前面已经求得了每月消费支出 Y 关于每月可支配收入 x 的线性回归方程为：$\hat{y}=-103.172+0.777x$.

当 $x_0=3\,000$ 时，有 $\hat{y}_0=-103.172+0.777\times3\,000\approx2\,227.8$.

又 $SS_E=107\,216$，可得 $\sigma'=\sqrt{\dfrac{107\,216}{10-2}}\approx115.77$.

因此，所求置信水平为 0.95 的置信区间是：

$$(2\,227.8-1.96\times115.77,\ 2\,227.8+1.96\times115.77),$$

即 $(2\,000.89,\ 2\,454.71)$.

§11.3.3 随机变量 Y_0 的预测区间

因为

$$Y_0 = E(Y_0)+\varepsilon = \beta_0+\beta_1 x_0+\varepsilon \sim N(\beta_0+\beta_1 x_0,\ \sigma^2),$$

$$\hat{Y}_0 - \hat{\beta}_0+\hat{\beta}_1 x_0 \sim N\left(\beta_0+\beta_1 x_0,\ \left[\frac{1}{n}+\frac{(x_0-\bar{x})^2}{S_{xx}}\right]\sigma^2\right),$$

所以

$$Y_0-\hat{Y}_0 \sim N\left(0,\ \left[1+\frac{1}{n}+\frac{(x_0-\bar{x})^2}{S_{xx}}\right]\sigma^2\right).$$

因此有

$$\frac{Y_0-\hat{Y}_0}{\hat{\sigma}\sqrt{1+\dfrac{1}{n}+\dfrac{(x_0-\bar{x})^2}{S_{xx}}}} \sim t(n-2).$$

记 $\delta=t_{\alpha/2}(n-2)\hat{\sigma}\sqrt{1+\dfrac{1}{n}+\dfrac{(x_0-\bar{x})^2}{S_{xx}}}$，从而得到随机变量 Y_0 的置信水平为 $1-\alpha$

的预测区间为：

$$(\hat{y}_0 - \delta,\ \hat{y}_0 + \delta)。$$

例 11—7 合金强度 $Y(10^7\,\mathrm{Pa})$ 与合金中含碳量 $x(\%)$ 有关. 为研究两个变量间的关系，收集到 12 组数据 $(x_i,\ y_i)$ 列于表 11—5 中.

表 11—5 合金强度 y 与含碳量 x 的数据

序号	x_i	y_i	序号	x_i	y_i
1	0.10	42.0	7	0.16	49.0
2	0.11	43.0	8	0.17	53.0
3	0.12	45.0	9	0.18	50.0
4	0.13	45.0	10	0.20	55.0
5	0.14	45.0	11	0.21	55.0
6	0.15	47.5	12	0.23	60.0

(1) 作散点图，发现其规律.

(2) 求合金强度 Y 关于含碳量 x 的线性回归方程.

(3) 计算 F 值、t 值和相关系数 r；进而检验合金强度 Y 关于含碳量 x 的线性关系是否显著.

(4) 当 $x_0 = 0.16$ 时，求相应的 $E(Y_0)$ 的点估计.

(5) 当 $x_0 = 0.16$ 时，求相应的 $E(Y_0)$ 的置信水平为 0.95 的置信区间.

(6) 当 $x_0 = 0.16$ 时，求相应的 Y_0 的置信水平为 0.95 的预测区间.

解 (1) 作散点图. 从散点图我们发现 12 个点基本在一条直线附近，这说明两个变量之间有一个线性关系.

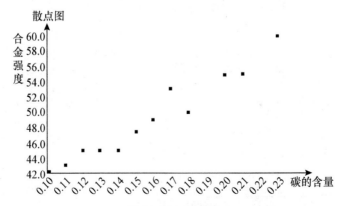

图 11—6 散点图

为了方便后续计算，先做以下内容的计算（见表11—6）：

表 11—6 回归分析计算表

序号	x_i	y_i	x_i^2	y_i^2	$x_i y_i$
1	0.10	42.0	0.01	1 764	4.20
2	0.11	43.0	0.012 1	1 849	4.73
3	0.12	45.0	0.014 4	2 025	5.40
4	0.13	45.0	0.016 9	2 025	5.85
5	0.14	45.0	0.019 6	2 025	6.30
6	0.15	47.5	0.022 5	2 256.25	7.125
7	0.16	49.0	0.025 6	2 401	7.84
8	0.17	53.0	0.028 9	2 809	9.01
9	0.18	50.0	0.032 4	2 500	9.00
10	0.20	55.0	0.04	3 025	11.00
11	0.21	55.0	0.044 1	3 025	11.55
12	0.23	60.0	0.052 9	3 600	13.80
和	1.90	589.5	0.319 4	29 304.25	95.805

$$S_{xx} = \sum_{i=1}^{12} x_i^2 - \frac{1}{12} \left(\sum_{i=1}^{12} x_i \right)^2 = 0.319\ 4 - \frac{1}{12} \times 1.90^2 \approx 0.018\ 6,$$

$$S_{yy} = \sum_{i=1}^{12} y_i^2 - \frac{1}{12} \left(\sum_{i=1}^{12} y_i \right)^2 = 29\ 304.25 - \frac{1}{12} \times 589.5^2 = 345.062\ 5,$$

$$S_{xy} = \sum_{i=1}^{12} x_i y_i - \frac{1}{12} \left(\sum_{i=1}^{12} x_i \right) \left(\sum_{i=1}^{12} y_i \right) = 95.805 - \frac{1}{12} \times 1.90 \times 589.5$$
$$= 2.467\ 5,$$

（2）$\hat{\beta}_1 = \dfrac{S_{xy}}{S_{xx}} = 132.899\ 5$，$\quad \hat{\beta}_0 = \bar{y} - \bar{x}\ \hat{\beta}_1 = 28.082\ 6.$

由此给出回归方程为：$\hat{y} = 28.082\ 6 + 132.899\ 5x.$

（3）$SS_T = S_{yy} = 345.062\ 5,$

$SS_R = \hat{\beta}_1^2 S_{xx} = 132.899\ 5^2 \times 0.018\ 6 = 327.929\ 4,$

$SS_E = SS_T - SS_R = 345.062\ 5 - 327.929\ 4 = 17.133\ 1,$

由此得方差分析表如表 11—7 所示.

表 11—7 方差分析表

方差来源	平方和	自由度	F 值	临界值
回归	327. 929 4	1		
残差	17. 133 1	10	191.40	$F_{0.01}(1,10)=10.04$
总计	345. 062 5	11		

$$\hat{\sigma}=\sqrt{\frac{SS_E}{n-2}}=\sqrt{17.133\ 1/(12-2)}\approx1.308\ 9,$$

因为
$$t=\frac{\hat{\beta}_1}{\hat{\sigma}/\sqrt{S_{xx}}}=\frac{132.899\ 5}{1.308\ 9/\sqrt{0.018\ 6}}\approx13.847\ 6>3.169\ 3=t_{0.005}(10),$$

$$r=\frac{S_{xy}}{\sqrt{S_{xx}S_{yy}}}=\frac{2.467\ 5}{\sqrt{0.018\ 6\times345.062\ 5}}=0.974\ 0>0.708=r_{0.01}(10),$$

$$F=191.40>F_{0.01}(1,10)=10.04.$$

因此在显著性水平 0.01 下回归方程是显著的.

(4) 当 $x_0=0.16$ 时，$\widehat{E(Y_0)}=\hat{y}_0=28.082\ 6+132.899\ 5\times0.16=49.346\ 5.$

(5) $\delta_0=t_{a/2}(n-2)\hat{\sigma}\sqrt{\frac{1}{n}+\frac{(x_0-\bar{x})^2}{S_{xx}}}$

$$=1.308\ 9\times2.228\ 1\times\sqrt{\frac{1}{12}+\frac{(0.16-0.19)^2}{0.018\ 6}}\approx1.058\ 4.$$

故 $x_0=0.16$ 对应的均值 $E(Y_0)$ 的 0.95 的置信区间为

$(49.346\ 5-1.058\ 4,\ 49.346\ 5+1.058\ 4)=(48.288\ 1,\ 50.404\ 9).$

(6) $\delta=t_{a/2}(n-2)\hat{\sigma}\sqrt{1+\frac{1}{n}+\frac{(x_0-\bar{x})^2}{S_{xx}}}$

$$=1.308\ 9\times2.228\ 1\times\sqrt{1+\frac{1}{12}+\frac{(0.16-0.19)^2}{0.018\ 6}}\approx3.102\ 5.$$

从而 $x_0=0.16$ 对应的 Y_0 的置信水平为 0.95 的预测区间为

$$(49.346\ 5-3.102\ 5,\ 49.346\ 5+3.102\ 5)=(46.244\ 0,\ 52.449\ 0).$$

$E(Y_0)$ 的 0.95 的置信区间比 Y_0 的 0.95 的预测区间窄很多，这是因为随机变量的均值相对于随机变量本身而言要更容易估计出来.

§11.3.4 实验：回归分析

打开【Excel】→点击【工具(T)】→选择【数据分析(D)】→选择【回

归】→点击【确定】按钮，即可进入【回归】对话框，如图 11—7 所示.

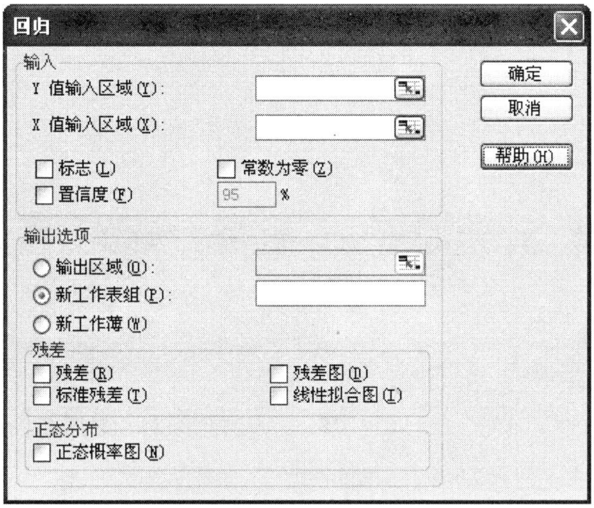

图 11—7　【回归】对话框

关于【回归】对话框：

● Y 值输入区域：在此输入对因变量数据区域的引用. 该区域必须由单列数据组成.

● X 值输入区域：在此输入对自变量数据区域的引用. Microsoft Excel 将对此区域中的自变量从左到右进行升序排列. 自变量的个数最多为 16.

● 标志：如果输入区域的第一行或第一列包含标志，请选中此复选框. 如果在输入区域中没有标志，请清除此复选框，Microsoft Excel 将在输出表中生成适宜的数据标志.

● 置信度：如果需要在汇总输出表中包含附加的置信度信息，请选中此复选框. 在右侧的框中，输入所要使用的置信度. 默认值为 95％.

● 常数为零：如果要强制回归线经过原点，请选中此复选框.

● 残差：如果需要在残差输出表中包含残差，请选中此复选框.

● 标准残差：如果需要在残差输出表中包含标准残差，请选中此复选框.

● 残差图：如果需要为每个自变量及其残差生成一张图表，请选中此复选框.

● 线性拟合图：如果需要为预测值和观测值生成一张图表，请选中此复选框.

● 正态概率图：如果需要生成一张图表来绘制正态概率，请选中此复选框.

例 11—8 16 只公益股票某年的每股账面价值和当年红利数据，如图 11—8 所示.

（1）建立当年红利和每股账面价值的回归方程；

（2）解释回归系数的经济意义；

（3）若序号为 6 的公司的股票每股账面价值增加 1 元，估计当年红利可能为多少？

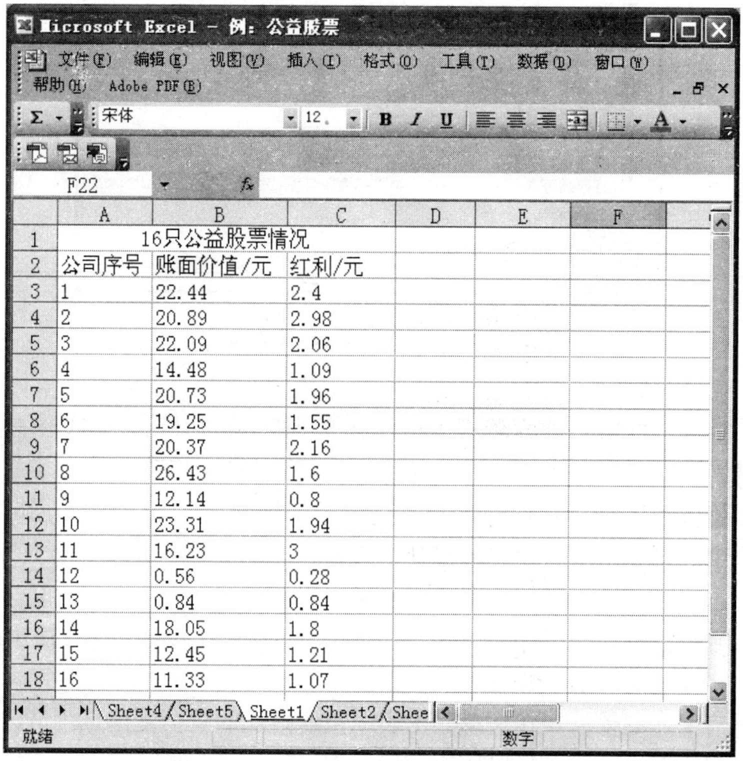

16只公益股票情况		
公司序号	账面价值/元	红利/元
1	22.44	2.4
2	20.89	2.98
3	22.09	2.06
4	14.48	1.09
5	20.73	1.96
6	19.25	1.55
7	20.37	2.16
8	26.43	1.6
9	12.14	0.8
10	23.31	1.94
11	16.23	3
12	0.56	0.28
13	0.84	0.84
14	18.05	1.8
15	12.45	1.21
16	11.33	1.07

图 11—8　例 11—8【公益股票】数据

解　在 Excel 表中进行回归分析的步骤如下：

第 1 步：打开【例：公益股票】Excel 表→选择【工具(T)】→在下拉菜单中选择【数据分析(D)】→在【数据分析】对话框中选择【回归】→点击【确定】按钮.

第 2 步：在出现的对话框中，如图 11—9 所示，输入相关内容→点击【确定】按钮.

从得到的回归分析结果可知常数项 P 值$=0.188\,962>0.05$，所以可认为常数项为零.

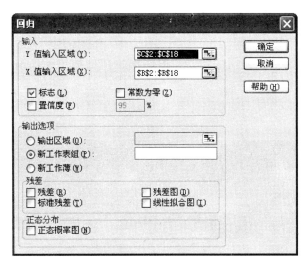

图 11—9　例 11—8【回归】对话框 1

第 3 步：重新分析，在【回归】对话框中输入如图 11—10 所示的内容→点击【确定】按钮，得到如图 11—11 所示的回归分析结果．

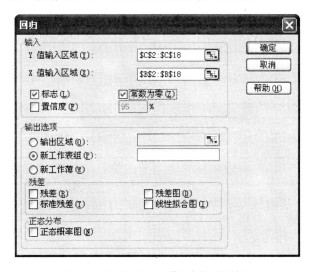

图 11—10　例 11—8【回归】对话框 2

设当年红利为 y 和每股账面价值为 x，则由回归分析结果可知：

(1) 当年红利和每股账面价值的回归方程为：

$$y = 0.097\,409x.$$

（2）回归方程中 x 的系数的经济意义为股票账面价值每元可获红利 0.097 409 元.

（3）若序号为 6 的公司的股票每股账面价值增加 1 元，则当年每股红利可能为：

$$y=0.097\ 409\times20.25=1.972\ 532\ 25(元).$$

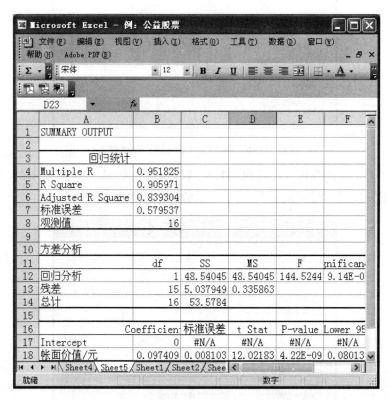

图 11—11 例 11—8【公益股票】统计分析结果

§11.4 可线性化的一元非线性回归

§11.4.1 模型的确定

在许多实际问题中，变量之间的关系并不都是线性的，通常会碰到被解释变量与解释变量之间呈现某种曲线关系的情况. 对于曲线形式的回归问题，显然不能照搬前面线性回归的统计方法. 如果还是用线性回归分析方法来处理，往往会发现回归关系不显著. 那么如何确定变量 Y 与 x 之间的曲线关系呢？直观而又简便的办法是用 n 组样本数据 (x_i, y_i)，$i = 1, 2, \cdots, n$，在平面上标出 n 个点，将这 n 个点所呈现出的形状与常见的已知函数图形作比较，选择一条曲线拟合这 n 个点. 下面给出一些常见的可以通过变量变换而化成线性回归方程的函数图形及其数学表达式. 在化成线性回归方程之后，就可按最小二乘法估计其参数，从而给出原曲线方程中参数的估计.

下面给出几种常用的曲线回归方程及其图形.

(1) 双曲线方程：$\dfrac{1}{y} = a + \dfrac{b}{x}$. 图形如图 11—12 和图 11—13 所示.

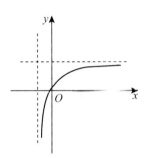 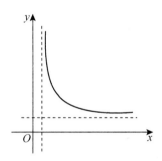

图 11—12　$\dfrac{1}{y} = a + \dfrac{b}{x}$, $b > 0$ 图形　　　图 11—13　$\dfrac{1}{y} = a + \dfrac{b}{x}$, $b < 0$ 图形

(2) 幂函数方程：$y = ax^b$ $(a > 0)$. 图形如图 11—14 和图 11—15 所示.

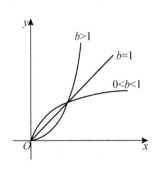 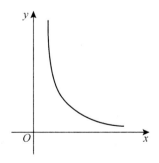

图 11—14　$y = ax^b$, $b > 0$ 图形　　　图 11—15　$y = ax^b$, $b < 0$ 图形

(3) 指数函数方程：$y = ae^{bx}$ $(a > 0)$. 图形如图 11—16 和图 11—17 所示.

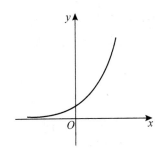

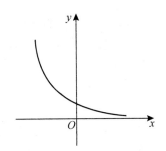

图 11—16 $y=a\mathrm{e}^{bx}$，$b>0$ 图形 　　　　　　　**图 11—17** $y=a\mathrm{e}^{bx}$，$b<0$ 图形

（4）指数函数方程：$y=a\mathrm{e}^{b/x}$（$a>0$）. 图形如图 11—18 和图 11—19 所示.

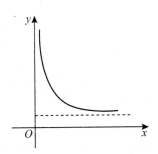

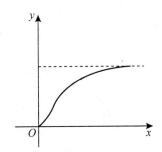

图 11—18 $y=a\mathrm{e}^{b/x}$，$b>0$ 图形 　　　　　**图 11—19** $y=a\mathrm{e}^{b/x}$，$b<0$ 图形

（5）对数函数方程：$y=a+b\ln x$. 图形如图 11—20 和图 11—21 所示.

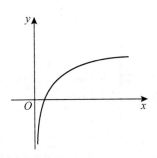

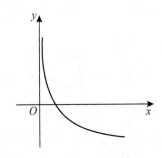

图 11—20 $y=a+b\ln x$，$b>0$ 图形 　　　　　**图 11—21** $y=a+b\ln x$，$b<0$ 图形

（6）S 形曲线方程：$y=\dfrac{1}{a+b\mathrm{e}^{-x}}$. 图形如图 11—22 所示.

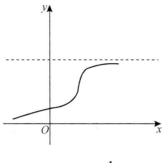

图 11—22　$y = \dfrac{1}{a + b\mathrm{e}^{-x}}$ 图形

§11.4.2　系数的估计

常用的曲线方程及其相应的化为线性方程的变量置换公式如表 11—8 所示.

表 11—8　　　　　　　　　　　　曲线方程变量置换

曲线方程	变换公式	变换后的线性方程
$\dfrac{1}{y} = a + \dfrac{b}{x}$	$u = \dfrac{1}{x}$，$v = \dfrac{1}{y}$	$v = a + bu$
$y = ax^b\,(a > 0)$	$u = \ln x$，$v = \ln y$	$v = a_1 + bu\ (a_1 = \ln a)$
$y = a + b\ln x$	$u = \ln x$，$v = y$	$v = a + bu$
$y = a\mathrm{e}^{bx}\,(a > 0)$	$u = x$，$v = \ln y$	$v = a_1 + bu\ (a_1 = \ln a)$
$y = a\mathrm{e}^{b/x}\,(a > 0)$	$u = \dfrac{1}{x}$，$v = \ln y$	$v = a_1 + bu\ (a_1 = \ln a)$
$y = \dfrac{1}{a + b\mathrm{e}^{-x}}$	$u = \mathrm{e}^{-x}$，$v = \dfrac{1}{y}$	$v = a + bu$

例 11—9　电容器充电后，电压达到 100V，然后开始放电，测得时刻 $t_i(s)$ 时的电压 $u_i(\mathrm{V})$ 如表 11—9 所示，求电压 u 关于时间 t 的回归方程.

表 11—9　　　　　　　　　　　　数据表

t	u	t	u	t	u
0	100	4	30	8	10
1	75	5	20	9	5
2	55	6	15	10	5
3	40	7	10		

解　画出散点图，如图 11—23 所示. 根据图形形状拟合回归方程 $\hat{u} = \hat{A}\mathrm{e}^{\hat{b}t}$.

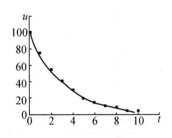

图 11—23　散点图

两边取自然对数，得

$$\ln \hat{u} = \ln \hat{A} + \hat{b} t,$$

置换变量，设 $T=t$，$U=\ln u$，并设 $a=\ln A$，得

$$\hat{U} = \hat{a} + \hat{b} T.$$

为了检验 U 与 T 的线性关系的显著性，并确定系数 a 及 b，利用已给的数据 $(t，u)$ 写出对应的数据 $(T，U)$，如表 11—10 所示.

表 11—10　　　　　　　　　　变换后数据

T	U	T	U	T	U
0	4.605	4	3.401	8	2.303
1	4.317	5	2.996	9	1.609
2	4.007	6	2.708	10	1.609
3	3.689	7	2.303		

于是计算可得 $\overline{T} = 5$，$\overline{U} = 3.0497$，$\sum T_i^2 = 385$，$\sum U_i^2 = 113.1687$，$\sum T_i U_i = 133.346$，且 $S_{TT} = 110$，$S_{UU} = 10.86$，$S_{TU} = -34.389$.

又可得 $SS_T = 10.86$，$SS_R = \dfrac{S_{TU}^2}{S_{TT}} = 10.751$，$SS_E = SS_T - SS_R = 0.109$.

因此可得方差分析表如表 11—11 所示.

表 11—11　　　　　　　　　　方差分析表

方差来源	平方和	自由度	F 值	临界值
回归	10.751	1	887.697	$F_{0.05}(1，9)=5.12$
残差	0.109	9		$F_{0.01}(1，9)=10.56$
总计	10.86	10		

所以 U 与 T 之间的线性关系特别显著. 计算可得:

$$\hat{b}=-0.313,\quad \hat{a}=4.613,$$

U 关于 T 的线性回归方程为

$$\hat{U}=4.613-0.313T.$$

再换回原变量, 得

$$\ln \hat{u}=4.613-0.313t,$$

即

$$\hat{u}=\mathrm{e}^{4.613-0.313t}=100.988\mathrm{e}^{-0.313t},$$

这就是所求的曲线回归方程.

 习题十一

1. 在动物学研究中, 有时需要找出某种动物的体积与重量的关系, 因为重量相对容易测量, 而测量体积比较困难. 我们可以利用重量预测体积. 下表是某种动物的 18 个随机样本的体重 x (kg) 与体积 Y ($10^{-3}\mathrm{m}^3$) 的数据.

x	17.1	10.5	13.8	15.7	11.9	10.4	15.0	16.0	17.8	15.8
Y	16.7	10.4	13.5	15.7	11.6	10.2	14.5	15.8	17.6	15.2
x	15.1	12.1	18.4	17.1	16.7	16.5	15.1	15.1		
Y	14.8	11.9	18.3	16.7	16.6	15.9	15.1	14.5		

(1) 拟合回归直线方程 $\hat{y}=\hat{\beta}_0+\hat{\beta}_1 x$;

(2) 对体重 x 与体积 Y 之间的线性关系进行显著性检验;

(3) 求相关系数;

(4) 对体重 $x=15.3$ 的这种动物, 试预测它的体积 y_0.

2. 一新树种, 栽种 6 年, 每年 7 月测量树干的平均直径记录如下表.

x (年)	1	2	3	4	5	6
平均直径 Y (cm)	1.3	2.5	3.7	5.3	6.4	7.2

(1) 拟合平均直径 Y 与年龄 x 的线性回归方程;

（2）对平均直径 Y 与年龄 x 之间的线性关系进行显著性检验；

（3）估计树龄为 3.5 年时的平均树干直径.

3. 某大洲圈养的 9 种哺乳动物的怀孕期 x（天）与平均寿命 Y（年）的实验数据如下表所示.

x	225	122	284	250	52	201	330	240	154
Y	25	5	15	15	7	8	20	12	12

（1）拟合回归直线方程 $\hat{y} = \hat{\beta}_0 + \hat{\beta}_1 x$；

（2）对怀孕期 x 与平均寿命 Y 之间的线性关系进行显著性检验；

（3）求相关系数.

4. 某种合金钢的抗拉强度 $Y(\text{N/mm}^2)$ 与钢中含碳量 x（%）有关，测得试验数据如下表：

x	Y	x	Y
0.05	408	0.13	456
0.07	417	0.14	451
0.08	419	0.16	489
0.09	428	0.18	500
0.10	420	0.20	550
0.11	436	0.22	558
0.12	448	0.24	600

（1）检验合金钢的抗拉强度 Y 与钢中含碳量 x 之间是否存在显著的线性相关关系；如果存在，求 Y 与 x 的线性回归方程；

（2）设含碳量 $x = 0.15\%$，求抗拉强度 Y 的置信水平为 0.95 的预测区间.

5. 已知变量 x 与 Y 的样本数据如下表，画出散点图，拟合合适的回归模型.

序号	x	Y	序号	x	Y
1	4.20	0.086	9	2.60	0.220
2	4.06	0.090	10	2.40	0.240
3	3.80	0.100	11	2.20	0.350
4	3.60	0.120	12	2.00	0.440
5	3.40	0.130	13	1.80	0.620
6	3.20	0.150	14	1.60	0.940
7	3.00	0.170	15	1.40	1.620
8	2.80	0.190			

概率论与数理统计附表

附表 1　泊松分布表

$$P\{X \leqslant x\} = \sum_{k=0}^{x} \frac{\lambda^k}{k!} e^{-\lambda}$$

λ＼x	0	1	2	3	4	5	6	7	8	9
0.02	0.980	1.000								
0.04	0.961	0.999	1.000							
0.06	0.942	0.998	1.000							
0.08	0.923	0.997	1.000							
0.10	0.905	0.995	1.000							
0.15	0.861	0.99	0.999	1.000						
0.20	0.819	0.982	0.999	1.000						
0.25	0.779	0.974	0.998	1.000						
0.30	0.741	0.963	0.996	1.000						
0.35	0.705	0.951	0.994	1.000						
0.40	0.670	0.938	0.992	0.999	1.000					
0.45	0.638	0.925	0.989	0.999	1.000					
0.50	0.607	0.910	0.986	0.998	1.000					
0.55	0.577	0.894	0.982	0.998	1.000					
0.60	0.549	0.878	0.977	0.997	1.000					
0.65	0.522	0.861	0.972	0.996	0.999	1.000				
0.70	0.497	0.844	0.966	0.994	0.999	1.000				
0.75	0.472	0.827	0.959	0.993	0.999	1.000				
0.80	0.449	0.809	0.953	0.991	0.999	1.000				
0.85	0.427	0.791	0.945	0.989	0.998	1.000				
0.90	0.407	0.772	0.937	0.987	0.998	1.000				
0.95	0.387	0.754	0.929	0.984	0.997	1.000				
1.00	0.368	0.736	0.920	0.981	0.996	0.999	1.000			

续前表

x λ	0	1	2	3	4	5	6	7	8	9
1.1	0.333	0.699	0.900	0.974	0.995	0.999	1.000			
1.2	0.301	0.663	0.879	0.966	0.992	0.998	1.000			
1.3	0.273	0.627	0.857	0.957	0.989	0.998	1.000			
1.4	0.247	0.592	0.833	0.946	0.986	0.997	1.999	1.000		
1.5	0.223	0.558	0.809	0.934	0.981	0.995	0.999	1.000	1.000	
1.6	0.202	0.525	0.783	0.921	0.976	0.994	0.999	1.000	1.000	
1.7	0.183	0.493	0.757	0.907	0.970	0.992	0.998	1.000	1.000	
1.8	0.165	0.463	0.731	0.891	0.964	0.990	0.997	0.999	1.000	
1.9	0.150	0.434	0.704	0.875	0.956	0.987	0.997	0.999	1.000	
2.0	0.135	0.406	0.677	0.857	0.947	0.983	0.995	0.999	1.000	
2.2	0.111	0.355	0.623	0.819	0.928	0.975	0.993	0.998	1.000	
2.4	0.091	0.308	0.570	0.779	0.904	0.964	0.989	0.997	0.999	1.000
2.6	0.074	0.267	0.518	0.736	0.877	0.951	0.983	0.995	0.999	1.000
2.8	0.061	0.231	0.469	0.692	0.848	0.935	0.976	0.992	0.998	0.999
3.0	0.050	0.199	0.423	0.647	0.815	0.916	0.966	0.988	0.996	0.999
3.2	0.041	0.171	0.380	0.603	0.781	0.895	0.955	0.983	0.994	0.998
3.4	0.033	0.147	0.340	0.558	0.744	0.871	0.942	0.977	0.992	0.997
3.6	0.027	0.126	0.303	0.515	0.706	0.844	0.927	0.969	0.988	0.996
3.8	0.022	0.107	0.269	0.473	0.668	0.816	0.909	0.960	0.984	0.994
4.0	0.018	0.092	0.238	0.433	0.629	0.785	0.889	0.949	0.979	0.992
4.2	0.015	0.078	0.210	0.395	0.590	0.753	0.867	0.936	0.972	0.989
4.4	0.012	0.066	0.185	0.359	0.551	0.720	0.844	0.921	0.964	0.985
4.6	0.010	0.056	0.163	0.326	0.513	0.686	0.818	0.905	0.955	0.980
4.8	0.008	0.048	0.143	0.294	0.476	0.651	0.791	0.887	0.944	0.975
5.0	0.007	0.040	0.125	0.265	0.440	0.616	0.762	0.867	0.932	0.968
5.2	0.006	0.034	0.109	0.238	0.406	0.581	0.732	0.845	0.918	0.960
5.4	0.005	0.029	0.095	0.213	0.373	0.546	0.702	0.822	0.903	0.951
5.6	0.004	0.024	0.082	0.191	0.342	0.512	0.670	0.797	0.886	0.941
5.8	0.003	0.021	0.072	0.170	0.313	0.478	0.638	0.771	0.867	0.929
6.0	0.002	0.017	0.062	0.151	0.285	0.446	0.606	0.744	0.847	0.916
6.2	0.002	0.015	0.054	0.134	0.259	0.414	0.574	0.716	0.826	0.902
6.4	0.002	0.012	0.046	0.119	0.235	0.384	0.542	0.687	0.803	0.886
6.6	0.001	0.010	0.040	0.105	0.213	0.355	0.511	0.658	0.780	0.869

续前表

x λ	0	1	2	3	4	5	6	7	8	9
6.8	0.001	0.009	0.034	0.093	0.192	0.327	0.480	0.628	0.755	0.850
7.0	0.001	0.007	0.030	0.082	0.173	0.301	0.450	0.599	0.729	0.830
7.2	0.001	0.006	0.025	0.072	0.156	0.276	0.420	0.569	0.703	0.810
7.4	0.001	0.005	0.022	0.063	0.140	0.253	0.392	0.539	0.676	0.788
7.6	0.001	0.004	0.019	0.055	0.125	0.231	0.365	0.510	0.648	0.765
7.8	0.000	0.004	0.016	0.048	0.112	0.210	0.338	0.481	0.620	0.741
8.0	0.000	0.003	0.014	0.042	0.100	0.191	0.313	0.453	0.593	0.717
8.5	0.000	0.002	0.009	0.030	0.074	0.150	0.256	0.386	0.523	0.653
9.0	0.000	0.001	0.006	0.021	0.055	0.116	0.207	0.324	0.456	0.587
9.5	0.000	0.001	0.004	0.015	0.040	0.089	0.165	0.269	0.392	0.522
10.0	0.000	0.000	0.003	0.010	0.029	0.067	0.130	0.220	0.333	0.458
10.5	0.000	0.000	0.002	0.007	0.021	0.050	0.102	0.179	0.279	0.397
11.0	0.000	0.000	0.001	0.005	0.015	0.038	0.079	0.143	0.232	0.341
11.5	0.000	0.000	0.001	0.003	0.011	0.028	0.060	0.114	0.191	0.289
12.0	0.000	0.000	0.001	0.002	0.008	0.020	0.046	0.090	0.155	0.242
12.5	0.000	0.000	0.000	0.002	0.005	0.015	0.035	0.070	0.125	0.201
13.0	0.000	0.000	0.000	0.001	0.004	0.011	0.026	0.054	0.100	0.166
13.5	0.000	0.000	0.000	0.001	0.003	0.008	0.019	0.041	0.079	0.135
14.0	0.000	0.000	0.000	0.000	0.002	0.006	0.014	0.032	0.062	0.109
14.5	0.000	0.000	0.000	0.000	0.001	0.004	0.010	0.024	0.048	0.088
15.0	0.000	0.000	0.000	0.000	0.001	0.003	0.008	0.018	0.037	0.070
16	0.000	0.000	0.000	0.000	0.000	0.001	0.004	0.010	0.022	0.043
17	0.000	0.000	0.000	0.000	0.000	0.001	0.002	0.005	0.013	0.026
18	0.000	0.000	0.000	0.000	0.000	0.000	0.001	0.003	0.007	0.015
19	0.000	0.000	0.000	0.000	0.000	0.000	0.000	0.002	0.004	0.009
20	0.000	0.000	0.000	0.000	0.000	0.000	0.000	0.001	0.002	0.005
21	0.000	0.000	0.000	0.000	0.000	0.000	0.000	0.000	0.001	0.003
22	0.000	0.000	0.000	0.000	0.000	0.000	0.000	0.000	0.001	0.002
23	0.000	0.000	0.000	0.000	0.000	0.000	0.000	0.000	0.000	0.001
24	0.000	0.000	0.000	0.000	0.000	0.000	0.000	0.000	0.000	0.000
25	0.000	0.000	0.000	0.000	0.000	0.000	0.000	0.000	0.000	0.000

续前表

λ \ x	10	11	12	13	14	15	16	17	18	19
2.8	1.000									
3.0	1.000									
3.2	1.000									
3.4	0.999	1.000								
3.6	0.999	1.000								
3.8	0.998	0.999	1.000							
4.0	0.997	0.999	1.000							
4.2	0.996	0.999	1.000							
4.4	0.994	0.998	0.999	1.000						
4.6	0.992	0.997	0.999	1.000						
4.8	0.990	0.996	0.999	1.000						
5.0	0.986	0.995	0.998	0.999	1.000					
5.2	0.982	0.993	0.997	0.999	1.000					
5.4	0.977	0.990	0.996	0.999	1.000					
5.6	0.972	0.988	0.995	0.998	0.999	1.000				
5.8	0.965	0.984	0.993	0.997	0.999	1.000				
6.0	0.957	0.980	0.991	0.996	0.999	0.999	1.000			
6.2	0.949	0.975	0.989	0.995	0.998	0.999	1.000			
6.4	0.939	0.969	0.986	0.994	0.997	0.999	1.000			
6.6	0.927	0.963	0.982	0.992	0.997	0.999	0.999	1.000		
6.8	0.915	0.955	0.978	0.990	0.996	0.998	0.999	1.000		
7.0	0.901	0.947	0.973	0.987	0.994	0.998	0.999	1.000		
7.2	0.887	0.937	0.967	0.984	0.993	0.997	0.999	0.999	1.000	
7.4	0.871	0.926	0.961	0.980	0.991	0.996	0.998	0.999	1.000	
7.6	0.854	0.915	0.954	0.976	0.989	0.995	0.998	0.999	1.000	
7.8	0.835	0.902	0.945	0.971	0.986	0.993	0.997	0.999	1.000	
8.0	0.816	0.888	0.936	0.966	0.983	0.992	0.996	0.998	0.999	1.000
8.5	0.763	0.849	0.909	0.949	0.973	0.986	0.993	0.997	0.999	0.999
9.0	0.706	0.803	0.876	0.926	0.959	0.978	0.989	0.995	0.998	0.999
9.5	0.645	0.752	0.836	0.898	0.940	0.967	0.982	0.991	0.996	0.998
10.0	0.583	0.697	0.792	0.864	0.917	0.951	0.973	0.986	0.993	0.997
10.5	0.521	0.639	0.742	0.825	0.888	0.932	0.960	0.978	0.988	0.994
11.0	0.460	0.579	0.689	0.781	0.854	0.907	0.944	0.968	0.982	0.991
11.5	0.402	0.520	0.633	0.733	0.815	0.878	0.924	0.954	0.974	0.986
12.0	0.347	0.462	0.576	0.682	0.772	0.844	0.899	0.937	0.963	0.979

续前表

λ＼x	10	11	12	13	14	15	16	17	18	19
12.5	0.297	0.406	0.519	0.628	0.725	0.806	0.869	0.916	0.948	0.969
13.0	0.252	0.353	0.463	0.573	0.675	0.764	0.835	0.890	0.930	0.957
13.5	0.211	0.304	0.409	0.518	0.623	0.718	0.798	0.861	0.908	0.942
14.0	0.176	0.260	0.358	0.464	0.570	0.669	0.756	0.827	0.883	0.923
14.5	0.145	0.220	0.311	0.413	0.518	0.619	0.711	0.790	0.853	0.901
15.0	0.118	0.185	0.268	0.363	0.466	0.568	0.664	0.749	0.819	0.875
16					0.368	0.467	0.566	0.659	0.742	0.812
17					0.281	0.371	0.468	0.564	0.655	0.736
18					0.208	0.287	0.375	0.496	0.562	0.651
19					0.150	0.215	0.292	0.378	0.469	0.561
20					0.105	0.157	0.221	0.297	0.381	0.470
21					0.072	0.111	0.163	0.227	0.302	0.384
22					0.048	0.077	0.117	0.169	0.232	0.306
23					0.031	0.052	0.082	0.123	0.175	0.238
24					0.020	0.034	0.056	0.087	0.128	0.180
25					0.012	0.022	0.038	0.060	0.092	0.134

λ＼x	20	21	22	23	24	25	26	27	28	29
8.5	1.000									
9.0	1.000									
9.5	0.999	1.000								
10.0	0.998	0.999	1.000							
10.5	0.997	0.999	0.999	1.000						
11.0	0.995	0.998	0.999	1.000						
11.5	0.992	0.996	0.998	0.999	1.000					
12.0	0.988	0.994	0.997	0.999	0.999	1.000				
12.5	0.983	0.991	0.995	0.998	0.999	0.999	1.000			
13.0	0.975	0.986	0.992	0.996	0.998	0.999	1.000			
13.5	0.965	0.980	0.989	0.994	0.997	0.998	0.999	1.000		
14.0	0.952	0.971	0.983	0.991	0.995	0.997	0.999	0.999	1.000	
14.5	0.936	0.960	0.976	0.986	0.992	0.996	0.998	0.999	0.999	1.000
15.0	0.917	0.947	0.967	0.981	0.989	0.994	0.997	0.998	0.999	1.000
16	0.868	0.911	0.942	0.963	0.987	0.987	0.993	0.996	0.998	0.999
17	0.805	0.861	0.905	0.937	0.959	0.975	0.985	0.991	0.995	0.997
18	0.731	0.799	0.855	0.899	0.932	0.955	0.972	0.983	0.990	0.994
19	0.647	0.725	0.793	0.849	0.893	0.927	0.951	0.969	0.980	0.988

续前表

x λ	20	21	22	23	24	25	26	27	28	29
20	0.559	0.644	0.721	0.787	0.843	0.888	0.922	0.948	0.966	0.978
21	0.471	0.558	0.640	0.716	0.782	0.838	0.883	0.917	0.944	0.963
22	0.387	0.472	0.556	0.637	0.712	0.777	0.832	0.877	0.913	0.940
23	0.310	0.389	0.472	0.555	0.635	0.708	0.772	0.827	0.873	0.908
24	0.243	0.314	0.392	0.473	0.554	0.632	0.704	0.768	0.823	0.868
25	0.185	0.247	0.318	0.394	0.473	0.553	0.629	0.700	0.763	0.818

x λ	30	31	32	33	34	35	36	37	38	39
16	0.999	1.000								
17	0.999	0.999	1.000							
18	0.997	0.998	0.999	1.000						
19	0.993	0.996	0.998	0.999	0.999	1.000				
20	0.987	0.992	0.995	0.997	0.999	0.999	1.000			
21	0.976	0.985	0.991	0.994	0.997	0.998	0.999	0.999	1.000	
22	0.959	0.973	0.983	0.989	0.994	0.996	0.998	0.999	0.999	1.000
23	0.936	0.956	0.971	0.981	0.989	0.993	0.996	0.997	0.999	0.999
24	0.904	0.932	0.953	0.969	0.979	0.987	0.992	0.995	0.997	0.998
25	0.863	0.900	0.929	0.950	0.966	0.978	0.985	0.991	0.994	0.997

x λ	40	41	42
23	1.000		
24	0.999	0.999	1.000
25	0.998	0.999	1.000

附表 2 标准正态分布函数表

$$\Phi(x) = \int_{-\infty}^{x} \frac{1}{\sqrt{2\pi}} e^{\frac{-t^2}{2}} dt$$

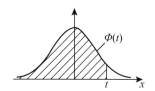

x	0.00	0.01	0.02	0.03	0.04	0.05	0.06	0.07	0.08	0.09
0.0	0.500 0	0.504 0	0.508 0	0.512 0	0.516 0	0.519 9	0.523 9	0.527 9	0.531 9	0.535 9
0.1	0.539 8	0.543 8	0.547 8	0.551 7	0.555 7	0.559 6	0.563 6	0.567 5	0.541 4	0.575 3
0.2	0.579 3	0.583 2	0.587 1	0.591 0	0.594 8	0.598 7	0.602 6	0.606 4	0.610 3	0.614 1
0.3	0.617 9	0.621 7	0.625 5	0.629 3	0.633 1	0.636 8	0.640 6	0.644 3	0.648 0	0.651 7
0.4	0.655 4	0.659 1	0.662 8	0.666 4	0.670 0	0.673 6	0.677 2	0.680 8	0.684 4	0.687 9
0.5	0.691 5	0.695 0	0.698 5	0.701 9	0.705 4	0.708 8	0.712 3	0.715 7	0.719 0	0.722 4
0.6	0.725 7	0.729 1	0.732 4	0.735 7	0.738 9	0.742 2	0.745 4	0.748 6	0.751 7	0.754 9
0.7	0.758 0	0.761 1	0.764 2	0.767 3	0.770 3	0.773 4	0.776 4	0.779 4	0.782 3	0.785 2
0.8	0.788 1	0.791 0	0.793 9	0.796 7	0.799 5	0.802 3	0.805 1	0.807 8	0.810 6	0.813 3
0.9	0.815 9	0.818 6	0.821 2	0.823 8	0.826 4	0.828 9	0.831 5	0.834 0	0.836 5	0.838 9
1.0	0.841 3	0.843 8	0.846 1	0.848 5	0.850 8	0.853 1	0.855 4	0.857 7	0.859 9	0.862 1
1.1	0.864 3	0.866 5	0.868 6	0.870 8	0.872 9	0.874 9	0.877 0	0.879 0	0.881 0	0.883 0
1.2	0.884 9	0.886 9	0.888 8	0.890 7	0.892 5	0.894 4	0.896 2	0.898 0	0.899 7	0.901 5
1.3	0.903 2	0.904 9	0.906 6	0.908 2	0.909 9	0.911 5	0.913 1	0.914 7	0.916 2	0.917 7
1.4	0.919 2	0.920 7	0.922 2	0.923 6	0.925 1	0.926 5	0.927 9	0.929 2	0.930 6	0.931 9
1.5	0.933 2	0.934 5	0.935 7	0.937 0	0.938 2	0.939 4	0.940 6	0.941 8	0.942 9	0.944 1
1.6	0.945 2	0.946 3	0.947 4	0.948 4	0.949 5	0.950 5	0.951 5	0.952 5	0.953 5	0.954 5
1.7	0.955 4	0.956 4	0.957 3	0.958 2	0.959 1	0.959 9	0.960 8	0.961 6	0.962 5	0.963 3
1.8	0.964 1	0.964 9	0.965 6	0.966 4	0.967 1	0.967 8	0.968 6	0.969 3	0.969 9	0.970 6
1.9	0.971 3	0.971 9	0.972 6	0.973 2	0.973 8	0.974 4	0.975 0	0.975 6	0.976 1	0.976 7
2.0	0.977 2	0.977 8	0.978 3	0.978 8	0.979 3	0.979 8	0.980 3	0.980 8	0.981 2	0.981 7
2.1	0.982 1	0.982 6	0.983 0	0.983 4	0.983 8	0.984 2	0.984 6	0.985 0	0.985 4	0.985 7
2.2	0.986 1	0.986 4	0.986 8	0.987 1	0.987 5	0.987 8	0.988 1	0.988 4	0.988 7	0.989 0
2.3	0.989 3	0.989 6	0.989 8	0.990 1	0.990 4	0.990 6	0.990 9	0.991 1	0.991 3	0.991 6

续前表

x	0.00	0.01	0.02	0.03	0.04	0.05	0.06	0.07	0.08	0.09
2.4	0.991 8	0.992 0	0.992 2	0.992 5	0.992 7	0.992 9	0.993 1	0.993 2	0.993 4	0.993 6
2.5	0.993 8	0.994 0	0.994 1	0.994 3	0.994 5	0.994 6	0.994 8	0.994 9	0.995 1	0.995 2
2.6	0.995 3	0.995 5	0.995 6	0.995 7	0.995 9	0.996 0	0.996 1	0.996 2	0.996 3	0.996 4
2.7	0.996 5	0.996 6	0.996 7	0.996 8	0.996 9	0.997 0	0.997 1	0.997 2	0.997 3	0.997 4
2.8	0.997 4	0.997 5	0.997 6	0.997 7	0.997 7	0.997 8	0.997 9	0.997 9	0.998 0	0.998 1
2.9	0.998 1	0.998 2	0.998 2	0.998 3	0.998 4	0.998 4	0.998 5	0.998 5	0.998 6	0.998 6
x	0.0	0.1	0.2	0.3	0.4	0.5	0.6	0.7	0.8	0.9
3	0.998 7	0.999 0	0.999 3	0.999 5	0.999 7	0.999 8	0.999 8	0.999 9	0.999 9	1.000 0

附表 3　　t 分布表

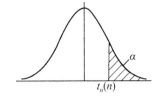

$P\{t(n)>t_\alpha(n)\}=\alpha$

n	α					
	0.25	0.10	0.05	0.025	0.01	0.005
1	1.000 0	3.077 7	6.313 8	12.706 2	31.820 5	63.656 7
2	0.816 5	1.866 6	2.920 0	4.302 7	6.964 6	9.924 8
3	0.764 9	1.637 7	2.353 4	3.182 4	4.540 7	5.840 9
4	0.740 7	1.533 2	2.131 8	2.776 4	3.746 9	4.604 1
5	0.726 7	1.475 9	2.015 0	2.570 6	3.364 9	4.032 2
6	0.717 6	1.439 8	1.943 2	2.446 9	3.142 7	3.707 4
7	0.711 1	1.414 9	1.894 6	2.364 5	2.998 0	3.499 5
8	0.706 4	1.396 8	1.859 5	2.306 0	2.896 5	3.355 4
9	0.702 7	1.383 0	1.833 1	2.262 2	2.821 4	3.249 8
10	0.699 8	1.372 2	1.812 5	2.228 1	2.763 8	3.169 8
11	0.697 4	1.363 4	1.795 9	2.201 0	2.718 1	3.105 8
12	0.695 5	1.356 2	1.782 3	2.178 8	2.681 0	3.054 5
13	0.693 8	1.350 2	1.770 9	2.160 4	2.650 3	3.012 3
14	0.692 4	1.345 0	1.761 3	2.144 8	2.624 5	2.976 8
15	0.691 2	1.340 6	1.753 1	2.131 5	2.602 5	2.946 7
16	0.690 1	1.336 8	1.745 9	2.119 9	2.583 6	2.920 8
17	0.689 2	1.333 4	1.739 6	2.109 8	2.566 9	2.898 2
18	0.688 4	1.330 4	1.734 1	2.100 9	2.552 4	2.878 4
19	0.687 6	1.327 1	1.729 1	2.093 0	2.539 5	2.860 9
20	0.687 0	1.325 3	1.724 7	2.086 0	2.528 0	2.845 3

续前表

n	α					
	0.25	0.10	0.05	0.025	0.01	0.005
21	0.686 4	1.323 2	1.720 7	2.079 6	2.517 7	2.831 4
22	0.685 8	1.321 2	1.717 1	2.073 9	2.508 3	2.818 8
23	0.685 3	1.319 5	1.713 9	2.068 7	2.499 9	2.807 3
24	0.684 8	1.317 8	1.710 9	2.063 9	2.492 2	2.796 9
25	0.684 4	1.316 3	1.708 1	2.059 5	2.485 1	2.787 4
26	0.684 0	1.315 0	1.705 6	2.055 5	2.478 6	2.778 7
27	0.683 7	1.313 7	1.703 3	2.051 8	2.472 7	2.770 7
28	0.683 4	1.312 5	1.701 1	2.048 4	2.467 1	2.763 3
29	0.683 0	1.311 4	1.699 1	2.045 2	2.462 0	2.756 4
30	0.682 8	1.310 4	1.697 3	2.042 3	2.457 3	2.750 0
31	0.682 5	1.309 4	1.695 5	2.039 5	2.452 8	2.744 0
32	0.682 2	1.308 6	1.693 9	2.036 9	2.448 7	2.738 5
33	0.682 0	1.307 7	1.692 4	2.034 5	2.444 8	2.733 3
34	0.681 8	1.307 0	1.690 9	2.032 2	2.441 1	2.728 4
35	0.681 8	1.306 2	1.689 6	2.030 1	2.437 7	2.723 8
36	0.681 4	1.305 5	1.688 3	2.028 1	2.434 5	2.719 5
37	0.681 2	1.304 9	1.687 1	2.026 2	2.431 4	2.715 4
38	0.681 0	1.304 2	1.686 0	2.024 4	2.428 6	2.711 6
39	0.680 8	1.303 6	1.684 9	2.022 7	2.425 8	2.707 9
40	0.680 7	1.303 1	1.683 9	2.021 1	2.423 3	2.704 5
41	0.680 5	1.302 5	1.682 9	2.019 5	2.420 8	2.701 2
42	0.680 4	1.302 0	1.682 0	2.018 1	2.418 5	2.698 1
43	0.680 2	1.301 6	1.681 1	2.016 7	2.416 3	2.695 1
44	0.680 1	1.301 1	1.680 2	2.015 4	2.414 1	2.692 3
45	0.680 0	1.300 6	1.679 4	2.014 1	2.412 1	2.689 6

附表 4 χ^2 分布表

$P\{\chi^2(n) > \chi_\alpha^2(n)\} = \alpha$

n	$\alpha=0.995$	0.99	0.975	0.95	0.90	0.75
1	—	—	0.004	0.016	0.102	0.102
2	0.010	0.020	0.051	0.103	0.211	0.575
3	0.072	0.115	0.216	0.352	0.584	1.213
4	0.207	0.297	0.484	0.711	1.064	1.923
5	0.412	0.554	0.831	1.145	1.610	2.675
6	0.676	0.872	1.237	1.635	2.204	3.455
7	0.989	1.239	1.690	2.167	2.833	4.255
8	1.344	1.646	2.180	2.733	3.490	5.071
9	1.735	2.088	2.700	3.325	4.168	5.899
10	2.156	2.558	3.247	3.940	4.865	6.737
11	2.603	3.053	3.816	4.575	5.578	7.584
12	3.074	3.571	4.404	5.226	6.304	8.438
13	3.565	4.107	5.009	5.892	7.042	9.299
14	4.075	4.660	5.629	6.571	7.790	10.165
15	4.601	5.229	6.262	7.261	8.547	11.037
16	5.142	5.812	6.908	7.962	9.312	11.912
17	5.697	6.408	7.564	8.672	10.085	12.792
18	6.265	7.015	8.231	9.390	10.865	13.675
19	6.844	7.633	8.907	10.117	11.651	14.562
20	7.434	8.260	9.591	10.851	12.443	15.452

续前表

n	$\alpha=0.995$	0.99	0.975	0.95	0.90	0.75
21	8.034	8.897	10.283	11.591	13.240	16.344
22	8.643	9.542	10.982	12.338	14.042	17.240
23	9.260	10.196	11.689	13.091	14.848	18.137
24	9.886	10.856	12.401	13.848	15.659	19.037
25	10.520	11.524	13.120	14.611	16.473	19.939
26	11.160	12.198	13.844	15.379	17.292	20.843
27	11.308	12.879	14.573	16.151	18.114	21.749
28	12.461	13.565	15.308	16.928	18.939	22.657
29	13.121	14.257	16.047	17.708	19.768	23.567
30	13.787	14.954	16.791	18.493	20.599	24.478
31	14.458	15.655	17.539	19.281	21.434	25.390
32	15.134	16.362	18.291	20.072	22.271	26.304
33	15.815	17.074	19.047	20.807	23.110	27.219
34	16.501	17.789	19.806	21.664	23.952	28.136
35	17.192	18.509	20.569	22.465	24.797	29.054
36	17.887	19.233	21.336	23.269	25.613	29.973
37	18.586	19.960	22.106	24.075	26.492	30.893
38	19.289	20.691	22.878	24.884	27.343	31.815
39	19.996	21.426	23.654	25.695	28.196	32.737
40	20.707	22.164	24.433	26.509	29.051	33.660
41	21.421	22.906	25.215	27.326	29.907	34.585
42	22.138	23.650	25.999	28.144	30.765	35.510
43	22.859	24.398	26.785	28.965	31.625	36.430
44	23.584	25.143	27.575	29.787	32.487	37.363
45	24.311	25.901	28.366	30.612	33.350	38.291

n	$\alpha=0.25$	0.10	0.05	0.025	0.01	0.005
1	1.323	2.706	3.841	5.024	6.635	7.879
2	2.773	4.605	5.991	7.378	9.210	10.597
3	4.108	6.251	7.815	9.348	11.345	12.838
4	5.385	7.779	9.488	11.143	13.277	14.860
5	6.626	9.236	11.071	12.833	15.086	16.750
6	7.841	10.645	12.592	14.449	16.812	18.548
7	9.037	12.017	14.067	16.013	18.475	20.278
8	10.219	13.362	15.507	17.535	20.090	21.955
9	11.389	14.684	16.919	19.023	21.666	23.589
10	12.549	15.987	18.307	20.483	23.209	25.188
11	13.701	17.275	19.675	21.920	24.725	26.757
12	14.845	18.549	21.026	23.337	26.218	28.299
13	15.984	19.812	22.262	24.736	27.688	29.819
14	17.117	21.064	23.685	26.119	29.141	31.319
15	18.245	22.307	24.996	27.488	30.578	32.801
16	19.369	23.542	26.296	28.845	32.000	34.267
17	20.489	24.769	27.587	30.191	33.409	35.718
18	21.605	25.989	28.869	31.526	34.805	37.156
19	22.718	27.204	30.144	32.852	36.191	38.582
20	23.828	28.412	31.410	34.170	37.566	39.997
21	24.935	29.615	32.671	35.479	38.932	41.401
22	26.309	30.813	33.924	36.781	40.289	42.796
23	27.141	32.007	35.172	38.076	41.638	44.181
24	28.241	33.196	36.415	39.364	42.980	45.559
25	29.339	34.382	37.652	10.646	44.314	46.928
26	30.435	35.563	38.885	41.923	45.642	48.290

续前表

n	$\alpha=0.25$	0.10	0.05	0.025	0.01	0.005
27	31.528	36.741	40.113	43.194	46.963	49.645
28	32.620	37.916	41.337	44.461	48.278	50.993
29	33.711	39.087	42.557	45.722	49.588	52.336
30	34.800	40.256	43.773	46.979	50.892	53.672
31	35.887	41.422	44.985	48.232	52.191	55.003
32	36.973	42.585	46.194	49.480	53.486	56.328
33	38.053	43.745	47.400	50.725	54.776	57.648
34	39.141	44.903	48.602	51.966	56.061	58.964
35	40.223	46.059	49.802	53.203	57.342	60.275
36	41.304	47.212	50.998	54.437	58.618	61.581
37	42.383	48.363	52.192	55.668	59.892	62.883
38	43.462	49.513	53.384	56.896	61.162	64.181
39	44.539	50.660	54.572	58.120	62.428	65.476
40	45.616	51.805	55.758	59.342	63.691	66.766
41	46.692	52.949	56.942	60.561	64.950	68.053
42	47.766	54.090	58.124	61.777	66.206	69.336
43	48.840	55.230	59.304	62.990	67.459	70.606
44	49.913	56.369	60.481	64.201	68.710	71.893
45	50.985	57.505	61.656	65.410	69.957	73.166

附表 5 F 分布表

$$P\{F>F_\alpha(n_1,n_2)\}=\alpha$$

$\alpha=0.10$

n_1 \ n_2	1	2	3	4	5	6	7	8	9	10	12	15	20	24	30	40	60	120	∞
1	39.86	49.50	53.59	55.83	57.24	58.20	58.91	59.44	59.86	60.19	60.71	61.22	61.74	62.00	62.26	62.53	62.79	63.06	63.33
2	8.53	9.00	9.16	9.24	9.29	9.33	9.35	9.37	9.38	9.39	9.41	9.42	9.44	9.45	9.46	9.47	9.47	9.48	9.49
3	5.54	5.46	5.39	5.34	5.31	5.28	5.27	5.25	5.24	5.23	5.22	5.20	5.18	5.18	5.17	5.16	5.15	5.14	5.13
4	4.54	4.32	4.19	4.11	4.05	4.01	3.98	3.95	3.94	3.92	3.90	3.87	3.84	3.83	3.82	3.80	3.79	3.78	3.76
5	4.06	3.78	3.62	3.52	3.45	3.40	3.37	3.34	3.32	3.30	3.27	3.24	3.21	3.19	3.17	3.16	3.14	3.12	3.10
6	3.78	3.46	3.29	3.18	3.11	3.05	3.01	2.98	2.96	2.94	2.90	2.87	2.84	2.82	2.80	2.78	2.76	2.74	2.72
7	3.59	3.26	3.07	2.96	2.88	2.83	2.78	2.75	2.72	2.70	2.67	2.63	2.59	2.58	2.56	2.54	2.51	2.49	2.47
8	3.46	3.11	2.92	2.81	2.73	2.67	2.62	2.59	2.56	2.54	2.50	2.46	2.42	2.40	2.38	2.36	2.34	2.32	2.29
9	3.36	3.01	2.81	2.69	2.61	2.55	2.51	2.47	2.44	2.42	2.38	2.34	2.30	2.28	2.25	2.23	2.21	2.18	2.16
10	3.29	2.92	2.73	2.61	2.52	2.46	2.41	2.38	2.35	2.32	2.28	2.24	2.20	2.18	2.16	2.13	2.11	2.08	2.06
11	3.23	2.86	2.66	2.54	2.45	2.39	2.34	2.30	2.27	2.25	2.21	2.17	2.12	2.10	2.08	2.05	2.03	2.00	1.97
12	3.18	2.81	2.61	2.48	2.39	2.33	2.28	2.24	2.21	2.19	2.15	2.10	2.06	2.04	2.01	1.99	1.96	1.93	1.90
13	3.14	2.76	2.56	2.43	2.35	2.28	2.23	2.20	2.16	2.14	2.10	2.05	2.01	1.98	1.96	1.93	1.90	1.88	1.85
14	3.10	2.73	2.52	2.39	2.31	2.24	2.19	2.15	2.12	2.10	2.05	2.01	1.96	1.94	1.91	1.89	1.86	1.83	1.80
15	3.07	2.70	2.49	2.36	2.27	2.21	2.16	2.12	2.09	2.06	2.02	1.97	1.92	1.90	1.87	1.85	1.82	1.79	1.76
16	3.06	2.67	2.46	2.33	2.24	2.18	2.13	2.09	2.06	2.03	1.99	1.94	1.89	1.87	1.84	1.81	1.78	1.75	1.72

续前表

n_2 \ n_1	1	2	3	4	5	6	7	8	9	10	12	15	20	24	30	40	60	120	∞
17	3.03	2.64	2.44	2.31	2.22	2.15	2.10	2.06	2.03	2.00	1.96	1.91	1.86	1.84	1.81	1.78	1.75	1.72	1.69
18	3.01	2.62	2.42	2.29	2.20	2.13	2.08	2.04	2.00	1.98	1.93	1.89	1.84	1.81	1.78	1.75	1.72	1.69	1.66
19	2.99	2.61	2.40	2.27	2.18	2.11	2.06	2.02	1.98	1.96	1.91	1.86	1.81	1.79	1.76	1.73	1.70	1.67	1.63
20	2.97	2.59	2.38	2.25	2.16	2.09	2.04	2.00	1.96	1.94	1.89	1.84	1.79	1.77	1.74	1.71	1.68	1.64	1.61
21	2.96	2.57	2.36	2.23	2.14	2.08	2.02	1.98	1.95	1.92	1.87	1.83	1.78	1.75	1.72	1.69	1.66	1.62	1.59
22	2.95	2.56	2.35	2.22	2.13	2.06	2.01	1.97	1.93	1.90	1.86	1.81	1.76	1.73	1.70	1.67	1.64	1.60	1.57
23	2.94	2.55	2.34	2.21	2.11	2.05	1.99	1.95	1.92	1.89	1.84	1.80	1.74	1.72	1.69	1.66	1.62	1.59	1.55
24	2.93	2.54	2.33	2.19	2.10	2.04	1.98	1.94	1.91	1.88	1.83	1.78	1.73	1.70	1.67	1.64	1.61	1.57	1.53
25	2.92	2.53	2.32	2.18	2.09	2.02	1.97	1.93	1.89	1.87	1.82	1.77	1.72	1.69	1.66	1.63	1.59	1.56	1.52
26	2.91	2.52	2.31	2.17	2.08	2.01	1.96	1.92	1.88	1.86	1.81	1.76	1.71	1.68	1.65	1.61	1.58	1.54	1.50
27	2.90	2.51	2.30	2.17	2.07	2.00	1.95	1.91	1.87	1.85	1.80	1.75	1.70	1.67	1.64	1.60	1.57	1.53	1.49
28	2.89	2.50	2.29	2.16	2.06	2.00	1.94	1.90	1.87	1.84	1.79	1.74	1.69	1.66	1.63	1.59	1.56	1.52	1.48
29	2.89	2.50	2.28	2.15	2.06	1.99	1.93	1.89	1.86	1.83	1.78	1.73	1.68	1.65	1.62	1.58	1.55	1.51	1.47
30	2.88	2.49	2.28	2.14	2.05	1.98	1.93	1.88	1.85	1.82	1.77	1.72	1.67	1.64	1.61	1.57	1.54	1.50	1.46
40	2.84	2.44	2.23	2.09	2.00	1.93	1.87	1.83	1.79	1.76	1.71	1.66	1.61	1.57	1.54	1.51	1.47	1.42	1.38
60	2.79	2.39	2.18	2.04	1.95	1.87	1.82	1.77	1.74	1.71	1.66	1.60	1.54	1.51	1.48	1.44	1.40	1.35	1.29
120	2.75	2.35	2.13	1.99	1.90	1.82	1.77	1.72	1.68	1.65	1.60	1.55	1.48	1.45	1.41	1.37	1.32	1.26	1.19
∞	2.71	2.30	2.08	1.94	1.85	1.77	1.72	1.67	1.63	1.60	1.55	1.49	1.42	1.38	1.34	1.30	1.24	1.17	1.00

$\alpha = 0.05$

n_2 \ n_1	1	2	3	4	5	6	7	8	9	10	12	15	20	24	30	40	60	120	∞
1	161.4	199.5	215.7	224.6	230.2	234.0	236.8	238.9	240.5	241.9	243.9	245.9	248.0	249.1	250.1	251.1	252.2	253.3	254.3
2	18.51	19.00	19.16	19.25	19.30	19.33	19.35	19.37	19.38	19.40	19.41	19.43	19.45	19.45	19.46	19.47	19.48	19.49	19.50
3	10.13	9.55	9.28	9.12	9.01	8.94	8.89	8.85	8.81	8.79	8.74	8.70	8.66	8.64	8.62	8.59	8.57	8.55	8.53
4	7.71	6.94	6.59	6.39	6.26	6.16	6.09	6.04	6.00	5.96	5.91	5.86	5.80	5.77	5.75	5.72	5.69	5.66	5.63
5	6.61	5.79	5.41	5.19	5.05	4.95	4.88	4.82	4.77	4.74	4.68	4.62	4.56	4.53	4.50	4.46	4.43	4.40	4.36
6	5.99	5.14	4.76	4.53	4.39	4.28	4.21	4.15	4.10	4.06	4.00	3.94	3.87	3.84	3.81	3.77	3.74	3.70	3.67
7	5.59	4.74	4.35	4.12	3.97	3.87	3.79	3.73	3.68	3.64	3.57	3.51	3.44	3.41	3.38	3.34	3.30	3.27	3.23
8	5.32	4.46	4.07	3.84	3.69	3.58	3.50	3.44	3.39	3.35	3.28	3.22	3.15	3.12	3.08	3.04	3.01	2.97	2.93
9	5.12	4.26	3.86	3.63	3.48	3.37	3.29	3.23	3.18	3.14	3.07	3.01	2.94	2.90	2.86	2.83	2.79	2.75	2.71
10	4.96	4.10	3.71	3.48	3.33	3.22	3.14	3.07	3.02	2.98	2.91	2.85	2.77	2.74	2.70	2.66	2.62	2.58	2.54
11	4.84	3.98	3.59	3.36	3.20	3.09	3.01	2.95	2.90	2.85	2.79	2.72	2.65	2.61	2.57	2.53	2.49	2.45	2.40
12	4.75	3.89	3.49	3.26	3.11	3.00	2.91	2.85	2.80	2.75	2.69	2.62	2.54	2.51	2.47	2.43	2.38	2.34	2.30
13	4.67	3.81	3.41	3.18	3.03	2.92	2.83	2.77	2.71	2.67	2.60	2.53	2.46	2.42	2.38	2.34	2.30	2.25	2.21
14	4.60	3.74	3.34	3.11	2.96	2.85	2.76	2.70	2.65	2.60	2.53	2.46	2.39	2.35	2.31	2.27	2.22	2.18	2.13
15	4.54	3.68	3.29	3.06	2.90	2.79	2.71	2.64	2.59	2.54	2.48	2.40	2.33	2.29	2.25	2.20	2.16	2.11	2.07
16	4.49	3.63	3.24	3.01	2.85	2.74	2.66	2.59	2.54	2.49	2.42	2.35	2.28	2.24	2.19	2.15	2.11	2.06	2.01
17	4.45	3.59	3.20	2.96	2.81	2.70	2.61	2.55	2.49	2.45	2.38	2.31	2.23	2.19	2.15	2.10	2.06	2.01	1.96
18	4.41	3.55	3.16	2.93	2.77	2.66	2.58	2.51	2.46	2.41	2.34	2.27	2.19	2.15	2.11	2.06	2.02	1.97	1.92

续前表

n_2 \\ n_1	1	2	3	4	5	6	7	8	9	10	12	15	20	24	30	40	60	120	∞
19	4.38	3.52	3.13	2.90	2.74	2.63	2.54	2.48	2.42	2.38	2.31	2.23	2.16	2.11	2.07	2.03	1.98	1.93	1.88
20	4.35	3.49	3.10	2.87	2.71	2.60	2.51	2.45	2.39	2.35	2.28	2.20	2.12	2.08	2.04	1.99	1.95	1.90	1.84
21	4.32	3.47	3.07	2.84	2.68	2.57	2.49	2.42	2.37	2.32	2.25	2.18	2.10	2.05	2.01	1.96	1.92	1.87	1.81
22	4.30	3.44	3.05	2.82	2.66	2.55	2.46	2.40	2.34	2.30	2.23	2.15	2.07	2.03	1.98	1.94	1.89	1.84	1.78
23	4.28	3.42	3.03	2.80	2.64	2.53	2.44	2.37	2.32	2.27	2.20	2.13	2.05	2.01	1.96	1.91	1.86	1.81	1.76
24	4.26	3.40	3.01	2.78	2.62	2.51	2.42	2.36	2.30	2.25	2.18	2.11	2.03	1.98	1.94	1.89	1.84	1.79	1.73
25	4.24	3.39	2.99	2.76	2.60	2.49	2.40	2.34	2.28	2.24	2.16	2.09	2.01	1.96	1.92	1.87	1.82	1.77	1.71
26	4.23	3.37	2.98	2.74	2.59	2.47	2.39	2.32	2.27	2.22	2.15	2.07	1.99	1.95	1.90	1.85	1.80	1.75	1.69
27	4.21	3.35	2.96	2.73	2.57	2.46	2.37	2.31	2.25	2.20	2.13	2.06	1.97	1.93	1.88	1.84	1.79	1.73	1.67
28	4.20	3.34	2.95	2.71	2.56	2.45	2.36	2.29	2.24	2.19	2.12	2.04	1.96	1.91	1.87	1.82	1.77	1.71	1.65
29	4.18	3.33	2.93	2.70	2.55	2.43	2.35	2.28	2.22	2.18	2.10	2.03	1.94	1.90	1.85	1.81	1.75	1.70	1.64
30	4.17	3.32	2.92	2.69	2.53	2.42	2.33	2.27	2.21	2.16	2.09	2.01	1.93	1.89	1.84	1.79	1.74	1.68	1.62
40	4.08	3.23	2.84	2.61	2.45	2.34	2.25	2.18	2.12	2.08	2.00	1.92	1.84	1.79	1.74	1.69	1.64	1.58	1.51
60	4.00	3.15	2.76	2.53	2.37	2.25	2.17	2.10	2.04	1.99	1.92	1.84	1.75	1.70	1.65	1.59	1.53	1.47	1.39
120	3.92	3.07	2.68	2.45	2.29	2.18	2.09	2.02	1.96	1.91	1.83	1.75	1.66	1.61	1.55	1.50	1.43	1.35	1.25
∞	3.84	3.00	2.60	2.37	2.21	2.10	2.01	1.94	1.88	1.83	1.75	1.67	1.57	1.52	1.46	1.39	1.32	1.22	1.00

$\alpha=0.025$

n_2 \ n_1	1	2	3	4	5	6	7	8	9	10	12	15	20	24	30	40	60	120	∞
1	647.8	799.5	864.2	899.6	921.8	937.1	948.2	956.7	963.3	368.6	976.7	984.9	993.1	997.2	1001	1006	1010	1014	1018
2	38.51	39.00	39.17	39.25	39.30	39.33	39.36	39.37	39.39	39.40	39.41	39.43	39.45	39.46	39.46	39.47	39.48	39.49	39.50
3	17.44	16.04	15.44	15.10	14.88	14.73	14.62	14.54	14.47	14.42	14.34	14.25	14.17	14.12	14.08	14.04	13.99	13.95	13.90
4	12.22	10.65	9.98	9.60	9.36	9.20	9.07	8.98	8.90	8.84	8.75	8.66	8.56	8.51	8.46	8.41	8.36	8.31	8.26
5	10.01	8.43	7.76	7.39	7.15	6.98	6.85	6.76	6.68	6.62	6.52	6.43	6.33	6.28	6.23	6.18	6.12	6.07	6.02
6	8.81	7.26	6.60	6.23	5.99	5.82	5.70	5.60	5.52	5.46	5.37	5.27	5.17	5.12	5.07	5.01	4.96	4.90	4.85
7	8.07	6.54	5.89	5.52	5.29	5.12	4.99	4.90	4.82	4.76	4.67	4.57	4.47	4.42	4.36	4.31	4.25	4.20	4.14
8	7.57	6.06	5.42	5.05	4.82	4.65	4.53	4.43	4.36	4.30	4.20	4.10	4.00	3.95	3.89	3.84	3.78	3.73	3.67
9	7.21	5.71	5.08	4.72	4.48	4.23	4.20	4.10	4.03	3.96	3.87	3.77	3.67	3.61	3.56	3.51	3.45	3.39	3.33
10	6.94	5.46	4.83	4.47	4.24	4.07	3.95	3.85	3.78	3.72	3.62	3.52	3.42	3.37	3.31	3.26	3.20	3.14	3.08
11	6.72	5.26	4.63	4.28	4.04	3.88	3.76	3.66	3.59	3.53	3.43	3.33	3.23	3.17	3.12	3.06	3.00	2.94	2.88
12	6.55	5.10	4.47	4.12	3.89	3.73	3.61	3.51	3.44	3.37	3.28	3.18	3.07	3.02	2.96	2.91	2.85	2.79	2.72
13	6.41	4.97	4.35	4.00	3.77	3.60	3.48	3.39	3.31	3.25	3.15	3.05	2.95	2.89	2.84	2.78	2.72	2.66	2.60
14	6.30	4.86	4.24	3.89	3.66	3.50	3.38	3.29	3.21	3.15	3.05	2.95	2.84	2.79	2.73	2.67	2.61	2.55	2.49
15	6.20	4.77	4.15	3.80	3.58	3.41	3.29	3.20	3.12	3.06	2.96	2.86	2.76	2.70	2.64	2.59	2.52	2.46	2.40
16	6.12	4.69	4.08	3.73	3.50	3.34	3.22	3.12	3.05	2.99	2.89	2.79	2.68	2.63	2.57	2.51	2.45	2.38	2.32
17	6.04	4.62	4.01	3.66	3.44	3.28	3.16	3.06	2.98	2.92	2.82	2.72	2.62	2.56	2.50	2.44	2.38	2.32	2.25
18	5.98	4.56	3.95	3.61	3.38	3.22	3.10	3.01	2.93	2.87	2.77	2.67	2.56	2.50	2.44	2.38	2.32	2.26	2.19

续前表

n_2 \ n_1	1	2	3	4	5	6	7	8	9	10	12	15	20	24	30	40	60	120	∞
19	5.92	4.51	3.90	3.56	3.33	3.17	3.05	2.96	2.88	2.82	2.72	2.62	2.51	2.45	2.39	2.33	2.27	2.20	2.13
20	5.87	4.46	3.86	3.51	3.29	3.13	3.01	2.91	2.84	2.77	2.68	2.57	2.46	2.41	2.35	2.29	2.22	2.16	2.09
21	5.83	4.42	3.82	3.48	3.25	3.09	2.97	2.87	2.80	2.73	2.64	2.53	2.42	2.37	2.31	2.25	2.18	2.11	2.04
22	5.79	4.38	3.78	3.44	3.22	3.05	2.93	2.84	2.76	2.70	2.60	2.50	2.39	2.33	2.27	2.21	2.14	2.08	2.00
23	5.75	4.35	3.75	3.41	3.18	3.02	2.90	2.81	2.73	2.67	2.57	2.47	2.36	2.30	2.24	2.18	2.11	2.04	1.97
24	5.72	4.32	3.72	3.38	3.15	2.99	2.87	2.78	2.70	2.64	2.54	2.44	2.33	2.27	2.21	2.15	2.08	2.01	1.94
25	5.69	4.29	3.69	3.35	3.13	2.97	2.85	2.75	2.68	2.61	2.51	2.41	2.30	2.24	2.18	2.12	2.05	1.98	1.91
26	5.66	4.27	3.67	3.33	3.10	2.94	2.82	2.73	2.65	2.59	2.49	2.39	2.28	2.22	2.16	2.09	2.03	1.95	1.88
27	5.63	4.24	3.65	3.31	3.08	2.92	2.80	2.71	2.63	2.57	2.47	2.36	2.25	2.19	2.13	2.07	2.00	1.93	1.85
28	5.61	4.22	3.63	3.29	3.06	2.90	2.78	2.69	2.61	2.55	2.45	2.34	2.23	2.17	2.11	2.05	1.98	1.91	1.83
29	5.59	4.20	3.61	3.27	3.04	2.88	2.76	2.67	2.59	2.53	2.43	2.32	2.21	2.15	2.05	2.03	1.96	1.89	1.81
30	5.57	4.18	3.59	3.25	3.03	2.87	2.75	2.65	2.57	2.51	2.41	2.31	2.20	2.14	2.07	2.01	1.94	1.87	1.79
40	5.42	4.05	3.46	3.13	2.90	2.74	2.62	2.53	2.45	2.39	2.29	2.18	2.07	2.01	1.94	1.88	1.80	1.72	1.64
60	5.29	3.93	3.34	3.01	2.79	2.63	2.51	2.41	2.33	2.27	2.17	2.06	1.94	1.88	1.82	1.74	1.67	1.58	1.48
120	5.15	3.80	3.23	2.89	2.67	2.52	2.39	2.30	2.22	2.16	2.05	1.94	1.82	1.76	1.69	1.61	1.53	1.43	1.31
∞	5.02	3.69	3.12	2.79	2.57	2.41	2.29	2.19	2.11	2.05	1.94	1.83	1.71	1.64	1.57	1.48	1.39	1.27	1.00

$\alpha = 0.01$

n_2 \ n_1	1	2	3	4	5	6	7	8	9	10	12	15	20	24	30	40	60	120	∞
1	4 052	4 999.5	5 403	5 625	5 764	5 859	5 928	5 982	6 022	6 056	6 106	6 157	6 209	6 235	6 261	6 287	6 313	6 339	6 366
2	98.5	99.0	99.17	99.25	99.30	99.33	99.36	99.37	99.39	99.40	99.42	99.43	99.45	99.46	99.47	99.47	99.48	99.49	99.50
3	34.12	30.82	29.46	28.71	28.24	27.91	27.67	27.49	27.35	27.23	27.05	26.87	26.69	26.60	26.50	26.41	26.32	26.22	26.13
4	21.20	18.00	16.69	15.98	15.52	15.21	14.98	14.80	14.66	14.55	14.37	14.20	14.02	13.93	13.84	13.75	13.65	13.56	13.46
5	16.26	13.27	12.06	11.39	10.97	10.67	10.46	10.29	10.16	10.05	9.89	9.72	9.55	9.47	9.38	9.29	9.20	9.11	9.02
6	13.75	10.92	9.78	9.15	8.75	8.47	8.26	8.10	7.98	7.87	7.72	7.56	7.40	7.31	7.23	7.14	7.06	6.97	6.88
7	12.25	9.55	8.45	7.85	7.46	7.19	6.99	6.84	6.72	6.62	6.47	6.31	6.16	6.07	5.99	5.91	5.82	5.74	5.65
8	11.26	8.65	7.59	7.01	6.63	6.37	6.18	6.03	5.91	5.81	5.67	5.52	5.36	5.28	5.20	5.12	5.03	4.95	4.86
9	10.56	8.02	6.99	6.42	6.06	5.80	5.61	5.47	5.35	5.26	5.11	4.96	4.81	4.73	4.65	4.57	4.48	4.40	4.31
10	10.04	7.56	6.55	5.99	5.64	5.39	5.20	5.06	4.94	4.85	4.71	4.56	4.41	4.33	4.25	4.17	4.08	4.00	3.91
11	9.65	7.21	6.22	5.67	5.32	5.07	4.89	4.74	4.63	4.54	4.40	4.25	4.10	4.02	3.94	3.86	3.78	3.69	3.60
12	9.33	6.93	5.95	5.41	5.06	4.82	4.64	4.50	4.39	4.30	4.16	4.01	3.86	3.78	3.70	3.62	3.54	3.45	3.36
13	9.07	6.70	5.74	5.21	4.86	4.62	4.44	4.30	4.19	4.10	3.96	3.82	3.66	3.59	3.51	3.43	3.34	3.25	3.17
14	8.86	6.51	5.56	5.04	4.69	4.46	4.28	4.14	4.03	3.94	3.80	3.66	3.51	3.43	3.35	3.27	3.18	3.09	3.00

续前表

n_2 \ n_1	1	2	3	4	5	6	7	8	9	10	12	15	20	24	30	40	60	120	∞
15	8.68	6.36	5.42	4.89	4.56	4.32	4.14	4.00	3.89	3.80	3.67	3.52	3.37	3.29	3.21	3.13	3.05	2.96	2.87
16	8.53	6.23	5.29	4.77	4.44	4.20	4.03	3.89	3.78	3.69	3.55	3.41	3.26	3.18	3.10	3.02	2.93	2.84	2.75
17	8.40	6.11	5.18	4.67	4.43	4.10	3.93	3.79	3.68	3.59	3.46	3.31	3.16	3.08	3.00	2.92	2.83	2.75	2.65
18	8.29	6.01	5.09	4.58	4.25	4.01	3.84	3.71	3.60	3.51	3.37	3.23	3.08	3.00	2.92	2.84	2.75	2.66	2.57
19	8.18	5.93	5.01	4.50	4.17	3.94	3.77	3.63	3.52	3.43	3.30	3.15	3.00	2.92	2.84	2.76	2.67	2.58	2.49
20	8.10	5.85	4.94	4.43	4.10	3.87	3.70	3.56	3.46	3.37	3.23	3.09	2.94	2.86	2.78	2.69	2.61	2.52	2.42
21	8.02	5.78	4.87	4.37	4.04	3.81	3.64	3.51	3.40	3.31	3.17	3.03	2.89	2.80	2.72	2.64	2.55	2.46	2.36
22	7.95	5.72	4.82	4.31	3.99	3.76	3.59	3.45	3.35	3.26	3.12	2.98	2.83	2.75	2.67	2.58	2.50	2.40	2.31
23	7.88	5.66	4.76	4.26	3.94	3.71	3.54	3.41	3.30	3.21	3.07	2.93	2.78	2.70	2.62	2.54	2.45	2.35	2.26
24	7.82	5.61	4.72	4.22	3.90	3.67	3.50	3.36	3.26	3.17	3.03	2.89	2.74	2.66	2.58	2.49	2.40	2.31	2.21
25	7.77	5.57	4.68	4.18	3.85	3.63	3.46	3.32	3.22	3.13	2.99	2.85	2.70	2.62	2.54	2.45	2.36	2.27	2.17
26	7.72	5.53	4.64	4.14	3.82	3.59	3.42	3.29	3.18	3.09	2.96	2.81	2.66	2.58	2.50	2.42	2.33	2.23	2.13
27	7.68	5.49	4.60	4.11	3.78	3.56	3.39	3.26	3.15	3.06	2.93	2.78	2.63	2.55	2.47	2.38	2.29	2.20	2.10
28	7.64	5.45	4.57	4.07	3.75	3.53	3.36	3.23	3.12	3.03	2.90	2.75	2.60	2.52	2.44	2.35	2.26	2.17	2.06
29	7.60	5.42	4.54	4.04	3.73	3.50	3.33	3.20	3.09	3.00	2.87	2.73	2.57	2.49	2.41	2.33	2.23	2.14	2.03
30	7.56	5.39	4.51	4.02	3.70	3.47	3.30	3.17	3.07	2.98	2.84	2.70	2.55	2.47	2.39	2.30	2.21	2.11	2.01
40	7.31	5.18	4.31	3.83	3.51	3.29	3.12	2.99	2.89	2.80	2.66	2.52	2.37	2.29	2.20	2.11	2.02	1.92	1.80
60	7.08	4.98	4.13	3.65	3.34	3.12	2.95	2.82	2.72	2.63	2.50	2.35	2.20	2.12	2.03	1.94	1.84	1.73	1.60
120	6.85	4.79	3.95	3.48	3.17	2.96	2.79	2.66	2.56	2.47	2.34	2.19	2.03	1.95	1.86	1.76	1.66	1.53	1.38
∞	6.63	4.61	3.78	3.32	3.02	2.80	2.64	2.51	2.41	2.32	2.18	2.04	1.88	1.79	1.70	1.59	1.47	1.32	1.00

$\alpha=0.005$

n_1 \ n_2	1	2	3	4	5	6	7	8	9	10	12	15	20	24	30	40	60	120	∞
1	16 211	20 000	21 615	22 500	23 056	23 437	23 715	23 925	24 091	24 224	24 426	24 630	24 836	24 940	25 044	25 148	25 253	25 359	25 465
2	198.5	199.0	199.2	199.2	199.3	199.3	199.4	199.4	199.4	199.4	199.4	199.4	199.4	199.5	199.5	199.5	199.5	199.5	199.5
3	55.55	49.80	47.47	46.19	45.39	44.84	44.43	44.13	43.88	43.69	43.39	43.08	42.78	42.62	42.47	42.31	42.15	41.99	41.83
4	31.33	26.28	24.26	23.15	22.46	21.97	21.62	21.35	21.14	20.97	20.70	20.44	20.17	20.03	19.89	19.75	19.61	19.47	19.32
5	22.78	18.31	16.53	15.56	14.94	14.51	14.20	13.96	13.77	13.62	13.38	13.15	12.90	12.78	12.66	12.53	12.40	12.27	12.14
6	18.63	14.54	12.92	12.03	11.46	11.07	10.79	10.57	10.39	10.25	10.03	9.81	9.59	9.47	9.36	9.24	9.12	9.00	8.88
7	16.24	12.40	10.88	10.05	9.52	9.16	8.89	8.86	8.51	8.38	8.18	7.97	7.75	7.65	7.53	7.42	7.31	7.19	7.08
8	14.69	11.04	9.60	8.81	8.30	7.95	7.69	7.50	7.34	7.21	7.01	6.81	6.61	6.50	6.40	6.29	6.18	6.06	5.95
9	13.61	10.11	8.72	7.96	7.47	7.13	6.88	6.69	6.54	6.42	6.23	6.03	5.83	5.73	5.62	5.52	5.41	5.30	5.19
10	12.83	9.43	8.08	7.34	6.87	6.54	6.30	6.12	5.97	5.85	5.66	5.47	5.27	5.17	5.07	4.97	4.86	4.75	4.64
11	12.23	8.91	7.60	6.88	6.42	6.10	5.86	5.68	5.54	5.42	5.24	5.05	4.86	4.76	4.65	4.55	4.44	4.34	4.23
12	11.75	8.51	7.23	6.52	6.07	5.76	5.52	5.35	5.20	5.09	4.91	4.72	4.53	4.43	4.33	4.23	4.12	4.01	3.90
13	11.37	8.19	6.93	6.23	5.79	5.48	5.25	5.08	4.94	4.82	4.64	4.46	4.27	4.17	4.07	3.97	3.87	3.76	3.65
14	11.06	7.92	6.68	6.00	5.56	5.26	5.03	4.86	4.72	4.60	4.43	4.25	4.06	3.96	3.86	3.76	3.66	3.55	3.44

续前表

n_2 \ n_1	1	2	3	4	5	6	7	8	9	10	12	15	20	24	30	40	60	120	∞
15	10.80	7.70	6.48	5.80	5.37	5.07	4.85	4.67	4.54	4.42	4.25	4.07	3.88	3.79	3.69	3.58	3.48	3.37	3.26
16	10.58	7.51	6.30	5.64	5.21	4.91	4.69	4.52	4.38	4.27	4.10	3.92	3.73	3.64	3.54	3.44	3.33	3.22	3.11
17	10.38	7.35	6.16	5.50	5.07	4.78	4.56	4.39	4.25	4.14	3.97	3.79	3.61	3.51	3.41	3.31	3.21	3.10	2.98
18	10.22	7.21	6.03	5.37	4.96	4.66	4.44	4.28	4.14	4.03	3.86	3.68	3.50	3.40	3.30	3.20	3.10	2.99	2.87
19	10.07	7.09	5.92	5.27	4.85	4.56	4.34	4.18	4.04	3.93	3.76	3.59	3.40	3.31	3.21	3.11	3.00	2.89	2.78
20	9.94	6.99	5.82	5.17	4.76	4.47	4.26	4.09	3.96	3.85	3.68	3.50	3.32	3.22	3.12	3.02	2.92	2.81	2.69
21	9.83	6.89	5.73	5.09	4.68	4.39	4.18	4.01	3.88	3.77	3.60	3.43	3.24	3.15	3.05	2.95	2.84	2.73	2.61
22	9.73	6.81	5.65	5.02	4.61	4.32	4.11	3.94	3.81	3.70	3.54	3.36	3.18	3.08	2.98	2.88	2.77	2.66	2.55
23	9.63	6.73	5.58	4.95	4.54	4.26	4.05	3.88	3.75	3.64	3.47	3.30	3.12	3.02	2.92	2.82	2.71	2.60	2.48
24	9.55	6.66	5.52	4.89	4.49	4.20	3.99	3.83	3.69	3.59	3.42	3.25	3.06	2.97	2.87	2.77	2.66	2.55	2.43
25	9.48	6.60	5.46	4.84	4.43	4.15	3.94	3.78	3.64	3.54	3.37	3.20	3.01	2.92	2.82	2.72	2.61	2.50	2.38
26	9.41	6.54	5.41	4.79	4.38	4.10	3.89	3.73	3.60	3.49	3.33	3.15	2.97	2.87	2.77	2.67	2.56	2.45	2.33
27	9.34	6.49	5.36	4.74	4.34	4.06	3.85	3.69	3.56	3.45	3.28	3.11	2.93	2.83	2.73	2.63	2.52	2.41	2.29
28	9.28	6.44	5.32	4.70	4.30	4.02	3.81	3.65	3.52	3.41	3.25	3.07	2.89	2.79	2.69	2.59	2.48	2.37	2.25
29	9.23	6.40	5.28	4.66	4.26	3.98	3.77	3.61	3.48	3.38	3.21	3.04	2.86	2.76	2.66	2.56	2.45	2.33	2.21
30	9.18	6.35	5.24	4.62	4.23	3.95	3.74	3.58	3.45	3.34	3.18	3.01	2.82	2.73	2.63	2.52	2.42	2.30	2.18
40	8.83	6.07	4.98	4.37	3.99	3.71	3.51	3.35	3.22	3.12	2.95	2.78	2.60	2.50	2.40	2.30	2.18	2.06	1.93
60	8.49	5.79	4.73	4.14	3.76	3.49	3.29	3.13	3.01	2.90	2.74	2.57	2.39	2.29	2.19	2.08	1.96	1.83	1.69
120	8.18	5.54	4.50	3.92	3.55	3.28	3.09	2.93	2.81	2.71	2.54	2.37	2.19	2.09	1.98	1.87	1.75	1.61	1.43
∞	7.88	5.30	4.28	3.72	3.35	3.09	2.90	2.74	2.62	2.52	2.36	2.19	2.00	1.90	1.79	1.67	1.53	1.36	1.00

附表 6 相关系数检验表

$P\{|r| \geqslant r_\alpha\} = \alpha$

$n-2$	5%	1%	$n-2$	5%	1%	$n-2$	5%	1%
1	0.997	1.000	16	0.468	0.590	35	0.325	0.418
2	0.950	0.990	17	0.456	0.575	40	0.304	0.393
3	0.878	0.959	18	0.444	0.561	45	0.288	0.372
4	0.811	0.917	19	0.443	0.549	50	0.273	0.354
5	0.754	0.874	20	0.423	0.537	60	0.250	0.325
6	0.707	0.834	21	0.413	0.526	70	0.232	0.302
7	0.666	0.798	22	0.404	0.515	80	0.217	0.283
8	0.632	0.765	23	0.396	0.505	90	0.205	0.267
9	0.602	0.735	24	0.388	0.496	100	0.195	0.254
10	0.576	0.708	25	0.381	0.487	125	0.171	0.228
11	0.553	0.684	26	0.374	0.478	150	0.159	0.208
12	0.532	0.661	27	0.367	0.470	200	0.138	0.181
13	0.514	0.641	28	0.361	0.463	300	0.113	0.143
14	0.497	0.623	29	0.355	0.456	400	0.098	0.123
15	0.482	0.606	30	0.349	0.449	1 000	0.062	0.081

参考文献

［1］李炜，吴志松. 概率论与数理统计. 北京：中国农业出版社，2011

［2］李炜，吴志松. 概率论与数理统计学习指导. 北京：中国农业出版社，2011

［3］苏德矿，张继昌. 概率论与数理统计. 北京：高等教育出版社，2006

［4］苏德矿，章迪平. 概率论与数理统计学习释疑解难. 杭州：浙江大学出版社，2007

［5］茆诗松，程依明，濮晓龙. 概率论与数理统计教程. 北京：高等教育出版社，2004

［6］贾俊平，何晓群，金勇进. 统计学（第四版）. 北京：中国人民大学出版社，2010

［7］李子奈，潘文卿. 计量经济学. 北京：高等教育出版社，2008

［8］何晓群，刘文卿. 应用回归分析. 北京：中国人民大学出版社，2007

［9］S. Bernstein，R. Bernstein. Elements of Statistics II：Inferential Statistics. New York：McGraw Hill Companies，inc，1999

［10］Jay L. Devore. Probability and Statistics. 北京：高等教育出版社，2004

习题参考答案

习题一

1. (1) $\Omega=\{2, 3, \cdots, 12\}$; (2) $\Omega=\{0, 1, 2, 3, \cdots\}$; (3) $\Omega=\{(1), (0, 1), (0, 0, 1), (0, 0, 0, 1), \cdots\}$，其中 0 表示反面，1 表示正面；(4) $\Omega=\left\{\dfrac{i}{n} \mid i=0, 1, \cdots, 100n\right\}$，其中 n 为某班人数；(5) $\Omega=\{(x, y, z) \mid x+y+z=1, x>0, y>0, z>0\}$；(6) $\Omega=\{(x, y) \mid x^2+y^2<1\}$.

2. (1) $A\bar{B}\bar{C}$; (2) $AB\bar{C}$; (3) $A\cup B\cup C$; (4) ABC; (5) $\overline{ABC}$; (6) $\bar{A}B\cup\bar{A}C\cup\bar{B}C$; (7) $\bar{A}\cup\bar{B}\cup\bar{C}$; (8) $AB\cup BC\cup AC$.

3. (1) 0.3; (2) 0.2; (3) 0.9; (4) 0.1.

4. 0.6.

5. (1) 0.5; (2) 0.8; (3) 0.2; (4) 0.9.

6. $\dfrac{k^n-(k-1)^n}{N^n}$.

7. (1) 30%; (2) 7%; (3) 73%; (4) 14%; (5) 90%; (6) 10%.

8. $1-\dfrac{C_{990}^{20}}{C_{1\,000}^{20}}$.

9. 0.48.

10. (1) $\dfrac{r!}{n^r}$; (2) $\dfrac{C_n^r r!}{n^r}$; (3) $\dfrac{n^r-C_n^r r!}{n^r}$.

11. $\dfrac{3}{4}$.

12. 0.25.

13. (1) 0.25; (2) $\dfrac{1}{3}$.

14. 0.5.

15. (1) $\dfrac{1}{17}$; (2) $\dfrac{4}{11}$.

16. $\dfrac{2}{3}$.

17. $\dfrac{C_{90}^1 C_{10}^2}{C_{100}^3} \cdot \dfrac{89}{97}.$

18. $\dfrac{3}{200}.$

19. $\dfrac{5}{12}.$

20. 0.893.

21. $\dfrac{3}{8}.$

22. 0.682 6.

23. $C_{n+m-1}^m p^n (1-p)^m.$

26. (1) 0.84; (2) 6.

27. $\dfrac{5}{8}.$

28. 0.124.

29. (1) 0.058 2; (2) 0.010 4.

30. $\dfrac{1}{2} + \dfrac{1}{2}(1-2p)^n.$

习题二

1.

X	0	1	2	3
P	0.125	0.375	0.375	0.125

2. $a = \dfrac{120}{87}$; $\dfrac{77}{87}.$

3. 不正确.

4. 不正确.

5.

X	-1	2	4
P	0.1	0.7	0.2

6. $P\{X=k\}=p(1-p)^{k-1}$, $k=1$, $2\cdots$; $P(X=2n)=\dfrac{1-p}{2-p}$.

7. (1) $F(x)=\begin{cases}0, & x<0 \\ 0.1, & 0\leqslant x<1 \\ 0.3, & 1\leqslant x<2 \\ 0.6, & 2\leqslant x<3 \\ 0.9, & 3\leqslant x<4 \\ 1, & x\geqslant 4\end{cases}$; (2) 0.7.

8. (1) $A=\dfrac{1}{2}$; $B=\dfrac{1}{\pi}$; (2) $\dfrac{1}{2}$; (3) $p(x)=\dfrac{1}{\pi(1+x^2)}$.

9. (1) $A=1$; (2) $p(x)=\begin{cases}\cos x, & 0\leqslant x<\dfrac{\pi}{2} \\ 0, & 其他\end{cases}$; (3) 0.5.

10. 10.

11. (1) $A=\dfrac{1}{\pi}$; (2) $\dfrac{1}{3}$; (3) $F(x)=\begin{cases}0, & x<-1 \\ \dfrac{1}{2}+\dfrac{1}{\pi}\arcsin x, & -1\leqslant x\leqslant 1 \\ 1, & x\geqslant 1\end{cases}$.

12. (1) $c=1$; (2) $F(x)=\begin{cases}0, & x<-1 \\ \dfrac{1}{2}(1+x)^2, & -1\leqslant x<0 \\ 1-\dfrac{1}{2}(1-x)^2, & 0\leqslant x<1 \\ 1, & x\geqslant 1\end{cases}$; (3) 0.75.

13. e^{-2}.

14. $k=\dfrac{1}{2}$; $F(x)=\begin{cases}\dfrac{1}{2}e^x, & x<0 \\ 1-\dfrac{1}{2}e^{-x}, & x\geqslant 0\end{cases}$.

15. 提示：利用概率密度函数的非负性和规范性来证明.

16. (1) $a=0.1$;

(2)

Y	1	3	5	7	9
P	0.3	0.3	0.1	0.1	0.2

(3)

Z	0	1	4	9
P	0.3	0.4	0.1	0.2

17. $p_Y(y)=\begin{cases}\dfrac{2}{\pi\sqrt{1-y^2}}, & 0<y<1 \\ 0, & \text{其他}\end{cases}$.

18. $p_Y(y)=0,\begin{cases}\lambda e^{-(\lambda+1)}, & y>1 \\ 0, & y\leqslant 1\end{cases}$.

习题三

1. (X, Y) 的联合分布律为

Y \ X	0	1	2	3
0	0	0	$\dfrac{3}{35}$	$\dfrac{2}{35}$
1	0	$\dfrac{6}{35}$	$\dfrac{12}{35}$	$\dfrac{2}{35}$
2	$\dfrac{1}{35}$	$\dfrac{6}{35}$	$\dfrac{3}{35}$	0

2. (1) (X, Y) 的联合分布律为

Y \ X	0	1	2	3
1	0	$\dfrac{3}{8}$	$\dfrac{3}{8}$	0
3	$\dfrac{1}{8}$	0	0	$\dfrac{1}{8}$

(2) X 的边缘分布律为

X	0	1	2	3
P	$\dfrac{1}{8}$	$\dfrac{3}{8}$	$\dfrac{3}{8}$	$\dfrac{1}{8}$

Y 的边缘分布律为

Y	1	3
P	$\frac{3}{4}$	$\frac{1}{4}$

3.（1）放回

Y \ X	1	0	$p_{\cdot j}$
1	$\frac{9}{25}$	$\frac{6}{25}$	$\frac{15}{25}$
0	$\frac{6}{25}$	$\frac{4}{25}$	$\frac{10}{25}$
$p_i\cdot$	$\frac{15}{25}$	$\frac{10}{25}$	1

（2）不放回

Y \ X	1	0	$p_{\cdot j}$
1	$\frac{5}{15}$	$\frac{4}{15}$	$\frac{9}{15}$
0	$\frac{4}{15}$	$\frac{2}{15}$	$\frac{6}{15}$
$p_i\cdot$	$\frac{9}{15}$	$\frac{6}{15}$	1

4. $A=\dfrac{1}{\pi^2}$，$B=\dfrac{\pi}{2}$，$C=\dfrac{\pi}{2}$， $p(x,y)=\dfrac{12}{\pi^2(9+x^2)(16+y^2)}$，$\dfrac{1}{16}$.

5. $C=8$，$P\{X>2\}=\mathrm{e}^{-4}$，$P\{X>Y\}=\dfrac{2}{3}$，$P\{X+Y<1\}=1+\mathrm{e}^{-4}-2\mathrm{e}^{-2}$.

6. $F(x,y)=\begin{cases} 0, & x<0 \text{ 或 } y<0 \\ x^2y^2, & 0\leqslant x<1,\ 0\leqslant y<1 \\ x^2, & 0\leqslant x<1,\ y\geqslant 1 \\ y^2, & x\geqslant 1,\ 0\leqslant y<1 \\ 1, & x\geqslant 1,\ y\geqslant 1 \end{cases}$

7. (1) $A=2$; (2) $p_X(x)=\begin{cases}\mathrm{e}^{-x}, & x>0 \\ 0, & x\leqslant 0\end{cases}$; $p_Y(y)=\begin{cases}2\mathrm{e}^{-2y}, & y>0 \\ 0, & y\leqslant 0\end{cases}$,

(3) $P\{0<X\leqslant 2,0<Y\leqslant 3\}=(1-\mathrm{e}^{-2})(1-\mathrm{e}^{-6})$; (4) $P\{X+2Y\leqslant 1\}=1-2\mathrm{e}^{-1}$.

8. 当 $0<y<1$ 时，$p(x\,|\,y)=\begin{cases}\dfrac{2x}{y}, & 0<x<\sqrt{y} \\ 0, & \text{其他}\end{cases}$；

当 $0<x<1$，$p(y\,|\,x)=\begin{cases}\dfrac{3y^2}{1-x^6}, & x<\sqrt{y}<1 \\ 0, & \text{其他}\end{cases}$

9. （1）当 $x>0$ 时，$p(y\,|\,x)=\begin{cases}x\mathrm{e}^{-xy}, & y>0 \\ 0, & \text{其他}\end{cases}$，$p(y\,|\,x=0.5)=\begin{cases}0.5\mathrm{e}^{-0.5y}, & y>0 \\ 0, & \text{其他}\end{cases}$；

(2) $P\{Y\geqslant 1\,|\,X=0.5\}=\mathrm{e}^{-\frac{1}{2}}$.

10. (1) $p(x,y)=\begin{cases}\dfrac{1+xy}{3}, & 0<x<2,\ 0<y<1 \\ 0, & \text{其他}\end{cases}$；

(2) $p_Y(y)=\begin{cases}\dfrac{2+2y}{3}, & 0<y<1 \\ 0, & \text{其他}\end{cases}$；

(3) 当 $0<y<1$ 时，$p(x\,|\,y)=\begin{cases}\dfrac{1+xy}{2+2y}, & 0<x<2 \\ 0, & \text{其他}\end{cases}$.

11. 略.

12. $\alpha=\dfrac{2}{9}$，$\beta=\dfrac{1}{9}$.

13. $p(x,y)=\begin{cases}8y, & 0<x<1,\ 0<y<\dfrac{1}{2} \\ 0, & \text{其他}\end{cases}$；$P\{X>Y\}=\dfrac{2}{3}$.

14. (1) $A=\dfrac{24}{5}$；(2) $p_X(x)=\begin{cases}\dfrac{24x^2-12x^3}{5}, & 0\leqslant x\leqslant 1 \\ 0, & \text{其他}\end{cases}$，

$p_Y(y)=\begin{cases}\dfrac{12}{5}y(y-1)(y-3), & 0\leqslant y\leqslant 1 \\ 0, & \text{其他}\end{cases}$，

因为 $p(x,y) \neq p_X(x) \cdot p_Y(y)$，故 X 与 Y 不独立.

15. $p_Z(z) = \begin{cases} \dfrac{\lambda^3}{2} z^2 \mathrm{e}^{-\lambda z}, & z>0 \\ 0, & \text{其他} \end{cases}$.

16. $P\{Z=k\} = \dfrac{(\lambda_1+\lambda_2)^k}{k!} \mathrm{e}^{-(\lambda_1+\lambda_2)}$, $k=0,1,2,\cdots$.

17. $p_Z(z) = \begin{cases} z, & 0<z<1 \\ 2-z, & 1\leqslant z<2. \\ 0, & \text{其他} \end{cases}$

18. $p_U(u) = \dfrac{1}{10} p_Y\left(\dfrac{u}{2}\right) + \dfrac{4}{15} p_Y\left(\dfrac{u}{3}\right)$.

19. (1) $P\{Z=k\} = (k-1)p^2 q^{k-2}, k=1,2,\cdots$;

(2) $P\{Z=k\} = pq^{k-1}(2-q^{k-1}-q^k), k=1,2,\cdots$;

(3) $P\{Z=k\} = pq^{2k-2}(1+q), k=1,2,\cdots$.

20. (1) $p_X(x) = \begin{cases} 3\mathrm{e}^{-3x}, & x>0 \\ 0, & \text{其他} \end{cases}$, $p_Y(y) = \begin{cases} \dfrac{1}{2}, & 0\leqslant y\leqslant 2 \\ 0, & \text{其他} \end{cases}$;

(2) $F_Z(z) = \begin{cases} 0, & z<0 \\ \dfrac{z}{2}(1-\mathrm{e}^{-3z}), & 0\leqslant z\leqslant 2; \\ 1-\mathrm{e}^{-3z}, & z>2 \end{cases}$

(3) $P\left\{\dfrac{1}{2}<Z\leqslant 1\right\} = \dfrac{1}{4} - \dfrac{1}{2}\mathrm{e}^{-3} + \dfrac{1}{4}\mathrm{e}^{-\frac{3}{2}}$.

习题四

1. 1.2.

2. $\dfrac{pq}{1-q}$.

3. $E(X)=-0.2$, $E(X^2)=2.8$, $E(3X+5)=4.4$.

4. 36.

5. $\dfrac{25}{16}$.

6. $E(X)=1$, $D(X)=1.5$.

7. 0.37, 0.020 1.

8. 2, $\dfrac{1}{3}$.

9. $\dfrac{4}{5}$, $\dfrac{3}{5}$, $\dfrac{1}{2}$, $\dfrac{16}{15}$.

10. 215.

11. (1) $\dfrac{1}{6}$, $\dfrac{1}{6}$; (2) $\dfrac{191}{36}$; (3) $\dfrac{191}{59}$; (4) $\dfrac{193}{36}$.

12. (1) $\dfrac{3}{2}$, $\dfrac{2}{3}$; (2) $\dfrac{3}{20}$, $\dfrac{1}{18}$; (3) 0; (4) 0.

13. $D(X)$.

14. 15. 略

习题五

1. (1) $0.027\,9$; (2) $0.409\,5$; (3) $0.008\,6$.

2. (1) $e^{-4/3}$; (2) $1-e^{-1}$.

3. $P\{X=4\}=\dfrac{2}{3}e^{-2}$.

4. $0.632\,5$.

5. $\approx 1.1e^{-0.1}$.

6. (1) $0.033\,5$; (2) 5.

7. (1) $1-e^{-0.2}$; (2) $e^{-1.2}$.

8. (1) $P\{X\leqslant 6\}=0.841\,3$; (2) $P\{|X-5|\leqslant 2\}=0.624\,7$; (3) $P\{X\geqslant 5\}=0.308\,5$; (4) $P\{|x|\leqslant 2\}=0.157\,3$.

9. (1) $c=2$; (2) $d=6.652\,7$.

10. (1) 0.5; (2) $0.866\,4$; (3) $0.982\,1$.

11. 76.45.

12. $F(y)=\begin{cases}\displaystyle\int_0^y \dfrac{1}{\sqrt{2\pi t}\sigma}e^{-\frac{t}{2\sigma^2}}\,\mathrm{d}t, & y>0 \\ 0, & y\leqslant 0\end{cases}$.

13. $p_Y(y)=\begin{cases}\lambda y^{-1}e^{-\lambda \ln y}, & y>1 \\ 0, & y\leqslant 1\end{cases}$.

14. (1) $p_Y(y)=\begin{cases}2^{-1}e^{-(y-3)/2}, & y>3 \\ 0, & y\leqslant 3\end{cases}$.

(2) $p_Y(y)=\begin{cases}(2\sqrt{y})^{-1}\left[e^{-\sqrt{y}}+e^{\sqrt{y}}\right], & y>0\\ 0, & y\leqslant0\end{cases}$.

15. (1) $p(y\mid x)=\begin{cases}(\sqrt{x}-x^2)^{-1}, & (x,y)\in G\\ 0, & (x,y)\notin G\end{cases}$

(2) $p(y\mid x=0.5)=\begin{cases}4(2\sqrt{2}+1)/7, & 1/4<y<\sqrt{2}/2\\ 0, & y\leqslant1/4 \text{ 或 } y\geqslant\sqrt{2}/2\end{cases}$.

16. (1) (X,Y) 的联合概率密度 $p(x,y)=\begin{cases}12e^{-3x-4y}, & x>0, y>0\\ 0, & x\leqslant0 \text{ 或 } y\leqslant0\end{cases}$,

(X,Y) 的联合分布函数 $F(x,y)=\begin{cases}(1-e^{-3x})(1-e^{-4y}), & x>0, y>0\\ 0, & x\leqslant0 \text{ 或 } y\leqslant0\end{cases}$;

(2) $P\{X<1, Y<1\}=(1-e^{-3})(1-e^{-4})$; (3) $1-2e^{-3}$.

17. $2e^{-1/2}-1$.

18. $Z=X/Y$ 的概率密度 $p_Z(z)=\begin{cases}1/(2z^2), & z>1\\ 1/2, & 0<z\leqslant1\\ 0, & z\leqslant0\end{cases}$

19. $4p(1-p)^3-4p^3(1-p)=4p(1-p)(1-2p)$.

20. (X,Y) 的联合分布函数 $F(x,y)=\begin{cases}1, & x\geqslant1, y\geqslant1\\ 3x^2-2x^3, & 0<x<1, y\geqslant x\\ 4y^{3/2}-3y^2, & 0<y<1, x^2\geqslant y\\ 3x^2-2x^3-3(x-y)^2, & (x,y)\in D\\ 0, & x\leqslant0 \text{ 或 } y\leqslant0\end{cases}$

X 的边缘分布函数 $F_X(x)=\begin{cases}1, & x\geqslant1\\ 3x^2-2x^3, & 0<x<1\\ 0, & x\leqslant0\end{cases}$

Y 的边缘分布函数 $F_Y(y)=\begin{cases}1, & y\geqslant1\\ 4y^{3/2}-3y^3, & 0<y<1\\ 0, & y\leqslant0\end{cases}$.

习题六

1. $P\{6\,800<X<7\,200\}=P\{|X-7\,000|<200\}\geqslant1-\dfrac{2\,100}{200^2}\approx0.95$.

2. 不满足切比雪夫大数定律.

3. $P\left\{\sum\limits_{i=1}^{100} X_i < 120\right\} \approx \Phi\left(\dfrac{120 - 100 \times 1}{\sqrt{100 \times 1}}\right) = \Phi(2) = 0.977\,25$.

4. $P\left\{\sum\limits_{i=1}^{100} X_i > 10\,200\right\} = 0.022\,75$.

5. 需要 254 个车位，才能使每辆汽车具有一个车位的概率至少为 0.95.

6. $P\{6\,800 < X < 7\,200\} = 2\Phi(4.36) - 1 \approx 0.998$.

7. 图书馆至少应该有 830 个座位.

8. 应至少准备 234\,000 元，才能以 99.9% 的把握满足持券人的兑换.

习题七

1. $\bar{x} = 18.45$，$s = 3.282\,6$，$s^2 = 10.775\,5$.

2. $E(S^2) = 2$.

3. (1) $D(Y_i) = \dfrac{n-1}{n}\sigma^2$；(2) $\mathrm{Cov}(Y_1, Y_n) = -\dfrac{1}{n}\sigma^2$.

4. (1) $E(X_1^2 X_2^2 X_3^2) = 125$； (2) $D(X_1 X_2 X_3) = 124$； (3) $E(S^2) = 4$；
(4) $D(S^2) = 16$.

5. (1) 0.131\,4；(2) $P\{\min(X_1, X_2, \cdots, X_5) \leqslant 10\} = 0.578\,5$.

6. (1) $P\{\max(X_1, X_2, X_3) < 85\} = 0.595\,5$；

(2) $P\{(60 < X_1 < 80) \bigcup (75 < X_3 < 90)\} = 0.787\,3$；

(3) $P\{X_1 + X_2 \leqslant 148\} = 0.444\,3$.

7. $n = 16$.

8. 略

9. (1) $Y \sim \chi^2(16)$；(2) $\dfrac{4Z}{\sqrt{Y}} \sim t(16)$.

10. $Z \sim t(2)$.

11. (1) 0.855\,8；(2) 0.8.

12. (1) 0.910\,8；(2) 0.9.

习题八

1. p 的矩估计量为 $\hat{p} = \bar{X}/m$，p 的矩估计值为 $\hat{p} = \bar{x}/m$；p 的最大似然估

计值为 $\hat{p} = \sum\limits_{i=1}^{n} x_i/nm = \bar{x}/m$.

2. θ 的矩估计值为 $\hat{\theta} = \dfrac{1-2\bar{x}}{\bar{x}-1}$；$\theta$ 的最大似然估计值为 $\hat{\theta} = -1 - n/\sum\limits_{i=1}^{n} \ln(x_i)$.

3. 参数 θ 的最大似然估计值为 $\hat{\theta} = \dfrac{1}{2} \max\limits_{1 \leqslant i \leqslant n}\{x_i\}$.

4. 提示：先求三个统计量的数学期望，再求它们的方差，估计量 $\hat{\mu}_3$ 最有效.

5. $\hat{\mu}_1$，$\hat{\mu}_2$，$\hat{\mu}_3$ 都是 μ 的无偏估计；$\hat{\mu}_2$ 最有效.

6. 取常数 $C = \dfrac{1}{2(n-1)}$.

7. 提示：求 $\hat{\theta} = \dfrac{2}{3}\bar{X}$ 的期望和方差.

8. (69.2，73.2).

9. (1)(0.606 4，3.393 5)；(2)(3.075，15.639 7).

10. (25.521，30.280).

11. (886.653，915.347).

12. (1) 14.98 (kh)；(2) 0.63.

13. (189.245，1 333.333)；(13.757，36.515).

14. (0.306，1.421)；(0.553，1.92).

15. (−0.368 4，4.368 4).

16. (−6.185，17.685).

17. (1)(−0.206，12.206)；(2)(0.336，4.097).

18. (0.334，2.872).

习题九

1. $\alpha = 0.003\,7$，$\beta = 0.036\,7$.

2. $p = 0.000\,096\,2 < 0.05$，认为平均质量不是 15g.

3. $p = 0.068 > 0.05$，认为这批钢索质量没有显著提高.

4. 认为这批砖的平均抗断强度为 $31\mathrm{kg/cm}^2$.

5. 有显著改进.

6. 认为实测值与理论值无显著差异.

7. 认为这批矿砂含镍量均值为 3.25.

8. 认为树高显著地高于 10m.

9. 可以出圈.

10. 没有发生显著变化.

11. 波动性有显著变化.

12. 有显著影响.

13. 无显著影响.

14. 新方法可提高钢的得率.

15. 两种配方橡胶伸长率的方差无显著差异.

16. 杂质含量的方差无显著差异.

17. 甲车间生产的滚珠直径的方差比乙车间的大.

18. (1) 方差相等；(2) 均值不相等.

19. 无显著差异.

习题十

1. $F=3.78788>F_{0.05}(3, 16)=3.24$，显著.

2. $F=3.1884<F_{0.05}(3, 9)=3.86$，不显著.

3. $F_A=23.77>F_{0.05}(3, 6)=4.76$，种系对子宫重量有显著影响.
   $F_B=33.54>F_{0.05}(2, 6)=5.14$，剂量对子宫重量也有显著影响.

4. $F_A=10.32>F_{0.05}(3, 9)=3.86$，品种对收获量有显著影响.
   $F_B=7.17>F_{0.05}(3, 9)=3.86$，试验田对收获量也有显著影响.

5. $F_A=184.59>F_{0.05}(3, 12)=3.49$，深度对传导性质有显著影响.
   $F_B=8.61>F_{0.05}(2, 12)=3.89$，高度对传导性质也有显著影响.
   $F_{A\times B}=5.44>F_{0.05}(6, 12)=3.0$，交互作用对传导性质也有显著影响.

习题十一

1. (1) 回归方程为 $\hat{y}=-0.104+0.988x$；(2) 体重 x 与体积 Y 之间的线性关系特别显著；(3) $r=\dfrac{S_{xy}}{\sqrt{S_{xx}S_{yy}}}=0.997$；(4) 当 $x=15.3$ 时，预测值为 $\hat{y}=-0.104+0.988\times15.3=15.01$.

2. (1) 回归方程为 $\hat{y}=0.1198+1.2229x$；(2) 平均直径 Y 与年龄 x 之间的线性关系特别显著；(3) 当 $x=3.5$ 时，平均树干直径的预测值为
   $\hat{y}=0.1198+1.2229\times3.5=4.4$.

3. (1) 回归方程为 $\hat{y}=2.697+0.051x$；(2) 怀孕期 x 与平均寿命 Y 之间的线性关系显著；(3) 相关系数 $r=\dfrac{S_{xy}}{\sqrt{S_{xx}S_{yy}}}=0.681$.

4. (1) 因为 $r=\dfrac{S_{xy}}{\sqrt{S_{xx}S_{yy}}}=0.97$，所以认为抗拉强度 Y 与钢中含碳量 x 之间存在特别显著的线性关系；回归方程为 $\hat{y}=332.778+1\,016.457x$；

(2) 预测区间 $(\hat{y}_0-z_{\alpha/2}s,\ \hat{y}_0+z_{\alpha/2}s)=(455.21,\ 515.283)$.

5. 曲线方程 $\hat{y}=0.211\mathrm{e}^{6.08/x}$.

图书在版编目（CIP）数据

概率论与数理统计/黄龙生主编. —北京：中国人民大学出版社，2012.8
21世纪数学基础课系列教材
ISBN 978-7-300-16308-6

Ⅰ.①概… Ⅱ.①黄… Ⅲ.①概率论-高等学校-教材②数理统计-高等学校-教材 Ⅳ.①O21

中国版本图书馆 CIP 数据核字（2012）第 205255 号

21世纪数学基础课系列教材
概率论与数理统计
主　编　黄龙生
Gailülun yu Shuli Tongji

出版发行	中国人民大学出版社			
社　　址	北京中关村大街 31 号		邮政编码	100080
电　　话	010 – 62511242（总编室）		010 – 62511398（质管部）	
	010 – 82501766（邮购部）		010 – 62514148（门市部）	
	010 – 62515195（发行公司）		010 – 62515275（盗版举报）	
网　　址	http://www.crup.com.cn			
	http://www.ttrnet.com（人大教研网）			
经　　销	新华书店			
印　　刷	北京七色印务有限公司			
规　　格	170 mm×228 mm　16 开本		版　　次	2012 年 9 月第 1 版
印　　张	23.5 插页 1		印　　次	2014 年 7 月第 2 次印刷
字　　数	414 000		定　　价	39.80 元